“十三五”国家重点出版物出版规划项目
现代机械工程系列精品教材
国家精品资源共享课配套教材

机械CAD技术

谌霖霖　伍素珍　编著
刘子建　主审

机 械 工 业 出 版 社

本书是国家精品资源共享课“机械 CAD 技术”的配套教材。全书共 9 章，主要内容有现代 CAD 技术概论、CAD 建模理论基础、三维 CAD 软件技术、模型的参数化生成技术、产品数据交换技术、产品模型的数字化分析基础和产品数字化设计的管理技术基础。其中 CAD 建模理论基础讲述了几何模型生成基础、几何模型变换基础及几何模型表达基础；三维 CAD 软件技术介绍了 UG NX 软件的主要功能及使用；模型的参数化生成技术详细介绍了 UG NX 软件的二次开发语言 UG/Open GRIP 语言基础及其在参数化建模中的应用。

本书系统地阐述了 CAD 的基本原理、CAD 技术的应用及二次开发技术。通过对本书的学习和实践，读者可掌握先进的 CAD 技术基本概念、原理和方法，为从事 CAD 技术应用与研究打下良好的基础。本书既可满足机械工程专业本科教学的不同需要，又可作为机械相关专业研究生 CAD 课程的教材，也可供从事 CAD 系统研究、开发与应用的工程技术人员参考。

图书在版编目（CIP）数据

机械 CAD 技术/谌霖霖，伍素珍编著. —北京：机械工业出版社，2018.10

“十三五”国家重点出版物出版规划项目 现代机械工程系列精品教材

ISBN 978-7-111-61319-0

Ⅰ.①机… Ⅱ.①谌… ②伍… Ⅲ.①机械设计-计算机辅助设计-AutoCAD 软件-高等学校-教材 Ⅳ.①TH122

中国版本图书馆 CIP 数据核字（2018）第 258755 号

机械工业出版社（北京市百万庄大街 22 号 邮政编码 100037）
策划编辑：舒 恬 责任编辑：舒 恬 杨 璇 刘丽敏
责任校对：佟瑞鑫 封面设计：张 静
责任印制：郜 敏
北京富博印刷有限公司印刷
2019 年 1 月第 1 版第 1 次印刷
184mm×260mm · 16.75 印张 · 406 千字
标准书号：ISBN 978-7-111-61319-0
定价：43.00 元

前言

PREFACE

近30年来，随着先进制造技术的快速发展，现代设计技术尤其是计算机辅助设计（CAD）技术也发生了很大改变，其主要特征是在快速向集成化、网络化、智能化方向发展。以美国波音公司全面使用MBD（Model Based Definition）技术为标志，现代制造业对模型为核心单元数据的迫切需求，正导致"三维模型下车间"等革命性技术进步的发生。本书围绕三维数字化模型讲解CAD原理和技术，具有一定的创新性，符合技术发展趋势。

本书为国家精品资源共享课"机械CAD技术"的配套教材。编写时考虑到高等院校普遍开设的CAD课程及广大工程技术人员学习和掌握CAD技术的需要，从打好CAD理论基础和培养动手能力两个方面为广大读者提供帮助和支持。本书的第1章在介绍传统CAD概念、CAD技术发展简史以及先进制造技术对CAD技术发展影响的基础上，总结了现代CAD技术的特点及其研究领域，使读者站在一个更高的层面，用更广阔的视野领会CAD技术的内涵；在第2~4章中，作者本着"模型是信息的载体，信息完备的设计模型是现代CAD技术的核心"的思想，讨论了CAD建模的基本理论和算法；第5、6两章以UG NX为例，介绍了代表目前CAD技术水平的软件系统以及CAD软件的二次开发技术，使读者通过学习能进一步体验现代CAD技术的实现方式，并形成一定的动手操作和开发能力；第7章介绍了不同系统之间进行数据交换的技术；第8章阐述了CAD技术中结构分析和动态分析基础，理论上重点讨论了有限元分析的基本算法，并介绍了著名的有限元分析软件ANSYS和动力学分析软件ADAMS的使用方法；本书的最后一章简单介绍了数字化设计管理技术的有关内容。

本书在编写上力求创新，如将几何造型和曲线、曲面建模内容放在模型变换之前讨论，是基于"先有模型建造，再有模型编辑"的认识；

本书中论述的内容尽可能精练，以30~40学时课堂讲授，1∶1.5课外学时学习为容量限度，每章后附有练习题，能用于CAD课程的教学，也可用于本科生课程设计、毕业设计参考。

本书第1~4、7、8章由伍素珍编写，第5、6、9章由谌霖霖编写。由于时间仓促，书中难免有不足与疏漏之处，许多内容有待不断完善与提高，恳请各位读者不吝指正。资源共享课“机械CAD技术”网址：http://www.icourses.cn/coursestatic/course_2796.html，敬请各位读者关注并批评指正。

湖南大学机械与运载工程学院CAD课程组和实验室老师为本书的编写提供了大量帮助，刘子建教授对全书进行了认真审阅，提出了许多宝贵意见和建议。本书编写参阅了大量有关文献，在此向文献的作者一并表示感谢。

最后，感谢湖南大学教务处对本书出版的大力支持，感谢机械工业出版社为本书出版所提供的大量帮助。

编　者

目录 CONTENTS

第1章

现代CAD技术概论

—核心问题与本章导读—

随着科学技术的不断发展，数字化设计与制造技术已经广泛应用于现代产品设计。本章介绍现代CAD技术的基本概念与相关技术知识、数字化设计技术的发展历程与发展趋势、MBD技术和与CAD技术密切相关的先进制造技术基本概念和典型模式。

1.1 CAD及其相关技术

1.1.1 CAD相关概念

1. CAD

从传统意义上说，计算机辅助设计（Computer Aided Design，CAD）技术是一种设计人员利用计算机系统进行产品设计的设计方法，包括产品的分析与设计计算、几何建模、运动学与动力学等仿真分析、数据库管理与技术文档处理的方法与技术。CAD技术是多学科的综合应用技术，其包含的技术主要有：

（1）图形处理与设计模型构造技术　自动绘图、几何建模、图形仿真及模型输入和输出技术等。

（2）工程分析技术　有限元分析、运动学和动力学分析、优化设计及面向不同专业领域的工程分析等。

（3）数据管理与数据交换技术　数据库技术、产品数据管理、产品数据交换规范及接口技术等。

（4）文档处理技术　文档制作、编辑及文字处理等。

（5）软件设计技术　系统分析与设计、软件工程规范、窗口界面设计、CAD软件二次开发技术、基于网络的开发应用技术等。

2. CAD系统

CAD系统是实现CAD技术的具有特定功能的计算机系统。CAD系统由硬件系统和软件系统组成。CAD硬件系统包括计算机、存储器、图形输入输出设备等。CAD软件系统通常包括系统软件、支撑软件和用户开发的应用软件三大部分。

(1) 系统软件　系统软件主要用于计算机的管理、维护、控制、运行以及计算机程序的生成和执行，通常包括操作系统，如 Windows、UNIX、Linux 等；编程语言，可分为汇编语言和高级语言；网络管理系统；用户界面开发环境，如 GKS（Graphic Kernal System），X-Window；数据库管理系统等。

(2) 支撑软件　支撑软件是 CAD 应用软件的基础，包括几何造型与图形处理系统，其是 CAD 软件系统的基础部分，主要完成设计对象的几何建模、模型编辑、图形显示、工程图标注、设计模型的存储管理等功能，如 UG（Unigraphics）、Creo、SolidWorks、AutoCAD 等；工程分析与决策支持系统，如有限元分析软件，ANSYS、NASTRAN、DYNA3D 等，运动和动力学分析仿真软件，如 ADAMS、MADYMO 等，优化设计软件，如 NAVGRAPH 等，主要用以解决产品和工程设计中出现的需要借助于数值分析理论和方法求解的关键技术问题。CAD 支撑软件通常由专业软件商开发，如著名的 UG（Unigraphics）、SolidWorks 等系统是由 Unigraphics Solutions 等公司基于几何造型内核软件 Parasolid 开发的，AutoCAD、CADKEY 等软件则是由 AutoDesk 等公司基于 Spatial 公司的几何造型内核软件 ACIS 研制的。

(3) 应用软件　应用软件是由用户借助于 CAD 系统软件和支撑软件提供的开发工具、接口等资源，针对特定的产品或工程设计需要进行二次开发得到的各种专用软件。常用的 CAD 软件二次开发主要内容有数据交换和数据文件共享接口、系统操作界面用户化、操作指令集成、用户专用图形库和数据库、嵌入式语言程序模块等。目前，大多数主流 CAD 软件系统都提供了用户二次开发的接口，如各类 CAD 系统提供的开放式用户定制机制，UG 提供的 Open GRIP、AutoCAD 提供的 AutoLISP、C 语言接口、Pro/E 提供的 Pro/Toolkit 等。

1.1.2　CAD 相关技术

计算机绘图、计算机图形学与 CAD 技术密切相关，但各有侧重。计算机绘图是使用计算机图形软件和图形设备进行绘图和有关标注的一种方法和技术，其以摆脱繁重的手工绘图劳动为主要目标。根据 ISO 数据处理词典的定义，计算机图形学（Computer Graphics，CG）是研究通过计算机将数据转换为图形，并在专用设备上显示的原理、方法和技术的科学。计算机图形学研究的主要内容包括以下四个方面。

(1) 硬件　指图形输入、图形处理、图形显示和图形绘制设备。

(2) 软件　如二维绘图系统、三维造型系统、动画制作系统、真实感图形生成系统等。

(3) 图形处理技术　包括图元生成技术；图形生成与显示技术，包括图形变换、图形的消隐与裁剪、图形渲染、图形交互等；造型技术，包括三维实体造型和曲面造型。此外，基于图像的建模，点云驱动技术、立体渲染与显示技术等也是计算机图形学研究的新热点。

(4) 图形处理技术的应用　广泛应用于计算机辅助设计与制造、动画制作、遥感、地理信息系统、医疗、药学、美术、办公自动化等领域。

综上所述，CAD、计算机绘图、计算机图形学三者之间有联系也有区别，表现在计算机绘图是计算机图形学中涉及工程图形绘制的一个分支，可将其看成是一种提供自动绘图服务的工程技术，是 CAD 软件的基础功能之一；计算机图形学是一门独立的学科，有自己丰富的学术内涵，与 CAD 有明显区别，但其有关图形处理的理论与方法构成了 CAD 技术的重要基础。

随着计算机网络技术和现代设计方法的快速发展，CAD 技术的内涵发生了很大改变，其主要特征是CAD技术在向更深入和广泛领域发展的同时，紧密结合先进制造技术，日益向集成化、网络化、智能化方向发展，进入到现代CAD技术发展阶段。

1.2 数字化设计技术的发展历程与发展趋势

数字化设计技术是指将计算机技术应用于产品设计领域，通过基于产品描述的数字化平台，建立数字化产品模型并应用于产品开发过程，达到减少或避免实物模型制作和测试，以提高开发效率和可靠性的一种产品开发技术。数字化设计技术以CAD技术为核心，设计内容包括对产品进行概念设计、结构建模、虚拟装配、生成相关设计文档；对产品进行性能分析、干涉检查；对产品进行有限元分析、可靠性分析、运动学和动力学分析、优化设计等。数字化设计技术已经成为广泛采用的产品设计技术。

1.2.1 数字化设计技术的发展历程

从20世纪50年代末到60年代初，美国SAGE战术防空系统问世，在系统中开发出一个CRT显示器，操作者可用笔在屏幕上确定目标。1958年CALMAP滚筒式绘图机问世。这个阶段主要是图形输入和输出设备的研制。

20世纪60年代初，美国麻省理工学院（MIT）开发了名为Sketchpad的计算机交互图形处理系统，并描述了人机对话设计和制造的全过程，这就是CAD的雏形，形成了最初的CAD概念，即科学计算、绘图。随着计算机软、硬件的发展，计算机逐步应用于设计过程，形成了CAD系统，同时给CAD概念增加了新的含义，逐步形成了当今应用十分广泛的CAD/CAE/CAM集成的CAD系统。从CAD概念产生至今，CAD经历了多个发展时期。

从20世纪60年代初到70年代中期，CAD从封闭的专用系统走向商品化，CAD技术开始进入实用阶段。这一时期的主要技术特征是二维、三维线框几何造型方法的发展。这种造型方法通过若干线型元素互连组成线型框架，其仅定义出设计模型的基本轮廓，不能表示设计对象的表面和形体的几何信息，因而，在设计模型上不能任意截取切面，模型的描述也不完整，显示的图形有“多义性”，即模型的不确定性。此时，有代表性的CAD软件系统有美国通用汽车公司的DAC-1和洛克希德公司的CADAM等。

20世纪70年代后期，CAD进入发展时期。该阶段的主要技术特点是自由曲面造型技术取得突破。由于大规模集成电路的问世，CAD系统价格下降，此时正值飞机和汽车工业蓬勃发展时期，飞机和汽车制造中遇到大量的自由曲面问题。法国达索飞机制造公司（Dassault）率先开发出以表面模型为特点的自由曲面建模方法，推出了三维曲面造型系统CATIA，采用多截面视图、特征纬线的方式来近似表达自由曲面。曲面造型系统为人类带来第一次CAD技术革命。一些受到国家财政支持的军工企业相继开发或完善了CAD软件系统，如美国洛克希德公司的CADAM、美国通用电气公司的CALMA、美国国家航空及宇航局（NASA）等支持开发的I-DEAS、美国麦道公司开发的UG等。民用企业美国通用汽车公司（GM）开发了SURF系统，福特公司开发了PDGS软件，法国雷诺公司开发了EUCLID系统等。

20世纪80年代初，随着工程分析和计算技术的快速发展，CAE、CAM技术开始有了较大的需求，SDRC公司在当时星球大战计划的背景下，得到美国宇航局支持及合作，开发出一批专用工程分析模块，用以降低巨大的太空试验费用，同时在 CAD 技术通用方面也进行了许多开拓。UG 侧重在曲面技术的基础上发展 CAM 技术，用以满足麦道飞机零部件的加工需求；CV 和 GM 公司则将主要精力都放在 CAD 市场份额的争夺上。表面模型技术只能表达形体的表面信息，难以准确地表达零件的其他属性，如质量、质心、惯性矩等，难以满足 CAE 技术的需求，尤其是难于解决模型分析的前处理问题。基于对 CAD/CAE 一体化技术的探索，1979 年，SDRC 公司开发成功了第一个基于实体造型技术的 CAD/CAE 软件 I-DEAS。由于实体造型技术能够精确地表达零件的全部几何、拓扑和材料属性，在理论上有助于统一 CAD、CAE、CAM 的模型表达，因此称为 CAD 发展史上的第二次技术革命。但由于当时的硬件条件还不能满足实体造型技术所带来的数据和计算量大幅度膨胀的需要，实体造型技术并没有在制造业内全面推广。

20 世纪 80 年代中期，CV 公司的一些技术人员提出了参数化实体造型方法，其特点是基于特征、全尺寸约束、全数据相关、尺寸驱动设计修改等。参数化实体造型技术的出现和特征造型概念的提出标志着 CAD 技术进入了 CAD/CAM 集成化的新阶段，使设计模型在几何和拓扑意义上建立了基于约束的关联，保证了模型编辑的高效性和可靠性；特征造型概念的提出则是第一次在 CAD 建模技术中，将与产品制造工艺等相关的非几何、拓扑和材料信息包含在模型中，是 CAD 建模理论和技术有重要意义的拓展。然而，由于当时的参数化技术还处于发展的初级阶段，很多技术难点有待于攻克，如参数化技术还不能提供自由曲面建模的高效工具等。另一方面，参数化技术的核心算法与以往的系统实现原理有本质差别，采用参数化技术，意味着必须将全部软件代码重新改写，投资及开发工作量都很大。当时 CV 公司的成熟 CAD 软件在市场上几乎呈供不应求之势，于是 CV 公司内部否决了参数化技术方案。策划参数技术的这些人在新思想无法实现时集体离开了 CV 公司，另成立了新的参数技术公司（Parametric Technology Corp.），即 PTC 公司，并遵循自己的理想，研制成功了命名为 Pro/Engineer（简称为 Pro/E）的参数化实体造型 CAD 系统。进入 20 世纪 90 年代，CAD 技术进入普及应用阶段，软硬件的性能价格比不断提高，CAD 系统市场迅速扩大，PTC 公司凭借新技术的优势在 CAD 市场份额的占有率中名列前茅，有力地推动了 CAD 技术向前发展。因此，可以认为，参数化技术的应用主导了 CAD 发展史上的第三次技术革命。

20 世纪 90 年代初期，SDRC 公司在摸索了几年参数化技术后，开发人员发现参数化技术尚存在许多不足之处，尤其是“全尺寸约束”这一硬性规定干扰和制约着设计者创造力及想象力的发挥。全尺寸约束就是通过尺寸的改变来驱动设计模型形状的改变，一切以尺寸（即“参数”）为出发点。设计者在设计的全过程中必须将形状和尺寸联合起来考虑，并且通过尺寸约束来控制模型的形状，一旦所设计的零件形状复杂，面对满屏幕的尺寸，如何通过修改尺寸得到所需要形状的模型就很不直观。有时，设计中的某些关键形体的拓扑关系发生改变，使某些约束特征丢失，也会造成系统数据混乱。事实上，全尺寸约束是软件系统对用户的一种硬性规定，从设计的原理、方法和产品设计的目的出发，完全有理由提出“一定要全约束吗？”“一定要以尺寸为设计的先决条件吗？”“欠约束能否将设计正确进行下去？”的疑问，回答这些问题就会发现“全约束”的限制是欠合理的。沿着这个思路，在对现有各种造型技术进行了充分的分析和比较以后，一个更新颖大胆的设想产生了，SDRC 公司的开发人员以参数化技术为蓝本，提出了一种对参数化技术进行改良的先进的实体造型技术——变量化技术。SDRC 公司的决策者们权衡利弊，同意了这个方案，1990 年起，历经 3

年时间，投资1亿多美元，全部重新改写SDRC的CAD软件系统，于1993年推出全新体系结构的Ⅰ-DEAS Master Series软件。从数学原理看，已知完整参数的方程组可以比较容易地顺序求解，突破“全尺寸约束”的限制不可避免地要处理欠约束的问题，数学处理方法和软件实现技术都要有新的突破。SDRC公司攻克了这些难题，形成了独特的变量化造型理论和软件实现方法。变量化技术保持了参数化技术原有的优点，又有了新的发展。它的成功应用使CAD系统使用效率更高，用户体验更好。因此，可以说变量化技术成就了SDRC公司，也驱动了CAD发展的第四次技术革命。

20世纪90年代，CAD技术已趋于成熟，市面上出现了许多商业应用CAD软件，如UG、Pro/E等，这些软件开始逐步应用于企业的产品设计，标志着数字化设计技术能较好地服务于产品设计的各个阶段。波音公司在开发波音777时实现了100%数字化设计，与传统设计流程相比，节省了50%的重复工作和错误修改时间。

进入21世纪以后，现代CAD技术开始向集成化、网络化、智能化发展。随着数字化设计的逐步应用，产品设计中运用各类软件系统。由于各系统具有独立性，使得信息传递困难，无法快速准确地交换信息，这种现象被称为信息化“孤岛”。为了解决这个问题，研究人员提出了设计制造集成的解决思路，即采用集成的方法将各个系统联系起来，形成统一的信息传递平台，从而实现信息资源的共享和传递。随着集成技术、网络技术和信息技术的不断发展，产品数字化设计得到了深入研究，并应用于更广泛的领域，如多参数产品虚拟模型、成组技术与柔性制造、并行设计与敏捷制造技术、虚拟生产制造装配、虚拟试验、协同设计等。

1.2.2 数字化设计技术的发展趋势

1. 网络协同设计

汽车、船舶、飞机等产品的设计是多阶段、多学科、多部门的综合性复杂过程，随着网络技术的快速发展，数字化设计技术必然向网络协同化发展。网络协同设计可以帮助企业以电子形式高效传输二维图样，使制造型企业将动态的三维模型集成到自定义的在线目录中或各种电子商务服务中，通过互联网随时随地进行实时交流和协作。这种基于网络的协作模式对企业控制设计与制造成本、提高产品质量和加快新品上市速度是至关重要的。

2. 智能化

产品设计过程中方案构思与拟定、最佳方案选择、结构设计、评价及参数选择等工作都依赖于设计数据和设计者的经验和知识，运用人工智能技术建立产品设计相关的知识模型，采用问题推理等方法能大幅提高设计决策的效率和质量、缩短设计时间。因此，将人工智能、知识工程、基于大数据的深度学习等方法与数字化设计技术相结合，实现产品设计和决策的智能化是数字化设计技术发展的必然趋势。

3. 集成化

集成化是多角度、多层次的。它可以是一个CAD系统内部各模块之间的集成、多种CAD系统之间的集成、动态联盟中企业的集成等，从而有效支持整个产品全生命周期的开发设计。为保证集成的有效性，需要进一步完善产品数据交换技术、产品全生命周期数据管理技术等。

4. 标准化

标准化、规范化是数字化设计技术的重要保证。迄今为止，我国已制定了一系列 CAD 技术相关标准，可大致分为 5 类：①计算机图形标准；②CAD 技术制图标准；③产品数据技术标准；④CAD 文件管理和光盘存档标准；⑤CAD 一致性测试标准。此外在航空航天等一些大的行业中，针对某种 CAD 软件的应用也制定了行业的 CAD 应用规范。随着技术进步，新标准和新规范还会出现，这些标准对 CAD 系统的开发和应用具有指导性作用，指明了数字化设计技术标准化发展的方向。

1.3 MBD 技术与先进制造技术

1.3.1 MBD 技术

1. MBD 技术定义

随着数字化设计与制造技术的快速发展，产品的设计模式也发生着根本性变化，具有设计制造等全面信息的三维数模将取代传统的二维图样，成为产品的工艺设计、工装设计、零部件加工、装配与检测等产品全生命周期的唯一设计制造依据。1997 年，美国机械工程师协会在波音公司的协助下首次提出基于模型定义（Model Based Definition，MBD）的技术，发起了三维标注技术及其标准化的研究。MBD 技术是一种面向计算机应用的产品数字化定义技术，是指用集成的三维实体模型完整地表达产品定义信息，将产品的设计信息、工艺描述信息、加工制造信息、检测信息和管理信息定义到产品的三维数字化模型中，使三维模型成为产品全生命周期各阶段信息的唯一载体，保证设计数据的唯一性。MBD 技术贯穿整个产品全生命周期，使得 MBD 模型在设计、工艺、生产、检测和维护等环节保持一致性和可追踪性。因此 MBD 技术能够有效地缩短产品研制周期，改善生产现场工作环境，提高产品质量和生产率。

2. MBD 技术现状与发展趋势

目前主流三维建模软件都可以实现将尺寸、公差和工程注释直接添加到零部件三维模型上。三维建模软件 UG 提供 PMI（Product and Manufacturing Information）模块，将产品的几何公差、表面粗糙度、材料规格等信息定义到三维模型中，应用于三维数字化设计或协同产品开发系统。SolidWorks 早在 2006 年就引入了三维模型定义工具 DimXpert 进行模型定义，而 SolidWorks 2015 则更全面专注于 MBD 技术，以帮助企业更好地完成 CAD 应用从二维向三维过渡。

MBD 技术涉及系统性问题，其应用实施是一个长期、复杂而又艰巨的工作。需要考虑的问题不仅涉及技术方面，还有管理、组织、文化和生产方式等方面，因此 MBD 技术的应用离不开相关标准的制定，国内外先后制定了多种有关数字化定义的标准与规范。美国 2003 年形成了国家标准“ASME Y14.41-2003 Digital product definition data practices”，2006 年 ISO 组织借鉴 ASME Y14.41 标准制定了 ISO 16792 标准。参考 ISO 16792 标准的基础上，我国先后发布了国家标准 GB/T 24734—2009《技术产品文件　数字化产品定义数据通则》、GB/T 26099—2010《机械产品三维建模通用规则》、GB/T 26100—2010《机械产品数字样机通用要求》、GB/T 26101—2010《机械产品虚拟装配通用技术要求》，规范了 MBD 技术在国内企业的应用。

在国外，一些发达国家在航空产品三维制造领域已开始使用 MBD 技术。航空制造代表性企业波音公司 2004 年开始在波音 787 新型客机整个研究制造过程中采用了 MBD 技术，使产品的三维模型同时包含三维产品制造信息和三维设计信息，取消了二维图样，实现了产品设计、装配设计、产品加工、部件检测的高度集成、协同及融合；建立了产品三维数字化设计制造于一体的集成应用系统；开创了飞机三维数字化设计制造的新模式，而且确保了波音 787 客机设计制造质量。美国空军 JSF 战斗机和空客 A380 的研制都是通过应用 MBD 技术实现对传统生产方式的改造，并取得了成功。国内航空企业和高速列车的大型装配制造业正全面推行 MBD 技术，并取得一定成效。

在制造领域，数字化制造代表着一种全新的生产方式，正推动着管理模式、标准规范、设计制造方式和工作方式的根本改变。MBD 技术是面向生产制造的设计，针对产品的制造方式，在模型设计过程中，就要充分考虑到产品的制造性、装配性和工艺性，并根据相关制造要求进行三维实体建模、参数定义和尺寸标注。

1.3.2 先进制造技术

制造业是国民经济的主体，是立国之本、兴国之器、强国之基。新一代信息技术与制造业、自动化技术、现代管理技术等有机融合，引发了影响深远的产业变革，逐渐形成了新一代先进制造技术。20 世纪 80 年代末由美国首先提出了先进制造技术（Advanced Manufacturing Technology，AMT）的概念。熊有伦、杨叔子认为先进制造技术是制造业为了适应时代要求，不断吸收机械、电子、信息、材料、能源及现代管理等技术成果，将其与传统制造技术相结合，并综合应用于市场分析、产品设计、制造工程、监控检测、生产管理和质量保证、售后服务等制造的全过程，对制造技术不断优化及推陈出新，以实现优质、高效、低耗、清洁、灵活生产。先进制造技术是由主体技术群、支撑技术群和制造基础设施组成的三位一体的体系结构。这种先进制造技术，在传统制造技术的基础上，通过持续不断地继承和吸收信息技术、机械技术、现代管理技术等现代科学技术成果，以及将上述技术进行整合并将之融合于生产制造过程中，从而实现生产制造模式的灵活、高效、柔性的现代目标，最终实现从传统意义上的追求生产率向追求综合经济效益的重大变革。

21 世纪经济全球化环境中，制造业的竞争空前激烈。产品是企业一切活动的核心，也是制造业的立命之本。企业提高自身的竞争力，必须重视产品设计问题。企业必须不断改善产品、不断创新，有效缩短产品的开发时间 T、提升产品质量 Q、降低生产成本 C、提供最优的服务 S、保持环境清洁 E 和提高产品知识含量 K，从而提高企业的敏捷性、柔性及健壮性，以达到增加企业市场竞争能力的目的。今天，先进制造技术能有效提高企业的新产品开发能力，应对日益激烈的竞争，是提高企业敏捷性、柔性、健壮性的关键手段。它正推动着制造业进入信息化、自动化、智能化、敏捷化的历史新时期。

为了提高本国制造竞争力、获得在全球市场范围内的绩效增长，美国、日本、德国等发达国家纷纷提出了针对先进制造技术研发的国家级战略发展计划，从而希望通过先进制造技术的研发来提升本国制造业的市场竞争力。2013 年 1 月美国国防工业协会发布了题为《21 世纪先进制造建模与仿真路线图关键领域建议》报告。这份报告指出，国防工业应重点发展先进建模与仿真技术，提升系统工程早期设计能力，以解决武器系统研发复杂性急剧增加以及困扰多年的经济可承受性问题。日本于2015年1月23日公布了《机器人新战略》。该战略首先列举了欧美国家与中国的技术赶超，互联网企业向传统机器人产业的涉足，从而给机器人产业环境带来了剧变。这些变化，将使机器人开始应用大数据实现自律化，使机器人之间实现网络化，物联网时代也将随之真正到来。同时日本还推出相关战略以推动大数据应用所需的智能技术、3D 造型技术、物联网技术等先进技术的开发。德国在2013年4月开始进行德国工业4.0战略，通过利用信息物理整合系统将生产中的供应、制造、销售信息数据化、智慧化，最后达到快速有效的个性化产品供应，提升制造业的智能化水平，建立具有适应性、资源效率及人因工程学的智能工厂，确保德国制造业的未来竞争力和引领世界工业发展潮流。德国工业4.0战略强调通过网络与信息物理生产系统的融合来改变当前的工业生产与服务模式，突出强调物联网、信息通信技术以及大数据分析等相关技术在设计、生产、制造、管理等方面的创新应用，将集中式控制向分散式增强型控制的基本模式转变，并最终实现工厂智能化、生产智能化。2015年3月，李克强总理在政府工作报告中指出中国要实施“中国制造2025”，加快从制造大国转向制造强国。“中国制造2025”是以“创新驱动、质量为先、绿色发展、结构优化、人才为本”为基本方针，动员全社会力量建设制造强国的总体战略，推进信息技术与制造技术的深度融合，通过“三步走”实现制造强国的战略目标。

1.3.3 先进制造技术与现代 CAD 技术的关系

1. 敏捷制造

1991年美国里海（Lehigh）大学亚柯卡（Iacocca）研究所联合通用汽车公司、波音公司等13家大型企业组成核心研究队伍，共同研究编写了《美国21世纪制造企业战略》报告，这份报告中提出了一种新的制造模式——敏捷制造（Agile Manufacturing，AM）。敏捷制造是指制造企业采用现代通信手段，通过快速配置各种资源（包括技术、管理和人）以有效和协调的方式响应用户需求，实现制造的敏捷性。敏捷制造一经提出，引起世界各国的重视，并对其进行广泛的理论研究与制造实践，成为21世纪最有竞争力的制造模式之一。但是到目前为止，尚未有权威机构对敏捷制造进行明确定义。敏捷制造是一种制造模式，目标是快速响应市场需求，基础是人工智能和高水平的信息化。敏捷制造的关键技术有并行工程和虚拟企业联盟，其基本思想是联合先进的柔性生产技术和高技术水平人才，聚集跨地域的资源，形成一定的企业联盟，能够快速响应变化的市场需求，在最短的时间内向市场提供高性能、高可靠性、价格适中的产品。敏捷制造体系包含两方面的内容，即敏捷的组织形式和敏捷的运作方式。敏捷的组织形式是指组建敏捷的企业联盟，用快捷的方式在全国甚至全球范围内搜寻具有各自核心竞争力的资源，将这些资源迅速组织起来，形成一定规模的生产制造链，产品的设计开发、生产制造、物流运输、财务统计以及售后等过程都在企业联盟内部完成，以快速地满足市场需求的变化，从而提升企业的核心竞争力。敏捷的运作方式是指柔性生产线，集成化的资源，高技术水平、高质量和高效的生产运作。因此，敏捷制造除了要做到信息集成和过程集成外，还必须实现企业集成。企业集成就是针对某一特定产品，选择合作伙伴，组建企业的动态联盟，充分利用联盟企业所具有的设计资源、制造资源、人力资源等，解决联盟内的信息集成与过程集成，将新产品快速推向市场。20世纪90年代后期，敏捷制造理论逐渐成熟，随着信息通信技术的快速发展，敏捷制造又向网络协同、网络制造发展。

实施敏捷制造模式首先必须要建立敏捷设计模式，这种设计模式对CAD技术提出了以下要求。

（1）提供实现产品敏捷设计的使能技术　如资源共享、信息服务、合作建模、联盟内的数据管理与设计过程管理等技术。

（2）提供支持产品敏捷设计的网络平台及相关技术的解决方案　如3W技术、邮件通信、远程传输、安全保密等。

2. 增材制造

增材制造（Additive Manufacturing）技术是集数字化建模技术、机电控制技术、信息技术、材料科学与化学等学科于一体，依据产品的三维CAD模型，基于离散材料逐层叠加的成形原理，通过有序控制将材料逐层堆积，制造出指定形状的实体零件的数字化制造技术，又称为快速原型技术、3D打印技术。与传统的加工方法相比，增材制造具有以下优点：擅长制造具有复杂曲面和内腔的结构，加工材料可以达到近净成形，大大节省了加工时间，节约了生产成本；特别适合个性化的小批量复杂曲面的加工；无须多余的工艺装备，增材制造不需要刀具、模具，工装夹具较少。由于制造工艺流程最短，因此一旦增材制造技术克服了加工速度慢的局限，将成为一种真正的敏捷制造模式，符合先进制造业敏捷化的追求。增材制造技术是21世纪机械制造工业领域一次跨时代的工艺技术革新，英国杂志《经济学人》认为增材制造将“与其他数字化生产模式一起推动实现第三次工业革命”。

增材制造目前主要存在的有待进一步研究的难题是精度和效率。由于增材制造特有的成形原理，成形零件表面存在台阶效应等因素影响了复杂曲面的成形表面精度；数据处理系统和设备造成的过多成形时间，阻碍了增材制造系统的成形效率提高。影响增材制造精度的成形误差主要是数据处理过程、成形加工过程和后处理产生的误差。其中数据处理过程误差占了总误差的40%，因此如何控制和提高数据处理精度和速度是增材制造关键技术之一。传统CAD设计因其自身的局限性，只利用数字化方法描述零件的表面信息，而难以描述其内部结构、组织和材料信息，极大地限制了增材制造的发展空间。因此研究通过产品建模技术最大限度地发挥增材制造的优势已成为计算机辅助设计领域的研究热点之一。

增材制造对CAD技术提出了以下要求。

（1）建立提高成形精度和速度的数据处理方法　制订能较好保持CAD模型的几何及拓扑信息、减少数据转换的精度丢失的适用于增材制造的数据交换格式，自适应分层算法。

（2）完善CAD　克服现有实体建模方法在表达复杂几何形状和多种材料方面的局限性；研究多尺度建模和逆向设计方法；研究具有形状、性能、工艺等可变性建模和设计方法。

（3）提供支持增材制造的设计技术　如基于互联网的开放式创新服务、材料-性能-工艺-结构一体化设计优化等设计技术。

3. 云制造

20世纪90年代以来，我国吸取国外先进制造技术，开展了以计算机集成制造、并行工程、敏捷制造和网络化制造等为代表的制造业信息化相关技术的研究与应用，并取得了显著成果。随着网络技术、云计算等信息技术的快速发展，为制造业向敏捷化、服务化、智能化发展提供了机遇。服务化、基于知识的创新能力、对各类制造资源的整合与协同能力和对环境的友好性，已成为制造业信息化发展的趋势。在这种背景下，中国工程院院士李伯虎等提出一种面向服务、高效低耗和基于知识的网络化智能新模式——云制造。云制造是一种利用网络和云制造服务平台，按用户需求组织网上制造资源（制造云），为用户提供各类按需制造服务的一种网络化制造新模式。它融合现有信息化制造、云计算、物联网、语义 Web、高性能计算等技术、通过对现有网络化制造与服务技术进行延伸和变革，将各类制造资源和制造能力虚拟化、服务化，并进行统一、集中的智能化管理和经营，实现智能化、多方共赢、普适化和高效的共享和协同，通过网络为制造全生命周期过程提供可随时获取的、按需使用、安全可靠、优质廉价的服务。

云制造以产品全生命周期相关的制造资源与能力为核心，通过搭建支持海量资源统一管理及具有弹性架构的云平台，能够实现松耦合、紧耦合等不同形式的协作方式，构建不同形式的联盟。因此，云制造体系包括制造资源/制造能力、制造云、制造全生命周期应用三大组成部分，云制造系统的结构层次分为物理资源层、虚拟资源层、核心服务层、应用接口层和应用层。

云制造为制造业信息化提供了一种崭新的理念与模式，会加速推进中国制造业信息化向“网络化、智能化、服务化”方向发展。云制造要求制造企业具有良好的信息化基础，并且实现了企业内部的信息集成与过程集成。

在云制造的实施过程中，需要 CAD 技术为其提供技术支撑。

（1）为云制造系统的资源层提供技术支持　CAD/CAM/CAPP/PDM 等的集成技术、资源共享、数据管理与设计过程管理。

（2）提供构建云制造体系的相关技术　虚拟化技术、人机交互技术、多主体协同的可视化终端交互技术、可信与安全制造服务技术等。

从上面三种典型的先进制造模式的定义及基本思想，揭示了现代制造业的发展方向，同时说明了先进制造技术的发展需要 CAD 技术进一步的发展。随着先进制造技术的不断发展，将会出现更多的制造模式，提出更新、更强的集成要求，因此还将继续对 CAD 技术产生更深刻的影响，提出更高要求。

练　习　题

1. 请查阅有关文献资料或网站，总结 CAD 技术的发展趋势，并参与有关讨论。
2. 试述 CAD 技术和计算机图形学的区别与联系。
3. 在 CAD 技术发展过程中什么是参数化技术、变量化技术？与这些技术对应的代表性的软件有哪些？特征建模（Feature Modeling）技术与参数化技术、变量化技术有什么关系？
4. 试述基于模型定义技术实施的关键技术。

第2章

几何模型生成基础

—核心问题与本章导读—

CAD 软件是实现计算机辅助设计必不可少的工具，创建几何模型是 CAD 软件的重要功能之一。本章介绍 CAD 创建几何模型的理论基础，包括几何造型基础知识、自由曲线与自由曲面的表达。

2.1 计算机几何造型基础知识

计算机几何造型是计算机图形学研究的一个重要领域，也是 CAD 技术的理论基础。几何造型就是研究用计算机系统生成、处理、存取和输出几何模型的理论和技术。几何模型可分为二维几何模型和三维几何模型，三维几何模型广泛应用于产品设计。能够完成几何造型功能的计算机软件系统称为几何造型系统，其是 CAD 的技术基础。三维几何造型系统借助于各种数学方法、数据结构和软件方法表示三维几何模型，通过基本几何模型的生成、集合运算、局部编辑等操作得到设计者所需的复杂模型，采用几何变换、投影变换等实现对模型的显示和控制等。因而，计算机几何造型是 CAD 建模技术的基础和核心。下面介绍几何造型基本原理和技术。

2.1.1 三维形体的基本元素

三维形体主要由几何信息和拓扑信息组成。几何信息是指三维欧氏空间中，组成几何模型的几何形体及其点、边、面等几何元素的形状、尺寸、位置、面积、体积等。拓扑信息是指构成几何形体的各几何元素（如点、边、面、体等）之间的连接关系。例如：某条线由哪些点确定、某个面由哪些边组成、某个面与哪些面相邻等都属于拓扑信息。通常用数据结构来描述拓扑信息。当三维几何模型用于产品的设计时，还需要包含设计制造等过程所需要的非几何信息，如材料信息、尺寸信息、形状公差信息、热处理及表面粗糙度信息和刀具信息等。

在计算机中定义三维形体采用的是由简单几何元素开始到完整几何形体描述的层次结构，依次是点（Vertices）、边（Edge）、环（Loop）、面（Face）、外壳（Shell）、体（Object）等。

1. 点

点是几何造型技术需表达的最基本元素，各类形体均可以用有序点的集合来表示。用计算机存储、管理、输出几何形体的实质就是对点集及其相互关系的处理，如图 2-1 所示的三维形体，各个顶点 $V_1 \sim V_8$ 的坐标是其最基本的几何信息。

2. 边

边是两个相邻表面的交集，是一维几何元素。边可分为直线边和曲线边。直线边可以由两个端点的连线确定，如图 2-1 所示的 $E_1 \sim E_{12}$ 为直线边。曲线边则由一系列控制点定义。

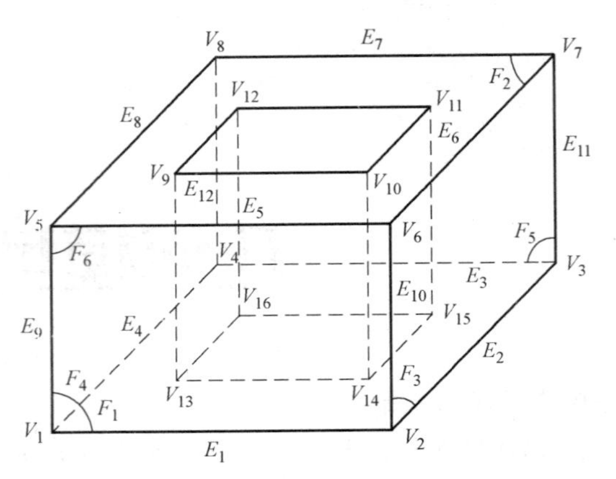

图 2-1　三维形体的基本元素

3. 环

环是由有序、有向边组成的封闭边界。环中的边不能自相交，相邻两边共有一个端点。环有内环和外环之分。确定面的最大外边界的环称为外环。外环的边按逆时针方向向排序，如图 2-1 所示的 $V_5V_6V_7V_8V_5$ 形成了上表面的外环。外环内部的封闭边界称为内环，其边与相应外环边的排序方向相反，即按顺时针方向排序，如图 2-1 所示的 $V_9V_{12}V_{11}V_{10}V_9$ 形成了上表面的内环。基于这种定义，在面上沿一个环前行时的左侧总是面内，右侧总是面外。

4. 面

面是几何体上一个有界、有向的区域，是二维几何元素。面通常包括一个外环和若干个内环，如图 2-1 所示的 $F_1 \sim F_6$。一个面可以没有内环，但是必须有且只有一个外环。面有方向性，一般用面的法矢量定义面的方向。若一个面的法矢量向外，则此面为正向面，反之，则为反向面。区分面的正向与反向对面与面求交、交线或边的分类、几何模型真实感显示等都有重要意义。

5. 体

体是三维几何元素，是由封闭表面围成的空间。为了保证几何造型结果的合理性和所代表工程对象的可加工性，要求形体上任一点的足够小的邻域在拓扑上应是一个等价的封闭圆，即围绕该点的形体邻域在二维空间中可构成一个单连通域。把满足该定义的几何模型称为正则形体，不满足该定义的几何模型称为非正则形体。

6. 外壳

外壳是从几何模型外某一视角可以观察到的形体最大外轮廓。在图 2-1 中，$V_1V_2V_3V_7V_8V_5V_1$ 是该形体在图示观察方向上的外壳。

体素也是几何造型中经常遇到的概念。体素是可以用有限个参数确定形状和位置的简单立体。常见体素有圆柱、圆锥、圆球、长方体、棱柱、棱锥、环等，也可以是某一截面轮廓线经扫掠运动而产生的立体。用体素进行交、并、差集合运算，是构造复杂模型的主要方法之一。

2.1.2　几何模型的分类

计算机描述三维形体得到的几何模型可以有多种类型，按照模型包含信息的完整性可以分为线框模型、表面模型和实体模型三种。

1. 线框模型（Wireframe Model）

线框模型是用多边形线框描述三维形体的轮廓得到的三维模型。线框模型只需要各顶点和边来描述，如图 2-2 所示，其中边可以是直线边也可以是曲线边。线框模型可用顶点表和边表组成的链表数据结构描述。

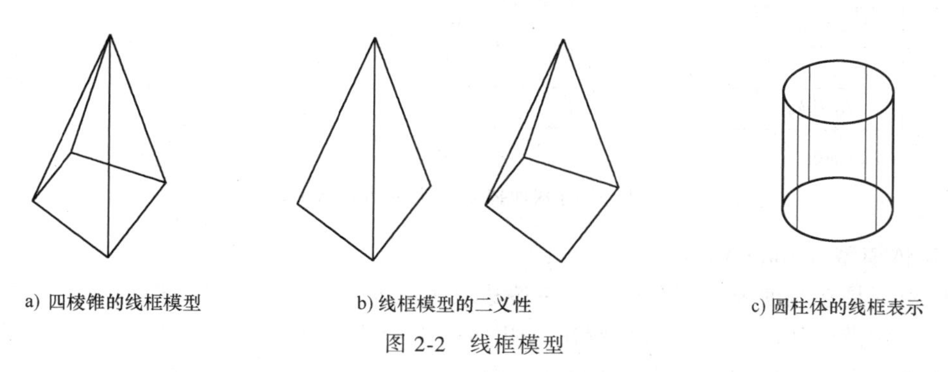

a) 四棱锥的线框模型　　b) 线框模型的二义性　　c) 圆柱体的线框表示

图 2-2　线框模型

线框模型有如下优点和缺点。

优点：①结构简单，计算机内部易于表达和处理；②模型所需要的几何信息就是线段端点坐标，输入简单。

缺点：①模型理解上有二义性，如图 2-2b 所示；②由于没有深度信息，不能明确给定点与几何模型之间的内外关系，因此线框模型不能用于数控加工、消隐、着色处理等。

2. 表面模型（Surface Model）

表面模型是在线框模型的基础上，将棱边围成的有限区域定义为表面，再由表面的集合来定义几何形体所得到的三维模型，其数据结构如图 2-3 所示。

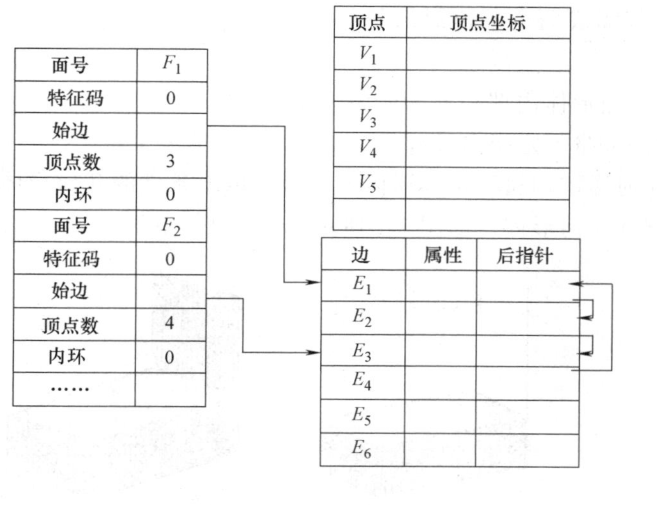

a) 表面的数据结构表达

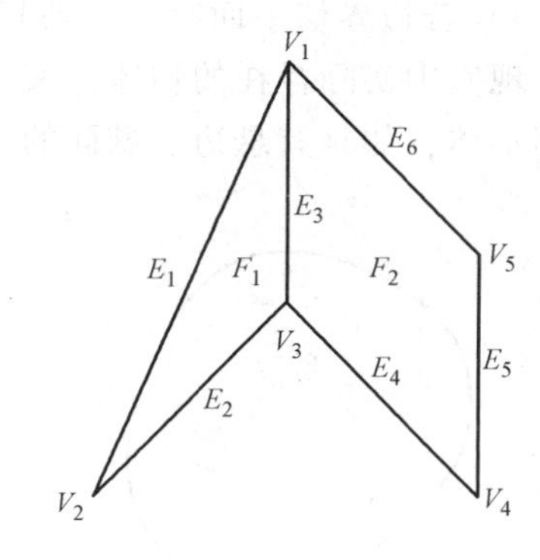

b) 表面模型

图 2-3　表面模型

表面模型在线框模型的基础上，增加了边和表面信息，可以满足面求交、消除隐藏线、表面光照处理、数控加工等的要求。表面模型可用于二维工程图的表达，三维实体或曲面的草图定义，或者作为某些模型的线框网格输出。如果将图 2-1 作为表面模型的一个例子，则其数据结构如图 2-4 所示。

面号	边号	内环
F_1	$E_1E_2E_3E_4$	
F_2	$E_5E_6E_7E_8$	
…	…	
F_6	$E_1E_{10}E_5E_9$	

a) 面表

边号	点号	内环
E_1	V_1V_2	
E_2	V_2V_3	
…	…	
E_{12}	V_4V_8	

b) 棱边表

点号	x y z
V_1	$x_1\ y_1\ z_1$
V_2	$x_2\ y_2\ z_2$
…	…
V_8	$x_8\ y_8\ z_8$

c) 顶点表

图 2-4 平行六面体表面模型的数据结构

3. 实体模型（Solid Mode）

实体模型是在表面模型的基础上，将棱边改为有向棱边，确定几何模型表面的法矢量定义为指向几何模型外部空间，从而解决了几何模型存在于表面哪一侧的问题，如图 2-5 所示。实体模型可包含模型体积、材料特性等信息，可用于计算模型的重心、转动惯量等，使用范围更为广泛。

通常把实体模型中的三维形体定义为正则形体。正则形体的概念源于正则集合，如图 2-6 所示：G 是三维空间中的正则集合的条件是 $K(iG)=G$，这里 iG 是内点的集合，$K(iG)$ 是 G 的闭包集合，包括 G 的边界 bG，cG 则是 G 的补集。

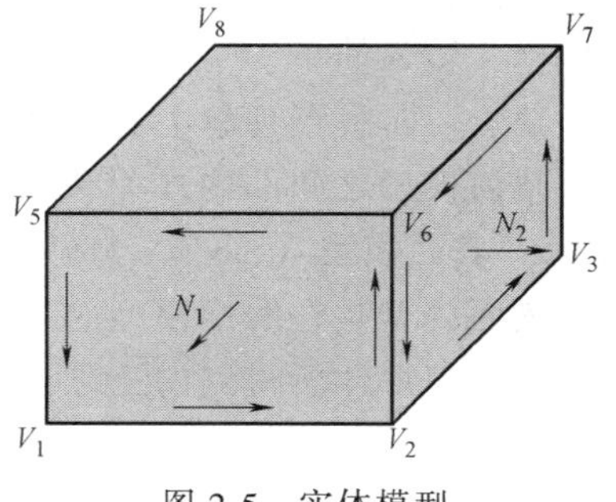

图 2-5 实体模型

几何形体是三维空间中正则形体的条件如下。

1）形体是三维空间中有界的正则集合。

2）形体表面将形体内部和外部隔成两个不连通的子空间。

3）除去形体表面上任何一点，则形体内部和外部成为连通子空间。

4）若边界切平面存在，则其法矢量一定指向外部。

现实中实际存在的物体，其几何形体均属于正则形体。不满足以上条件的几何形体为非正则形体，如具有悬边、悬面的三维几何形体，如图 2-7 所示。

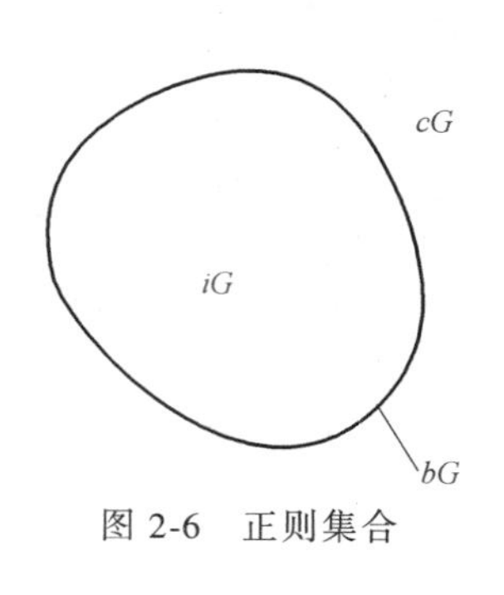

图 2-6 正则集合

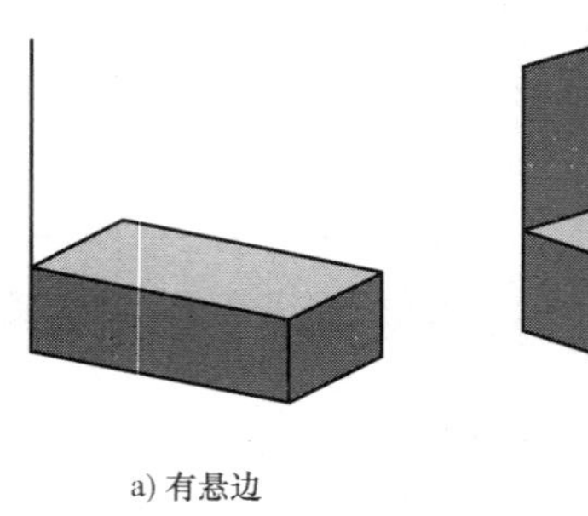
a) 有悬边

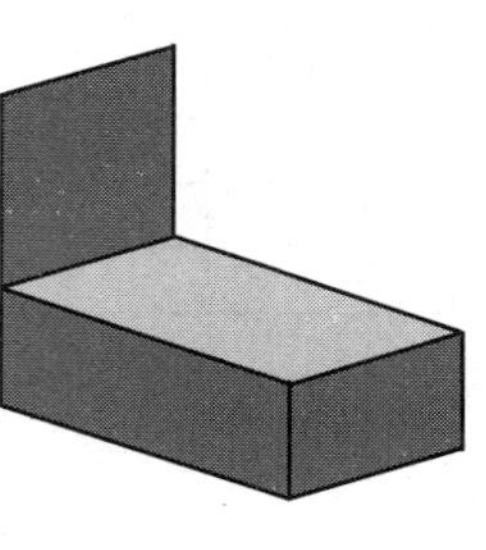
b) 有悬面

图 2-7 非正则形体

对于具有正则形体的实体模型，其表面还必须具有以下的性质。

（1）连通性　位于模型表面上的任意两个点都可由形体表面上的一条路径连接起来。

（2）有界性　模型表面可将空间分为互不连通的两部分，其中一部分是有界的。

（3）非自相交性　模型表面不能自相交。

（4）方向性　模型表面的两侧可明确定义出是属于模型的内侧或者外侧。

机械领域中常用的有效正则形体还应满足刚体运动学意义上的如下性质。

（1）刚性　有效正则形体必须具有形状不变性，即形状与形体的位置和方向无关。

（2）维数一致性　在三维空间中，有效正则形体的各部分均应是三维的。

（3）有限性　有效正则形体必须占有有限的空间。

（4）边界确定性　根据几何模型的边界能够确定其内部和外部。

（5）运算封闭性　经过一系列刚体运动、几何变换及任意的集合运算之后，仍然保持是有效正则形体。

4. 正则形体的布尔运算

三维几何造型系统中构造模型的布尔运算有基本体素的求合、求差和求交运算。求合运算的结果是 A 和 B 两个体素之和表示的形体，求差运算的结果是从 A 体素减去 B 体素余下部分的形体，求交运算的结果是 A 和 B 两个体素公共部分形成的形体，如图 2-8 所示。

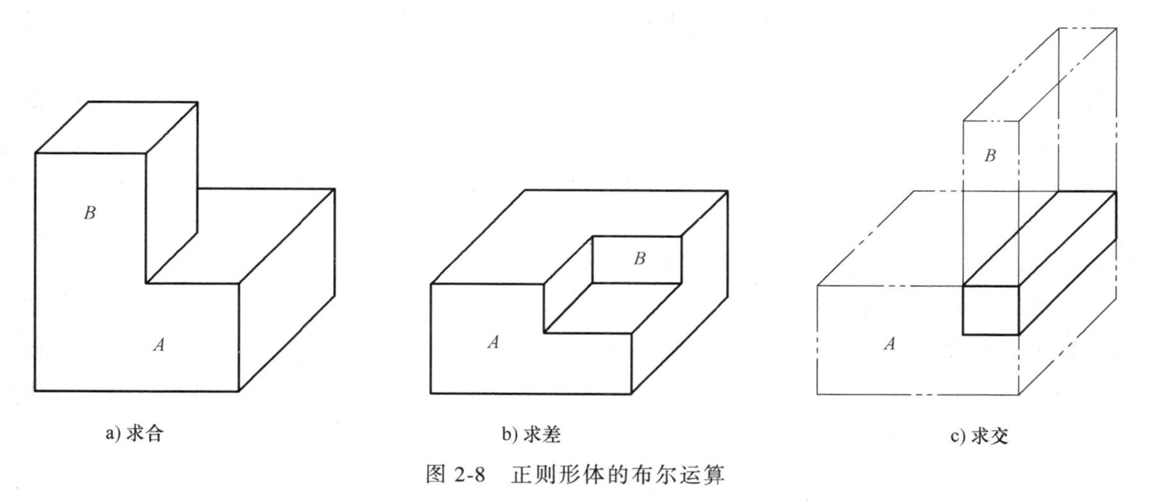

a) 求合　　b) 求差　　c) 求交

图 2-8　正则形体的布尔运算

对于正则形体，其顶点、边、表面之间的关系满足欧拉公式，即

$$n_V - n_E + n_F = 2$$

式中，n_V 是顶点数量；n_E 是边数量；n_F 是表面数量。例如：长方体的各参数为 $n_V = 8$，$n_E = 12$，$n_F = 6$，则有 $8-12+6=2$。

适用于有孔洞的正则形体的是广义欧拉公式，即

$$n_V - n_E + n_F - n_H = 2(B-P)$$

式中，n_H 是立体表面上孔洞的个数；B 是相互分离的多面体个数；P 是贯穿多面体孔洞的个数。例如：图 2-1 所示的有孔洞的正则形体，对应的广义欧拉公式为 $16-24+10-2=2(1-1)$。

2.1.3　几何模型的表示方法

计算机几何造型系统要表示的三维几何模型，除了工程中常见的平面立体、回转体、组

合体外，还有各种复杂的曲面几何形体和不规则几何形体，很难用统一的表示方法来描述。因此学者们研究了多种模型的表示方法，以便在计算机中生成各种复杂模型。例如：用多边形网格描述汽车、飞机、船体等的自由曲面；用分型结构和微粒系统描述树木、花草、云彩等自然景观；用单元分离和八叉树方法描述物体内部特征等。

三维模型的表示方法通常可以分为边界表示法（Boundary representation，B-reps）和空间划分表示法（Space-partitioning representation，S-reps）两大类。边界表示法是用一组曲面或平面作为三维几何模型的边界，实现几何模型表示的方法，这些曲面或平面明确区分了几何模型的内部和外部。边界表示法的典型例子是用多个平面或样条曲面等表示的三维几何模型。空间划分表示法是将物体所包容的空间区域划分为一组足够小的、非重叠的、连续有序排列的单元实体（通常是立方体）的集合，这些单元的集合代表了几何模型所占的空间。空间划分表示法的典型代表是八叉树表示法。

下面介绍几种常用的三维几何模型的表示方法。

1. 多边形表面表示法

多边形表面表示法是用一组与模型表面一致的平面多边形表示三维模型边界。采用此种表示方法的几何造型系统以多边形来表示和存储三维模型。由于几何模型的所有表面均可以用线性方程描述，模型的运算速度和处理效率都较高，因此在模型复杂的情况下，多边形表示甚至是唯一的可用方式。多边形表示法可以精确定义平面立体的表面特征，但是对于曲面几何模型，只能用一个包含几何模型的多边形网格来逼近真实的曲面，因而是一种近似的边界表示法，逼近的精度可以通过不断细分多边形获得提高。

多边形表示的线框模型能获得很快的模型显示速度，通过沿多边形表面进行明暗处理等可消除或减少边界，实现真实感图形的显示和绘制，用于直观地描述模型的表面特性，故这种表示方法在产品的外观造型中经常被采用。

多边形表面可用其顶点坐标集合和相应属性参数来定义，这些信息存放在多边形数据表或称为多边形表中，多边形表通常由几何信息表和属性表组成。几何信息表包括顶点坐标和标识多边形空间方位的参数；属性表记录几何模型的透明度、表面反射率、表面纹理等模型效果表达需要的参数。

多边形表面的几何信息可存储在用顶点表、边表和面表组成的三表结构中。多边形的顶点坐标值存放在顶点表中，各条边的顶点信息存放在含有顶点指针的边表中，面表有指向边表的指针，用来标识每个表面的组成边。另外，为每个多边形面片加注标识，以便于引用某个多边形表示的几何模型。

2. 多边形网格表示法

多边形网格是由一系列彼此相连的多边形平面构成，可以表示表面弯曲的三维模型。常用的多边形网格有三角形网格和四边形网格。三角形网格划分的原理是根据给出的 N 个顶点坐标值得到由 $N-2$ 个三角形构成的三角形网格。图 2-9a 所示为由 13 个顶点构成三角形网格。四边形网格划分的原理是根据给出的 N 行 M 列个顶点，可得到 $(N-1)\times(M-1)$ 个四边形构成的四边形网格。图 2-9b 所示为由 20 个顶点构成的四边形网格。如多边形面片顶点多于三个，这些顶点又不在一个平面上，处理的方法之一是先将多边形剖分为多个三角形，再有序连接，形成多边形网格。

高性能图形系统一般使用多边形网格显示三维模型，并建立存储有几何和属性参数的数

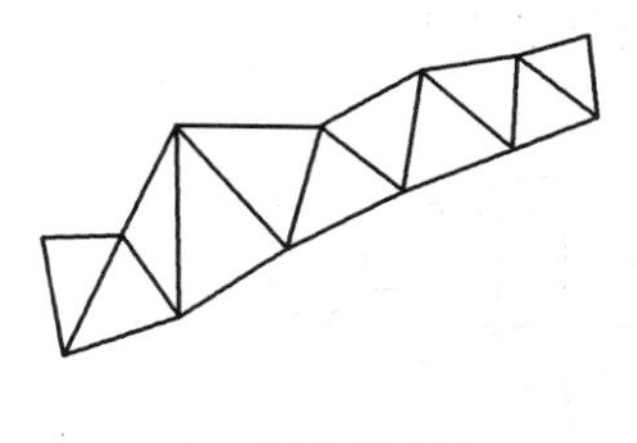

a) 三角形网格划分

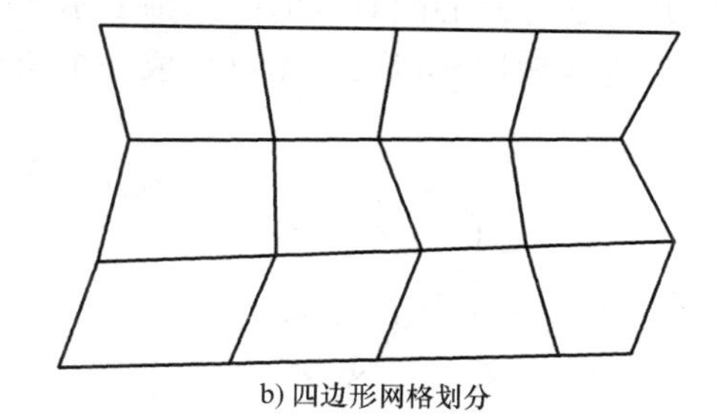

b) 四边形网格划分

图 2-9　多边形网格划分

据库来处理多边形面片的数据。为了满足复杂三维模型高质量显示的需要，经常采用快速硬件系统实现多边形的绘制，可在 1s 内处理和显示上百万个多边形，同时对这些多边形进行明暗、表面纹理和光照效果的处理，获得三维模型高质量的真实感显示。

3. 平面方程表示法

处理多边形或多边形网格时，需要知道多边形所在平面的方程。用三个顶点的坐标可以确定一个平面，平面方程的一般形式为

$$Ax+By+Cz+D=0$$

系数 A、B、C 确定了平面的法向量（$A\quad B\quad C$）。若已知平面上三个点 $P_1(x_1, y_1, z_1)$，$P_2(x_2, y_2, z_2)$，$P_3(x_3, y_3, z_3)$，通过向量叉乘得到平面的法向量。P_1、P_2、P_3 三点形成两个向量 P_1P_2 和 P_1P_3，向量叉乘 $P_1P_2 \times P_1P_3$ 为平面的法向量，从而确定系数 A、B、C。如果这个叉乘等于 0，则说明此三点共线，不能确定一个平面，需要另选一个点来替代。三点中任选一点，将其坐标及求得的系数 A、B、C 代入平面方程即可求得系数 D。

在实体模型中，需要区分表面的内侧与外侧。通常顶点按逆时针方向排序，则在右手直角坐标系中，法向量由里向外。设如图 2-10 所示的三点为 $\boldsymbol{V}_1(1, 0, 0)$，$\boldsymbol{V}_2(1, 1, 0)$，$\boldsymbol{V}_3(1, 1, 1)$，则法向量 $\boldsymbol{N}$ 为（1 0 0），代入上述系数方程，求出 $A=1$，$B=0$，$C=0$，$D=-1$。

平面方程一旦确定后，可用空间中任意一点到平面的距离来判别空间点与几何模型表面的位置关系。空间中任意一点 $P(x, y, z)$ 到平面的距离 l 为 $l=\dfrac{Ax+By+Cz+D}{\sqrt{A^2+B^2+C^2}}$，因此可根据表达式 $Ax+By+Cz+D$ 值的正负来判别点 P 在几何模型内部还是几何模型外部。若 $Ax+By+Cz+D=0$，则点 P 在平面上；$Ax+By+Cz+D<0$，则点 P 在几何模型内部；若 $Ax+By+Cz+D>0$，则点 P 在几何模型外部。

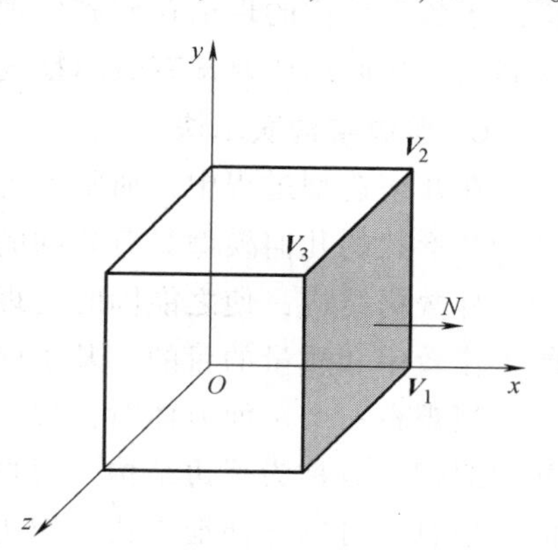

图 2-10　几何模型平面的法向量

4. 扫描表示法

用扫描对象沿着指定的方向或路径运动时所留下的轨迹来表示三维几何模型的方法，称为扫描或扫掠（Sweep）表示法。扫描对象通常是简单的几何元素或平面图形，扫描路径可以是直线或者曲线。图 2-11a 所示的扫描对象是一个

圆，扫描路径是通过圆心的直线时，扫描表示法可生成一个圆柱体或椭圆柱体；扫描运动是绕圆周外一根直线做回转运动，则可生成一个圆环体（见图 2-11b）。

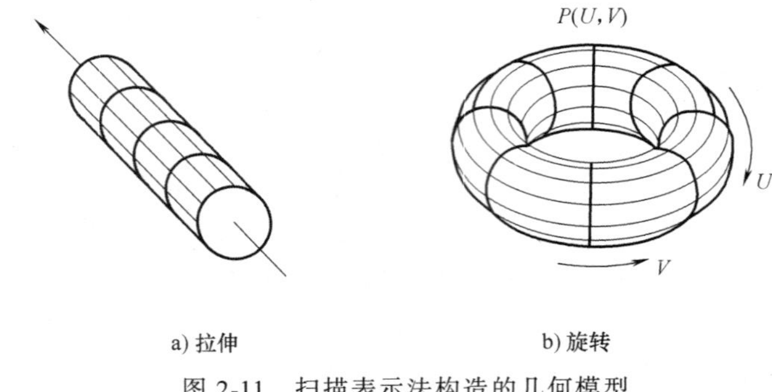

图 2-11　扫描表示法构造的几何模型

5. 八叉树表示法

八叉树（Octrees）是一种空间划分表示法，其思想是假想将已知几何模型划分成若干简单的几何形体，如立方体、长方体等，控制划分的方法，使各几何形体之间保持层次树形关系，用这些几何形体的集合近似地表示已知几何模型。如图 2-12 所示，构造一个完全包含被表示几何模型的六面体，然后将该六面体所占空间划分成为八个单元，进一步对部分包含几何模型的单元进行同样的操作，每一个部分含有几何模型的单元都会被分解成八个下一级单元，依此类推，直到形体的各部分均被分解的某一级单元完全包含或者完全不包含，如图 2-12c 所示。按照上述方法分解得到的单元之间的关系可以用一个与几何模型对应的八叉树数据结构表示。在这个八叉树数据结构中，根节点就是要表示的几何模型，其他的每个节点对应一个单元，完全包含和完全不包含形体的单元不再分解，分别对应如图 2-12d 所示的实节点和空节点。被形体部分占有的单元称为可分解节点，对应如图 2-12d 所示具有子孙的节点，每个可分解节点存储了下一级分解的八个单元的数据元素。上述方法获得的八叉树的每个节点不仅与三维几何模型所占有的空间一一对应，而且节点之间的相互关系明确，可以借助于数据结构的理论存储和处理模型数据。八叉树是一种计算效率较高的模型表示方法，将其用于曲面形体时却有表示精度的控制问题，因而是一种近似表示方法。

6. 翼边结构表示法

在几何造型过程中，通常是把几何模型的几何信息和拓扑信息结合在一起处理。当不同尺寸和形状的几何模型具有相同的拓扑关系时，可以采用相同的几何模型生成过程，从而设计一种数据结构，使之能同时处理几何模型的几何信息和拓扑信息，达到提高几何造型系统的工作效率和质量的目的。基于此种思想，美国斯坦福大学的学者提出一种双链表的翼边结构。当观察一个平面立体时，每一条棱边都有左、右两个相邻表面和四条相邻的边，好像展开的双翅，故称为翼边结构（见图 2-13）。进一步，设计对应的翼边数据结构存储相邻边和面的信息，可以方便地查找与棱边相关的各个几何元素的信息以及这些几何元素之间的连接关系。例如：组成一个面的所有边，一条边的所有邻边等。翼边结构的详细介绍，读者可以参考有关文献。

7. 结构实体几何表示法

结构实体几何表示法（Constructive Solid Geometry，CSG）采用二叉树结构表达复杂的

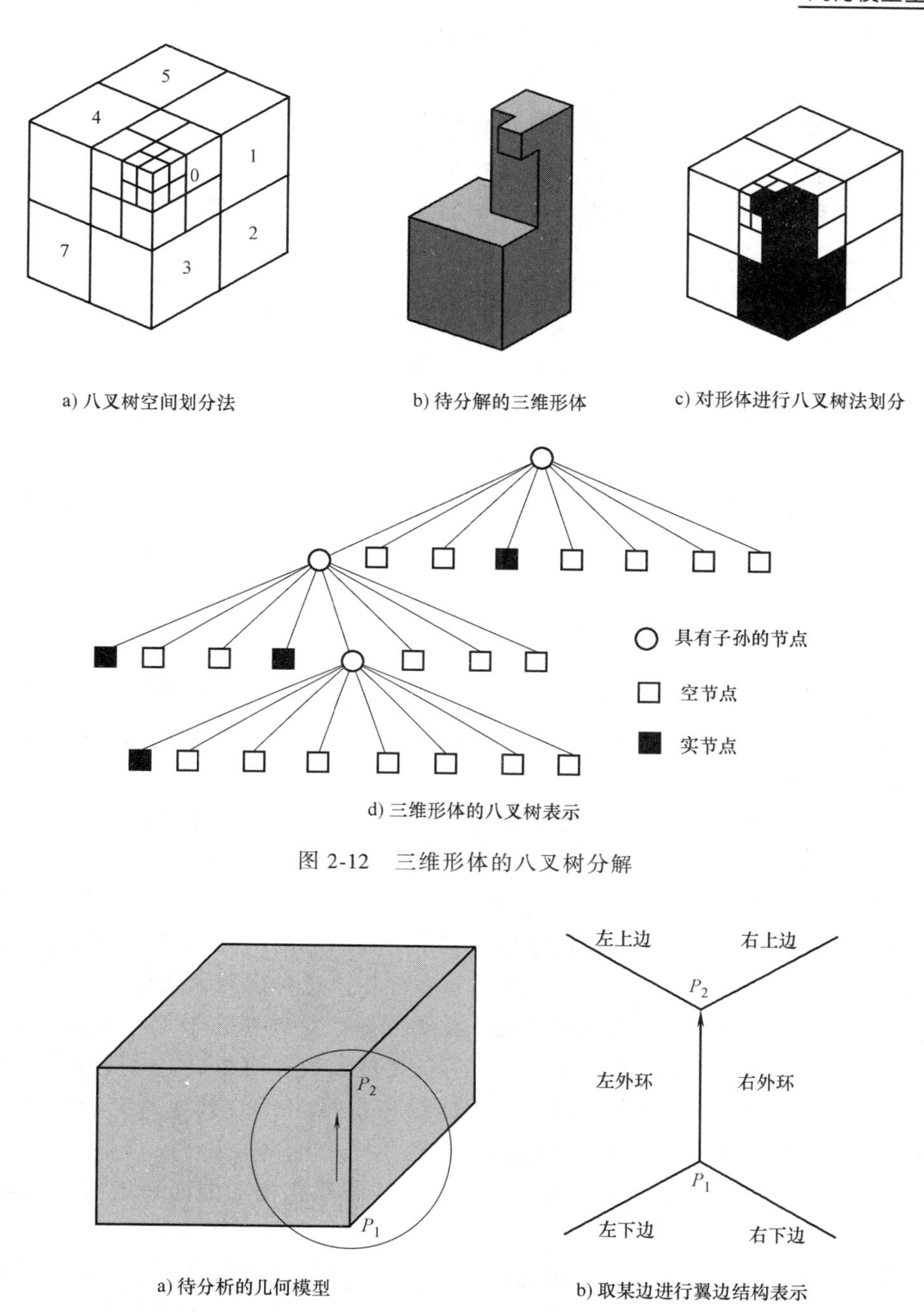

图 2-12　三维形体的八叉树分解

图 2-13　翼边结构表示法

几何模型。二叉树的叶节点是预先定义的基本几何模型或体素，如长方体、圆柱体、圆锥体、球等，其余节点则是几何模型进行并、交、差布尔运算的结果，二叉树的根节点就是要表示的几何模型，如图 2-14 所示。该表示方法的优点是几何模型结构清楚，表达形式具体、直观，便于理解，模型数据的记录也很简练。

CSG 是一种广泛使用的三维模型表示方法，目前主流的 CAD 软件系统都提供了 CSG 建模功能。然而，CSG 作为一种基于布尔运算和建模过程的表示方法，其优点和缺点也十分明显：

优点：①CSG 非常直接简明，可以唯一定义形体；②采用 CSG 所表示的模型，其有效性由体素的有效性和集合运算的正则性自动保证；③CSG 描述形体非常灵活，系统提供的体素种类越多，所能定义形体的覆盖面越广，实用性越强。

缺点：①CSG 的二叉树只定义了模型的构成体素及构造方式，没有反映模型的面、边、顶点等详细信息，对应的数据结构在一定意义上是“不可计算的”，故用 CSG 生成的模型又被称为“隐式模型”或“过程模型”；②当进行模型的集合运算并最终显示模型时，还需将 CSG 二叉树数据结构转换为边界表示（B-Reps）的数据结构。

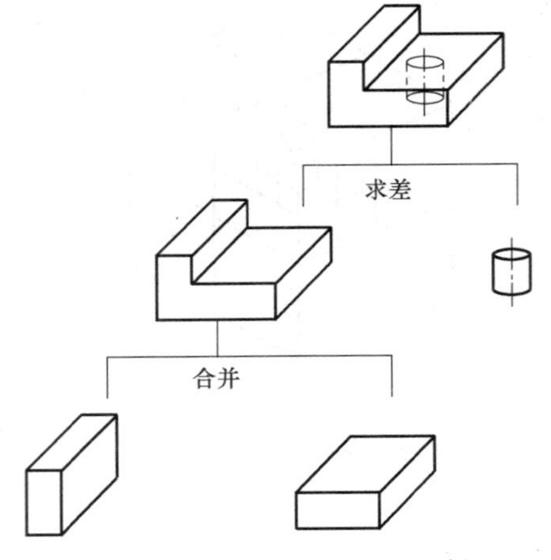

图 2-14　几何模型的 CSG 树

2.2　自由曲线设计理论基础

规则曲线和曲面是由符合特定规律的点集构造的线条和表面，通常可以用解析式描述，如三角函数曲线、圆锥曲线和曲面等。而自由曲线和曲面是由一系列点集构造的难以用解析式准确表达的线条和表面。

在工程实际中经常需要使用自由曲线和曲面。例如：汽车车身设计时，通常需要对先前设计得比较成功的“标杆车”或专门制作的模型进行测量，获得关于测点的坐标数据，然后根据这些测点数据建立车身外形的数学模型，利用计算机软件系统对车身进行修改和分析；船体的外形设计时，首先确定不同水线上若干个控制点的坐标，利用这些坐标建立船体外表面的数学模型，供后续的船体设计和建造流程使用。这种由测量或设计获得的一系列离散点定义的曲线和曲面称为自由曲线和曲面。此类问题广泛地存在于工程和产品设计领域，关键是已知一组离散点，如何获得满足工程实际需要的曲线和曲面数学模型，并且便于在计算机环境下完成工程和产品的建模设计。自由曲线和曲面是 CAD 技术研究和应用的重要领域，此领域的研究必须考虑以下四个方面的需求。

（1）工程需求　曲线、曲面必须光顺，如与流体相互作用的曲面一般要求二阶导数连续等。

（2）设计需求　曲线、曲面必须表达灵活、控制自如、便于设计师进行创意设计。

（3）操作需求　便于在计算机环境下实现对曲线、曲面形状的控制和交互式操作。

（4）计算需求　便于用计算机对曲线、曲面进行数值运算和处理。

上述需求不仅是推动自由曲线、曲面理论研究和技术发展的动力，而且是理解和掌握此领域相关知识的出发点，正是前人围绕这些需求所做的卓越努力，使这一领域的研究超出了纯数学的范畴，而显得生机勃勃。

本章将围绕上述需求展开讨论，力求避免局限于数学，并以工程实际中广泛使用的三次自由曲线为主介绍有关内容，便于读者学习理解。

下面给出几个与自由曲线、曲面相关的基本概念。

(1) 型值点　用以定义自由曲线或曲面的互不关联的一组离散点，称为型值点。

(2) 插值　给定曲线或曲面 $f(x)$ 上若干个互异的型值点，求一个函数 $\psi(x)$ 来逼近曲线或曲面函数 $f(x)$，如果求得的函数 $\psi(x)$ 通过各型值点，则该问题称为曲线或曲面的插值。

(3) 逼近　给定曲线或曲面 $f(x)$ 上若干个互异的型值点，构造的曲线或曲面 $\psi(x)$ 在某种数学定义下最好地逼近这些点，则该问题称为曲线或曲面的逼近。通用的逼近方法有最小二乘法，B 样条方法等。

(4) 拟合　由一系列给定的型值点按插值或逼近的方法构造曲线或曲面的方法，称为曲线或曲面的拟合。

(5) 样条曲线　将多段曲线段光滑连接形成的曲线，称为样条曲线。

(6) 曲线的连续性　设某曲线由两条曲线连接形成，若两曲线仅在连接点处连接，则称曲线 G^0 连续，又称为 0 阶连续；若两曲线在端点处连接，且两曲线在连接点处具有相同方向的切向量，则称曲线 G^1 连续，又称为 1 阶连续；若两曲线满足 G^0、G^1 连续，且两曲线在连接点处的曲率具有相同的方向，以及曲率大小相等，则称曲线 G^2 连续，又称为 2 阶连续。曲线的连续性可以推广到曲面的连续性。

构造复杂曲线和曲面时，通常是先分段、分块进行拟合，最后将各曲线段、曲面块光滑地连接起来，形成工程中广泛使用的样条曲线和样条曲面。

2.2.1 三次样条曲线及工程背景

1. 放样

船体放样是造船工业中确定船体水线形状的一道工艺，有手工放样和计算机放样两类方法。手工放样是在地面上绘有坐标网格的放样车间内进行。放样员在设计完成的水线上的一系列型值点处，用压铁压住一根富有弹性的、均匀的细木长条或有机玻璃长条，强迫这根被称为“样条”的细长条通过这些型值点，发生弹性变形。随后，放样员沿变形后的样条绘出光滑曲线，从而完成一条水线的放样。按照上述步骤获得的曲线称为物理样条曲线，其是建造船体的重要依据。计算机放样是在建立样条曲线数学模型的基础上，利用计算机自动生成船体水线样条曲线的方法。

2. 三次样条曲线

假设物理样条为弹性细梁，将压铁产生的摩擦力视为施加在物理样条上的集中载荷，则物理样条曲线即为弹性细梁在集中载荷作用下的变形曲线，符合弹性力学的 Bernoulli-Euler 定律。于是有

$$EI \cdot K(x)=M(x) \tag{2-1}$$

式中，EI 是抗弯刚度系数，假设样条的材料均匀，EI 为常数；$M(x)$ 是弯矩函数，对均匀样条，$M(x)$ 是 x 的线性函数；$K(x)$ 是变形曲线的曲率函数。当物理样条的变形很小时，若忽略不计一阶导数的值，则式 (2-1) 可近似表示为

$$y''=\frac{M(x)}{EI} \tag{2-2}$$

求解式 (2-2) 可知，船体放样得到的物理样条函数是关于 x 的三次多项式，即三次样条曲线。

3. 曲线（或曲面）的表达方式

曲线（或曲面）有显式、隐式和参数三种表达形式。设曲线（或曲面）上有一点 $P(x, y, z)$，则曲线（或曲面）的表达方式有如下几种：

第一种是显式表达，将 y 和 z 直接表达为 x 的显函数，即 $y=f(x)$ 和 $z=g(x)$。在此显式方程中，每一个 x 的值只对应一个 y 和 z 值，因此不能表达封闭或多值曲线，对于圆和椭圆需要分成几段曲线表达。

第二种是隐式表达，曲线方程为 $f(x, y, z)=0$。这种方法不能直观地表达 x、y、z 之间的关系。要计算曲线上点的坐标，必须求解方程，给计算带来一定的困难。

第三种是参数表达，将 x、y、z 直接表达为参数 t 的函数，即 $\begin{cases} x=f(t) \\ y=g(t) \\ z=h(t) \end{cases}$，式中 t 的范围是 $b<t<a$，如单位圆可表示为 $\begin{cases} x=\sin\theta \\ y=\cos\theta \end{cases}$，$0\leqslant\theta\leqslant 2\pi$。参数表达法具有表达清楚、直观、易于计算的特点，在实际中得到广泛使用。本章的曲线和曲面均采用参数表达法进行描述。

2.2.2 三次参数样条曲线

1. 三次参数曲线

如图 2-15 所示，采用一组型值点 $\boldsymbol{P}_i(i=1、2、\cdots、n)$ 定义由 $n-1$ 段三次多项式表达的参数样条曲线，其中第 i 段曲线上任一点 $\boldsymbol{Q}_i(t)$ 的坐标为 $(x_i(t), y_i(t), z_i(t))$，则第 i 段曲线的表达式为

$$\begin{cases} x_i(t)=a_{xi}t^3+b_{xi}t^2+c_{xi}t+d_{xi} \\ y_i(t)=a_{yi}t^3+b_{yi}t^2+c_{yi}t+d_{yi} \\ z_i(t)=a_{zi}t^3+b_{zi}t^2+c_{zi}t+d_{zi} \end{cases} \quad (0\leqslant t\leqslant t_i) \tag{2-3}$$

式中，t 是参数；t_i 是 $\boldsymbol{P}_i$，$\boldsymbol{P}_{i+1}$ 之间的弦长，即 $t_i=|\boldsymbol{P}_{i+1}-\boldsymbol{P}_i|$。上式写成分段三次参数向量方程为

$$\boldsymbol{Q}_i(t)=\boldsymbol{a}_i t^3+\boldsymbol{b}_i t^2+\boldsymbol{c}_i t+\boldsymbol{d}_i \quad (0\leqslant t\leqslant t_i) \tag{2-4}$$

以参数方式表示自由曲线具有如下优点：

1）如式（2-3）所示，曲线的控制参数少，便于进行形状控制。

2）可以用向量、矩阵方法表示，便于计算机计算和处理。

3）通过界定参数的变化范围，可以有效地控制曲线的有界性。

4）参数曲线的形状仅与定义它的型值点的位置向量有关，而与它所处的坐标系无关，即曲线的参数化表达具有几何不变性。

说明：由于在自由曲线的构造、几何变换中，需将型值点的位置向量列入矩阵方程，因此在本章自由曲线曲面设计部分及第 3 章的相关变换中，将各点标记为位置向量形式。

在式（2-4）中，设 $\boldsymbol{a}_i$、$\boldsymbol{b}_i$、$\boldsymbol{c}_i$、$\boldsymbol{d}_i$ 为待定向量，$t_i=|\boldsymbol{P}_{i+1}-\boldsymbol{P}_i|$，$\boldsymbol{P}_i$、$\boldsymbol{P}_{i+1}$ 为定义第 i 段曲线两个型值点的位置向量，如图 2-15 所示。下面用待定系数法求出 $\boldsymbol{a}_i$、$\boldsymbol{b}_i$、$\boldsymbol{c}_i$、$\boldsymbol{d}_i$ 四个待定向量，得到第 i 段三次参数样条曲线 $\boldsymbol{Q}_i(t)$ 的表达式。

由于曲线的起点和终点为 $\boldsymbol{P}_i$、$\boldsymbol{P}_{i+1}$，曲线在起点和终点处的切向量为 $\boldsymbol{P}'_i$、$\boldsymbol{P}'_{i+1}$，所以有

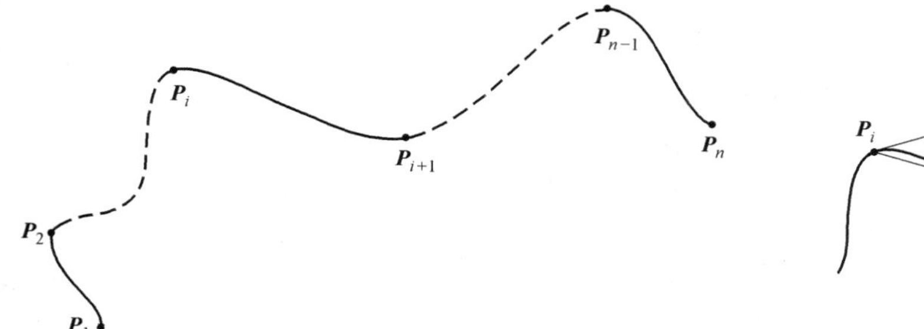

a) 三次参数样条曲线

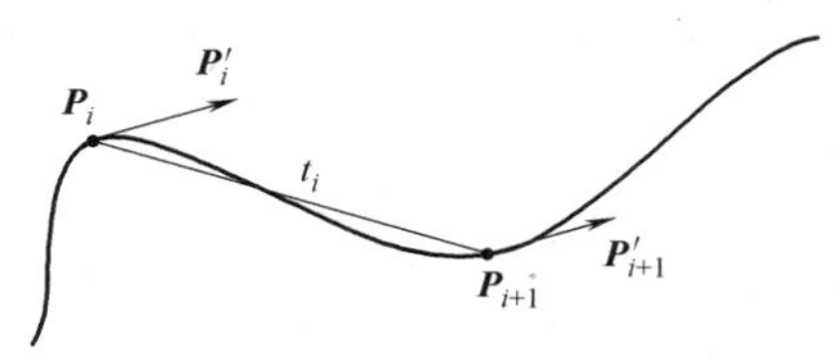

b) 第i段参数曲线

图 2-15　三次参数样条曲线构成

当 $t=0$ 时，$\boldsymbol{Q}_i(t)\big|_{t=0}=\boldsymbol{P}_i=\boldsymbol{d}_i$，$\boldsymbol{Q}_i'(t)\big|_{t=0}=\boldsymbol{P}_i'=\boldsymbol{c}_i$。

当 $t=t_i$ 时，$\boldsymbol{Q}_i(t)\big|_{t=t_i}=\boldsymbol{a}_i t_i^3+\boldsymbol{b}_i t_i^2+\boldsymbol{c}_i t_i+\boldsymbol{d}_i=\boldsymbol{P}_{i+1}$，$\boldsymbol{Q}_i'(t)\big|_{t=t_i}=3\boldsymbol{a}_i t_i^2+2\boldsymbol{b}_i t_i+\boldsymbol{c}_i=\boldsymbol{P}_{i+1}'$。

由此可建立联立方程组

$$\begin{cases}\boldsymbol{d}_i=\boldsymbol{P}_i\\ \boldsymbol{c}_i=\boldsymbol{P}_i'\\ \boldsymbol{a}_i t_i^3+\boldsymbol{b}_i t_i^2+\boldsymbol{c}_i t_i+\boldsymbol{d}_i=\boldsymbol{P}_{i+1}\\ 3\boldsymbol{a}_i t_i^2+2\boldsymbol{b}_i t_i+\boldsymbol{c}_i=\boldsymbol{P}_{i+1}'\end{cases} \tag{2-5}$$

解得

$$\begin{cases}\boldsymbol{d}_i=\boldsymbol{P}_i\\ \boldsymbol{c}_i=\boldsymbol{P}_i'\\ \boldsymbol{b}_i=\dfrac{3(\boldsymbol{P}_{i+1}-\boldsymbol{P}_i)}{t_i^2}-\dfrac{2\boldsymbol{P}_i'+\boldsymbol{P}_{i+1}'}{t_i}\\ \boldsymbol{a}_i=\dfrac{\boldsymbol{P}_{i+1}'+\boldsymbol{P}_i'}{t_i^2}-\dfrac{2(\boldsymbol{P}_{i+1}-\boldsymbol{P}_i)}{t_i^3}\end{cases} \tag{2-6}$$

将式（2-6）带入式（2-4），得

$$\begin{aligned}\boldsymbol{Q}_i(t)=&[1-3(t/t_i)^2+2(t/t_i)^3]\boldsymbol{P}_i+[3(t/t_i)^2-2(t/t_i)^3]\boldsymbol{P}_{i+1}\\&+[(t/t_i)-2(t/t_i)^2+(t/t_i)^3]t_i\boldsymbol{P}_i'+[-(t/t_i)^2+(t/t_i)^3]t_i\boldsymbol{P}_{i+1}'\\&0\leqslant t\leqslant t_i,i=1、2、\cdots、n-1,t_i=|\boldsymbol{P}_{i+1}-\boldsymbol{P}_i|\end{aligned} \tag{2-7}$$

令　$f_i(t)=1-3(t/t_i)^2+2(t/t_i)^3$

$f_{i+1}(t)=3(t/t_i)^2-2(t/t_i)^3$

$g_i(t)=(t/t_i)-2(t/t_i)^2+(t/t_i)^3$

$g_{i+1}(t)=-(t/t_i)^2+(t/t_i)^3$

则

$$\boldsymbol{Q}_i(t)=f_i(t)\boldsymbol{P}_i+f_{i+1}(t)\boldsymbol{P}_{i+1}+g_i(t)t_i\boldsymbol{P}_i'+g_{i+1}(t)t_i\boldsymbol{P}_{i+1}' \qquad (0\leqslant t\leqslant t_i) \tag{2-8}$$

上式的矩阵形式为

$$Q_i(t)=\begin{pmatrix}(t/t_i)^3 & (t/t_i)^2 & (t/t_i) & 1\end{pmatrix}\begin{pmatrix}2 & -2 & 1 & 1\\ -3 & 3 & -2 & -1\\ 0 & 0 & 1 & 0\\ 1 & 0 & 0 & 0\end{pmatrix}\begin{pmatrix}P_i\\ P_{i+1}\\ P'_i t_i\\ P'_{i+1}t_i\end{pmatrix}\quad (0\leqslant t\leqslant t_i)$$

由式（2-8）知，如果已知某段三次参数样条曲线的两个端点位置 $\boldsymbol{P}_i$、$\boldsymbol{P}_{i+1}$ 以及端点的切向量 $\boldsymbol{P}'_i$、$\boldsymbol{P}'_{i+1}$，就可根据 $\boldsymbol{Q}_i(t)$ 确定该段曲线，曲线的形状取决于 $f_i(t)$、$f_{i+1}(t)$，$g_i(t)$ 和 $g_{i+1}(t)$ 这四个三次参数样条曲线的权函数，又称为调和函数。

使用式（2-8）确定三次参数样条曲线时，需要确定切向量 $\boldsymbol{P}'_1\sim\boldsymbol{P}'_n$。由样条曲线的定义知，三次参数样条曲线是由 $n-1$ 段三次参数曲线光顺连接而成。因而，需要利用相邻曲线光顺连接等条件，求出位置向量 $\boldsymbol{P}_1\sim\boldsymbol{P}_n$ 处的全部切向量 $\boldsymbol{P}'_1\sim\boldsymbol{P}'_n$，然后求得三次参数样条曲线的表达式。

2. 曲线段切向量连续方程

设有一条三次参数样条曲线，如图 2-15 所示，为保证第 i 段曲线在连接点 P_i 处二阶连续，必有 $\boldsymbol{P}''^{-}_i=\boldsymbol{P}''^{+}_i$，即

$$\boldsymbol{Q}''_{i-1}(t_{i-1})=\boldsymbol{Q}''_i(0)$$

$$\begin{cases}\boldsymbol{Q}''_{i-1}(t_{i-1})=6\boldsymbol{a}_{i-1}t+2\boldsymbol{b}_{i-1}\\ \boldsymbol{Q}''_i(0)=2\boldsymbol{b}_i\end{cases}\tag{2-9}$$

得

$$3\boldsymbol{a}_{i-1}t_{i-1}+\boldsymbol{b}_{i-1}=\boldsymbol{b}_i\tag{2-10}$$

将式（2-6）代入式（2-10）得

$$3t_{i-1}\left(\frac{\boldsymbol{P}'_i+\boldsymbol{P}'_{i-1}}{t_{i-1}^2}-\frac{2(\boldsymbol{P}_i-\boldsymbol{P}_{i-1})}{t_{i-1}^3}\right)+\frac{3(\boldsymbol{P}_i-\boldsymbol{P}_{i-1})}{t_{i-1}^2}-\frac{2\boldsymbol{P}'_{i-1}+\boldsymbol{P}'_i}{t_{i-1}}$$
$$=\frac{3(\boldsymbol{P}_{i+1}-\boldsymbol{P}_i)}{t_i^2}-\frac{2\boldsymbol{P}'_i+\boldsymbol{P}'_{i+1}}{t_i}$$

上式左右同乘 $\dfrac{t_it_{i-1}}{t_i+t_{i-1}}$ 后得

$$\frac{t_i}{t_i+t_{i-1}}\boldsymbol{P}'_{i-1}+2\boldsymbol{P}'_i+\frac{t_{i-1}}{t_i+t_{i-1}}\boldsymbol{P}'_{i+1}=\frac{1}{t_i+t_{i-1}}\left(\frac{3t_{i-1}(\boldsymbol{P}_{i+1}-\boldsymbol{P}_i)}{t_i}+\frac{3t_i(\boldsymbol{P}_i-\boldsymbol{P}_{i-1})}{t_{i-1}}\right)$$
$$i=2,\cdots,n-1,t_i=|\boldsymbol{P}_{i+1}-\boldsymbol{P}_i|,\quad t_{i-1}=|\boldsymbol{P}_i-\boldsymbol{P}_{i-1}|$$

令 $\lambda_i=\dfrac{t_i}{t_{i-1}+t_i}$、$\mu_i=\dfrac{t_{i-1}}{t_{i-1}+t_i}=1-\lambda_i$、$\boldsymbol{D}_i=\dfrac{1}{t_{i-1}+t_i}\left[\dfrac{3t_i(\boldsymbol{P}_i-\boldsymbol{P}_{i-1})}{t_{i-1}}+\dfrac{3t_{i-1}(\boldsymbol{P}_{i+1}-\boldsymbol{P}_i)}{t_i}\right]$，则

$$\lambda_i\boldsymbol{P}'_{i-1}+2\boldsymbol{P}'_i+\mu_i\boldsymbol{P}'_{i+1}=\boldsymbol{D}_i\quad i=2,3,\cdots,n-1\tag{2-11}$$

式（2-11）是不包括样条曲线首尾两段的 $n-2$ 段曲线关于型值点切向量的线性方程组。由线性代数知，若要求解式（2-8）中的 n 个切向量 $\boldsymbol{P}'_i$，…，$\boldsymbol{P}'_n$，还需要在式（2-11）基础上补充两个方程。这两个方程必须由三次参数样条曲线首、尾两端的边界条件确定。

3. 边界条件

为了完整定义三次参数样条曲线，并控制其首端和尾端的形状，通常采用固定端、抛物

线端、自由端三类边界条件。

（1）固定端（夹持端）边界条件　固定端（夹持端）边界条件是由两个端点的切向量值确定的，即已知首端和尾端的切向量 $\boldsymbol{P}'_1$，$\boldsymbol{P}'_n$。

（2）抛物线端边界条件　抛物线端边界条件定义曲线的第 1 段和第 $n-1$ 段为抛物线，即首尾两个端点的二阶导数均为常数，三阶导数为 0，即 $\boldsymbol{P}'''_1=\boldsymbol{P}'''_n=0$，即

$$\boldsymbol{Q}'''_1(t)=6\boldsymbol{a}_1=0$$

由此得 $a_1=0$，将其代入式（2-6），整理得

$$\boldsymbol{P}'_1+\boldsymbol{P}'_2=\frac{2}{t_1}(\boldsymbol{P}_2-\boldsymbol{P}_1)$$

同理有

$$\boldsymbol{P}'_{n-1}+\boldsymbol{P}'_n=\frac{2}{t_{n-1}}(\boldsymbol{P}_n-\boldsymbol{P}_{n-1})$$

（3）自由端边界条件　自由端边界条件定义曲线两端点的二阶导数均为 0，即 $\boldsymbol{P}''_n=\boldsymbol{P}''_1=0$，则

$$\boldsymbol{P}''_1=\boldsymbol{Q}''_1(t)\big|_{t=0}=2\boldsymbol{b}_1=0$$

$$\boldsymbol{P}''_n=\boldsymbol{Q}''_{n-1}(t)\big|_{t=t_{n-1}}=6\boldsymbol{a}_{n-1}t_{n-1}+2\boldsymbol{b}_{n-1}=0$$

将其代入式（2-6），整理得

$$2\boldsymbol{P}'_1+\boldsymbol{P}'_2=\frac{3}{t_1}(\boldsymbol{P}_2-\boldsymbol{P}_1)$$

$$\boldsymbol{P}'_{n-1}+2\boldsymbol{P}'_n=\frac{3}{t_{n-1}}(\boldsymbol{P}_n-\boldsymbol{P}_{n-1})$$

将上述三类边界条件统一表达成

$$\begin{cases}2\boldsymbol{P}'_1+\mu_1\boldsymbol{P}'_2=\boldsymbol{D}_1\\ \lambda_n\boldsymbol{P}'_{n-1}+2\boldsymbol{P}'_n=\boldsymbol{D}_n\end{cases}\tag{2-12}$$

① 固定端（夹持端）边界条件时：$\mu_1=0$，$\lambda_n=0$，$\boldsymbol{D}_1=2\boldsymbol{P}'_1$，$\boldsymbol{D}_n=2\boldsymbol{P}'_n$。

② 抛物线边界条件时：$\mu_1=2$，$\lambda_n=2$，$\boldsymbol{D}_1=\frac{4}{t_1}(\boldsymbol{P}_2-\boldsymbol{P}_1)$，$\boldsymbol{D}_n=\frac{4}{t_{n-1}}(\boldsymbol{P}_n-\boldsymbol{P}_{n-1})$。

③ 自由端边界条件时：$\mu_1=1$，$\lambda_n=1$，$\boldsymbol{D}_1=\frac{3}{t_1}(\boldsymbol{P}_2-\boldsymbol{P}_1)$，$\boldsymbol{D}_n=\frac{3}{t_{n-1}}(\boldsymbol{P}_n-\boldsymbol{P}_{n-1})$。

4. 切向量方程组

综合连续方程和边界条件，将式（2-11）和式（2-12）结合起来，构成具有 n 个变量 $\boldsymbol{P}'_n$ 和 n 个方程的切向量方程组

$$\begin{cases}2\boldsymbol{P}'_1+\mu_1\boldsymbol{P}'_2=\boldsymbol{D}_1\\ \lambda_i\boldsymbol{P}'_{i-1}+2\boldsymbol{P}'_i+\mu_i\boldsymbol{P}'_{i+1}=\boldsymbol{D}_i\qquad(i=2、3、\cdots、n-1)\\ \lambda_n\boldsymbol{P}'_{n-1}+2\boldsymbol{P}'_n=\boldsymbol{D}_n\end{cases}\tag{2-13}$$

用矩阵表示式（2-13）得

$$\begin{pmatrix} 2 & \mu_1 & 0 & 0 & \cdots & 0 \\ \lambda_2 & 2 & \mu_2 & 0 & \cdots & 0 \\ 0 & \lambda_3 & 2 & \mu_3 & \cdots & 0 \\ \vdots & \vdots & & & & \vdots \\ 0 & 0 & \cdots & \lambda_{n-1} & 2 & \mu_{n-1} \\ 0 & 0 & \cdots & 0 & \lambda_n & 2 \end{pmatrix} \begin{pmatrix} \boldsymbol{P}'_1 \\ \boldsymbol{P}'_2 \\ \vdots \\ \boldsymbol{P}'_n \end{pmatrix} = \begin{pmatrix} \boldsymbol{D}_1 \\ \boldsymbol{D}_2 \\ \vdots \\ \boldsymbol{D}_n \end{pmatrix} \tag{2-14}$$

5. 三次参数样条曲线的求解步骤

由式（2-14）和式（2-8）求解三次参数样条曲线的步骤如下。

1）根据给定的一组型值点 $\boldsymbol{P}_1$、$\boldsymbol{P}_2$、…、$\boldsymbol{P}_n$ 和边界条件得到式（2-14），由于式(2-14)是主对角线占优的方阵，可以用“追赶法”或高斯消元等方法解出 $\boldsymbol{P}'_1$、$\boldsymbol{P}'_2$、…、$\boldsymbol{P}'_n$。

2）将解出的 $\boldsymbol{P}'_1$、$\boldsymbol{P}'_2$、…、$\boldsymbol{P}'_n$代入式（2-8），得到各分段三次参数样条曲线的向量方程 $\boldsymbol{Q}_i(t)$。

3）根据 $t\in[0,\ t_i]$，在各曲线段内进行插值计算得到若干点，依次用直线段相连，即可在屏幕上绘出所求的三次参数样条曲线。

6. 三次参数样条曲线的 Hermite 形式

经过以上三次参数样条曲线的讨论，可知方程 $\boldsymbol{Q}_i(t)$ 的参变量 $0\leqslant t\leqslant t_i$ 且 $t_i=|\boldsymbol{P}_{i+1}-\boldsymbol{P}_i|$不等长。当定义曲线的型值点分布比较均匀时，可以将参数 t 的变化区间规定为 $0\leqslant t\leqslant 1$，即 $t_i=|\boldsymbol{P}_{i+1}-\boldsymbol{P}_i|=1$，这时 $\boldsymbol{Q}_i(t)$ 的矩阵形式为

$$\boldsymbol{Q}_i(t)=(t^3\quad t^2\quad t\quad 1)\begin{pmatrix} 2 & -2 & 1 & 1 \\ -3 & 3 & -2 & -1 \\ 0 & 0 & 1 & 0 \\ 1 & 0 & 0 & 0 \end{pmatrix}\begin{pmatrix} \boldsymbol{P}_i \\ \boldsymbol{P}_{i+1} \\ \boldsymbol{P}'_i \\ \boldsymbol{P}'_{i+1} \end{pmatrix}\quad (0\leqslant t\leqslant 1) \tag{2-15}$$

三次参数样条曲线的权函数为

$$\begin{aligned} f_i(t) &= 1-3t^2+2t^3 \\ f_{i+1}(t) &= 3t^2-2t^3 \\ g_i(t) &= t-2t^2+t^3 \\ g_{i+1}(t) &= -t^2+t^3 \end{aligned}$$

各权函数的参数取值范围为 $0\leqslant t\leqslant 1$。

令 $\boldsymbol{T}=(t^3\quad t^2\quad t\quad 1)$，$\boldsymbol{M}_h=\begin{pmatrix} 2 & -2 & 1 & 1 \\ -3 & 3 & -2 & -1 \\ 0 & 0 & 1 & 0 \\ 1 & 0 & 0 & 0 \end{pmatrix}$，$\boldsymbol{G}_h=\begin{pmatrix} \boldsymbol{P}_i \\ \boldsymbol{P}_{i+1} \\ \boldsymbol{P}'_i \\ \boldsymbol{P}'_{i+1} \end{pmatrix}$，则得到三次参数样条曲线的 Hermite 形式

$$\boldsymbol{Q}_i(t)=\boldsymbol{T}\boldsymbol{M}_h\boldsymbol{G}_h \tag{2-16}$$

式中，$\boldsymbol{T}$ 是参数向量；$\boldsymbol{M}_h$ 是 Hermite 矩阵；$\boldsymbol{G}_h$ 是 Hermite 几何向量。

2.2.3 Bézier 曲线

由上述讨论可知，以参数的多项式表达的三次参数样条曲线可以满足工程实际、便于计算两个方面对自由曲线的基本要求。然而，由于三次参数样条曲线必须通过所有给定的型值点，并在这些点满足切向量连续的条件，某一型值点位置的变化，可能会导致相邻多段曲线段的形状发生较大的变化。尤其在进行交互式设计时，设计师通常需要在观察曲线总体走势的基础上，借助于对定义曲线的点的控制，达到生成和修改曲线的目的。三次参数样条曲线要求设计师在准确把握某一型值点位置的同时有效控制各型值点之间的位置关系，从而获得满足设计要求的曲线，实际上是难以做到的。因而，三次参数样条曲线并不能很好地满足交互式设计环境下灵活控制和修改的需求，难以生成满足设计创意需求的曲线。

针对三次参数样条曲线的上述不足，法国雷诺汽车公司汽车设计师 Bézier 结合工程设计的实际需求，于 1962 年提出了一种以插值和逼近相结合的方式进行拟合的参数曲线。以这种方法为主，完成了曲线和曲面的设计系统 UNISURF，并于 1972 年进行应用。Bézier 方法使设计者不用考虑自由曲线复杂的数学表述，在计算机上直接用几何的方法实现对曲线的编辑，这种面向几何而不是面向代数的思想具有重要意义。1987 年，德国柏林工业大学授予 Bézier 名誉博士称号时，这样评价这一思想："在形状设计之类的工程设计中，考虑到了人类设计者的能力和要求，即计算机应用中人的工作方式、地位和人的创造性的不可替代性"，充分说明了 Bézier 曲线的设计方法对于计算机曲线曲面造型的重要性。

1. Bézier 曲线定义

图 2-16 所示的三条 Bézier 曲线，是通过一组多边形折线（又称为特征多边形）控制形状。Bézier 曲线起点、终点与特征多边形的起点、终点重合，且多边形的第一条边和最后一条边表示了曲线在起点和终点处的切向量方向，曲线的形状趋于特征多边形的形状。图 2-16 所示为 Bézier 曲线和特征多边形。通过调整特征多边形控制所获得曲线的形状，用这种方式支持计算机交互式环境下自由曲线和曲面的表达、控制和设计创意。工程设计中广泛使用的 Bézier 曲线和 B 样条（B-spline）曲线都是采用的此类方法。目前已经成为交互式环境下满足曲线创意设计需求的一种主要形式。

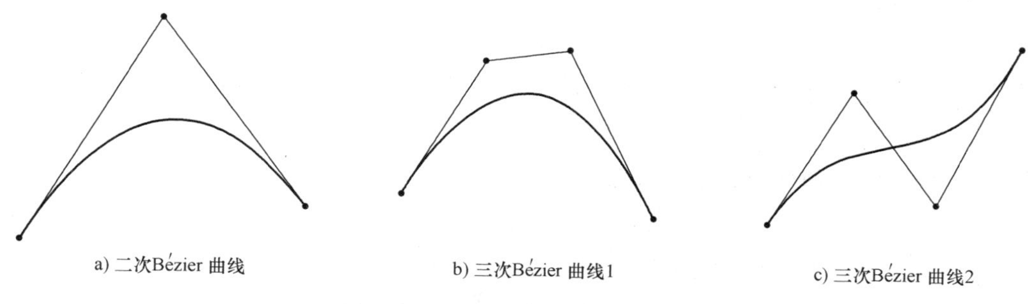

图 2-16　Bézier 曲线和特征多边形

Bézier 曲线的数学表达式是一个在特征多边形的起点和终点之间进行插值的多项式调和函数。具体表述为：设有 $n+1$ 个型值点，Bézier 曲线用 Bézier 多项式作为插补函数，得到曲线的参数方程如下。

$$P(t)=\sum_{i=0}^{n}P_iB_{i,n}(t) \qquad (0\leqslant t\leqslant 1) \tag{2-17}$$

式中，$P_i(i=0、1、\cdots、n)$ 为 $n+1$ 个型值点决定的特征多边形顶点的位置向量；$B_{i,n}(t)$ 是伯恩斯坦（Berstein）基函数，是一个 $n+1$ 项的 n 次多项式，即

$$B_{i,n}(t)=C_n^it^i(1-t)^{n-i} \qquad 且 \quad C_n^i=\frac{n!}{i!\ (n-i)!} \qquad (i=0,1,\cdots,n)$$

在式（2-17）中，若给定了多项式的次数 n 和离散点 P_i，则可以导出相应的 Bézier 曲线方程。反过来，也可以由方程求得曲线上的其他点。

Berstein 基函数的性质如下。

（1）正性　对于任意 $0\leqslant t\leqslant 1$，$B_{i,n}(t)=C_n^it^i(1-t)^{n-i}\geqslant 0$。

（2）权性　因为 $B_{i,n}(t)\geqslant 0$ 且 $\sum_{i=0}^{n}B_{i,n}(t)=\sum_{i=0}^{n}C_n^it^i(1-t)^{n-i}=[t+(1-t)]^n=1$，Bézier 曲线实质是 $B_{i,n}(t)$ 对 P_i 的加权求和。

（3）对称性　因为 $C_n^i=C_n^{n-i}$，推导出

$$B_{i,n}(t)=C_n^it^i(1-t)^{n-i}=C_n^{n-i}[1-(1-t)]^i(1-t)^{n-i}=B_{n-i,n}(1-t)$$

（4）导函数

$$\begin{aligned}B'_{i,n}(t)&=[C_n^it^i(1-t)^{n-i}]'=C_n^i[it^{i-1}(1-t)^{n-i}-(n-i)t^i(1-t)^{n-i-1}]\\&=\frac{n!}{i!\ (n-i)!}it^{i-1}(1-t)^{n-i}-\frac{n!}{i!\ (n-i)!}(n-i)t^i(1-t)^{n-i-1}\\&=nC_{n-1}^{i-1}t^{i-1}(1-t)^{(n-1)-(i-1)}-nC_{n-1}^it^i(1-t)^{n-i-1}\\&=n(B_{i-1,n-1}(t)-B_{i,n-1}(t))\end{aligned}$$

下面分别讨论工程上常用的二次 Bézier 曲线和三次 Bézier 曲线。

2. 二次 Bézier 曲线

当 $n=2$ 时，得到曲线称为二次 Bézier 曲线。由式（2-17）展开得

$$\begin{aligned}P(t)&=B_{0,2}(t)P_0+B_{1,2}(t)P_1+B_{2,2}(t)P_2\\&=(1-t)^2P_0+2t(1-t)P_1+t^2P_2\\&=(t^2-2t+1)P_0+(-2t^2+2t)P_1+t^2P_2\end{aligned} \tag{2-18}$$

上式的矩阵形式为

$$P(t)=(t^2\quad t\quad 1)\begin{pmatrix}1&-2&1\\-2&2&0\\1&0&0\end{pmatrix}\begin{pmatrix}P_0\\P_1\\P_2\end{pmatrix} \qquad (0\leqslant t\leqslant 1) \tag{2-19}$$

式（2-19）对应的坐标分量形式为

$$x(t)=(t^2\quad t\quad 1)\begin{pmatrix}1&-2&1\\-2&2&0\\1&0&0\end{pmatrix}\begin{pmatrix}x_0\\x_1\\x_2\end{pmatrix} \qquad (0\leqslant t\leqslant 1)$$

$$y(t)=(t^2\quad t\quad 1)\begin{pmatrix}1&-2&1\\-2&2&0\\1&0&0\end{pmatrix}\begin{pmatrix}y_0\\y_1\\y_2\end{pmatrix} \qquad (0\leqslant t\leqslant 1)$$

展开后按 t 的升幂排列，可得二次 Bézier 曲线的参数多项式为

$$\begin{aligned} x(t) &= A_0+A_1t+A_2t^2 \\ y(t) &= B_0+B_1t+B_2t^2 \end{aligned} \quad (0\leqslant t\leqslant 1)$$

式中，$A_0=x_0$，$A_1=2(x_1-x_0)$，$A_2=x_2-2x_1+x_0$；$B_0=y_0$，$B_1=2(y_1-y_0)$，$B_2=y_2-2y_1+y_0$。

显然，二次 Bézier 曲线实质上是一条抛物线，经计算可知，P_0，P_2 为抛物线的两个端点，当 $t=1/2$ 时，经计算得

$$\boldsymbol{P}\left(\frac{1}{2}\right)=\begin{pmatrix}\frac{1}{4} & \frac{1}{2} & 1\end{pmatrix}\begin{pmatrix}1 & -2 & 1\\ -2 & 2 & 0\\ 1 & 0 & 0\end{pmatrix}\begin{pmatrix}\boldsymbol{P}_0\\ \boldsymbol{P}_1\\ \boldsymbol{P}_2\end{pmatrix}$$

$$=\frac{1}{4}(\boldsymbol{P}_0+\boldsymbol{P}_2)+\frac{1}{2}\boldsymbol{P}_1$$

$$=\frac{1}{2}\left[\frac{1}{2}(\boldsymbol{P}_0+\boldsymbol{P}_2)+\boldsymbol{P}_1\right]$$

可知点 $\boldsymbol{P}\left(\frac{1}{2}\right)$ 位于中线 $\boldsymbol{P}_1M$ 的中点处，如图 2-17 所示。

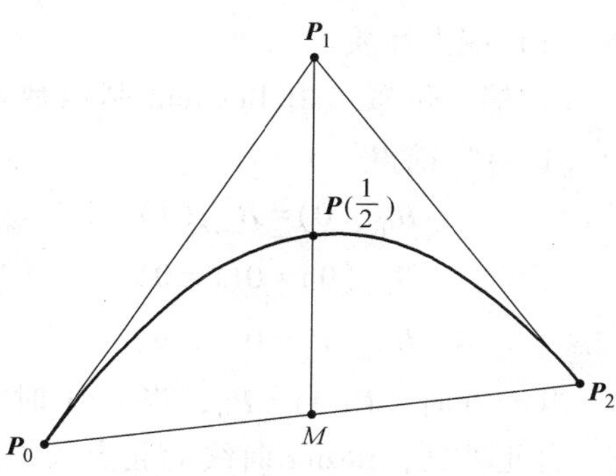

图 2-17　二次 Bézier 曲线

3. 三次 Bézier 曲线

当 $n=3$ 时，Bézier 曲线的向量表达式同样可由式（2-17）展开得到，即

$$\boldsymbol{P}(t)=(-t^3+3t^2-3t+1)\boldsymbol{P}_0+(3t^3-6t^2+3t)\boldsymbol{P}_1+(-3t^3+3t^2)\boldsymbol{P}_2+t^3\boldsymbol{P}_3 \quad (0\leqslant t\leqslant 1) \tag{2-20}$$

其矩阵形式为

$$\boldsymbol{P}(t)=\begin{pmatrix}t^3 & t^2 & t & 1\end{pmatrix}\begin{pmatrix}-1 & 3 & -3 & 1\\ 3 & -6 & 3 & 0\\ -3 & 3 & 0 & 0\\ 1 & 0 & 0 & 0\end{pmatrix}\begin{pmatrix}\boldsymbol{P}_0\\ \boldsymbol{P}_1\\ \boldsymbol{P}_2\\ \boldsymbol{P}_3\end{pmatrix} \quad (0\leqslant t\leqslant 1) \tag{2-21}$$

式（2-21）可以分别写成 x 和 y 的分量形式，即

$$\boldsymbol{x}(t)=\begin{pmatrix}t^3 & t^2 & t & 1\end{pmatrix}\begin{pmatrix}-1 & 3 & -3 & 1\\ 3 & -6 & 3 & 0\\ -3 & 3 & 0 & 0\\ 1 & 0 & 0 & 0\end{pmatrix}\begin{pmatrix}\boldsymbol{x}_0\\ \boldsymbol{x}_1\\ \boldsymbol{x}_2\\ \boldsymbol{x}_3\end{pmatrix} \quad (0\leqslant t\leqslant 1)$$

$$\boldsymbol{y}(t)=\begin{pmatrix}t^3 & t^2 & t & 1\end{pmatrix}\begin{pmatrix}-1 & 3 & -3 & 1\\ 3 & -6 & 3 & 0\\ -3 & 3 & 0 & 0\\ 1 & 0 & 0 & 0\end{pmatrix}\begin{pmatrix}\boldsymbol{y}_0\\ \boldsymbol{y}_1\\ \boldsymbol{y}_2\\ \boldsymbol{y}_3\end{pmatrix} \quad (0\leqslant t\leqslant 1)$$

展开后按 t 的升幂排列，得三次 Bézier 曲线的参数多项式为

$$x(t)=A_0+A_1t+A_2t^2+A_3t^3$$
$$y(t)=B_0+B_1t+B_2t^2+B_3t^3 \quad (0\leqslant t\leqslant 1)$$

式中

$$A_0=x_0 \qquad B_0=y_0$$
$$A_1=-3x_0+3x_1 \qquad B_1=-3y_0+3y_1$$
$$A_2=3x_0-6x_1+3x_2 \qquad B_2=3y_0-6y_1+3y_2$$
$$A_3=-x_0+3x_1-3x_2+x_3 \qquad B_3=-y_0+3y_1-3y_2+y_3$$

三次 Bézier 曲线如图 2-18 所示。

4. Bézier 曲线的性质

(1) 端点性质

1) 端点位置。由 Berstein 基函数 $B_{i,n}(t)=C_n^it^i(1-t)^{n-i}$推得

$$B_{0,n}(0)=B_{n,n}(1)=1$$
$$B_{i,n}(0)=0(i\neq 0)$$
$$B_{i,n}(1)=0(i\neq n)$$

当 $t=0$ 时，$\boldsymbol{P}(0)=\boldsymbol{P}_0$；当 $t=1$ 时，$\boldsymbol{P}(1)=\boldsymbol{P}_n$。由此可见，Bézier 曲线的起点、终点与相应的特征多边形的起点、终点重合。这是 Bézier 曲线的端点位置性质。

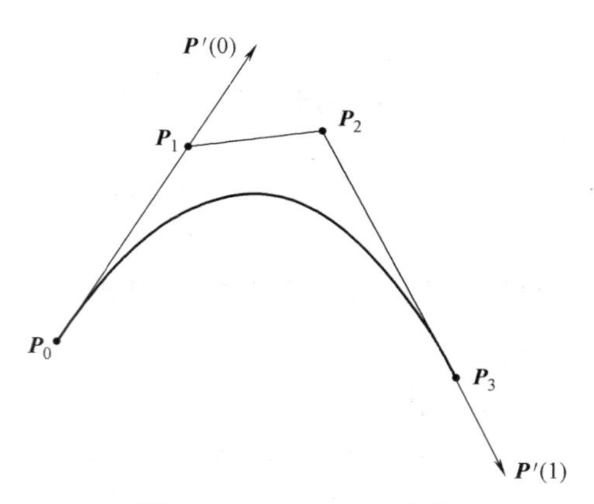

图 2-18　三次 Bézier 曲线

2) 切向量。因为

$$\boldsymbol{P}'(t)=\boldsymbol{P}_0[C_n^0t^0(1-t)^n]'+n\sum_{i=1}^{n-1}\boldsymbol{P}_i[B_{i-1,n-1}(t)-B_{i,n-1}(t)]+\boldsymbol{P}_n[C_n^nt^n(1-t)^0]'$$
$$=-n\boldsymbol{P}_0(1-t)^{n-1}+n\sum_{i=1}^{n-1}\boldsymbol{P}_i[B_{i-1,n-1}(t)-B_{i,n-1}(t)]+n\boldsymbol{P}_nt^{n-1}$$

所以当 $t=0$ 和 $t=1$ 时，$\boldsymbol{P}'(0)=n(\boldsymbol{P}_1-\boldsymbol{P}_0)$，$\boldsymbol{P}'(1)=n(\boldsymbol{P}_n-\boldsymbol{P}_{n-1})$。说明 Bézier 曲线起点和终点处的切向量方向与其特征多边形的起始边和终止边方向一致。这是 Bézier 曲线的端点切向量性质。

3) 曲率。因为 $\boldsymbol{P}''(t)=n(n-1)\sum_{i=0}^{n-2}(\boldsymbol{P}_{i+2}-2\boldsymbol{P}_{i+1}+\boldsymbol{P}_i)B_{i,n-2}(t)$，所以当 $t=0$ 时，$\boldsymbol{P}''(0)=n(n-1)[(\boldsymbol{P}_0-\boldsymbol{P}_1)+(\boldsymbol{P}_2-\boldsymbol{P}_1)]$；当 $t=1$ 时，$\boldsymbol{P}''(1)=n(n-1)[(\boldsymbol{P}_{n-2}-\boldsymbol{P}_{n-1})+(\boldsymbol{P}_n-\boldsymbol{P}_{n-1})]$。说明 Bézier 曲线的端点处曲率只与相邻的三个型值点有关，与更远的点无关。

(2) 凸包性质　Bézier 曲线的形状由特征多边形控制，并且必定落在特征多边形顶点所构成的凸包之中。

(3) 几何不变性质　Bézier 曲线是由特征多边形顶点位置向量定义的参数曲线，具有几何不变性，即 Bézier 曲线的形状仅与其特征多边形顶点位置向量 $\boldsymbol{P}_i$ 有关，而不依赖于坐标系的选择。

5. Bézier 样条曲线

若把多段 Bézier 曲线连接起来，并保证连接处足够光滑，就构成了 Bézier 样条曲线。已

知两组型值点 P_0、P_1、P_2、P_3 和 Q_0、Q_1、Q_2、Q_3，可构造两段三次 Bézier 曲线。当 P_3 和 Q_0 两点坐标相同时，如图 2-19a 所示，两段曲线在点 P_3 处连接成一条零阶连续的 Bézier 样条曲线；当 P_2、$P_3(Q_0)$ 和 Q_1 共线时，如图 2-19b 所示，两段曲线在点 P_3 处连接成一条一阶连续的 Bézier 样条曲线。如果需要构造二阶连续的三次 Bézier 样条曲线，在连接点处有二阶连续导数，则在满足一阶连续的前提下，要求 $P''(P_3)=P''(Q_0)$，即 $(P_1-P_2)+(P_3-P_2)=(Q_0-Q_1)+(Q_2-Q_1)$。

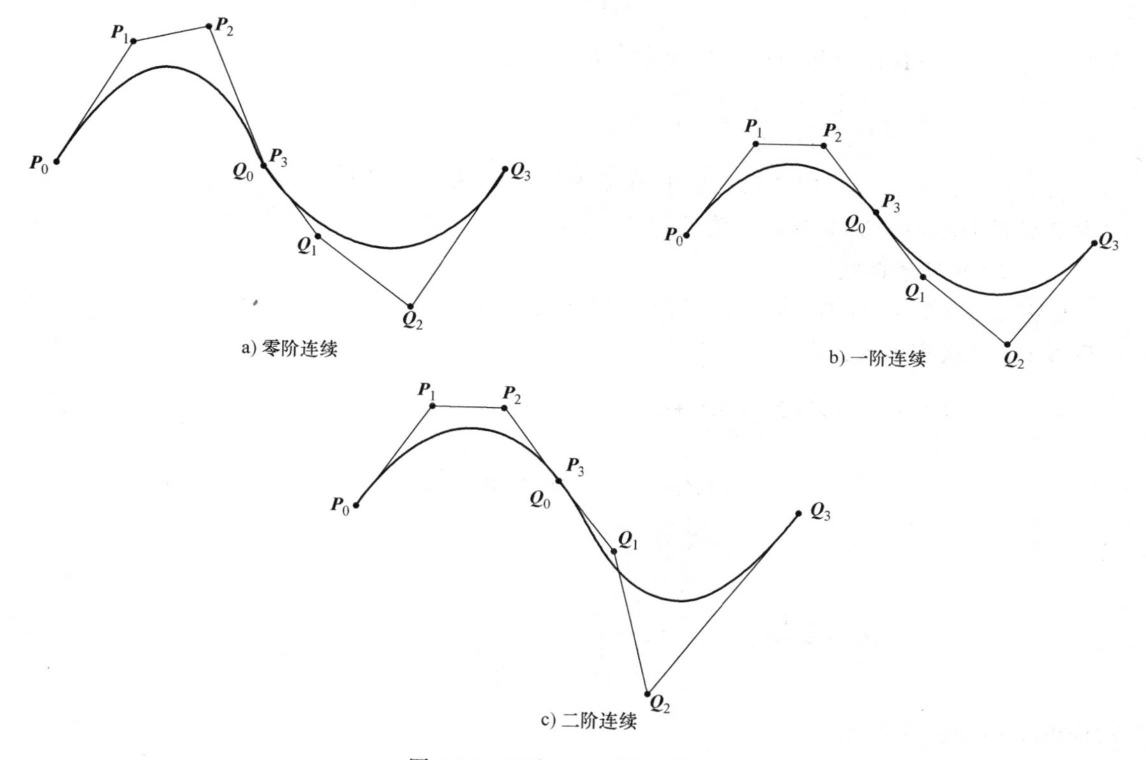

图 2-19　三次 Bézier 样条曲线

2.2.4　B 样条曲线

虽然 Bézier 曲线有许多优点，但是也存在以下不足。

1）特征多边形顶点数目决定了曲线阶次，构造样条曲线时须对顶点数目附加条件。定义 Bézier 曲线须确定特征多边形的 $n+1$ 个顶点，也就确定了曲线的阶数或次数 n，而阶数太高的 Bézier 曲线计算起来很不方便。Bézier 曲线的这些特点，限制了其表示的灵活性。

2）当 n 很大，即特征多边形的边数较多时，其对曲线形状的控制能力将会明显减弱。

针对上述问题，1974 年，美国通用汽车公司戈登（Gordon）和里森费尔德（Riesenfeld）在研究 Bézier 曲线时引入了 B 样条（B-Spline）曲线。B 样条曲线继承了 Bézier 曲线的所有优点，而且更加灵活适用，目前已经成为曲线设计的主流方法和国际标准化组织（ISO）推荐的国际标准。

B 样条曲线从改进 Bézier 曲线的 Berstein 基函数 $B_{i,n}(t)$ 出发，用 n 次 B 样条基函数替代 Berstein 基函数，构造出等距节点的 B 样条曲线。它除了保持 Bézier 曲线的直观控制性、凸包性等特点以外，还便于进行局部修改，广泛用于工程和产品的外形设计。

1. 均匀 B 样条的定义

若给定 $m+n+1$ 个顶点，用位置向量 $\boldsymbol{P}_i(i=0、1、\cdots、m+n)$ 来表示，将特征多边折线分成 $m+1$ 段，每段具有 $n+1$ 个顶点，由这 $n+1$ 个顶点定义一个 n 次多项式，则第 i 段$(i=0、1、\cdots、m)$ 多边折线定义的 n 次等距分割的 B 样条，即均匀 B 样条，曲线可表示为

$$\boldsymbol{P}_{i,n}(t)=\sum_{k=0}^{n}\boldsymbol{P}_{i+k}F_{k,n}(t)\qquad(0\leqslant t\leqslant 1)\tag{2-22}$$

式中，$F_{k,n}(t)$ 是 B 样条基函数，其表达式为

$$F_{k,n}(t)=\frac{1}{n!}\sum_{j=0}^{n-k}(-1)^{j}C_{n+1}^{j}(t+n-k-j)^{n}\qquad(0\leqslant t\leqslant 1)\tag{2-23}$$

在工程设计中，最常用的是二次 B 样条曲线和三次 B 样条曲线，下面详细描述起始段二次 B 样条曲线与三次 B 样条曲线的构造，讨论时省略 $\boldsymbol{P}_{i,n}(t)$ 的下标，直接表达为 $\boldsymbol{P}(t)$。

2. 二次 B 样条曲线

根据式（2-22）和式（2-23），当 $n=2$ 时，起始段（第 $i=0$ 段）的二次 B 样条曲线可以写成 t 的二次多项式，即

$$\begin{aligned}\boldsymbol{P}(t)&=\frac{1}{2}(t^2-2t+1)\boldsymbol{P}_0+\frac{1}{2}(-2t^2+2t+1)\boldsymbol{P}_1+\frac{1}{2}t^2\boldsymbol{P}_2\\&=\frac{1}{2}[(t^2-2t+1)\boldsymbol{P}_0+(-2t^2+2t+1)\boldsymbol{P}_1+t^2\boldsymbol{P}_2]\end{aligned}\qquad(0\leqslant t\leqslant 1)\tag{2-24}$$

其矩阵形式为

$$\boldsymbol{P}(t)=\frac{1}{2}(t^2\quad t\quad 1)\begin{pmatrix}1&-2&1\\-2&2&0\\1&1&0\end{pmatrix}\begin{pmatrix}\boldsymbol{P}_0\\\boldsymbol{P}_1\\\boldsymbol{P}_2\end{pmatrix}\qquad(0\leqslant t\leqslant 1)\tag{2-25}$$

对应的坐标分量形式为

$$\boldsymbol{x}(t)=\frac{1}{2}(t^2\quad t\quad 1)\begin{pmatrix}1&-2&1\\-2&2&0\\1&1&0\end{pmatrix}\begin{pmatrix}x_0\\x_1\\x_2\end{pmatrix}$$

$$\boldsymbol{y}(t)=\frac{1}{2}(t^2\quad t\quad 1)\begin{pmatrix}1&-2&1\\-2&2&0\\1&1&0\end{pmatrix}\begin{pmatrix}y_0\\y_1\\y_2\end{pmatrix}$$

展开后按 t 的升幂排列，得二次 B 样条曲线参数多项式为

$$\begin{aligned}x(t)&=A_0+A_1t+A_2t^2\\y(t)&=B_0+B_1t+B_2t^2\end{aligned}\qquad(0\leqslant t\leqslant 1)$$

式中

$$A_0=(x_0+x_1)/2,\quad A_1=-x_0+x_1,\quad A_2=(x_0-2x_1+x_2)/2$$

$$B_0=(y_0+y_1)/2,\quad B_1=-y_0+y_1,\quad B_2=(y_0-2y_1+y_2)/2$$

当 $t=0$ 时，起点 $\boldsymbol{P}(0)$ 的坐标为

$$x(0)=(x_0+x_1)/2, y(0)=(y_0+y_1)/2$$

当 $t=1$ 时，终点 $\boldsymbol{P}(1)$ 的坐标为

$$x(1)=(x_1+x_2)/2, y(1)=(y_1+y_2)/2$$

对式（2-24）求一阶导，当 $t=0$ 时，$\boldsymbol{P}'(0)=\boldsymbol{P}_1-\boldsymbol{P}_0$，当 $t=1$ 时，$\boldsymbol{P}'(0)=\boldsymbol{P}_2-\boldsymbol{P}_1$。

由此可知，若给定三个型值点 $\boldsymbol{P}_0$、$\boldsymbol{P}_1$、$\boldsymbol{P}_2$，可确定一段二次 B 样条曲线，曲线的两端点就是二次 B 样条特征多边形两条边的中点，两端点的切线分别是特征多边形的两边，如图 2-20 所示。与二次 Bézier 曲线对比，二次 B 样条曲线也是一条抛物线，不同的是二次 B 样条曲线采用的是拟合曲线方式，不通过任何一个型值点。

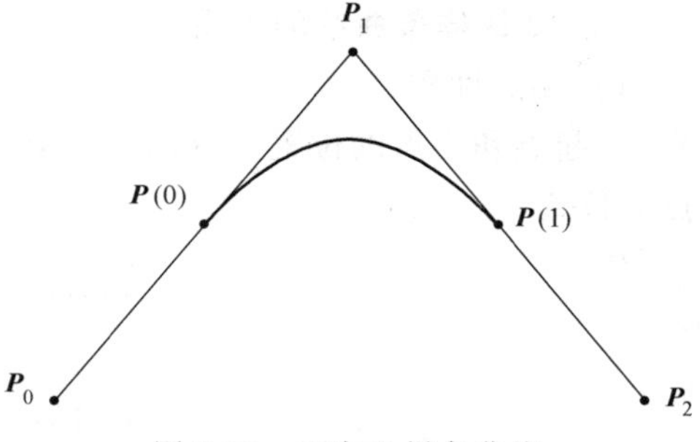

图 2-20　二次 B 样条曲线

3. 三次 B 样条曲线

根据式（2-22）和式（2-23），可推导出当 $n=3$ 时，起始段（第 $i=0$ 段）三次 B 样条曲线的 t 的三次多项式，即

$$\begin{aligned}\boldsymbol{P}(t)=&\frac{1}{6}(-t^3+3t^2-3t+1)P_0+\frac{1}{6}(3t^3-6t^2+4)P_1\\&+\frac{1}{6}(-3t^3+3t^2+3t+1)P_2+\frac{1}{6}t^3P_3\end{aligned}\quad(0\leqslant t\leqslant 1)\qquad(2\text{-}26)$$

其矩阵形式为

$$\boldsymbol{P}(t)=\frac{1}{6}(t^3\quad t^2\quad t\quad 1)\begin{pmatrix}-1&3&-3&1\\3&-6&3&0\\-3&0&3&0\\1&4&1&0\end{pmatrix}\begin{pmatrix}\boldsymbol{P}_0\\\boldsymbol{P}_1\\\boldsymbol{P}_2\\\boldsymbol{P}_3\end{pmatrix}\quad(0\leqslant t\leqslant 1)\qquad(2\text{-}27)$$

式（2-27）对应的坐标分量形式为

$$\boldsymbol{x}(t)=\frac{1}{6}(t^3\quad t^2\quad t\quad 1)\begin{pmatrix}-1&3&-3&1\\3&-6&3&0\\-3&0&3&0\\1&4&1&0\end{pmatrix}\begin{pmatrix}x_0\\x_1\\x_2\\x_3\end{pmatrix}$$

$$\boldsymbol{y}(t)=\frac{1}{6}(t^3\quad t^2\quad t\quad 1)\begin{pmatrix}-1&3&-3&1\\3&-6&3&0\\-3&0&3&0\\1&4&1&0\end{pmatrix}\begin{pmatrix}y_0\\y_1\\y_2\\y_3\end{pmatrix}$$

展开后按 t 的升幂排列，得三次 B 样条曲线参数多项式为

$$\begin{aligned}x(t)&=A_0+A_1t+A_2t^2+A_3t^3\\y(t)&=B_0+B_1t+B_2t^2+B_3t^3\end{aligned}\quad(0\leqslant t\leqslant 1)$$

式中

$$A_0=(x_0+4x_1+x_2)/6 \qquad B_0=(y_0+4y_1+y_2)/6$$
$$A_1=-(x_0-x_2)/2 \qquad B_1=-(y_0-y_2)/2$$
$$A_2=(x_0-2x_1+x_2)/2 \qquad B_2=(y_0-2y_1+y_2)/2$$
$$A_3=-(x_0-3x_1+3x_2-x_3)/6 \qquad B_3=-(y_0-3y_1+3y_2-y_3)/6$$

4. 三次 B 样条曲线的性质

(1) 端点性质

1) 起点和终点的位置。分别令 $t=0$、$t=1$ 代入式 (2-26), 得到三次 B 样条曲线起点和终点的位置

$$\boldsymbol{P}(0)=\frac{1}{3}\left(\frac{\boldsymbol{P}_0+\boldsymbol{P}_2}{2}\right)+\frac{2}{3}\boldsymbol{P}_1$$

$$\boldsymbol{P}(1)=\frac{1}{3}\left(\frac{\boldsymbol{P}_1+\boldsymbol{P}_3}{2}\right)+\frac{2}{3}\boldsymbol{P}_2$$

由此可知，三次 B 样条曲线不通过特征多边形的两个端点 $\boldsymbol{P}_0$ 和 $\boldsymbol{P}_3$，其起点位置在 $\triangle \boldsymbol{P}_0\boldsymbol{P}_1\boldsymbol{P}_2$ 底边 $\boldsymbol{P}_0\boldsymbol{P}_2$ 中线上离 $\boldsymbol{P}_1$ 点 $\frac{1}{3}$ 处，终点位置在 $\triangle \boldsymbol{P}_1\boldsymbol{P}_2\boldsymbol{P}_3$ 底边 $\boldsymbol{P}_1\boldsymbol{P}_3$ 中线上离 $\boldsymbol{P}_2$ 点 $\frac{1}{3}$ 处，如图 2-21 所示。

2) 起点和终点的切向量。由式 (2-26) 得

$$\boldsymbol{P}'(t)=\frac{1}{6}(-3t^2+6t-3)\boldsymbol{P}_0+\frac{1}{6}(9t^2-12t)\boldsymbol{P}_1+\frac{1}{6}(-9t^2+6t+3)\boldsymbol{P}_2+\frac{1}{2}t^2\boldsymbol{P}_3$$

故

$$\boldsymbol{P}'(0)=\frac{1}{2}(\boldsymbol{P}_2-\boldsymbol{P}_0),\quad \boldsymbol{P}'(1)=\frac{1}{2}(\boldsymbol{P}_3-\boldsymbol{P}_1)$$

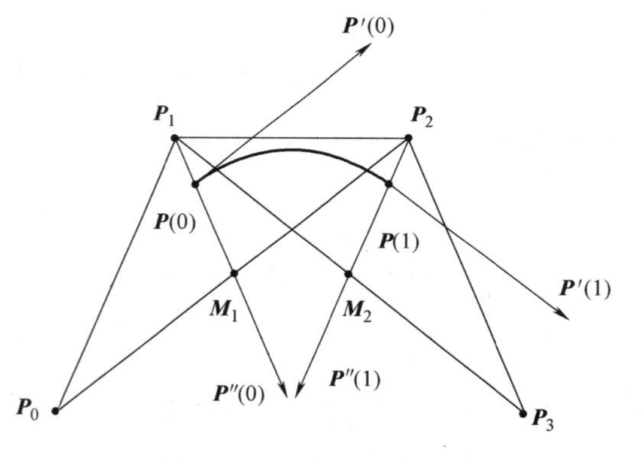

图 2-21　三次 B 样条曲线

由此可知，三次 B 样条曲线在起点处的切向量 $\boldsymbol{P}'(0)$ 平行于 $\triangle \boldsymbol{P}_0\boldsymbol{P}_1\boldsymbol{P}_2$ 的底边 $\boldsymbol{P}_0\boldsymbol{P}_2$，其长度等于该边长的 1/2；终点处的切向量 $\boldsymbol{P}'(1)$ 平行于 $\triangle \boldsymbol{P}_1\boldsymbol{P}_2\boldsymbol{P}_3$ 的底边 $\boldsymbol{P}_1\boldsymbol{P}_3$，其长度等于该边长的 1/2，如图 2-21 所示。

3) 起点和终点的二阶导数。由式 (2-26) 得

$$\boldsymbol{P}''(t)=\frac{1}{6}(-6t+6)\boldsymbol{P}_0+\frac{1}{6}(18t-12)\boldsymbol{P}_1+\frac{1}{6}(-18t+6)\boldsymbol{P}_2+t\boldsymbol{P}_3$$

所以

$$\begin{aligned}\boldsymbol{P}''(0)&=\boldsymbol{P}_0-2\boldsymbol{P}_1+\boldsymbol{P}_2=(\boldsymbol{P}_0-\boldsymbol{P}_1)+(\boldsymbol{P}_2-\boldsymbol{P}_1)\\&=\boldsymbol{P}_1\boldsymbol{P}_0+\boldsymbol{P}_1\boldsymbol{P}_2=2\,\boldsymbol{P}_1\boldsymbol{M}_1\\\boldsymbol{P}''(1)&=\boldsymbol{P}_1-2\boldsymbol{P}_2+\boldsymbol{P}_3=(\boldsymbol{P}_1-\boldsymbol{P}_2)+(\boldsymbol{P}_3-\boldsymbol{P}_2)\\&=\boldsymbol{P}_2\boldsymbol{P}_1+\boldsymbol{P}_2\boldsymbol{P}_3=2\boldsymbol{P}_2\boldsymbol{M}_2\end{aligned}$$

由此可知，三次 B 样条曲线起始点的二阶导数为方向与 $\triangle \boldsymbol{P}_1\boldsymbol{P}_1\boldsymbol{P}_2$ 底边 $\boldsymbol{P}_0\boldsymbol{P}_2$ 中线上的 $\boldsymbol{P}_1\boldsymbol{M}_1$ 同向，且长度为 $\boldsymbol{P}_1\boldsymbol{M}_1$ 长度的 2 倍的向量；终止点的二阶导数为与 $\triangle \boldsymbol{P}_1\boldsymbol{P}_2\boldsymbol{P}_3$ 底边 $\boldsymbol{P}_1\boldsymbol{P}_3$ 中线上的 $\boldsymbol{P}_2\boldsymbol{M}_2$ 同向，且长度为 $\boldsymbol{P}_2\boldsymbol{M}_2$ 长度的 2 倍的向量。

（2）二阶连续性　由三次 B 样条曲线的端点性质和图 2-22 可知，两段三次 B 样条曲线段分别由型值点 $\boldsymbol{P}_0$、$\boldsymbol{P}_1$、$\boldsymbol{P}_2$、$\boldsymbol{P}_3$ 和 $\boldsymbol{P}_1$、$\boldsymbol{P}_2$、$\boldsymbol{P}_3$、$\boldsymbol{P}_4$ 定义，两条曲线在连接点处有如下关系：$\boldsymbol{P}_1(1)=\boldsymbol{P}_2(0)$，$\boldsymbol{P}_1'(1)=\boldsymbol{P}_2'(0)$，$\boldsymbol{P}_1''(1)=\boldsymbol{P}_2''(0)$。由此可见，两段相邻的三次 B 样条曲线在连接点处有相同的位置、切向量和二阶导数，即相邻两段三次 B 样条曲线在连接点处具有二阶导数连续性。

（3）凸包性　三次 B 样条曲线必落在其特征多边形的凸包之中，且较好地逼近特征多边形。

（4）局部修改性　根据 B 样条曲线的定义及端点性质可知，若改动特征多边形的一个顶点，只影响以该点为中心的邻近段曲线，而不会改变其他段曲线的形状，这一性质有利于对曲线进行局部修改，即 B 样条曲线具有良好的局部修改性。

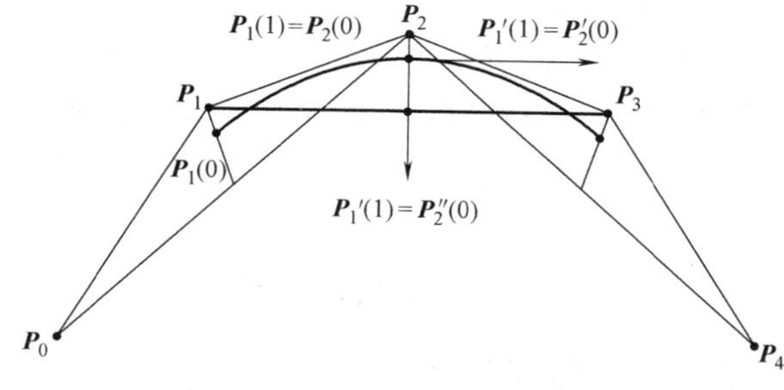

图 2-22　三次 B 样条曲线二阶连续

5. 三次 B 样条曲线的设计技巧

三次 B 样条曲线不经过任何给定的型值点，也不以特征多边形的边作为切向量，是一种典型的以逼近为拟合方式的曲线。然而，在绘制三次 B 样条曲线时，常需要满足一些特殊条件，如需要曲线通过给定的起点和终点，并且切于特征多边形的边等。下面介绍一些利用 B 样条的端点等性质，完成曲线设计的技巧。

1）以指定的已知点作为 B 样条曲线的起点和终点，并规定曲线切向量的方向。

已知型值点 $\boldsymbol{P}_0$、$\boldsymbol{P}_1$、…、$\boldsymbol{P}_5$，要求构造一条以点 $\boldsymbol{P}_0$为起点三次 B 样条曲线，且起点切向量方向为特征多边形的边 $\boldsymbol{P}_0\boldsymbol{P}_1$，如图 2-23 所示。思路是在点 $\boldsymbol{P}_0$的前面增加一个型值点 $\boldsymbol{P}_{-1}$，使得由 $\boldsymbol{P}_{-1}$、$\boldsymbol{P}_0$、$\boldsymbol{P}_1$、$\boldsymbol{P}_2$ 构造的三次 B 样条曲线的起点刚好在点 $\boldsymbol{P}_0$且 $\boldsymbol{P}_0'=\boldsymbol{P}_0\boldsymbol{P}_1$。即在 $\boldsymbol{P}_1\boldsymbol{P}_0$的延长线上取 $\boldsymbol{P}_{-1}$，使 $\boldsymbol{P}_0\boldsymbol{P}_{-1}=\boldsymbol{P}_1\boldsymbol{P}_0$。由于 $\boldsymbol{P}_{-1}$，$\boldsymbol{P}_0$，$\boldsymbol{P}_1$ 在一条直线上，且 $\boldsymbol{P}_0$为中点，根据三次 B 样条曲线端点性质，曲线的起点就通过了指定的特征多边形的起点，该点的切向量方向也满足要求。

2）指定曲线通过型值点 $\boldsymbol{P}_e$，求取应增加的特征多边形顶点位置。已知型值点 $\boldsymbol{P}_0$、$\boldsymbol{P}_1$、…、$\boldsymbol{P}_5$、$\boldsymbol{P}_e$，要求构造一条以点 $\boldsymbol{P}_e$ 为终点三次 B 样条曲线，如图 2-24 所示，求需补充

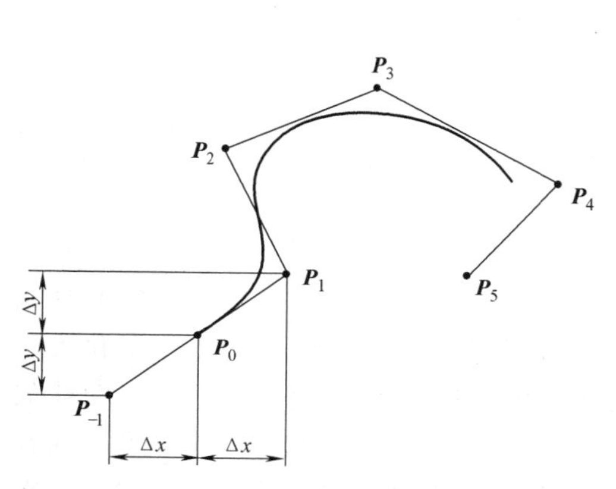

图 2-23　指定 B 样条曲线起点位置及切向量

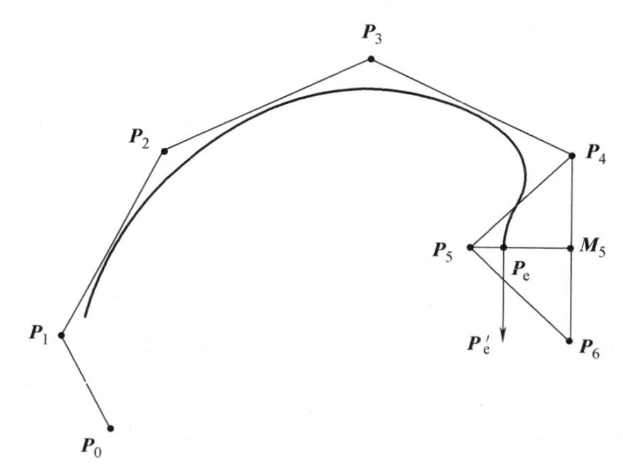

图 2-24　指定 B 样条曲线终点

的特征多边形的顶点。作图方法是先连接 P_5P_e 并延长到 M_5，使 $P_eM_5=2P_5P_e$，再连接 P_4M_5 延长到 P_6，使 $P_6M_5=M_5P_4$，则 P_6 即为所要求的外延补充的特征多边形的顶点。

3）设计 B 样条曲线在指定点与特征多边形的边相切——三顶点共线法。已知型值点 P_0、P_1、P_2、P_3、P_4，如图 2-25 所示，要求构造的三次 B 样条曲线分别在点 G 和点 F 与特征多边形的边 P_1P_2 相切。构造这样的曲线需要采用三顶点共线法，其思路为：若特征多边形的三个顶点 P_{i-1}、P_i、P_{i+1} 共线，则 $\triangle P_{i-1}P_iP_{i+1}$ 退化为一直线段，相当于将该三角形向它的底边 $P_{i-1}P_{i+1}$ 进行投射，如图 2-26 所示。这时 B 样条曲线上的一个端点 P 投射在 $P_{i-1}P_{i+1}$ 上，由此可得点 P 的切向量 P' 和二阶导数向量 P'' 均与该线段方向一致。

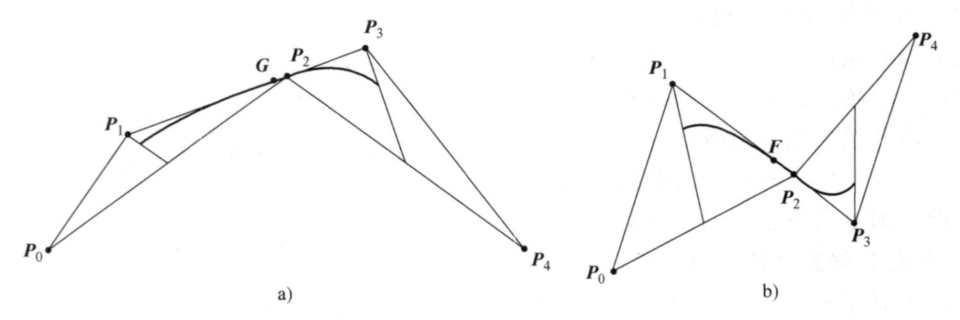

图 2-25　曲线与特征多边形的边相切

4）构造一段直线——四点共线法。如图 2-27 所示，构造一段具有直线的 B 样条曲线，其设计思路为：如果特征多边形的四顶点 P_1、P_2、P_3、P_4 共线，可视为退化成一条直线，对应的 B 样条曲线也退化为一直线，并重合在特征多边形退化所成的直线 $P_1P_2P_3P_4$ 上，而且该曲线两端的切向量也与退化直线的方向一致。因此，若要在两条 B 样条曲线中连接一段直线，可采用四点共线法。

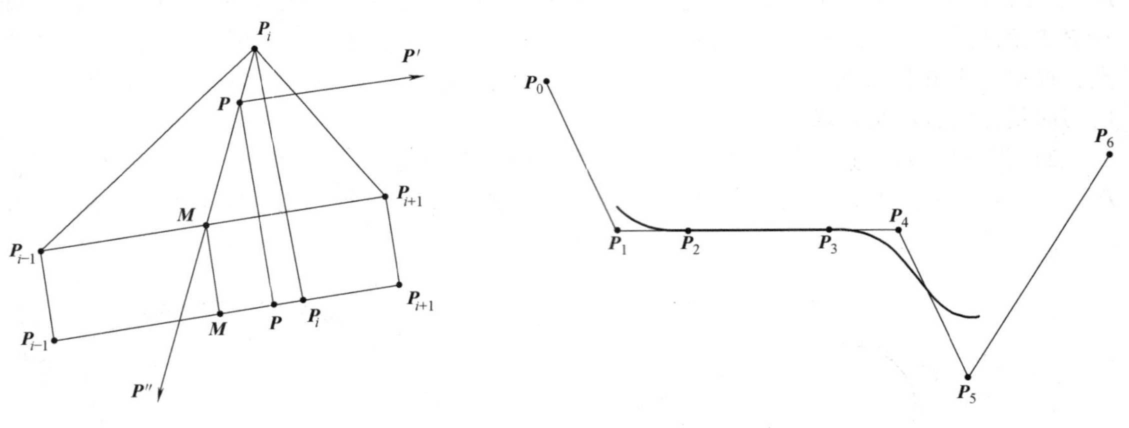

图 2-26　三顶点共线法　　　　图 2-27　四点共线法

5）B 样条曲线上存在尖点——三重点法。如图 2-28 所示，构造一段存在尖点的 B 样条曲线，其设计思路为：若特征多边形有三个顶点 P_2、P_3、P_4 重合，则 $\triangle P_2P_3P_4$ 退化为一点。由型值点 P_1、P_2、P_3、P_4 构造一段 B 样条曲线，P_1、P_2、P_3 退化为一直线，曲线的起点在 P_1P_2 上距 P_2 为 1/6 处，曲线的终点就在三重点上。因此，曲线实际上为直线，而且与退化的直线重合。同理由型值点 P_2、P_3、P_4、P_5 构造 B 样条曲线也为直线。这时，三次

B 样条曲线通过了一个尖点。由于三重点处的切向量和二阶导数都等于零，所以，尽管曲线上出现了尖点，但是仍然保持了二阶连续。

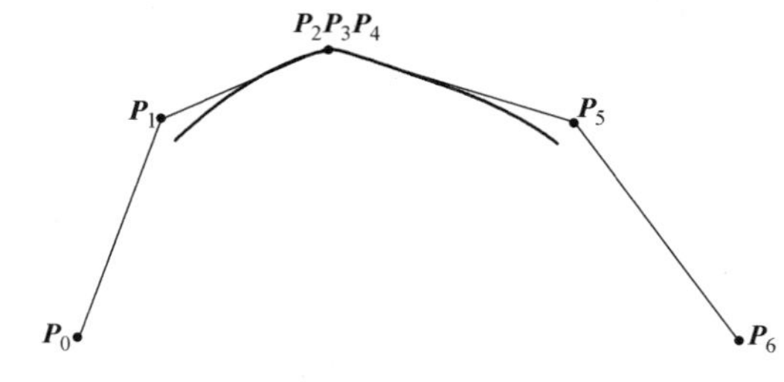

图 2-28　三重点法

2.2.5　三种参数曲线的比较

前面介绍了三种常用的自由曲线，下面以三次曲线为例分析它们各自的特点。

1）三次参数曲线由其端点的位置向量和切向量定义，因而其样条曲线通过所有型值点，适用于由已知准确的型值点求取光滑曲线的场合，如船体放样和基于测量数据的曲线反求等。

2）Bézier 曲线由其端点的位置向量和其他不通过曲线的特征多边形的顶点定义，因而是在端点插值，而在其他点逼近特征多边形的曲线，可以通过控制特征多边形的顶点间接地控制曲线的形状，适用于需要灵活表达曲线设计意图的场合。

3）B 样条曲线由不在曲线上的一组位置向量定义，本身就是逼近特征多边形凸包的样条曲线。B 样条曲线除了具有 Bézier 样条曲线表达灵活的优点以外，还具有便于进行局部修改等优势，是迄今为止最适用于曲线设计创意和控制的参数曲线。

4）三次参数曲线的调和函数和 Bézier 曲线的基函数都是关于参变量的多项式函数，因而，曲线的形状、阶数等与型值点的位置和数量有关。B 样条曲线的基函数是关于参变量的多项式样条函数，曲线的阶数与特征多边形顶点的总数目无关，并随着特征多边形顶点的延伸自动生成光滑连接的样条曲线。

5）三种参数曲线的统一矩阵表达形式。设 $\boldsymbol{P}_0$、$\boldsymbol{P}_1$、$\boldsymbol{P}_2$、$\boldsymbol{P}_3$ 为定义曲线的型值点位置向量，$j=1$、2、3 分别代表三次参数样条曲线、Bézier 曲线、B 样条曲线，则本节讨论的三种三次自由曲线的矩阵表达式可以统一写成

$$\boldsymbol{P}(t)=\boldsymbol{T}\boldsymbol{M}_j\boldsymbol{G}_j \qquad (0\leqslant t\leqslant 1)(j=1、2、3)$$

式中

$$\boldsymbol{T}=\begin{pmatrix} t^3 & t^2 & t & 1 \end{pmatrix}$$

$$\boldsymbol{M}_1=\begin{pmatrix} 2 & -2 & 1 & 1 \\ -3 & 3 & -2 & -1 \\ 0 & 0 & 1 & 0 \\ 1 & 0 & 0 & 0 \end{pmatrix} \quad \boldsymbol{M}_2=\begin{pmatrix} -1 & 3 & -3 & 1 \\ 3 & -6 & 3 & 0 \\ -3 & 3 & 0 & 0 \\ 1 & 0 & 0 & 0 \end{pmatrix} \quad \boldsymbol{M}_3=\frac{1}{6}\begin{pmatrix} -1 & 3 & -3 & 1 \\ 3 & -6 & 3 & 0 \\ -3 & 0 & 3 & 0 \\ 1 & 4 & 1 & 0 \end{pmatrix}$$

$$\boldsymbol{G}_1=\begin{pmatrix} \boldsymbol{P}_0 \\ \boldsymbol{P}_1 \\ \boldsymbol{P}'_0 \\ \boldsymbol{P}'_1 \end{pmatrix} \quad \boldsymbol{G}_2=\begin{pmatrix} \boldsymbol{P}_0 \\ \boldsymbol{P}_1 \\ \boldsymbol{P}_2 \\ \boldsymbol{P}_3 \end{pmatrix} \quad \boldsymbol{G}_3=\begin{pmatrix} \boldsymbol{P}_0 \\ \boldsymbol{P}_1 \\ \boldsymbol{P}_2 \\ \boldsymbol{P}_3 \end{pmatrix}$$

值得注意的是，上式中 $\boldsymbol{M}_1$、$\boldsymbol{G}_1$ 分别是 Hermite 矩阵和 Hermite 几何向量。进一步可以有

$$\boldsymbol{P}(t)=\boldsymbol{T}\boldsymbol{M}_1[\boldsymbol{B}]_j[\boldsymbol{G}]_j \quad (0\leqslant t\leqslant 1)(j=1、2、3)$$

式中

$$\boldsymbol{B}_1=\begin{pmatrix}1&0&0&0\\0&1&0&0\\0&0&1&0\\0&0&0&1\end{pmatrix}$$

而 $\boldsymbol{B}_2$ 和 $\boldsymbol{B}_3$ 可以分别利用 Bézier 曲线、B 样条曲线的端点性质求取，即如果已知上述三种三次参数曲线的端点性质，它们的矩阵表达形式均可以借助于 Hermite 矩阵统一表达。有兴趣的读者不妨进行推导求解。

综上所述，需要过型值点拟合曲线，并使曲线符合已知的切向量时，三次参数样条曲线效果良好，计算可靠。由于通过移动型值点就可以直观地使 Bézier 曲线变成所希望的形状，而且计算量比参数样条曲线要少一半以上，Bézier 曲线比参数样条曲线使用起来更加灵活。但是 Bézier 曲线缺乏局部控制性，所以适于在小挠度曲线条件下使用。B 样条曲线，尤其是三次 B 样条曲线局部可塑性大，形成样条曲线时比其他形式曲线更为方便灵活，因而，应用十分广泛。

2.3 自由曲面建模理论基础

自由曲面可看作是一系列曲线的集合，因此自由曲面也可采用参数表达法描述，需要两个参数变量 u 和 v。曲面上点的坐标可表示为 $x=x(u,\ v)$、$y=y(u,\ v)$、$z=z(u,\ v)$，其中 $0\leqslant u$、$v\leqslant 1$。曲面上点的向量形式为 $\boldsymbol{P}(u,v)=(x(u,v)\quad y(u,v)\quad z(u,v))$，其中 $0\leqslant u$、$v\leqslant 1$。下面介绍几个曲面有关的基本概念。

1. 曲面片上的点

当 $u=i$、$v=j$ 时，曲面片上的点记为 $\boldsymbol{P}_{ij}$。

2. 角点

当参数变量 u 和 v 分别等于 0 或 1 时，得到曲面片的四个角点，记为 $\boldsymbol{P}_{00}$、$\boldsymbol{P}_{01}$、$\boldsymbol{P}_{10}$、$\boldsymbol{P}_{11}$。

3. 边界线

矩形域曲面片具有四条边界线，分别是 $\boldsymbol{P}(u,\ 0)$、$\boldsymbol{P}(u,\ 1)$、$\boldsymbol{P}(0,\ v)$、$\boldsymbol{P}(1,\ v)$，简记为 $\boldsymbol{P}_{u0}$、$\boldsymbol{P}_{u1}$、$\boldsymbol{P}_{0v}$、$\boldsymbol{P}_{1v}$。

4. 点 $\boldsymbol{P}_{ij}$ 的切向量

曲面片上任一点 $\boldsymbol{P}_{ij}$ 处有 u 向切向量 $\boldsymbol{P}_{ij}^{u}$ 和 v 向切向量 $\boldsymbol{P}_{ij}^{v}$。

5. 点 $\boldsymbol{P}_{ij}$ 的法向量

曲面片上任一点 $\boldsymbol{P}_{ij}$ 处的法向量记为 $\boldsymbol{n}_{ij}$。

2.3.1 双三次参数曲面片

将三次参数曲线表达式推广，便可以得到由两个参数 u 和 v 定义的三次参数方程，令其

中的一个参数为常数，另一个参数从 0 变到 1，结果就是一段三次参数曲线。如图 2-29 所示，令 u 和 v 分别从 0 变到 1 就确定了曲面片上的所有点，即双三次参数曲面片。双三次参数曲面片上任一点 P_{ij} 的坐标 $x(u,v)$ 可写为

$$x(u,v)=a_{11}u^3v^3+a_{12}u^3v^2+a_{13}u^3v+a_{14}u^3 +a_{21}u^2v^3+a_{22}u^2v^2+a_{23}u^2v+a_{24}u^2 +a_{31}uv^3+a_{32}uv^2+a_{33}uv+a_{34}u +a_{41}v^3+a_{42}v^2+a_{43}v+a_{44} \quad (2\text{-}28)$$

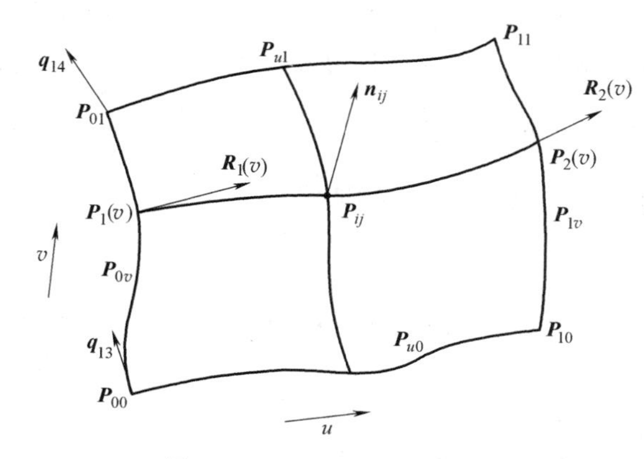

图 2-29 双三次参数曲面片

写成矩阵形式为

$$x(u,v)=\boldsymbol{UC}_x\boldsymbol{V}^{\mathrm{T}} \quad (2\text{-}29)$$

式中，$\boldsymbol{U}=(u^3 \quad u^2 \quad u \quad 1)$；$\boldsymbol{V}=(v^3 \quad v^2 \quad v \quad 1)$，$\boldsymbol{V}^{\mathrm{T}}$ 是 $\boldsymbol{V}$ 的转置矩阵；$\boldsymbol{C}_x$ 是双三次多项式 $x(u,v)$ 的系数。

同理可得 $y(u,v)$ 和 $z(u,v)$ 的表达式 $y(u,v)=\boldsymbol{UC}_y\boldsymbol{V}^{\mathrm{T}}$ 和 $z(u,v)=\boldsymbol{UC}_z\boldsymbol{V}^{\mathrm{T}}$，式中 C_y 和 C_z 是 $y(u,v)$ 和 $z(u,v)$ 的系数。因此可得双三次参数曲面片的参数表达式为

$$\boldsymbol{P}(u,v)=\boldsymbol{UCV}^{\mathrm{T}} \quad (2\text{-}30)$$

假设双三次参数曲面片是一系列 Hermite 曲线的集合，则双三次参数曲面片上的点 $\boldsymbol{P}_{ij}$ 是一条 Hermite 曲线上的点。先设 v 不变（为常量），u 为参数变量，$\boldsymbol{P}(u,v)$ 可表示为参数 u 的 Hermite 曲线矩阵形式，即

$$\boldsymbol{P}(u,v)=\boldsymbol{UM}_h\boldsymbol{G}_h(v)=\boldsymbol{UM}_h\begin{pmatrix}\boldsymbol{P}_1(0,v)\\\boldsymbol{P}_2(1,v)\\\boldsymbol{R}_1(0,v)\\\boldsymbol{R}_2(1,v)\end{pmatrix}=\boldsymbol{UM}_h\begin{pmatrix}\boldsymbol{P}_1(v)\\\boldsymbol{P}_2(v)\\\boldsymbol{R}_1(v)\\\boldsymbol{R}_2(v)\end{pmatrix} \quad (2\text{-}31)$$

式中，$\boldsymbol{U}=(u^3 \quad u^2 \quad u \quad 1)$；$G_h(v)$ 是 Hermite 几何向量，$\boldsymbol{P}_1(v)$、$\boldsymbol{P}_2(v)$、$\boldsymbol{R}_1(v)$、$\boldsymbol{R}_2(v)$ 分别是 u 曲线段的两端点位置坐标和切向量，如图 2-29 所示，它们都是参数变量 v 的函数；$\boldsymbol{M}_h$ 是 Hermite 矩阵，即

$$\boldsymbol{M}_h=\begin{pmatrix}2 & -2 & 1 & 1\\-3 & 3 & -2 & -1\\0 & 0 & 1 & 0\\1 & 0 & 0 & 0\end{pmatrix}$$

由图 2-29 可知，端点 $\boldsymbol{P}_1(v)$、$\boldsymbol{P}_2(v)$ 分别为曲面片两条边界线上的点，假设 $\boldsymbol{R}_1(v)$ 和 $\boldsymbol{R}_2(v)$ 向量也看成是三次参数曲线上的点，将 $\boldsymbol{P}_1(v)$、$\boldsymbol{P}_2(v)$、$\boldsymbol{R}_1(v)$ 和 $\boldsymbol{R}_2(v)$ 分别表示为 Hermite 曲线的矩阵形式，此时设 u 不变，v 为参数变量，有

$$\boldsymbol{P}_1(\mathrm{v})=\boldsymbol{VM}_h\begin{pmatrix}\boldsymbol{q}_{11}\\\boldsymbol{q}_{12}\\\boldsymbol{q}_{13}\\\boldsymbol{q}_{14}\end{pmatrix}\quad \boldsymbol{P}_2(v)=\boldsymbol{VM}_h\begin{pmatrix}\boldsymbol{q}_{21}\\\boldsymbol{q}_{22}\\\boldsymbol{q}_{23}\\\boldsymbol{q}_{24}\end{pmatrix}\quad \boldsymbol{R}_1(v)=\boldsymbol{VM}_h\begin{pmatrix}\boldsymbol{q}_{31}\\\boldsymbol{q}_{32}\\\boldsymbol{q}_{33}\\\boldsymbol{q}_{34}\end{pmatrix}\quad \boldsymbol{R}_2(v)=\boldsymbol{VM}_h\begin{pmatrix}\boldsymbol{q}_{41}\\\boldsymbol{q}_{42}\\\boldsymbol{q}_{43}\\\boldsymbol{q}_{44}\end{pmatrix}$$

以 $\boldsymbol{P}_1(v)$ 的表达式为例，说明列向量 $(\boldsymbol{q}_{11}\quad \boldsymbol{q}_{12}\quad \boldsymbol{q}_{13}\quad \boldsymbol{q}_{14})^{\mathrm{T}}$ 中各元素的含义。由图 2-29可知，$\boldsymbol{P}_1(v)$ 是边界线 $\boldsymbol{P}_{0v}$上的点，即$\boldsymbol{q}_{11}$、$\boldsymbol{q}_{12}$是边界线的两端点$\boldsymbol{P}_{00}$、$\boldsymbol{P}_{01}$，$\boldsymbol{q}_{13}$、$\boldsymbol{q}_{14}$是边界线两端点沿 v 方向的切向量$\dfrac{\mathrm{d}\boldsymbol{P}}{\mathrm{d}v_{00}}$、$\dfrac{\mathrm{d}\boldsymbol{P}}{\mathrm{d}v_{01}}$，同理可推导出其余三个列向量各元素的含义。用一个行向量表示上述四式，得

$$(\boldsymbol{P}_1(v)\quad \boldsymbol{P}_2(v)\quad \boldsymbol{R}_1(v)\quad \boldsymbol{R}_2(v))=\boldsymbol{V}\boldsymbol{M}_h\begin{pmatrix}\boldsymbol{q}_{11} & \boldsymbol{q}_{21} & \boldsymbol{q}_{31} & \boldsymbol{q}_{41}\\ \boldsymbol{q}_{12} & \boldsymbol{q}_{22} & \boldsymbol{q}_{32} & \boldsymbol{q}_{42}\\ \boldsymbol{q}_{13} & \boldsymbol{q}_{23} & \boldsymbol{q}_{33} & \boldsymbol{q}_{43}\\ \boldsymbol{q}_{14} & \boldsymbol{q}_{24} & \boldsymbol{q}_{34} & \boldsymbol{q}_{44}\end{pmatrix}$$

式中，$\boldsymbol{V}=(v^3\quad v^2\quad v\quad 1)$；$\boldsymbol{M}_h$是 Hermite 矩阵。

根据矩阵转置的性质 $(ABC)^{\mathrm{T}}=C^{\mathrm{T}}B^{\mathrm{T}}A^{\mathrm{T}}$，将上式两边转置，有

$$\begin{pmatrix}\boldsymbol{P}_1(v)\\ \boldsymbol{P}_2(v)\\ \boldsymbol{R}_1(v)\\ \boldsymbol{R}_2(v)\end{pmatrix}=\begin{pmatrix}\boldsymbol{q}_{11} & \boldsymbol{q}_{12} & \boldsymbol{q}_{13} & \boldsymbol{q}_{14}\\ \boldsymbol{q}_{21} & \boldsymbol{q}_{22} & \boldsymbol{q}_{23} & \boldsymbol{q}_{24}\\ \boldsymbol{q}_{31} & \boldsymbol{q}_{32} & \boldsymbol{q}_{33} & \boldsymbol{q}_{34}\\ \boldsymbol{q}_{41} & \boldsymbol{q}_{42} & \boldsymbol{q}_{43} & \boldsymbol{q}_{44}\end{pmatrix}\boldsymbol{M}_h^{\mathrm{T}}\,\boldsymbol{V}^{\mathrm{T}}=\boldsymbol{Q}\,\boldsymbol{M}_h^{\mathrm{T}}\,\boldsymbol{V}^{\mathrm{T}}$$

代入式（2-31）可得

$$\boldsymbol{P}(u,v)=\boldsymbol{U}\,\boldsymbol{M}_h\boldsymbol{Q}\,\boldsymbol{M}_h^{\mathrm{T}}\,\boldsymbol{V}^{\mathrm{T}} \tag{2-32}$$

式中，系数矩阵 $\boldsymbol{Q}$ 为

$$\boldsymbol{Q}=\begin{pmatrix}\boldsymbol{P}_{00} & \boldsymbol{P}_{01} & \dfrac{\mathrm{d}\boldsymbol{P}}{\mathrm{d}v}\Big|_{00} & \dfrac{\mathrm{d}\boldsymbol{P}}{\mathrm{d}v}\Big|_{01}\\ \boldsymbol{P}_{10} & \boldsymbol{P}_{11} & \dfrac{\mathrm{d}\boldsymbol{P}}{\mathrm{d}v}\Big|_{10} & \dfrac{\mathrm{d}\boldsymbol{P}}{\mathrm{d}v}\Big|_{11}\\ \dfrac{\mathrm{d}\boldsymbol{P}}{\mathrm{d}u}\Big|_{00} & \dfrac{\mathrm{d}\boldsymbol{P}}{\mathrm{d}u}\Big|_{01} & \dfrac{\mathrm{d}^2\boldsymbol{P}}{\mathrm{d}u\mathrm{d}v}\Big|_{00} & \dfrac{\mathrm{d}^2\boldsymbol{P}}{\mathrm{d}u\mathrm{d}v}\Big|_{01}\\ \dfrac{\mathrm{d}\boldsymbol{P}}{\mathrm{d}u}\Big|_{10} & \dfrac{\mathrm{d}\boldsymbol{P}}{\mathrm{d}u}\Big|_{11} & \dfrac{\mathrm{d}^2\boldsymbol{P}}{\mathrm{d}u\mathrm{d}v}\Big|_{10} & \dfrac{\mathrm{d}^2\boldsymbol{P}}{\mathrm{d}u\mathrm{d}v}\Big|_{11}\end{pmatrix} \tag{2-33}$$

在式（2-33）中，左上方 2×2 子矩阵是双三次曲面片的 4 个角点，右上方和左下方的 2×2子矩阵分别为双三次曲面片角点上沿 v 和 u 两个参数方向的切矢，右下方 2×2 子矩阵是曲面片各角点处对于参数 u 和 v 的偏导数，通常也称为角点的扭矢（Twists）子矩阵。它对曲面片角点区域形状的影响作用，就像扭动的一个螺钉旋具，子矩阵元素的值越大，曲面片角点处的扭曲也就越厉害。图 2-30 所示为 $\boldsymbol{Q}$ 矩阵元素的几何含义。

2.3.2 Coons 曲面片的连接

Coons 曲面是 20 世纪 60 年代由美国麻省理工学院的 Coons 提出，是根据给定的四条边界曲线及其切向量、二阶导，利用混合函数来构造的曲线。由于 Coons 曲面基于边界插值，广泛应用于汽车、轮船和飞机等的外形设计。

在工程应用中，较大曲面可由若干曲面片按一定的连接条件拼接而成。下面讨论用多个 Coons 曲面片连接成光滑曲面的方法。

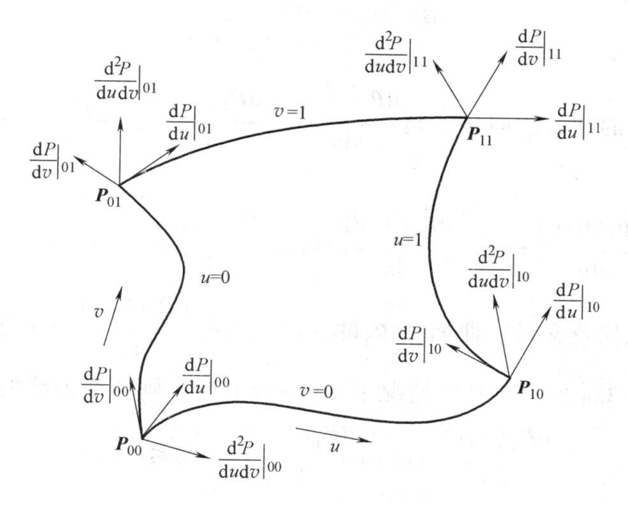

图 2-30　$\boldsymbol{Q}$ 矩阵元素的几何含义

图 2-31 所示为曲面片 1 和曲面片 2 连接而成的曲面。设曲面片 1 用 $\boldsymbol{P}_1(u,\ v)$ 表示，曲面片 2 用 $\boldsymbol{P}_2(u,\ v)$ 表示，在 $\boldsymbol{P}_1(u,\ v)$ 的 $u=1$ 的边界处，按照指定的条件与曲面片 $\boldsymbol{P}_2(u,\ v)$ 的 $u=0$ 的边界相互连接，并设该两曲面片满足位置连续和斜率连续的连接条件。

（1）位置连续　位置连续也称为 C^0 连续，即两曲面片在公共边界上满足位置连续的条件，两曲面片在连接处具有公共边界曲线，即 $\boldsymbol{P}_2(0,v)=\boldsymbol{P}_1(1,\ v)$。

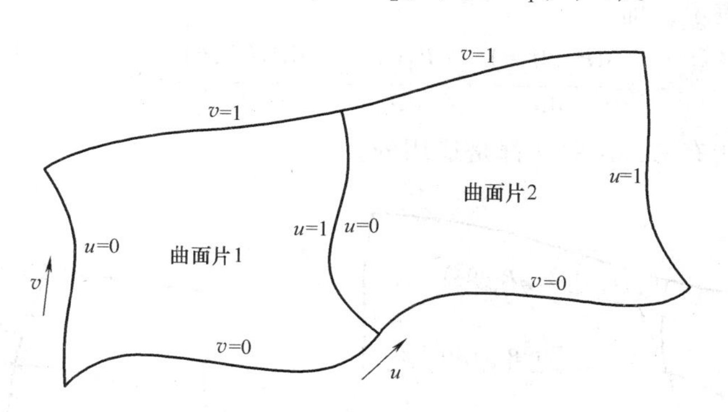

图 2-31　两曲面片 1 和曲面片 2 连接而成的曲面

（2）斜率连续　斜率连续也称为 C^1 连续，即两曲面片在公共边界上满足一阶导数连续，曲面片在公共边界上的斜率连续。

Coons 给出了具有公共边界的两块曲面片之间满足 C^1 连续的充分必要条件：在公共边界上，两曲面片应具有公共的连续转动的切平面，即 $\boldsymbol{P}_2(0,v)$ 的切平面与 $\boldsymbol{P}_1(1,\ v)$ 切平面要一致。

设 $u(v)$ 为正的标量函数，则上述充分必要条件可表述为两曲面片公共边界上具有连续转动的共有法向量，即

$$\frac{d\boldsymbol{P}_2(0,v)}{du}\times\frac{d\boldsymbol{P}_2(0,v)}{dv}=u(v)\frac{d\boldsymbol{P}_1(1,v)}{du}\times\frac{d\boldsymbol{P}_1(1,v)}{dv}(0\leqslant v\leqslant 1) \tag{2-34}$$

由位置连续条件有

$$\frac{\mathrm{d}\boldsymbol{P}_2(0,v)}{\mathrm{d}v}=\frac{\mathrm{d}\boldsymbol{P}_1(1,v)}{\mathrm{d}v}$$

若存在连续转动的共有法向量，则$\frac{\mathrm{d}\boldsymbol{P}_2(0,v)}{\mathrm{d}u}$、$\frac{\mathrm{d}\boldsymbol{P}_1(1,v)}{\mathrm{d}u}$、$\frac{\mathrm{d}\boldsymbol{P}_1(1,v)}{\mathrm{d}v}$必共面。设 $k(v)$ 为任意标量函数，则有

$$\frac{\mathrm{d}\boldsymbol{P}_2(0,v)}{\mathrm{d}u}=u(v)\frac{\mathrm{d}\boldsymbol{P}_1(1,v)}{\mathrm{d}u}+k(v)\frac{\mathrm{d}\boldsymbol{P}_1(1,v)}{\mathrm{d}v}\quad(0\leqslant v\leqslant 1)\tag{2-35}$$

式（2-35）的几何意义是：曲面片 $\boldsymbol{P}_2$ 的 u 向切向量$\frac{\mathrm{d}\boldsymbol{P}_2(0,v)}{\mathrm{d}u}$位于曲面片 $\boldsymbol{P}_1$ 在公共边界的切平面上，如图 2-32a 所示。特殊情况下，$k(v)=0$ 时，则斜率连续的条件为

$$\frac{\mathrm{d}\boldsymbol{P}_2(0,v)}{\mathrm{d}u}=u(v)\frac{\mathrm{d}\boldsymbol{P}_1(1,v)}{\mathrm{d}u}\quad(0\leqslant v\leqslant 1)$$

此时，u 曲线在两曲面片边界上处处光滑连接，如图 2-32b 所示

说明，在图 2-32 中，$\boldsymbol{P}_{1,v}(1,v)$ 表示$\frac{\mathrm{d}\boldsymbol{P}_1(1,v)}{\mathrm{d}v}$，$\boldsymbol{P}_{2,u}(0,v)$ 表示$\frac{\mathrm{d}\boldsymbol{P}_2(0,v)}{\mathrm{d}u}$，$\boldsymbol{P}_{1,u}(1,v)$ 表示$\frac{\mathrm{d}\boldsymbol{P}_1(1,v)}{\mathrm{d}u}$，$\boldsymbol{P}_{1,u}(0,v)$ 表示$\frac{\mathrm{d}\boldsymbol{P}_1(0,v)}{\mathrm{d}u}$。

综上所述，两曲面片若要在公共边界 $\boldsymbol{P}_2(0,v)=\boldsymbol{P}_1(1,v)$ 上实现 C'连续，其必要与充分条件也可用混合积表示，即

$$\frac{\mathrm{d}\boldsymbol{P}_2(0,v)}{\mathrm{d}u}\cdot\frac{\mathrm{d}\boldsymbol{P}_1(1,v)}{\mathrm{d}u}\times\frac{\mathrm{d}\boldsymbol{P}_1(1,v)}{\mathrm{d}v}=0。\tag{2-36}$$

这个结论，对所有 Coons 曲面都是适用的。

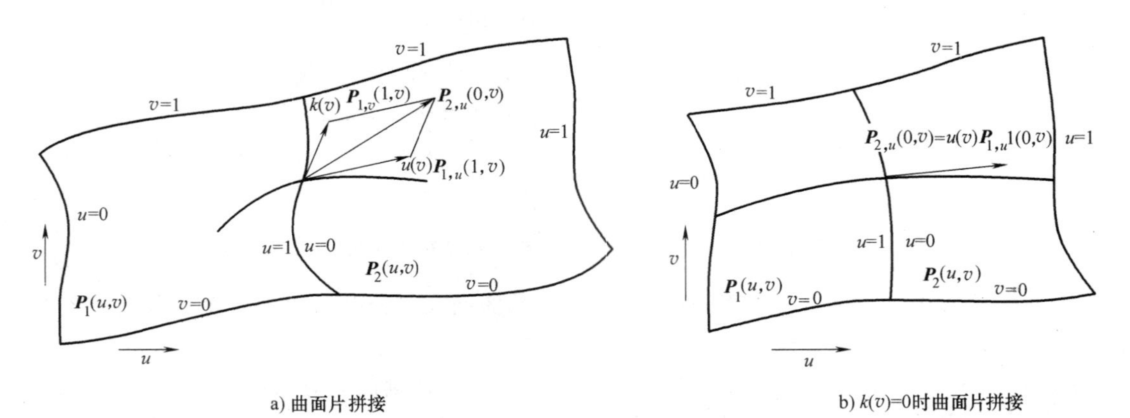

a) 曲面片拼接　　b) $k(v)=0$时曲面片拼接

图 2-32　曲面片连接

现以两张双三次 Coons 曲面片 $\boldsymbol{P}_1(u,v)$ 和 $\boldsymbol{P}_2(u,v)$ 之间的拼接为例，说明其拼接的步骤。

1）保证两曲面片的公共边界曲线是一致的，即 $\boldsymbol{P}_2(0,v)=\boldsymbol{P}_1(1,v)$。$\boldsymbol{P}_1(u,v)$ 的边界曲线 $\boldsymbol{P}_1(1,v)$ 可用双三次 Coons 曲面角点信息矩阵 $\boldsymbol{Q}_1$ 中的第二行元素来表示；而 $\boldsymbol{P}_2(u,v)$

的边界曲线 $\boldsymbol{P}_2(0,v)$ 则可用其角点信息矩阵 $\boldsymbol{Q}_2$ 中的第一行元素表示。它们之间的对应关系必须满足下面的关系式，即

$$\text{矩阵 } \boldsymbol{Q}_1 \text{ 的第二行元素} = \text{矩阵 } \boldsymbol{Q}_2 \text{ 的第一行元素}$$

2）保证两曲面片的跨界斜率连续。表示跨界方向切向量的曲面片 $\boldsymbol{P}_1(u,\ v)$ 的角点信息矩阵 $\boldsymbol{Q}_1$ 的第四行元素，与曲面片 $\boldsymbol{P}_2(u,\ v)$ 的角点信息矩阵 $\boldsymbol{Q}_2$ 的第三行元素应满足下列关系式，即

$$\text{矩阵 } \boldsymbol{Q}_2 \text{ 的第三行元素} = k\times(\text{矩阵 } \boldsymbol{Q}_1 \text{ 的第四行元素})$$

式中，k 是任意正标量。

图 2-32 所示为具有一个公共边界的两个曲面片连接，更多曲面片的连接无非是多个两两连接的组合。

从以上分析可以看出：整个双三次曲面片就是由四个角点的四组十六个信息来控制的。其中前三组信息完全决定了四条边界曲线的位置和形状，只有 $\boldsymbol{Q}$ 矩阵中右下方的第四组信息——角点的扭矢与连接边界的性质无关，它只反映曲面形状凹凸的特征。

在实际应用中，双三次 Coons 曲面的角点信息矩阵比较容易求取，所以，双三次 Coons 曲面是应用得较多的一种曲面。

尽管如此，要确定 $\boldsymbol{Q}$ 中的全部元素仍然是比较困难的，特别是其中的扭矢更加难以控制。能否像 Bézier 曲线和 B 样条曲线那样，在三维空间里给定一些点，通过这些点连成大致反映曲面形状的特征多边形网格，并通过改变网格顶点的位置来控制曲面的形状呢？以下要介绍的 Bézier 曲面和 B 样条曲面就能达到这一目的。

2.3.3 Bézier 曲面

双三次 Bézier 曲面片的方程是用双三次参数曲面片类似的方法推导出来的，即

$$\boldsymbol{P}(u,v)=\boldsymbol{U}\boldsymbol{M}_b\boldsymbol{B}\boldsymbol{M}_b^{\mathrm{T}}\boldsymbol{V}^{\mathrm{T}} \quad (0\leqslant u、v\leqslant 1) \tag{2-37}$$

式中，$\boldsymbol{U}=(u^3\quad u^2\quad u\quad 1)$；$\boldsymbol{V}=(v^3\quad v^2\quad v\quad 1)$；$\boldsymbol{M}_b=\begin{pmatrix}-1 & 3 & -3 & 1\\ 3 & -6 & 3 & 0\\ -3 & 3 & 0 & 0\\ 1 & 0 & 0 & 0\end{pmatrix}$；

矩阵 $\boldsymbol{B}$ 是特征网格角点信息矩阵，$\boldsymbol{B}$ 的表示形式为

$$\boldsymbol{B}=\begin{pmatrix}\boldsymbol{B}(0,0) & \boldsymbol{B}(0,1) & \boldsymbol{B}_v(0,0) & \boldsymbol{B}_v(0,1)\\ \boldsymbol{B}(1,0) & \boldsymbol{B}(1,1) & \boldsymbol{B}_v(1,0) & \boldsymbol{B}_v(1,1)\\ \boldsymbol{B}_u(0,0) & \boldsymbol{B}_u(0,1) & \boldsymbol{B}_{uv}(0,0) & \boldsymbol{B}_{uv}(0,1)\\ \boldsymbol{B}_u(1,0) & \boldsymbol{B}_u(1,1) & \boldsymbol{B}_{uv}(1,0) & \boldsymbol{B}_{uv}(1,1)\end{pmatrix}$$

与 Coons 曲面片类似，如图 2-33a 所示的双三次 Bézier 曲面片有一特征角点网格，它由十六个型值点定义。网格周边的十二个特征点的位置向量定义了四条三次 Bézier 曲线，即曲面的边界曲线。而角点 $\boldsymbol{P}_{11}$、$\boldsymbol{P}_{14}$、$\boldsymbol{P}_{41}$、$\boldsymbol{P}_{44}$ 以及与之邻近的型值点，分别定义了四条边界曲线在角点处的八个切向量。一旦给定了 Bézier 曲面片的四条边界，调整网络内部顶点 $\boldsymbol{P}_{22}$、$\boldsymbol{P}_{23}$、$\boldsymbol{P}_{32}$、$\boldsymbol{P}_{33}$ 的位置，等价于变动角点信息矩阵 $\boldsymbol{B}$ 中的四个扭矢。这样，通过修改控制点很容易改变曲面片的形状。

Bézier 曲面也具有 Bézier 曲线的凸包特性和连续性。使两个曲面片公共边上的四个控制点重合，就可使两曲面片在该连接边上具有位置连续性，进一步使连接边两侧各自的四个控制点，即图 2-33b 中的 $\boldsymbol{P}_{13}$、$\boldsymbol{P}_{23}$、$\boldsymbol{P}_{33}$、$\boldsymbol{P}_{43}$与 $\boldsymbol{P}_{15}$、$\boldsymbol{P}_{25}$、$\boldsymbol{P}_{35}$、$\boldsymbol{P}_{45}$与连接边上的控制点 $\boldsymbol{P}_{14}$、$\boldsymbol{P}_{24}$、$\boldsymbol{P}_{34}$、$\boldsymbol{P}_{44}$分别共线，就可保证切矢量的连续性，即 C^1 连续，也就是图 2-33b 中四组（$\boldsymbol{P}_{13}$、$\boldsymbol{P}_{14}$、$\boldsymbol{P}_{15}$）、（$\boldsymbol{P}_{23}$、$\boldsymbol{P}_{24}$、$\boldsymbol{P}_{25}$）、（$\boldsymbol{P}_{33}$、$\boldsymbol{P}_{34}$、$\boldsymbol{P}_{35}$）和（$\boldsymbol{P}_{43}$、$\boldsymbol{P}_{44}$、$\boldsymbol{P}_{45}$）中每组的三个点都是共线的。另外，还必须要求共线的线段长度的比值是常数，即

$$\frac{\boldsymbol{P}_{13}\boldsymbol{P}_{14}}{\boldsymbol{P}_{14}\boldsymbol{P}_{15}}=\frac{\boldsymbol{P}_{23}\boldsymbol{P}_{24}}{\boldsymbol{P}_{24}\boldsymbol{P}_{25}}=\frac{\boldsymbol{P}_{33}\boldsymbol{P}_{34}}{\boldsymbol{P}_{34}\boldsymbol{P}_{35}}=\frac{\boldsymbol{P}_{43}\boldsymbol{P}_{44}}{\boldsymbol{P}_{44}\boldsymbol{P}_{45}}=\lambda$$

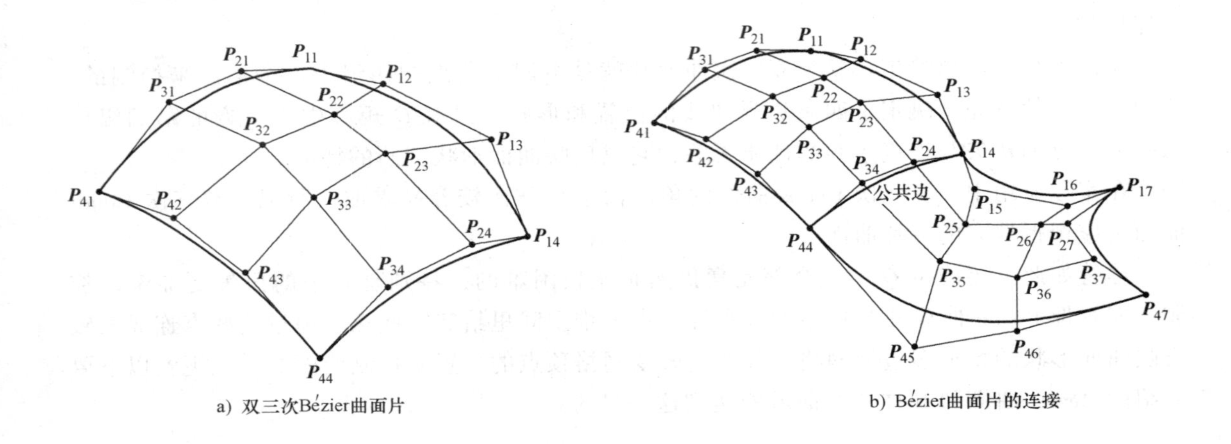

图 2-33　Bézier 曲面片

使用双三次 Bézier 曲面进行设计要比使用双三次 Coons 曲面方便许多，这是因为 Bézier 曲面通过特征网格定义，通过操作特征网格就可以大致控制曲面的形状。

2.3.4　B 样条（B-Spline）曲面

将 B 样条曲线拓展，可以得到 B 样条曲面，其表达式为

$$\boldsymbol{P}(u,v)=\boldsymbol{U}\boldsymbol{M}_s\boldsymbol{S}\boldsymbol{M}_s^{\mathrm{T}}\boldsymbol{V}^{\mathrm{T}}\quad(0\leqslant u、v\leqslant 1)\tag{2-38}$$

式中，$\boldsymbol{U}=(u^3\quad u^2\quad u\quad 1)$；$\boldsymbol{V}=(v^3\quad v^2\quad v\quad 1)$；$\boldsymbol{M}_s=\dfrac{1}{6}\begin{pmatrix}-1 & 3 & -3 & 1\\ 3 & -6 & 3 & 0\\ -3 & 0 & 3 & 0\\ 1 & 4 & 1 & 0\end{pmatrix}$；$\boldsymbol{S}$ 是特征网格角点信息矩阵，其表示形式为

$$\boldsymbol{S}=\begin{pmatrix}\boldsymbol{S}(0,0) & \boldsymbol{S}(0,1) & \boldsymbol{S}_v(0,0) & \boldsymbol{S}_v(0,1)\\ \boldsymbol{S}(1,0) & \boldsymbol{S}(1,1) & \boldsymbol{S}_v(1,0) & \boldsymbol{S}_v(1,1)\\ \boldsymbol{S}_u(0,0) & \boldsymbol{S}_u(0,1) & \boldsymbol{S}_{uv}(0,0) & \boldsymbol{S}_{uv}(0,1)\\ \boldsymbol{S}_u(1,0) & \boldsymbol{S}_u(1,1) & \boldsymbol{S}_{uv}(1,0) & \boldsymbol{S}_{uv}(1,1)\end{pmatrix}$$

图 2-34 为由 16 个控制点组成的特征网格及由其决定的双三次 B 样条曲面，即图中画有阴影线部分。

与 B 样条曲线一样，B 样条曲面具有 C^2 连续，16 个特征点确定了一个曲面片，但通常这些点并不在该曲面片上。

B 样条曲面的优点在于它极为自然地解决了曲面片之间的连接问题，只要特征网格沿某一方向（u 或 v）延伸一排，如 $i=0\sim4$、$j=0\sim3$，则 $i=0\sim4$、$j=0\sim3$ 可以决定另一个曲面片，而且与原曲面片理所当然地达到 C^2 连续。实际上，可以视为原曲面片沿 u 或 v 方向延伸了一段，它们自然连接形成光滑的样条曲面。

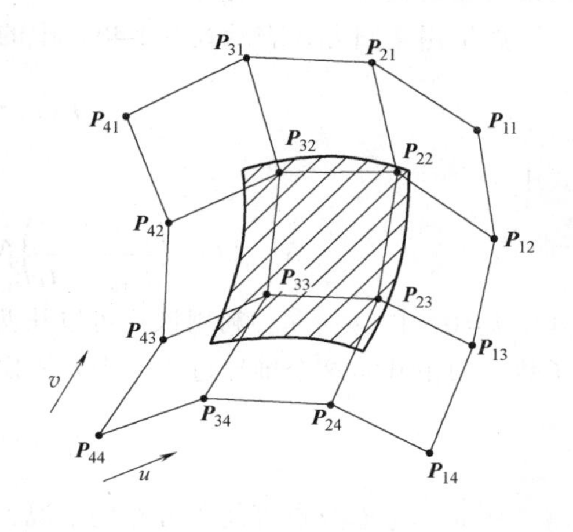

图 2-34　双三次 B 样条曲面片

2.4　有理 B 样条曲线和曲面

1. 曲线的有理参数形式

设 $\boldsymbol{P}_0$、$\boldsymbol{P}_1$、$\boldsymbol{P}_2$为型值点，w 为权重参数，构造关于变量 t 的曲线表达式为

$$\boldsymbol{P}(t)=\frac{\boldsymbol{P}_0(1-t)^2+2w\boldsymbol{P}_1 t(1-t)+\boldsymbol{P}_2 t^2}{(1-t)^2+2wt(1-t)+t^2} \tag{2-39}$$

这种分子分母均为参数 t 的多项式的表达式称为曲线的有理参数表达式。显然，式（2-39）中，取 $t=0$，曲线通过点 $\boldsymbol{P}_0$，取 $t=1$，曲线通过点 $\boldsymbol{P}_2$，即曲线是对两端点插值的。

有理参数曲线的形状取决于权重参数 w 的值。例如：在式（2-39）中，当 $w<1$ 时，该式表达的是椭圆；当 $w=1$ 时，该式表达的是抛物线；当 $w>1$ 时，该式表达的是椭圆。也就是说，以有理参数形式构造了一种用参数方程描述圆锥曲线的方法，实现了该类曲线的统一表达，只需选取不同的权重参数，就可以获得该类曲线中的某一种曲线。不同形状的对象可以用有理参数形式统一表达的特点，为曲线曲面的表达和研究提供了理想的工具。理论上，任何形体的表面形状都可以利用非均匀有理 B 样条（NonUniform Rational B-Splines，NURBS）方法描述，NURBS 也是国际标准化组织（ISO）采用的自由曲线和曲面表达的标准形式。

下面讨论用有理参数形式构造 B 样条曲线的方法。

2. NURBS 曲线

由 $n+1$ 个控制点确定的参数样条曲线可以定义为

$$\boldsymbol{P}(t)=\sum_{k=0}^{n}\boldsymbol{P}_k R_k(t)\quad(k=0,1,\cdots,n) \tag{2-40}$$

式中，$\boldsymbol{P}_k$是型值点位置向量；$R_k(t)$ 是分段多项式混合函数。与先前讨论的 Bézier 和 B 样条曲线不同的是，此处将 $R_k(t)$ 定义在更为一般的节点序列 $\boldsymbol{T}=(t_0、t_1、\cdots、t_i、t_{i+1}、\cdots、t_n)$ 上。这里，$\boldsymbol{T}$ 称为节点向量（Knot Vector），它是关于节点值的递增列表，即满足 $t_i\leqslant t_{i+1}$，参数 t 的区间间隔可以不相等，节点值也可以相同，是非均匀分布的。前述的均匀 B

样条函数是式（2-40）的特例。

如果用递归方式表示式（2-40）中的分段多项式混合函数 $R_k(t)$，则

$$P(t)=\sum_{k=0}^{n}P_kN_{k,m}(t) \tag{2-41}$$

式中

$$N_{k,m}(t)=\left(\frac{t-t_k}{t_{k+m-1}-t_k}\right)N_{k,m-1}(t)+\left(\frac{t_{k+m}-t}{t_{k+m}-t_{k+1}}\right)N_{k+1,m-1}(t) \tag{2-42}$$

其中 $k=0$、1、…、n，利用该式可以从两个（$m-1$）阶 B 样条函数递归地推出 m 阶 B 样条函数。为了开始这个推导过程，需要先定义一阶 B 样条函数即

$$N_{k,1}(t)=\begin{cases}1 & t_k<t\leqslant t_{k+1}\\ 0 & t\text{ 取其他值}\end{cases}$$

例如：考虑节点等间距分布的情况，即 $T=(t_0=0、t_1=1、t_2=2、\cdots)$，则阶数 $m=2$ 的第一个（对应于 $k=0$）B 样条函数 $N_{0,2}(t)$，可以利用上述一阶 B 样条函数和式（2-42）得到

$$N_{0,2}(t)=\frac{t}{1}N_{0,1}(t)+\frac{2-t}{1}N_{1,1}(t)$$

类似，可以进一步递归地得到 $k>0$ 的其他 B 样条函数。

进一步，将式（2-40）中的分段多项式混合函数 $R_k(t)$ 写成有理参数形式，即

$$R_k(t)=\frac{w_kN_{k,m}(t)}{\sum\limits_{k=0}^{n}w_kN_{k,m}(t)}\quad(k=0,1,\cdots,n) \tag{2-43}$$

式中，w 在权重集 $\{w_0,\ w_1,\ \cdots,\ w_n\}$ 中取值，由于通过这些权重的取值可以控制样条曲线的形状，这些权重参数也称为形状参数。

式（2-43）表示的每个混合函数 $R_k(t)$ 都是以多项式比值表示的有理参数形式，故称为有理 B 样条。因为确定 B 样条函数的节点向量通常不是等间距的分布，所以称为非均匀有理 B 样条（NonUniform Rational B-Splines），简称为 NURBS。式（2-40）、式（2-43）和式（2-42）定义了递归方式的 NURBS。

3. NURBS 曲面

B 样条曲面可以推广到有理的形式。设 P_{ij}（$0\leqslant i\leqslant n$，$0\leqslant j\leqslant m$）为型值点，w_{ij}为相应型值点的权重参数，$N_{i,p}(u)$ 和 $N_{j,q}(v)$ 分别是 p 次和 q 次的 B 样条基函数，以递归形式定义的有理 B 样条曲面，或称为 NURBS 曲面。

$$P(u,v)=\frac{\sum\limits_{i=0}^{m}\sum\limits_{j=0}^{n}w_{ij}P_{ij}N_{i,p}(u)N_{j,q}(v)}{\sum\limits_{i=0}^{m}\sum\limits_{j=0}^{n}w_{ij}N_{i,p}(u)N_{j,q}(v)}\quad(0\leqslant u,v\leqslant 1) \tag{2-44}$$

同样，有理 B 样条曲面也具有凸包性、几何不变性、局部调整性等。给定型值点后，有理 B 样条曲面的形状会随着权重参数 w_{ij}的改变而改变。式（2-44）可以用于曲面的统一表示，如 B 样条曲面、Bézier 曲面等都是有理 B 样条曲面的特例，圆锥曲面、旋转曲面等规则曲面也可以用式（2-44）表示。

NURBS是CAD技术中曲线、曲面建模的重要方法，被广泛应用，并已经标准化，ISO STEP中就采用了NURBS作为曲线、曲面建模的标准。

练习题

1. 计算机描述三维几何模型的基本原理是什么？

2. 三维几何模型的计算机几何模型按信息的完整性可分为哪几种？这些模型包含什么样的信息？这些信息对产品的全生命周期提供哪些支持？你认为现代CAD技术中的设计模型应当包括哪些信息？

3. 分析你所了解的CAD软件（如AutoCAD、UG、Creo等）的功能，列举它们采用了哪些三维几何模型的表示方法？

4. 试从Hermite曲线定义的形式出发，利用Bézier曲线的性质，推导出三次Bézier曲线的矩阵表达形式。

5. 编写程序，画出由任意4个型值点定义的三次Bézier曲线，并调整特征多边形顶点的位置，观察曲线的变化情况。

6. 编写三次B样条曲线的程序：调整特征多边形，观察曲线形状的变化；增加新的型值点，观察曲线的延伸；改变型值点的位置，使曲线通过某指定点。

7. 已知二次Bézier曲面片上的网格顶点向量$\boldsymbol{P}_{ij}$($i=0$、1、2；$j=0$、1、2)，编写绘制二次Bézier曲面片的程序。

几何模型变换基础

—核心问题与本章导读—

在进行产品设计时，常常需要对已创建的设计模型进行显示和编辑，控制模型的尺寸大小、空间方位、观察方向和显示效果；或者需要由单个模型派生出多个模型、由简单模型生成复杂模型、由三维立体模型生成二维平面图形等。对设计模型进行几何变换可解决上述问题，本章介绍几何变换的数学基础与基本理论。

3.1 几何模型变换的基本概念

对 CAD 系统生成的设计模型实施几何变换、投影变换的过程和方法称为设计模型的变换。

几何图形或形体按某种规则变换成另一几何图形或形体的过程和方法称为几何变换（Geometrical Transformation），或称为图形变换（Graphics Transformation）。它包括基本几何变换、齐次坐标变换以及组合变换等。

设计模型的变换通常是保持图形（或形体）的拓扑关系不变的线性变换。用来研究和实现设计模型变换的数学工具是线性代数，主要是矩阵理论。通常，在对 CAD 模型实施变换时，线框模型的变换以对其顶点的变换为基础；表面和实体模型的变换以对控制点、表达式或体素等的变换为基础；曲线和曲面的变换以对参数方程或型值点位置向量的变换为基础。

3.2 几何变换的数学基础

几何变换（投影变换）中通常用向量表示变换对象的几何信息，用矩阵运算表示变换的过程。本节简要介绍相关知识。

3.2.1 向量运算

设有向量 $\boldsymbol{A}$（$x_1 \quad y_1 \quad z_1$）和 $\boldsymbol{B}$（$x_2 \quad y_2 \quad z_2$），它们之间常用的向量运算如下。

1. 两向量的和

$$A+B=(x_1+x_2 \quad y_1+y_2 \quad z_1+z_2)$$

2. 两向量的点积

$$A \cdot B=x_1x_2+y_1y_2+z_1z_2$$

3. 向量的长度

$$|A|=\sqrt{x_1^2+y_1^2+z_1^2}$$

4. 两向量的叉积

$$A\times B=(y_1z_2-y_2z_1 \quad z_1x_2-z_2x_1 \quad x_1y_2-x_2y_1)$$

3.2.2 矩阵运算

设 A 为一个 m 行 n 列矩阵，即

$$A=\begin{pmatrix} a_{11} & a_{12} & \cdots & a_{1n} \\ a_{21} & a_{22} & \cdots & a_{2n} \\ \vdots & \vdots & & \vdots \\ a_{m1} & a_{m2} & \cdots & a_{mn} \end{pmatrix}$$

简称为 $m\times n$ 矩阵。如果 $m=n$，则 A 称为 n 阶矩阵。只有在两个矩阵的行数、列数都相同，而且所有对应位置的元素都相等时，这两个矩阵才相等。

1. 矩阵的加法运算

设两个矩阵 A 和 B 都是 $m\times n$ 矩阵，把它们对应位置的元素相加而得到的矩阵称为 A、B 的和，记为 $A+B$，即

$$A+B=\begin{pmatrix} a_{11} & a_{12} & \cdots & a_{1n} \\ a_{21} & a_{22} & \cdots & a_{2n} \\ \vdots & \vdots & & \vdots \\ a_{m1} & a_{m2} & \cdots & a_{mn} \end{pmatrix}+\begin{pmatrix} b_{11} & b_{12} & \cdots & b_{1n} \\ b_{21} & b_{22} & \cdots & b_{2n} \\ \vdots & \vdots & & \vdots \\ b_{m1} & b_{m2} & \cdots & b_{mn} \end{pmatrix}$$

$$=\begin{pmatrix} a_{11}+b_{11} & a_{12}+b_{12} & \cdots & a_{1n}+b_{1n} \\ a_{21}+b_{21} & a_{22}+b_{22} & \cdots & a_{2n}+b_{2n} \\ \vdots & \vdots & & \vdots \\ a_{m1}+b_{m1} & a_{m2}+b_{m2} & \cdots & a_{mn}+b_{mn} \end{pmatrix}$$

注意：只有在两个矩阵的行、列数都相同时才能做加法。

2. 数乘矩阵

用数 k 乘矩阵 A 的每个元素而得到的矩阵称为 k 与 A 之积，记为 kA ，即

$$kA=\begin{pmatrix} ka_{11} & \cdots & ka_{1n} \\ \vdots & & \vdots \\ ka_{m1} & \cdots & ka_{mn} \end{pmatrix}$$

3. 矩阵的乘法运算

一般矩阵乘法运算法则为：一个 $m\times n$ 矩阵 A 和一个 $n\times r$ 矩阵，则两矩阵的乘积为一个

大小为 $m\times r$ 的矩阵 $\boldsymbol{C}$，即

$$\boldsymbol{C}=\boldsymbol{AB}=\begin{pmatrix} a_{11} & a_{12} & \cdots & a_{1n} \\ a_{21} & a_{22} & \cdots & a_{2n} \\ \vdots & \vdots & & \vdots \\ a_{m1} & a_{m2} & \cdots & a_{mn} \end{pmatrix}\begin{pmatrix} b_{11} & b_{12} & \cdots & b_{1r} \\ b_{21} & b_{22} & \cdots & b_{2r} \\ \vdots & \vdots & & \vdots \\ b_{n1} & b_{n2} & \cdots & b_{nr} \end{pmatrix}$$

$$=\begin{pmatrix} a_{11}b_{11}+a_{12}b_{21}+\cdots+a_{1n}b_{n1} & a_{11}b_{12}+a_{12}b_{22}+\cdots+a_{1n}b_{n2} & \cdots & a_{11}b_{1r}+a_{12}b_{2r}+\cdots+a_{1n}b_{nr} \\ a_{21}b_{11}+a_{22}b_{21}+\cdots+a_{2n}b_{n1} & a_{21}b_{12}+a_{22}b_{22}+\cdots+a_{2n}b_{n2} & \cdots & a_{21}b_{1r}+a_{22}b_{2r}+\cdots+a_{2n}b_{nr} \\ \vdots & \vdots & & \vdots \\ a_{m1}b_{11}+a_{m2}b_{21}+\cdots+a_{mn}b_{n1} & a_{m1}b_{12}+a_{m2}b_{22}+\cdots+a_{mn}b_{n2} & \cdots & a_{m1}b_{1r}+a_{m2}b_{2r}+\cdots+a_{mn}b_{nr} \end{pmatrix}$$

注意：只有在前一矩阵的列数等于后一矩阵的行数时，两个矩阵才能相乘，而且矩阵的乘法不满足交换律。

4. 单位矩阵

在矩阵中，其主对角线各元素 $a_{ii}=1$，其余各元素均为零的矩阵称为单位矩阵，记为 I 或 E，即

$$\boldsymbol{I}=\begin{pmatrix} 1 & 0 & \cdots & 0 \\ 0 & 1 & \cdots & 0 \\ \vdots & \vdots & & \vdots \\ 0 & 0 & \cdots & 1 \end{pmatrix}$$

n 阶的单位矩阵记为 $\boldsymbol{I}_n$。单位矩阵的重要性质是，对于任一矩阵 $\boldsymbol{A}$ 恒有

$$\boldsymbol{AI}_n=\boldsymbol{A}$$

$$\boldsymbol{I}_n\boldsymbol{A}=\boldsymbol{A}$$

5. 逆矩阵

对于 n 阶矩阵 $\boldsymbol{A}$，若存在一个 n 阶矩阵 $\boldsymbol{B}$，使得 $\boldsymbol{AB}=\boldsymbol{BA}=\boldsymbol{I}_h$ 成立，则矩阵 $\boldsymbol{A}$ 可逆，而且把矩阵 $\boldsymbol{B}$ 称为 $\boldsymbol{A}$ 的逆矩阵。$\boldsymbol{A}$ 的逆矩阵记为 $\boldsymbol{A}^{-1}$。

设矩阵 $\boldsymbol{A}=\begin{pmatrix} 2 & 2 & 3 \\ 1 & -1 & 0 \\ -1 & 2 & 1 \end{pmatrix}$，矩阵 $\boldsymbol{B}=\begin{pmatrix} 1 & -4 & -3 \\ 1 & -5 & -3 \\ -1 & 6 & 4 \end{pmatrix}$，因为

$\boldsymbol{AB}=\begin{pmatrix} 2 & 2 & 3 \\ 1 & -1 & 0 \\ -1 & 2 & 1 \end{pmatrix}\begin{pmatrix} 1 & -4 & -3 \\ 1 & -5 & -3 \\ -1 & 6 & 4 \end{pmatrix}=\begin{pmatrix} 1 & 0 & 0 \\ 0 & 1 & 0 \\ 0 & 0 & 1 \end{pmatrix}$ 且 $\boldsymbol{BA}=\begin{pmatrix} 1 & -4 & -3 \\ 1 & -5 & -3 \\ -1 & 6 & 4 \end{pmatrix}\begin{pmatrix} 2 & 2 & 3 \\ 1 & -1 & 0 \\ -1 & 2 & 1 \end{pmatrix}=$

$\begin{pmatrix} 1 & 0 & 0 \\ 0 & 1 & 0 \\ 0 & 0 & 1 \end{pmatrix}$，所以矩阵 $\boldsymbol{B}$ 为矩阵 $\boldsymbol{A}$ 的逆矩阵。

若 $\boldsymbol{A}$ 是可逆矩阵，则 $\boldsymbol{A}$ 的逆矩阵是唯一的；由逆矩阵的定义可以推出，$\boldsymbol{A}$、$\boldsymbol{B}$ 互为逆矩阵。

6. 转置矩阵

把 $m\times n$ 矩阵 $\boldsymbol{A}$ 的行、列互换而得到的 $n\times m$ 矩阵称为 $\boldsymbol{A}$ 的转置矩阵，记为 $\boldsymbol{A}^{\mathrm{T}}$。矩阵的转置具有以下几个基本性质。

1）$(\boldsymbol{A}^{\mathrm{T}})^{\mathrm{T}}=\boldsymbol{A}$。

2）$(\boldsymbol{A}+\boldsymbol{B})^{\mathrm{T}}=\boldsymbol{A}^{\mathrm{T}}+\boldsymbol{B}^{\mathrm{T}}$。

3）$(\lambda\boldsymbol{A})^{\mathrm{T}}=\lambda\boldsymbol{A}^{\mathrm{T}}$。

4）$(\boldsymbol{AB})^{\mathrm{T}}=\boldsymbol{B}^{\mathrm{T}}\boldsymbol{A}^{\mathrm{T}}$。

当一个 n 阶矩阵 $\boldsymbol{A}$，满足 $\boldsymbol{A}=\boldsymbol{A}^{\mathrm{T}}$时，则说明 $\boldsymbol{A}$ 是一个对称矩阵。

7. 矩阵运算的基本性质

1）矩阵加法满足交换律与结合律，即

$$\boldsymbol{A}+\boldsymbol{B}=\boldsymbol{B}+\boldsymbol{A}$$

$$\boldsymbol{A}+(\boldsymbol{B}+\boldsymbol{C})=(\boldsymbol{A}+\boldsymbol{B})+\boldsymbol{C}$$

2）数乘矩阵满足分配律与结合律，即

$$a(\boldsymbol{A}+\boldsymbol{B})=a\boldsymbol{A}+\mathrm{a}\boldsymbol{B}$$

$$(a+b)\boldsymbol{A}=\mathrm{a}\boldsymbol{A}+b\boldsymbol{A}$$

$$a(\boldsymbol{AB})=\boldsymbol{A}(a\boldsymbol{B})$$

$$a(b\boldsymbol{A})=(ab)\boldsymbol{A}$$

3）矩阵的乘法满足结合律，即

$$\boldsymbol{A}(\boldsymbol{BC})=(\boldsymbol{AB})\boldsymbol{C}$$

4）矩阵的乘法对加法满足分配律，即

$$(\boldsymbol{A}+\boldsymbol{B})\boldsymbol{C}=\boldsymbol{AC}+\boldsymbol{BC}$$

$$\boldsymbol{C}(\boldsymbol{A}+\boldsymbol{B})=\boldsymbol{CA}+\boldsymbol{CB}$$

5）矩阵的乘法不满足交换律。一般情况下，$\boldsymbol{AB}\neq\boldsymbol{BA}$。因为当 $\boldsymbol{A}$、$\boldsymbol{B}$ 相乘时，$\boldsymbol{A}$、$\boldsymbol{B}$ 可能不是方阵，则 $\boldsymbol{B}$、$\boldsymbol{A}$ 不可相乘。即使 $\boldsymbol{A}$、$\boldsymbol{B}$ 均为 n 阶矩阵，$\boldsymbol{AB}$ 和 $\boldsymbol{BA}$ 仍然可能不相等。例如：

$$\begin{pmatrix}2&5\\1&4\end{pmatrix}\begin{pmatrix}1&3\\2&1\end{pmatrix}=\begin{pmatrix}12&11\\9&7\end{pmatrix}$$

$$\begin{pmatrix}1&3\\2&1\end{pmatrix}\begin{pmatrix}2&5\\1&4\end{pmatrix}=\begin{pmatrix}5&17\\5&14\end{pmatrix}$$

3.3 平面图形的几何变换

3.3.1 点的变换

已知平面上一点 $\boldsymbol{P}$，其位置向量可表示为（$x\quad y$）。平面图形可由一个点集的位置向量集合来表示，由这些位置向量组成的矩阵称为平面图形的位置向量矩阵。例如：设$\triangle ABC$ 的顶点分别为 $\boldsymbol{A}(x_1, y_1)$、$\boldsymbol{B}(x_2, y_2)$、$\boldsymbol{C}$（x_3, y_3），则三角形可以表示为矩阵$\begin{pmatrix}x_1&y_1\\x_2&y_2\\x_3&y_3\end{pmatrix}$，其中每个行向量对应于各顶点的位置向量。平面图形的几何变换可通过位置向量矩阵的变换来实现。

首先讨论点的图形变换。设平面上点 $\boldsymbol{P}(x, y)$，经过变换后得到点 $\boldsymbol{P}^*(x^*, y^*)$，设点 $\boldsymbol{P}$ 变换前和变换后的位置向量有如下关系，即

$$\boldsymbol{PT}=\boldsymbol{P}^* \tag{3-1}$$

设 $\boldsymbol{T}$ 为 2×2 矩阵，即

$$\boldsymbol{T}=\begin{pmatrix} a & b \\ c & d \end{pmatrix}$$

$\boldsymbol{T}$ 称为图形变换矩阵或 $\boldsymbol{T}$ 矩阵。由式（3-1）得

$$(x \quad y)\begin{pmatrix} a & b \\ c & d \end{pmatrix}=(x^* \quad y^*) \tag{3-2}$$

写成分量形式，有

$$\begin{aligned} x^* &= ax+cy \\ y^* &= bx+dy \end{aligned} \tag{3-3}$$

显然，利用 $\boldsymbol{T}$ 矩阵可以完成对点 P 的图形变换，同理，也可以借助于 $\boldsymbol{T}$ 矩阵对平面图形进行变换。下面首先讨论恒等、比例、镜像、错切、旋转这些基本变换，并由此了解 $\boldsymbol{T}$ 矩阵各元素对图形变换结果的影响，总结出规律，进一步讨论齐次坐标变换、组合变换。

3.3.2 平面图形的基本几何变换

1. 恒等变换

平面图形的恒等变换是变换前后的图形不发生变化的变换。

令 $b=c=0$、$a=d=1$，则 $\boldsymbol{T}=\begin{pmatrix} 1 & 0 \\ 0 & 1 \end{pmatrix}$

设△ABC 各顶点位置向量为$\begin{pmatrix} 2 & 1 \\ 4 & 6 \\ 8 & 4 \end{pmatrix}$，则经过恒等变换后各点的位置向量为

$$\begin{pmatrix} 2 & 1 \\ 4 & 6 \\ 8 & 4 \end{pmatrix}\begin{pmatrix} 1 & 0 \\ 0 & 1 \end{pmatrix}=\begin{pmatrix} 2 & 1 \\ 4 & 6 \\ 8 & 4 \end{pmatrix}$$

如图 3-1 所示，进行恒等变换后图形并没有发生变化。恒等变换对应于用单位矩阵实施的变换。

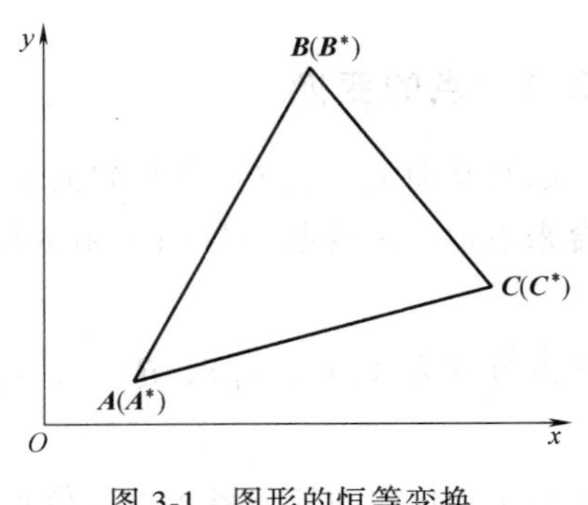

图 3-1 图形的恒等变换

2. 比例变换

平面图形的比例变换是以坐标原点为中心，对已有图形进行放大或缩小的变换。$\boldsymbol{T}$ 矩阵的主对角线上的元素与比例变换有关，不妨设矩阵 $\boldsymbol{T}=\begin{pmatrix} a & 0 \\ 0 & d \end{pmatrix}$，若△$ABC$ 各顶点位置向量为$\begin{pmatrix} 1 & 1 \\ 3 & 1 \\ 1 & 2 \end{pmatrix}$，对该三角形进行比例变换的情况见表 3-1。

表 3-1 平面图形的比例变换

图 例	变换矩阵	意 义
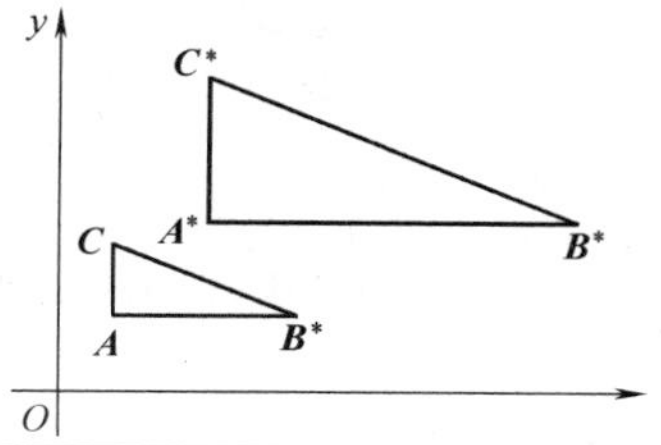	$T=\begin{pmatrix}2 & 0\\0 & 2\end{pmatrix}$	$a=d=2$ $\triangle ABC$ 各顶点 x、y 轴方向坐标均以相同的比例放大，变换成 $\triangle A^*B^*C^*$
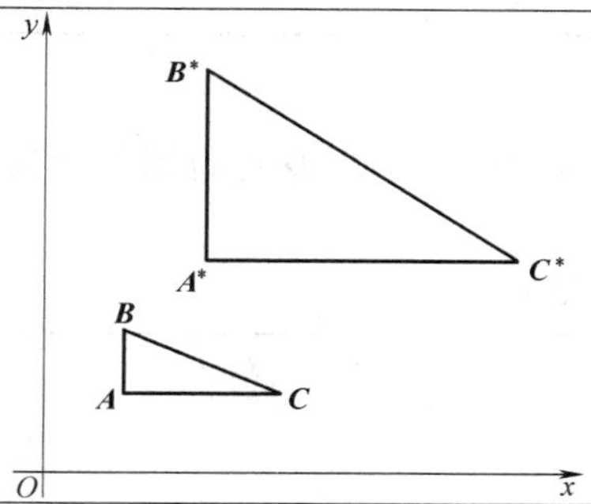	$T=\begin{pmatrix}2 & 0\\0 & 3\end{pmatrix}$	$a\neq d>1$ $\triangle ABC$ 各顶点 x、y 轴方向坐标以 a、d 不同的比例放大，变换成 $\triangle A^*B^*C^*$
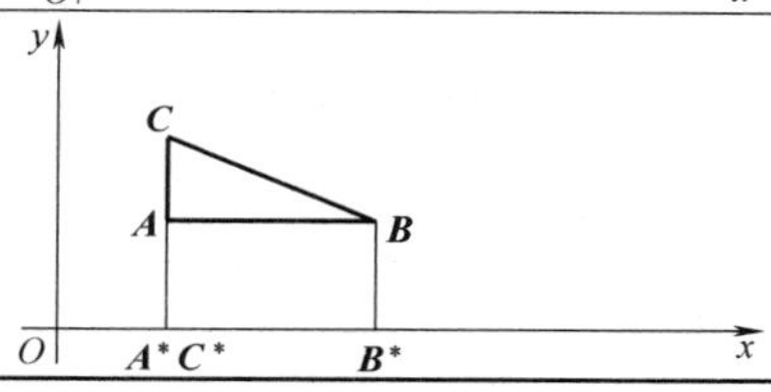	$T=\begin{pmatrix}1 & 0\\0 & 0\end{pmatrix}$	$a=1$、$d=0$ $\triangle ABC$ 压缩在 x 轴上，而且成一直线 $A^*B^*C^*$

3. 镜像变换

二维图形的镜像变换是对二维图形关于某条直线进行对称的图形变换，又称为对称变换。这里介绍基本镜像变换，即对 x 轴、y 轴或直线 $y=x$ 进行对称的变换。表 3-2 是对 $\triangle ABC$ 实施的基本镜像变换。

表 3-2 平面图形的镜像变换

图 例	变换矩阵	意 义
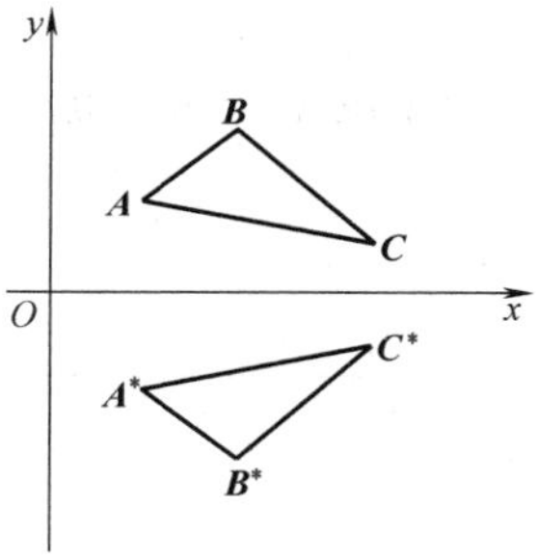	$T=\begin{pmatrix}1 & 0\\0 & -1\end{pmatrix}$	$x^*=x$ $y^*=-y$ $\triangle ABC$ 产生关于 x 轴对称的图形
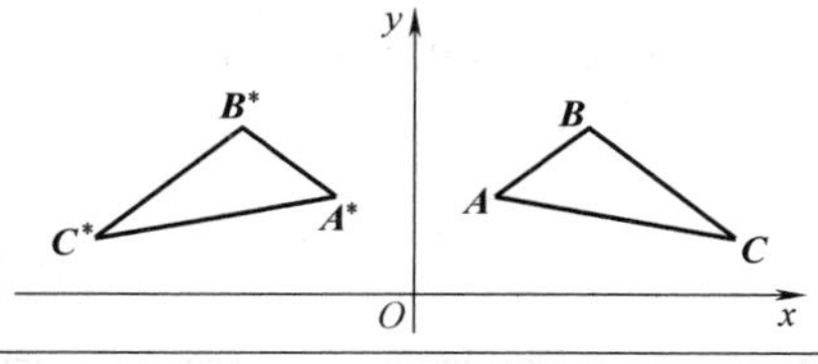	$T=\begin{pmatrix}-1 & 0\\0 & 1\end{pmatrix}$	$x^*=-x$ $y^*=y$ $\triangle ABC$ 产生关于 y 轴对称的图形

（续）

图例	变换矩阵	意义
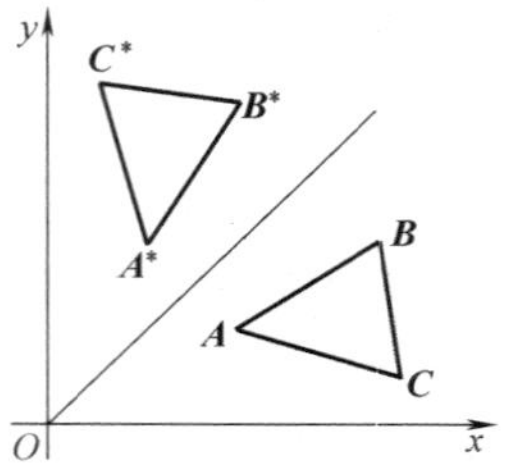 y, C^*, B^*, A^*, B, A, C, O, x	$T=\begin{pmatrix}0 & 1\\1 & 0\end{pmatrix}$	$x^*=y$ $y^*=x$ △ABC 产生关于直线 $y=x$ 对称的图形

4. 错切变换

错切变换是使图形沿 x 轴或 y 轴方向错移的变换。若对四边形 $ABCD$ 进行错切变换，其变换情况见表 3-3。

表 3-3　平面图形的错切变换

图例	变换矩阵	意义
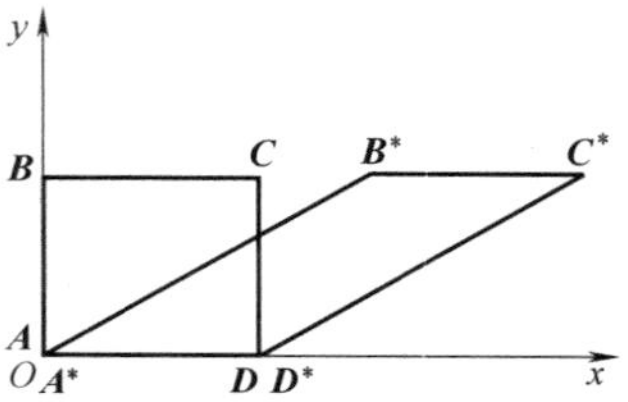 y, B, C, B^*, C^*, A, O, A^*, D, D^*, x	$T=\begin{pmatrix}1 & 0\\c & 1\end{pmatrix}$	四边形 $ABCD$ 沿 $+x$ 轴向错切
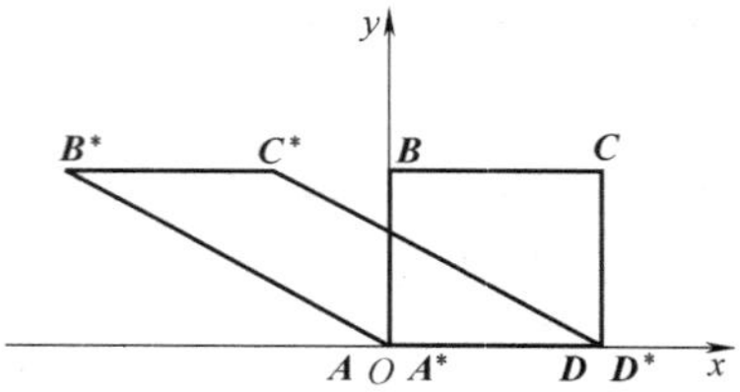 y, B^*, C^*, B, C, A, O, A^*, D, D^*, x	$T=\begin{pmatrix}1 & 0\\-c & 1\end{pmatrix}$	四边形 $ABCD$ 沿 $-x$ 轴向错切
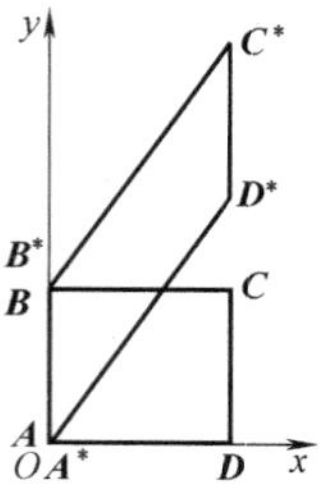 y, C^*, D^*, B^*, B, C, A, O, A^*, D, x	$T=\begin{pmatrix}1 & b\\0 & 1\end{pmatrix}$	四边形 $ABCD$ 沿 $+y$ 轴向错切
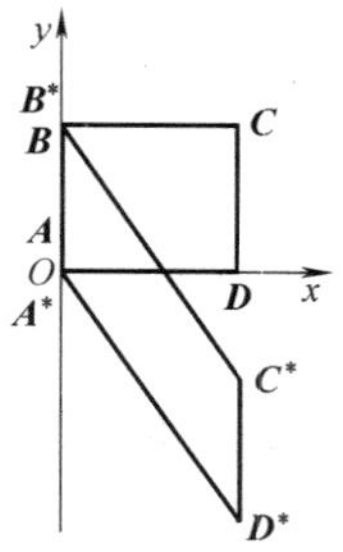 y, B^*, B, C, A, O, D, x, A^*, C^*, D^*	$T=\begin{pmatrix}1 & -b\\0 & 1\end{pmatrix}$	四边形 $ABCD$ 沿 $-y$ 轴向错切

5. 旋转变换

平面图形的旋转变换是指将图形绕坐标原点进行旋转的变换。旋转变换的矩阵为 $\boldsymbol{T}=\begin{pmatrix}\cos\theta & \sin\theta\\ -\sin\theta & \cos\theta\end{pmatrix}$。如果平面图形为逆时针旋转，则旋转角度 θ 为正；如果为顺时针旋转，则旋转角度 θ 为负。

如图 3-2 所示，设 $\triangle ABC$ 各顶点位置向量为 $\begin{pmatrix}2 & 0\\ 4 & 2\\ 6 & 0\end{pmatrix}$，将其绕原点逆时针旋转 30°，变换后各点的位置向量为

$$\begin{pmatrix}2 & 0\\ 4 & 2\\ 6 & 0\end{pmatrix}\begin{pmatrix}\cos 30° & \sin 30°\\ -\sin 30° & \cos 30°\end{pmatrix}=\begin{pmatrix}1.732 & 1\\ 2.464 & 3.732\\ 5.196 & 3\end{pmatrix}$$

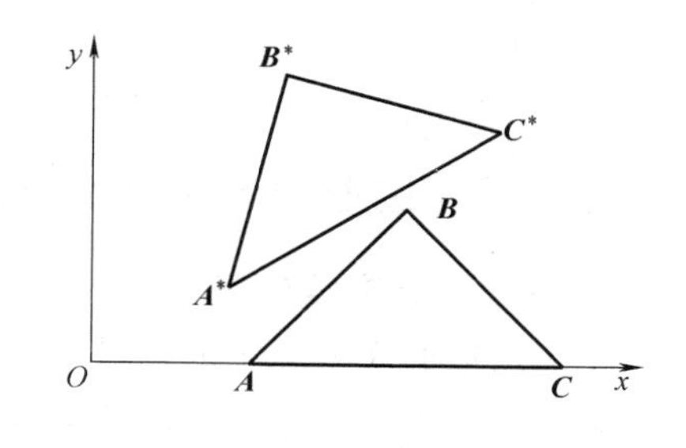

图 3-2 平面图形的旋转变换

几种特殊角度的旋转变换情况见表 3-4。

表 3-4 几种特殊角度的旋转变换

图例	变换矩阵	意义
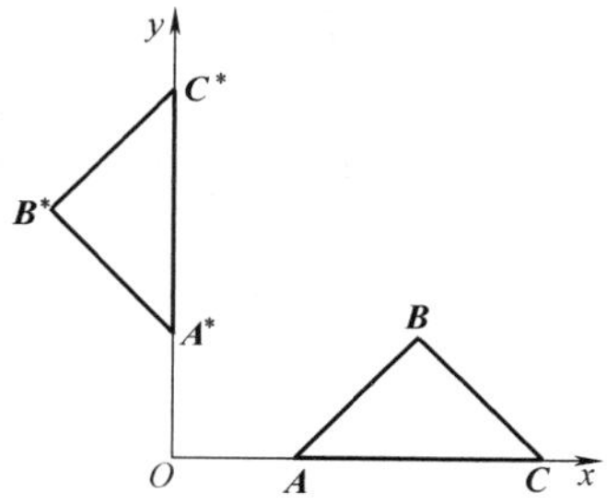 y, C*, B*, A*, B, O, A, C, x	$\boldsymbol{T}=\begin{pmatrix}0 & 1\\ -1 & 0\end{pmatrix}$ $\theta=90°$	$\triangle ABC$ 绕原点逆时针旋转 90°得 $\triangle A^*B^*C^*$
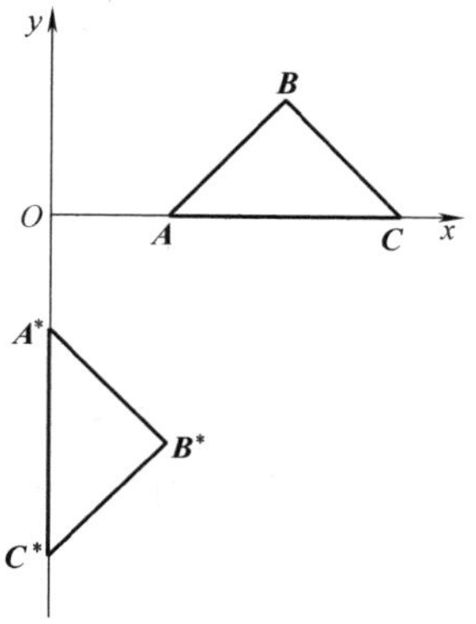 y, B, O, A, C, x, A*, B*, C*	$\boldsymbol{T}=\begin{pmatrix}0 & -1\\ 1 & 0\end{pmatrix}$ $\theta=-90°$	$\triangle ABC$ 绕原点顺时针旋转 90°得 $\triangle A^*B^*C^*$

(续)

图 例	变换矩阵	意 义
y, B, C*, A*, O, A, C, x, B*	$T=\begin{pmatrix}-1 & 0\\ 0 & -1\end{pmatrix}$ $\theta=180°$	△ABC 绕原点逆时针旋转 180°得△A* B* C*

3.3.3 平面图形的齐次坐标变换

1. 齐次坐标变换的概念

几何图形的变换除了前面讲述的基本几何变换外，还有常用的平移变换。下面来推导平移变换的变换矩阵。已知平面点 $P(x,\ y)$，对其沿 x 轴方向平移 m，沿 y 轴方向平移 n，平移后所得到的点为 $P^*(x^*,\ y^*)$，求该平移变换的变换矩阵。由平移后的坐标$\begin{cases}x^*=x+m\\ y^*=y+n\end{cases}$可知，基本几何变换中的 2×2 的变换矩阵 $\boldsymbol{T}$ 没办法实现平移变换。为了解决这一问题，可将 $\boldsymbol{T}$ 改造成为 3×2 的矩阵，即 $\boldsymbol{T}=\begin{pmatrix}1 & 0\\ 0 & 1\\ m & n\end{pmatrix}$。根据矩阵乘法的定义，两个矩阵相乘时，第一个矩阵的列数应等于第二个矩阵的行数，乘法才能进行。所以须进一步扩展点 P 的位置向量 $(x\quad y)$，使其可以与改造后的 $\boldsymbol{T}$ 矩阵相乘。具体做法是在平面点的位置向量中引入第三个元素，将其扩展为 1×3 的行矩阵 $(x\quad y\quad 1)$。用改造后的 $\boldsymbol{T}$ 矩阵对扩展后的位置向量实施变换，有

$$(x\quad y\quad 1)\begin{pmatrix}1 & 0\\ 0 & 1\\ m & n\end{pmatrix}=(x+m\quad y+n)=(x^*\quad y^*)$$

完成了所要求的平移变换。为了使变换前后点的表达形式一致，也就是使向量 $\boldsymbol{P}^*$ 的形式改为 $(x^*\quad y^*\quad 1)$，则变换矩阵需要扩充为 3×3 变换矩阵，即 $\boldsymbol{T}=\begin{pmatrix}1 & 0 & 0\\ 0 & 1 & 0\\ m & n & 1\end{pmatrix}$，则点 $P(x,\ y)$ 的平移变换可写成

$$(x\quad y\quad 1)\begin{pmatrix}1 & 0 & 0\\ 0 & 1 & 0\\ m & n & 1\end{pmatrix}=(x+m\quad y+n\quad 1)=(x^*\quad y^*\quad 1) \tag{3-4}$$

由此，引入齐次坐标及其变换的概念：用 $n+1$ 维位置向量表示 n 维位置坐标的方法称为位置向量的齐次坐标表示法，对应的变换矩阵称为齐次坐标变换矩阵，用齐次坐标变换矩阵进行的几何变换称为齐次坐标变换。

2. 平移变换

运用齐次坐标变换方法可顺利实现平面图形的平移。

如图3-3所示，矩形各顶点的齐次坐标分别为**A**(0,0，1)、**B**(25，0，1)、**C**(25，20，1)、**D**(0,20，1)，对矩形**ABCD**做沿x轴方向平移量$m=10\text{mm}$、沿y轴方向平移量$n=30\text{mm}$的平移变换，则变换后的矩形各顶点为

$$\begin{pmatrix} 0 & 0 & 1 \\ 25 & 0 & 1 \\ 25 & 20 & 1 \\ 0 & 20 & 1 \end{pmatrix}\begin{pmatrix} 1 & 0 & 0 \\ 0 & 1 & 0 \\ 10 & 30 & 1 \end{pmatrix}=\begin{pmatrix} 10 & 30 & 1 \\ 35 & 30 & 1 \\ 35 & 50 & 1 \\ 10 & 50 & 1 \end{pmatrix}$$

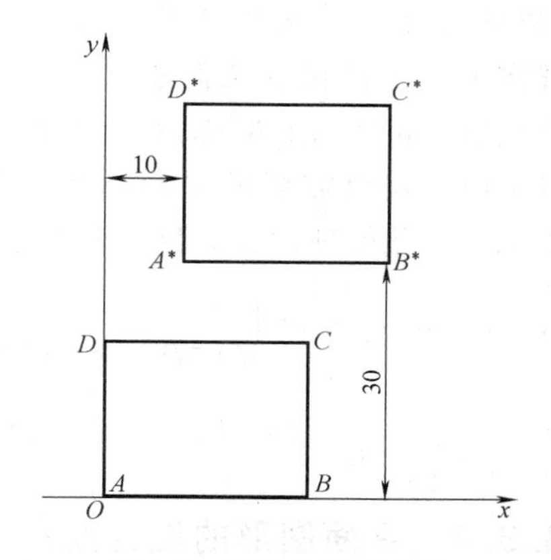

图3-3 图形的平移变换

3. 齐次坐标正常化的几何意义

二维齐次坐标变换矩阵$\boldsymbol{T}$的一般形式为

$$\boldsymbol{T}=\begin{pmatrix} a & b & p \\ c & d & q \\ m & n & s \end{pmatrix}$$

此变换矩阵可以完成平面图形的大部分几何变换。将矩阵$\boldsymbol{T}$分块成为四个子矩阵，各矩阵的作用如下。

左上角的2×2子矩阵控制平面图形的恒等、比例、镜像、错切、旋转这些基本变换。

左下角的1×2子矩阵控制平面图形的平移变换。

右上角的2×1子矩阵控制图形的透视投影变换，将在第4章讨论。

右下角的1×1子矩阵控制平面图形发生比例系数为$1/s$的全比例变换。

设平面点的位置向量为$(x \quad y)$，其齐次坐标表示的位置向量的一般形式为$(x \quad y \quad H)$，由于H是任意实数，可见平面点的齐次坐标表示不是唯一的。当$H=1$时，该平面点的齐次坐标表示的位置向量为$(x \quad y \quad 1)$，其中x和y坐标没有变化，考虑$H=1$的附加坐标，即在xOy平面上$\triangle ABC$各顶点的齐次坐标是位于$H=1$的平面上，如图3-4所示$\triangle A_1B_1C_1$。

设变换矩阵$\boldsymbol{T}=\begin{pmatrix} a & b & p \\ c & d & q \\ m & n & s \end{pmatrix}$，其中$a=d=1$、$b=c=0$、$m=n=0$，对$(x \quad y \quad 1)$实施齐次坐标变换的矩阵表达为

$$(x \quad y \quad 1)\begin{pmatrix} 1 & 0 & p \\ 0 & 1 & q \\ 0 & 0 & s \end{pmatrix}=(x \quad y \quad px+qy+s)$$

上式中，变换前后点的位置向量中前两项值相同，只是第三项由1变为$H=px+qy+s$。显然H定义了一个三维空间的一般位置平面，此平面与x、y、z轴的截距分别为

$$x=0 \quad y=0 \quad H=s$$

$$y=0 \quad H=0 \quad x=-\frac{s}{p}$$

$$x=0 \quad H=0 \quad y=-\frac{s}{q}$$

在图3-4中，将在平面$H=1$上的$\triangle \boldsymbol{A}_1\boldsymbol{B}_1\boldsymbol{C}_1$变换到三维空间任意位置平面$H=px+qy+s$上，得到$\triangle \boldsymbol{A}_2\boldsymbol{B}_2\boldsymbol{C}_2$。为了在平面$H=1$上得到平面图形，需要采用齐次坐标正常化方法，即

由原点 O 向 $\triangle \boldsymbol{A}_2\boldsymbol{B}_2\boldsymbol{C}_2$ 作投射线，使之构成一个三棱锥，此三棱锥被 $H=1$ 的平面所截，截交线为 $\triangle \boldsymbol{A}^*\boldsymbol{B}^*\boldsymbol{C}^*$，该三角形就是所需要的变换结果。因而，齐次坐标正常化的几何意义就是通过原点射线再使 $\triangle A_2B_2C_2$ 返回到 $H=1$ 的平面内，获得需要的平面图形。齐次坐标正常化处理过程的数学表述为

$$(x \quad y \quad px+qy+s)=\left(\frac{x}{px+qy+s} \quad \frac{y}{px+qy+s} \quad 1\right)$$

$$=\left(\frac{x}{H} \quad \frac{y}{H} \quad 1\right)=(x^* \quad y^* \quad 1)$$

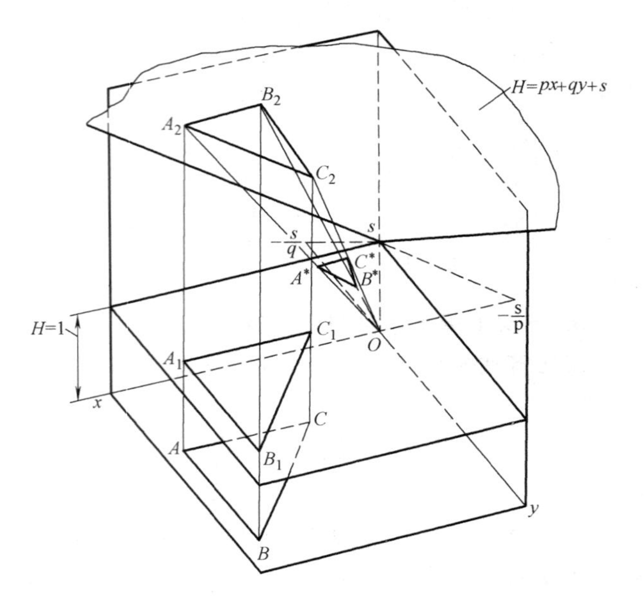

图 3-4　齐次坐标正常化的几何意义

3.3.4　平面图形的组合变换

组合变换也称为几何变换的级联变换（Composite Transformation），是一种对几何图形连续使用多个几何变换的方法。在组合变换中，图形变换的结果是多个基本变换复合而成的。组合变换可以按照变换级联的先后顺序对位置向量逐步实施，也可以先将多个基本几何变换矩阵相乘，得到复合变换矩阵后，再一次性对位置向量实施变换，两种方法得到的图形变换结果相同。无论采用哪一种方法，变换矩阵相乘的顺序应与变换的顺序一一对应，否则将导致错误的变换结果。

例 3-1　平面图形绕平面上任意点的旋转变换。已知如图 3-5 所示的平面图形，求其绕任意点 $P(m,\ n)$ 逆时针旋转 θ 角后的变换矩阵。

解　整个变换过程可分解为以下三个基本变换。

1）将平面图形连同点 P 平移至坐标原点 O，变换矩阵为

$$\boldsymbol{T}_1=\begin{pmatrix}1 & 0 & 0\\ 0 & 1 & 0\\ -m & -n & 1\end{pmatrix}$$

2）将平面图形绕坐标原点 O 逆时针旋转 θ 角，变换矩阵为

$$\boldsymbol{T}_2=\begin{pmatrix}\cos\theta & \sin\theta & 0\\ -\sin\theta & \cos\theta & 0\\ 0 & 0 & 1\end{pmatrix}$$

3）将旋转所得平面图形再平移至点 $P(m,\ n)$ 的位置，变换矩阵为

$$\boldsymbol{T}_3=\begin{pmatrix}1 & 0 & 0\\ 0 & 1 & 0\\ m & n & 1\end{pmatrix}$$

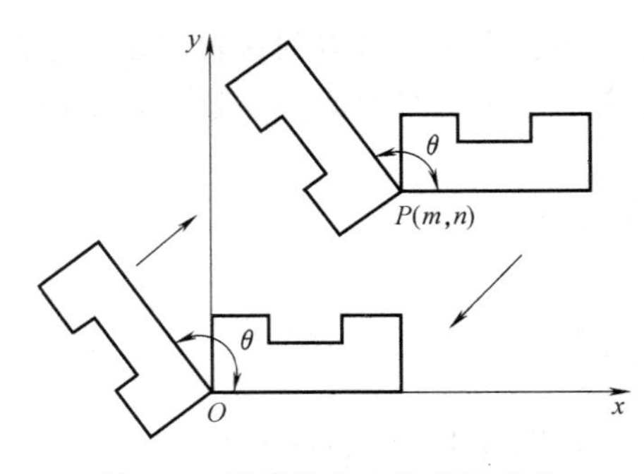

图 3-5　绕任意点 P 的旋转变换

4）总的变换矩阵为 $\boldsymbol{T}=\boldsymbol{T}_1\boldsymbol{T}_2\boldsymbol{T}_3$，即

$$\boldsymbol{T}=\boldsymbol{T}_1\boldsymbol{T}_2\boldsymbol{T}_3=\begin{pmatrix}1&0&0\\0&1&0\\-m&-n&1\end{pmatrix}\begin{pmatrix}\cos\theta&\sin\theta&0\\-\sin\theta&\cos\theta&0\\0&0&1\end{pmatrix}\begin{pmatrix}1&0&0\\0&1&0\\m&n&1\end{pmatrix}$$

$$=\begin{pmatrix}\cos\theta&\sin\theta&0\\-\sin\theta&\cos\theta&0\\m(1-\cos\theta)+n\sin\theta&n(1-\cos\theta)-m\sin\theta&1\end{pmatrix}$$

采用齐次坐标表示变换前图形的各顶点，通过总的变换矩阵 $\boldsymbol{T}$ 进行变换就能获得旋转后图形的各顶点。

3.3.5 窗口与视区之间的视见变换

CAD 软件系统在显示工程对象的图形时，首先遇到的问题是如何在有限的屏幕区域内表达足够大的工程对象，也就是要建立工程对象上某些区域与屏幕区域之间的对应关系，即窗口与视区之间的关系。解决的方法是采取逐次处理、以时间换空间的视见变换处理和显示工程对象，而视见变换的本质是二维组合变换的应用。

1. 窗口与视区

在设计工作中，常常需要表达一些尺寸或幅面很大、结构复杂的模型或图形，如机械产品的装配模型和装配图等，按 1∶1 绘制时往往需要 A0 或以上的图幅。而计算机屏幕的尺寸大小和分辨率却是有限的，大幅面的复杂工程图或模型即便全部显示在屏幕上，也不方便设计人员看清楚。因此，设计人员在屏幕上观察大幅面的工程图时，可以分多次显示，每次只显示图样上的一个矩形区域。

窗口是指在绝对坐标系中定义的用以确定要显示内容的一个矩形区域，用户选定图形的某一矩形区域用于显示的过程称为开窗口。用户每次设定窗口之后，屏幕上就只显示窗口内部的图形或模型，而窗口之外的部分则被裁掉。窗口是在用户坐标系中确定的，指出了要显示的图形或模型。窗口是一个相对的概念，其可以嵌套，即在第一层窗口中可以再定义第二层窗口，在第 i 层窗口中可以再定义第 $i+1$ 层窗口等。在某些情况下，用户也可以根据需要将窗口定义为圆形或多边形等。

视区是在计算机屏幕上的屏幕坐标系定义的用以显示窗口中图形的一个区域，也称为视口。视区一般定义成矩形，由左下角点坐标和右上角点坐标来确定其范围，或用左下角点坐标及视区的 X、Y 轴方向上的边框长度来定义。视区的形状也可以根据需要定义为圆形或多边形。视区可以嵌套，嵌套的层次由图形处理软件规定。

在一个显示屏幕上，可以定义多个视区，用来显示不同的图形信息。例如：在交互式图形系统 AutoCAD 中，可以把屏幕分成三个视区，如图 3-6 所示，每个视区可分别激活，显示图样的不同部位。

2. 视见变换过程

由于窗口和视区在不同的坐标系中定义，因此将窗口内的几何图形显示到视区中，必须先进行坐标变换，该变换过程和方法称为视见变换（Window-Viewport Transformation）或观察变换（Viewing Transformation）。视见变换的目标，就是将用户选择的窗口内图形的坐标

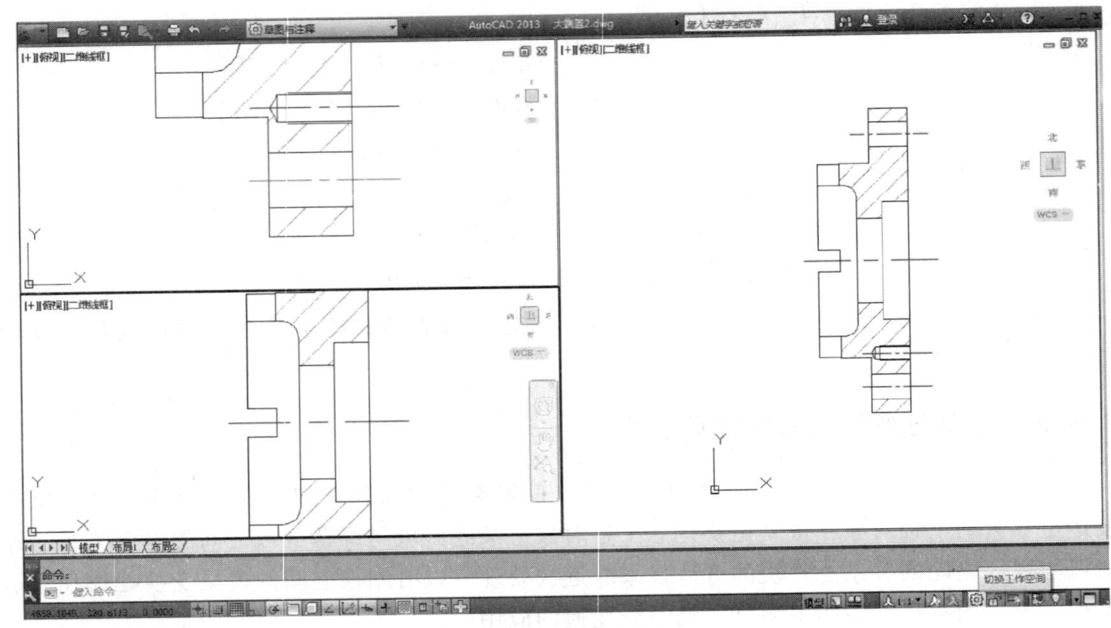

图 3-6　AutoCAD 中的视区

值，转换成屏幕坐标系下视区内的坐标值，为正确显示图形提供数据。

窗口和视区分别处在不同的坐标系内，它们所用的长度单位、尺寸大小、所处位置等均不同。通常把窗口所在的坐标系定义为绝对坐标系，视区所在的坐标系定义为屏幕坐标系。因此，视见变换的主要任务就是建立窗口和视区之间的映射关系，一般可以由以下三个步骤来实现。

1）平移变换。将窗口及其中的图形一起平移，使窗口的左下角与屏幕坐标系的原点重合。

2）比例变换。将平移变换后的窗口及其图形一起进行比例变换，使变换所得结果与指定的视区形状、大小完全一致，形成窗口与视区的对应关系。

3）平移变换。将上一步中的图形平移到屏幕坐标系中指定的视区位置，从而完成视见变换过程。

3. 视见变换矩阵

设窗口和视区均为矩形区域，视见变换的目的就是将绝对坐标系中窗口内的一点 $\boldsymbol{P}(x_w, y_w)$，变换成屏幕坐标系中视区内的相应点 $\boldsymbol{P}'(x_v, y_v)$，并保证该点在矩形区域中的相对位置不发生变化，即窗口中任意一点到窗口左边界的距离与窗口 x 轴方向的边界长度之比，与视区中的对应一点到视区左边界的距离与视区 x 轴方向的边界长度之比应当相等，用数学式表达为

$$\frac{x_w - x_{w\min}}{x_{w\max} - x_{w\min}} = \frac{x_v - x_{v\min}}{x_{v\max} - x_{v\min}}$$

由上式可得出视见变换第二步中，x 轴方向比例变换的因子为

$$\frac{x_w - x_{w\min}}{x_v - x_{v\min}} = \frac{x_{w\max} - x_{w\min}}{x_{v\max} - x_{v\min}}$$

用类似的方法，可以推导出 y 轴方向比例变换的因子为

$$\frac{y_w - y_{w\min}}{y_v - y_{v\min}} = \frac{y_{w\max} - y_{w\min}}{y_{v\max} - y_{v\min}}$$

可得到视见变换矩阵为

$$T = T_1 T_2 T_3 = \begin{pmatrix} 1 & 0 & 0 \\ 0 & 1 & 0 \\ -x_{w\min} & -y_{w\min} & 1 \end{pmatrix} \begin{pmatrix} \dfrac{x_{v\max} - x_{v\min}}{x_{w\max} - x_{w\min}} & 0 & 0 \\ 0 & \dfrac{y_{v\max} - y_{v\min}}{y_{w\max} - y_{w\min}} & 0 \\ 0 & 0 & 1 \end{pmatrix} \begin{pmatrix} 1 & 0 & 0 \\ 0 & 1 & 0 \\ x_{v\min} & y_{v\min} & 1 \end{pmatrix}$$

$$= \begin{pmatrix} \dfrac{x_{v\max} - x_{v\min}}{x_{w\max} - x_{w\min}} & 0 & 0 \\ 0 & \dfrac{y_{v\max} - y_{v\min}}{y_{w\max} - y_{w\min}} & 0 \\ x_{v\min} - x_{w\min}\dfrac{x_{v\max} - x_{v\min}}{x_{w\max} - x_{w\min}} & y_{v\min} - y_{w\min}\dfrac{y_{v\max} - y_{v\min}}{y_{w\max} - y_{w\min}} & 1 \end{pmatrix}$$

3.4 三维模型的几何变换

利用齐次坐标方法，将三维空间点 (x, y, z) 表示为齐次坐标向量形式 $(x \quad y \quad z \quad 1)$，并设对应的齐次变换矩阵 T 为 4×4 方阵，则三维模型上点的几何变换过程为

$$(x \quad y \quad z \quad 1)\, T = (x' \quad y' \quad z' \quad H) \Rightarrow (x^* \quad y^* \quad z^* \quad 1)$$

式中，T 是三维齐次坐标变换矩阵。它的一般形式为

$$T = \begin{pmatrix} a & b & c & p \\ d & e & f & q \\ g & h & i & r \\ l & m & n & s \end{pmatrix}$$

与二维齐次坐标变换矩阵相对应，对 4×4 方阵 T 中的四个子矩阵各自的作用进行分析，可以得到类似的结果：左上角 3×3 子矩阵控制三维模型的恒等、比例、镜像、错切和旋转变换；左下角 1×3 子矩阵控制三维模型的平移变换；右上角 3×1 子矩阵控制三维模型的透视投影变换；右下角 1×1 子矩阵控制三维模型的全比例变换。下面讨论几种主要的三维几何变换。

1. 三维比例变换

在 3×3 子矩阵中，主对角线上的元素 a、e、i 控制比例变换，令 $s=1$，其余元素为零，则三维空间点 (x, y, z) 的比例变换表示为

$$(x \quad y \quad z \quad 1) \begin{pmatrix} a & 0 & 0 & 0 \\ 0 & e & 0 & 0 \\ 0 & 0 & i & 0 \\ 0 & 0 & 0 & 1 \end{pmatrix} = (ax \quad ey \quad iz \quad 1) = (x^* \quad y^* \quad z^* \quad 1)$$

由上式可知 a、e、i 分别控制 x、y、z 轴方向的变换比例。若令 $a=e=i$，可使整个模型按同一比例放大或缩小，即等比例变换。当 $a=e=i>1$ 时，模型等比例放大；当 $a=e=i<1$ 时，模型等比例缩小。

2. 三维错切变换

几何模型进行 x、y、z 轴方向的错切变换，其齐次坐标变换矩阵中主对角线上各元素均为 1，第四行和第四列上其余元素为 0，即几何模型的错切变换表示为

$$(x \quad y \quad z \quad 1)\begin{pmatrix}1 & b & c & 0\\ d & 1 & f & 0\\ g & h & 1 & 0\\ 0 & 0 & 0 & 1\end{pmatrix}=(x+dy+gz \quad bx+y+hz \quad cx+fy+z \quad 1)$$
$$=(x^* \quad y^* \quad z^* \quad 1)$$

3. 三维镜像变换

通常三维模型的镜像变换是关于坐标平面的对称变换，因此只要在实施恒等变换的单位矩阵中，改变相关列元素的正负号即可得到三维镜像变换矩阵。例如：几何模型关于 xOy 平面做镜像变换时，各点的 x、y 轴坐标保持不变，只有 z 轴坐标反号即可。此时变换矩阵为

$$\boldsymbol{T}_{XOY}=\begin{pmatrix}1 & 0 & 0 & 0\\ 0 & 1 & 0 & 0\\ 0 & 0 & -1 & 0\\ 0 & 0 & 0 & 1\end{pmatrix}$$

同理，关于 yOz 和 xOz 平面的镜像变换只需分别将单位矩阵中控制 x 轴坐标和 y 轴坐标那一列的元素反号即可，即

$$\boldsymbol{T}_{YOZ}=\begin{pmatrix}-1 & 0 & 0 & 0\\ 0 & 1 & 0 & 0\\ 0 & 0 & 1 & 0\\ 0 & 0 & 0 & 1\end{pmatrix},\quad \boldsymbol{T}_{XOZ}=\begin{pmatrix}1 & 0 & 0 & 0\\ 0 & -1 & 0 & 0\\ 0 & 0 & 1 & 0\\ 0 & 0 & 0 & 1\end{pmatrix}$$

例 3-2 已知如图 3-7 所示的三棱锥 $SABC$，各顶点的坐标分别为 $S(4, 3, 4)$、$A(2, 2, 0)$、$B(6, 3, 0)$、$C(5, 5, 0)$，求其对 yOz 平面做镜像变换后各点的坐标。

解 1）对 yOz 平面做镜像变换的变换矩阵为

$$\boldsymbol{T}_1=\begin{pmatrix}-1 & 0 & 0 & 0\\ 0 & 1 & 0 & 0\\ 0 & 0 & 1 & 0\\ 0 & 0 & 0 & 1\end{pmatrix}$$

2）变换后的点 S^*、A^*、B^*、C^* 为

$$\begin{pmatrix}4 & 3 & 4 & 1\\ 2 & 2 & 0 & 1\\ 6 & 3 & 0 & 1\\ 5 & 5 & 0 & 1\end{pmatrix}\begin{pmatrix}-1 & 0 & 0 & 0\\ 0 & 1 & 0 & 0\\ 0 & 0 & 1 & 0\\ 0 & 0 & 0 & 1\end{pmatrix}=\begin{pmatrix}-4 & 3 & 4 & 1\\ -2 & 2 & 0 & 1\\ -6 & 3 & 0 & 1\\ -5 & 5 & 0 & 1\end{pmatrix}$$

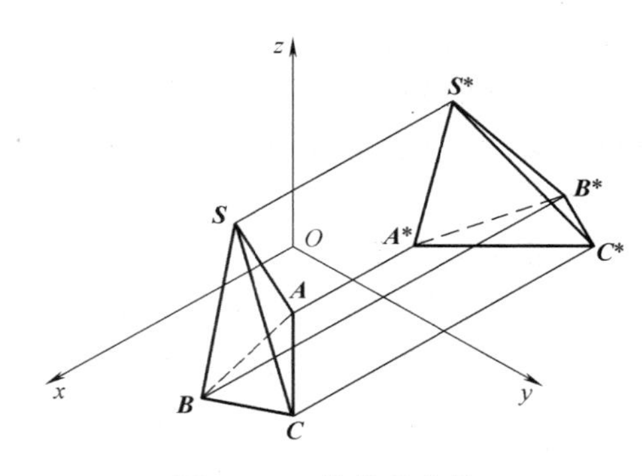

图 3-7 三维镜像变换

4. 三维平移变换

几何模型在空间中进行平移变换时，由变换矩阵 $\boldsymbol{T}$ 左下角的 1×3 子矩阵的元素来实现。变换矩阵为

$$\boldsymbol{T}=\begin{pmatrix}1&0&0&0\\0&1&0&0\\0&0&1&0\\l&m&n&1\end{pmatrix}$$

其中，l、m、n 分别代表几何模型沿 x、y、z 轴方向的平移量。

5. 三维旋转变换

三维旋转变换分为绕坐标轴的旋转与绕任意直线的旋转两大类，后者通过三维组合变换实现。

（1）绕坐标轴的旋转变换　几何模型绕坐标轴进行旋转变换时，变换矩阵 $\boldsymbol{T}$ 的一般形式为

$$\boldsymbol{T}=\begin{pmatrix}a&b&c&0\\d&e&f&0\\g&h&i&0\\0&0&0&1\end{pmatrix}$$

图 3-8 所示为绕不同坐标轴旋转 θ 角的情形，图中的旋转轴线垂直纸面向外。右手坐标系下，逆时针方向旋转时 θ 为正，顺时针方向旋转时 θ 为负。绕坐标轴旋转时，变换矩阵 $\boldsymbol{T}$ 的主要特点是：当几何模型绕 x 轴旋转时，三维模型上各点的 x 坐标值不变，只有 y、z 坐标值变化，如图 3-8c 所示。因此可以把三维模型绕 x 轴旋转的问题转换为二维旋转变换问题，旋转变换前后的坐标关系为

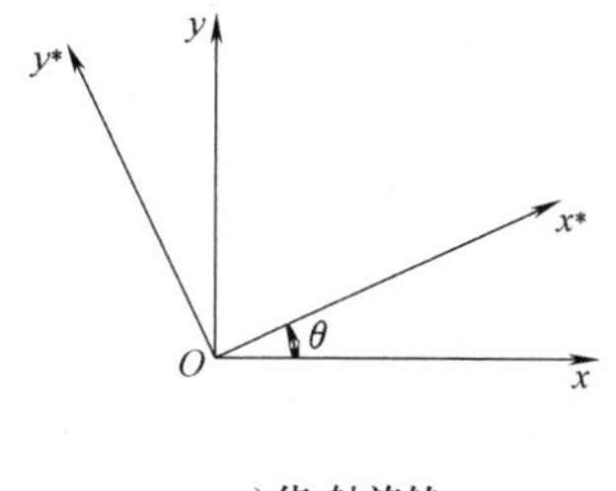

a) 绕z轴旋转

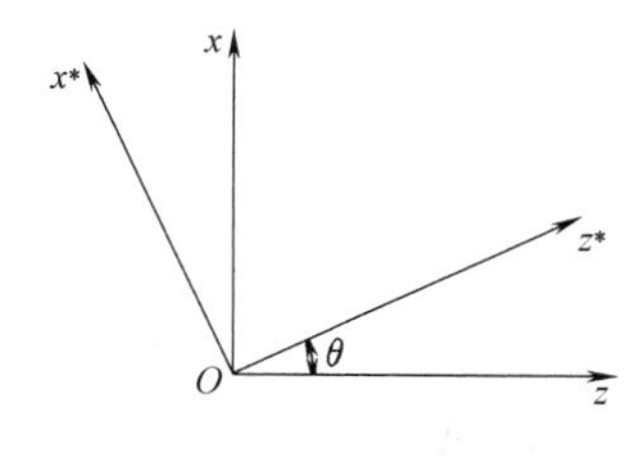

b) 绕y轴旋转

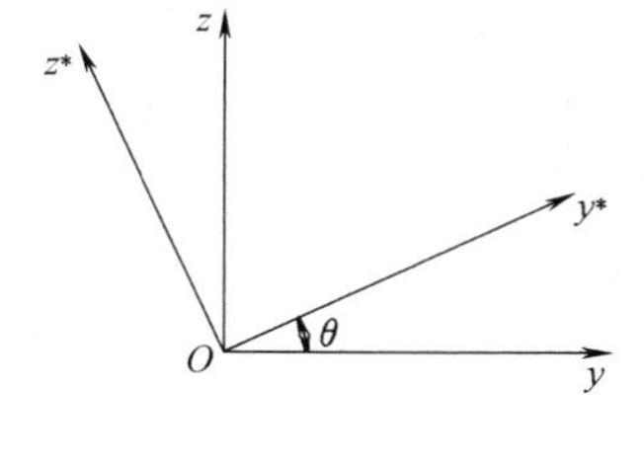

c) 绕x轴旋转

图 3-8　绕不同坐标轴旋转 θ 角的情形

$$x^*=x$$
$$y^*=y\cos\theta+z\sin\theta$$
$$z^*=-y\sin\theta+z\cos\theta$$

因而，得到绕 x 轴旋转的变换矩阵

$$\boldsymbol{T}_x=\begin{pmatrix}1&0&0&0\\0&\cos\theta&\sin\theta&0\\0&-\sin\theta&\cos\theta&0\\0&0&0&1\end{pmatrix}$$

同理，绕 y 轴和 z 轴旋转的变换矩阵分别为

$$\boldsymbol{T}_y=\begin{pmatrix}\cos\theta & 0 & -\sin\theta & 0\\ 0 & 1 & 0 & 0\\ \sin\theta & 0 & \cos\theta & 0\\ 0 & 0 & 0 & 1\end{pmatrix}\quad \boldsymbol{T}_z=\begin{pmatrix}\cos\theta & \sin\theta & 0 & 0\\ -\sin\theta & \cos\theta & 0 & 0\\ 0 & 0 & 1 & 0\\ 0 & 0 & 0 & 1\end{pmatrix}$$

（2）绕任意直线的旋转变换

例 3-3 如图 3-9a 所示，直线 AB 为空间中任意直线，点 A 坐标为（x_A，y_A，z_A），以直线 AB 为对角线构造图示长方体，长方体的长宽高分别为 a、b、c，现求空间任意点 P 绕直线 AB 逆时针旋转 θ 角的变换矩阵 $\boldsymbol{T}$。

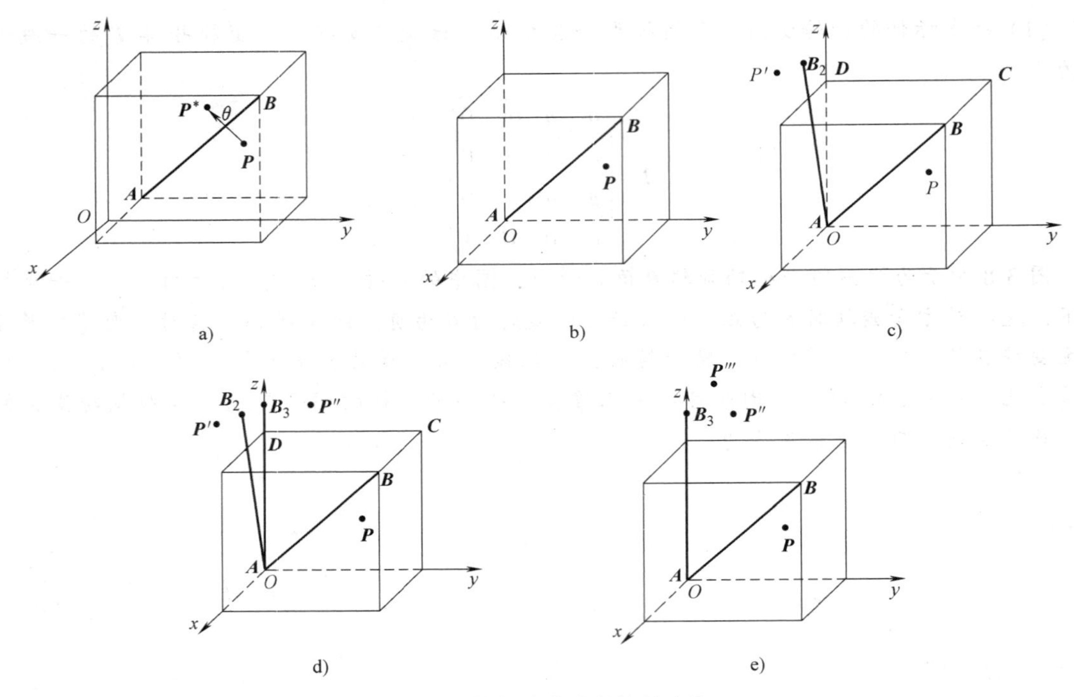

图 3-9 绕任意直线的旋转变换

解 因直线 AB 不是坐标轴，应设法使直线 AB 与某一坐标轴重合，然后绕该坐标轴逆时针旋转 θ 角，最后按逆过程，恢复直线 AB 的原始位置，即可求得变换矩阵 $\boldsymbol{T}$。由于直线 AB 经变换后可与 x 轴、y 轴或 z 轴重合，因此本题有多种解法，现考虑使直线 AB 与 z 轴重合。

1）将直线 AB 与点 P 移动到点 A 与坐标原点 O 重合，如图 3-9b 所示，从而使直线 AB 通过坐标原点，该步骤对应的变换矩阵为

$$\boldsymbol{T}_1=\begin{pmatrix}1 & 0 & 0 & 0\\ 0 & 1 & 0 & 0\\ 0 & 0 & 1 & 0\\ -x_A & -y_A & -z_A & 1\end{pmatrix}$$

2）将直线 AB 与点 P 绕 x 轴逆时针旋转 α 角（$\alpha=\angle COD$），得到直线 AB_2 与点 P'，直

线 AB_2 落在 xOz 平面，如图 3-9c 所示，该步骤对应的变换矩阵为

$$T_2=\begin{pmatrix}1 & 0 & 0 & 0\\ 0 & \cos\alpha & \sin\alpha & 0\\ 0 & -\sin\alpha & \cos\alpha & 0\\ 0 & 0 & 0 & 1\end{pmatrix}$$

3）将直线 AB_2 与点 P' 绕 y 轴顺时针旋转 β 角，得到直线 AB_3 与点 P''，直线 AB_3 与 z 轴重合，如图 3-9d 所示，$\beta=\angle B_2OD$，该步骤对应的变换矩阵为

$$T_3=\begin{pmatrix}\cos(-\beta) & 0 & -\sin(-\beta) & 0\\ 0 & 1 & 0 & 0\\ \sin(-\beta) & 0 & \cos(-\beta) & 0\\ 0 & 0 & 0 & 1\end{pmatrix}$$

4）将点 P'' 绕 z 轴旋转 θ 角，得到点 P'''，如图 3-9e 所示，该步骤对应的变换矩阵为

$$T_4=\begin{pmatrix}\cos\theta & \sin\theta & 0 & 0\\ -\sin\theta & \cos\theta & 0 & 0\\ 0 & 0 & 1 & 0\\ 0 & 0 & 0 & 1\end{pmatrix}$$

5）将直线 AB_3 与点 P''' 沿前三步原路返回，即依次绕 y 轴逆时针旋转 β 角、绕 x 轴顺时针旋转 α 角、反向平移，得到直线 AB 与点 P^*，如图 3-9a 所示，该步骤对应的变换矩阵依次为

$$T_5=\begin{pmatrix}\cos\beta & 0 & -\sin\beta & 0\\ 0 & 1 & 0 & 0\\ \sin\beta & 0 & \cos\beta & 0\\ 0 & 0 & 0 & 1\end{pmatrix}\qquad T_6=\begin{pmatrix}1 & 0 & 0 & 0\\ 0 & \cos(-\alpha) & \sin(-\alpha) & 0\\ 0 & -\sin(-\alpha) & \cos(-\alpha) & 0\\ 0 & 0 & 0 & 1\end{pmatrix}$$

$$T_7=\begin{pmatrix}1 & 0 & 0 & 0\\ 0 & 1 & 0 & 0\\ 0 & 0 & 1 & 0\\ x_A & y_A & z_A & 1\end{pmatrix}$$

6）求总的变换矩阵 $\boldsymbol{T}$，即　　$\boldsymbol{T}=\boldsymbol{T}_1\boldsymbol{T}_2\boldsymbol{T}_3\boldsymbol{T}_4\boldsymbol{T}_5\boldsymbol{T}_6\boldsymbol{T}_7$

参考上述的解题思路，读者可采用不同的变换方式，求出点 P 绕直线 AB 旋转 θ 角的变换矩阵。

练　习　题

1. 证明：如果有两个用于依次连续变换的二维旋转变换矩阵，其中 $\boldsymbol{T}_{R1}$ 为旋转 R_1 角度的变换矩阵，$\boldsymbol{T}_{R_2}$ 为旋转 R_2 角度的变换矩阵，则有 $\boldsymbol{T}_{R_1}\boldsymbol{T}_{R_2}=\boldsymbol{T}_{R_1+R_2}$。

2. 设依次连续进行两次二维基本变换，试证明在五种基本变换中，哪几种变换的组合（如旋转-比例变换等）是可以互换的，并说明可互换的前提条件。

3. 已知△***ABC*** 各顶点的坐标分别为 ***A***(10，10)，***B***(10，40)，***C***(40，50)，现对其实施下述变换。

1）沿 x 轴方向平移 30mm，沿 y 轴方向平移 20mm，再绕原点逆时针旋转 90°。

2）绕原点逆时针旋转 90°，沿 x 轴方向平移 30mm，沿 y 轴方向平移 20mm。

比较两种变换是否等价。

4. 已知单位立方体各顶点的坐标为 **A**(0, 0, 0), **B**(0, 0, 1), **C**(1, 0, 1), **D**(1, 0, 0,), **E**(0, 1, 0), **F**(0, 1, 1), **G**(1, 1, 1), **H**(1, 1, 0)。

1) 求将 **AG** 连线旋转至与 x 轴重合的变换矩阵,并计算出每次旋转的具体角度。

2) 求将点 **F** 绕 **CG** 连线逆时针旋转30°的变换矩阵, 并计算出 $\boldsymbol{F}^*$ 的具体坐标值。

5. 已知在直角坐标系中有三个点 **A**(3, 3, 0), **B**(6, 6, 3), **P**(6, 3, 1), 点 **P** 绕 **AB** 逆时针旋转30°得到 $\boldsymbol{P}^*$, 试求变换矩阵: $\boldsymbol{T}_{AB}$和点 $\boldsymbol{P}^*$ 的坐标 (x^*, y^*, z^*)。

6. 举例说明 CAD 软件系统中视区的作用。

第4章

几何模型表达基础

—核心问题与本章导读—

产品设计与生产时，常常需要采用图样、计算机显示器、绘图仪等二维介质来表达几何模型。本章介绍几何模型的投影变换基本理论和方法。

4.1 几何模型的投影变换

图样和常用的图形输出设备等都只能用平面图形表示几何模型，因此需要采用投影原理将几何模型变换成平面图形。通常来说，投影是把 n 维坐标系中的点变换成小于 n 维坐标系中的点，这里只讨论从三维到二维的投影。将三维图形变换成二维图形的过程称为投影变换。

几何模型的投影是从投射中心发射出许多直的投射线，这些投射线通过模型的每一个点与投影面相交，获得该模型的投影图形。一般来讲，投射中心与投影面之间距离是有限的。当投射中心与投影面之间距离无穷远时，则投射线相互平行。由此将投影分为透视投影和平行投影，如图 4-1 所示。根据平行投影中投射线的方向又可分为正投影和斜投影。采用正投影变换获得的平面图形称为工程图，广泛应用于工程设计和工业生产中。

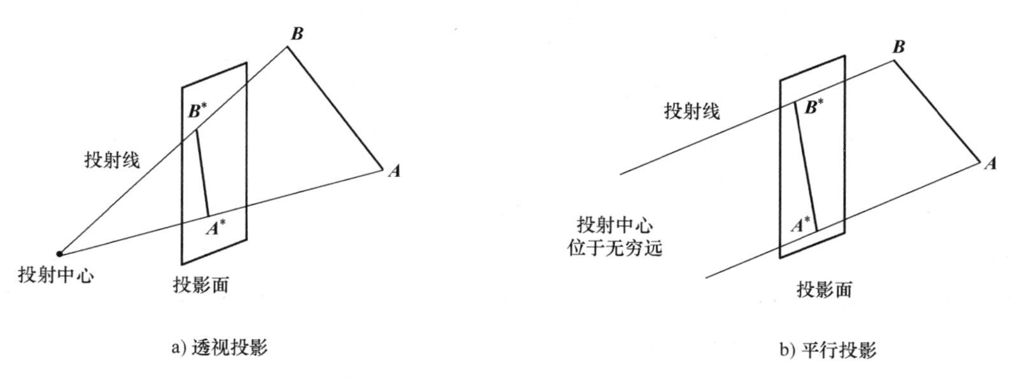

图 4-1 投影变换

4.2 正投影变换

正投影是指投射线与投影面垂直的平行投影，又称为正交投影。借助于正投影方法，用几何变换方法描述多面投影体系中的正投影，并将这些正投影展开成工程图，就可获得几何模型的主视图、左视图和俯视图等基本投影视图。

根据前文所述的几何变换原理，变换前点 $P(x, y, z)$ 与变换后点 $P^*(x^*, y^*, z^*)$ 的关系为 $(x \quad y \quad z \quad 1)\boldsymbol{T}=(x^* \quad y^* \quad z^* \quad 1)$。采用几何变换方法描述几何模型的正投影时，依然可用此公式表达投射前后两点的关系，所用的齐次坐标变换矩阵 $\boldsymbol{T}=\begin{pmatrix} a & b & c & p \\ d & e & f & q \\ g & h & i & r \\ l & m & n & s \end{pmatrix}$。三面投影体系由立面 V、水平面 H 和侧面 W 三个投影面构成，如图 4-2b 所

示。根据画法几何原理，空间点 $P(x, y, z)$ 在 V 面上的投影特征是坐标 y^* 为零，即 P 变换成投影点 $(x^*, 0, z^*)$。同理，$(x^*, y^*, 0)$ 是 P 在 H 面上的投影，$(0, y^*, z^*)$ 是 P 在 W 面上的投影。由此，总结出三维形体对投影面 V、H、W 的正投影矩阵，只要令三维恒等变换矩阵中对应的某一列元素全为零即可。例如：形体向 V 面投影，可令控制 Y 轴坐标的第二列元素全为零，即可写出 V 面投影变换矩阵

$$\boldsymbol{T}_V=\begin{pmatrix} 1 & 0 & 0 & 0 \\ 0 & 0 & 0 & 0 \\ 0 & 0 & 1 & 0 \\ 0 & 0 & 0 & 1 \end{pmatrix}$$

同理，使齐次坐标变换矩阵 $\boldsymbol{T}$ 中的第三列和第一列元素为零，可得到 H 面和 W 面的投影变换矩阵

$$\boldsymbol{T}_H=\begin{pmatrix} 1 & 0 & 0 & 0 \\ 0 & 1 & 0 & 0 \\ 0 & 0 & 0 & 0 \\ 0 & 0 & 0 & 1 \end{pmatrix} \qquad \boldsymbol{T}_W=\begin{pmatrix} 0 & 0 & 0 & 0 \\ 0 & 1 & 0 & 0 \\ 0 & 0 & 1 & 0 \\ 0 & 0 & 0 & 1 \end{pmatrix}$$

下面分析二维工程图的主视图、左视图、俯视图三个基本视图的投影变换。依据画法几何原理和投影视图形成的过程，运用投影变换获得第一角投影视图有两种方法。

1. 先投射、后旋转、再平移方法

按照画法几何原理，首先将几何模型置于第一角的多面投影体系中，为便于坐标的计算，通常使形体的主要形面与投影体系的坐标平面重合，然后按下述步骤获得三个投影视图。第一步：将几何模型分别向 V、H、W 三个投影面投影，得到模型的三个投影。第二步：将载有几何模型投影的投影面“展开”，使三个投影位于一个平面（通常是 V 面）上。具体做法是：保持 V 面上的投影不动，得到主视图；将 H 面上的投影绕 x 轴顺时针方向旋转 90°；将 W 面上的投影绕 z 轴逆时针方向旋转 90°。第三步：为了使各个投影之间保持适当的距离，将第二步得到的视图进行相应的平移，从而得到三视图。图 4-2 描述了先投影、后旋转、再平移方法形成主视图、俯视图、左视图的全过程。同理可获得工程图的其他基本视图。

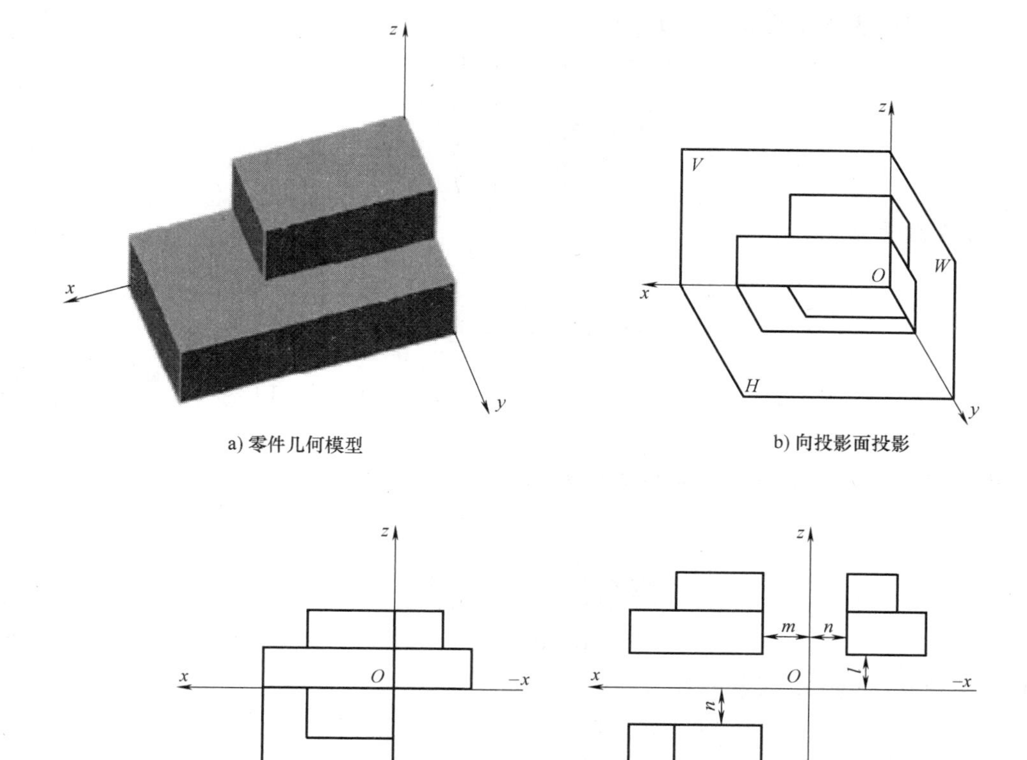

图4-2 建立三视图

例4-1 请通过先投射、后旋转、再平移方法获取如图4-2a所示零件的三个基本视图，并求出各基本视图的变换矩阵。

解 设几何模型上点P的齐次坐标位置向量为$(x \quad y \quad z \quad 1)$，点$P$在各基本视图上的点为$P^*$。

(1) 求主视图

1) 将几何模型向V面投射，变换矩阵为

$$\boldsymbol{T}_V=\begin{pmatrix}1&0&0&0\\0&0&0&0\\0&0&1&0\\0&0&0&1\end{pmatrix}$$

2) 进行图形的平移，变换矩阵为

$$\boldsymbol{T}_2=\begin{pmatrix}1&0&0&0\\0&1&0&0\\0&0&1&0\\m&0&l&1\end{pmatrix}$$

3）几何模型的主视图变换矩阵 $\boldsymbol{T}_主$ 为

$$\boldsymbol{T}_主 = T_V\boldsymbol{T}_2 = \begin{pmatrix} 1 & 0 & 0 & 0 \\ 0 & 0 & 0 & 0 \\ 0 & 0 & 1 & 0 \\ m & 0 & l & 1 \end{pmatrix}$$

P^* 的位置向量为

$$(x^* \quad y^* \quad z^* \quad 1) = (x \quad y \quad z \quad 1)\begin{pmatrix} 1 & 0 & 0 & 0 \\ 0 & 0 & 0 & 0 \\ 0 & 0 & 1 & 0 \\ m & 0 & l & 1 \end{pmatrix}$$

（2）求俯视图

1）将几何模型向 H 面投射，变换矩阵为

$$\boldsymbol{T}_H = \begin{pmatrix} 1 & 0 & 0 & 0 \\ 0 & 1 & 0 & 0 \\ 0 & 0 & 0 & 0 \\ 0 & 0 & 0 & 1 \end{pmatrix}$$

2）绕 x 轴旋转$-90°$，变换矩阵为

$$\boldsymbol{T}_2 = \begin{pmatrix} 1 & 0 & 0 & 0 \\ 0 & \cos(-90°) & \sin(-90°) & 0 \\ 0 & -\sin(-90°) & \cos(-90°) & 0 \\ 0 & 0 & 0 & 1 \end{pmatrix}$$

3）进行图形的平移，变换矩阵为

$$\boldsymbol{T}_3 = \begin{pmatrix} 1 & 0 & 0 & 0 \\ 0 & 1 & 0 & 0 \\ 0 & 0 & 1 & 0 \\ m & 0 & -n & 1 \end{pmatrix}$$

4）几何模型的俯视图变换矩阵 $\boldsymbol{T}_俯$ 为

$$\boldsymbol{T}_俯 = \boldsymbol{T}_H\boldsymbol{T}_2\boldsymbol{T}_3 = \begin{pmatrix} 1 & 0 & 0 & 0 \\ 0 & 0 & -1 & 0 \\ 0 & 0 & 0 & 0 \\ m & 0 & -n & 1 \end{pmatrix}$$

P^* 的位置向量为

$$(x^* \quad y^* \quad z^* \quad 1) = (x \quad y \quad z \quad 1)\begin{pmatrix} 1 & 0 & 0 & 0 \\ 0 & 0 & -1 & 0 \\ 0 & 0 & 0 & 0 \\ m & 0 & -n & 1 \end{pmatrix}$$

（3）求左视图

1）将几何模型向 W 面投射，变换矩阵为

$$T_W=\begin{pmatrix}0&0&0&0\\0&1&0&0\\0&0&1&0\\0&0&0&1\end{pmatrix}$$

2）绕 z 轴旋转 90°，变换矩阵为

$$T_2=\begin{pmatrix}\cos 90^\circ&\sin 90^\circ&0&0\\-\sin 90^\circ&\cos 90^\circ&0&0\\0&0&1&0\\0&0&0&1\end{pmatrix}$$

3）进行图形的平移，变换矩阵为

$$T_3=\begin{pmatrix}1&0&0&0\\0&1&0&0\\0&0&1&0\\-n&0&l&1\end{pmatrix}$$

4）几何模型的左视图变换矩阵 $T_{左}$ 为

$$T_{左}=T_W T_2 T_3=\begin{pmatrix}0&0&0&0\\-1&0&0&0\\0&0&1&0\\-n&0&l&1\end{pmatrix}$$

P^* 的位置向量为

$$(x^* \quad y^* \quad z^* \quad 1)=(x \quad y \quad z \quad 1)\begin{pmatrix}0&0&0&0\\-1&0&0&0\\0&0&1&0\\-n&0&l&1\end{pmatrix}$$

2. 先旋转、后投射、再平移方法

先旋转、后投射、再平移方法是将上述方法中投射和旋转顺序进行调换，即首先对几何模型旋转指定的角度，然后分别向投影面投射，再进行相应的平移，形成三个基本视图。各视图的获得途径为：使几何模型对 V 面保持不动，投射到 V 面上，进行相应平移得到主视图；然后使几何模型绕 x 轴顺时针旋转 90°，投射到 V 面上，进行相应平移得到俯视图；再使几何模型绕 z 轴逆时针旋转 90°，投射到 V 面上，进行相应平移到左视图。

例 4-2 请通过先旋转、后投射、再平移方法获取如图 4-2a 所示零件的三个基本视图，并求出各基本视图的变换矩阵。

解 设几何模型上点 P 的齐次坐标位置向量为（$x \quad y \quad z \quad 1$），点 P 在各基本视图上的点为 P^*。

(1) 求主视图　与例 4-1 解法完全相同，即几何模型的主视图变换矩阵 $\boldsymbol{T}_{主}$ 为

$$\boldsymbol{T}_{主}=\begin{pmatrix}1&0&0&0\\0&0&0&0\\0&0&1&0\\m&0&l&1\end{pmatrix}$$

P^* 的位置向量为

$$(x^*\quad y^*\quad z^*\quad 1)=(x\quad y\quad z\quad 1)\begin{pmatrix}1&0&0&0\\0&0&0&0\\0&0&1&0\\m&0&l&1\end{pmatrix}$$

(2) 求俯视图

1) 绕 x 轴旋转$-90°$，变换矩阵为

$$\boldsymbol{T}_1=\begin{pmatrix}1&0&0&0\\0&\cos(-90°)&\sin(-90°)&0\\0&-\sin(-90°)&\cos(-90°)&0\\0&0&0&1\end{pmatrix}$$

2) 将几何模型向 V 面投射，变换矩阵为

$$\boldsymbol{T}_V=\begin{pmatrix}1&0&0&0\\0&0&0&0\\0&0&1&0\\0&0&0&1\end{pmatrix}$$

3) 进行图形的平移，变换矩阵为

$$\boldsymbol{T}_3=\begin{pmatrix}1&0&0&0\\0&1&0&0\\0&0&1&0\\m&0&-n&1\end{pmatrix}$$

4) 几何模型的俯视图变换矩阵 $\boldsymbol{T}_{俯}$ 为

$$\boldsymbol{T}_{俯}=\boldsymbol{T}_1\boldsymbol{T}_V\boldsymbol{T}_3=\begin{pmatrix}1&0&0&0\\0&0&-1&0\\0&0&0&0\\m&0&-n&1\end{pmatrix}$$

P^* 的位置向量为

$$(x^*\quad y^*\quad z^*\quad 1)=(x\quad y\quad z\quad 1)\begin{pmatrix}1&0&0&0\\0&0&-1&0\\0&0&0&0\\m&0&-n&1\end{pmatrix}$$

(3) 求左视图

1) 绕 z 轴旋转 90°，变换矩阵为

$$T_1 = \begin{pmatrix} \cos90° & \sin90° & 0 & 0 \\ -\sin90° & \cos90° & 0 & 0 \\ 0 & 0 & 1 & 0 \\ 0 & 0 & 0 & 1 \end{pmatrix}$$

2）将几何模型向 V 面投射，变换矩阵为

$$T_V = \begin{pmatrix} 1 & 0 & 0 & 0 \\ 0 & 0 & 0 & 0 \\ 0 & 0 & 1 & 0 \\ 0 & 0 & 0 & 1 \end{pmatrix}$$

3）进行图形的平移，变换矩阵为

$$T_3 = \begin{pmatrix} 1 & 0 & 0 & 0 \\ 0 & 1 & 0 & 0 \\ 0 & 0 & 1 & 0 \\ -n & 0 & l & 1 \end{pmatrix}$$

4）三维模型的左视图变换矩阵 $T_{左}$ 为

$$T_{左} = T_1 T_V T_3 = \begin{pmatrix} 0 & 0 & 0 & 0 \\ -1 & 0 & 0 & 0 \\ 0 & 0 & 1 & 0 \\ -n & 0 & l & 1 \end{pmatrix}$$

P^* 的位置向量为

$$(x^* \quad y^* \quad z^* \quad 1) = (x \quad y \quad z \quad 1) \begin{pmatrix} 0 & 0 & 0 & 0 \\ -1 & 0 & 0 & 0 \\ 0 & 0 & 1 & 0 \\ -n & 0 & l & 1 \end{pmatrix}$$

综上所述，两种方法所得结果完全一致。

4.3 轴测投影变换

轴测投影图（Axonometric Drawing）简称为轴测图，是用平行投影法将几何模型和确定该模型的空间直角坐标系沿不平行于坐标平面的方向投射到投影面上所得到的图形。如图4-3所示，投影坐标系 $Oxyz$ 始终固定不动，而坐标系 $Ox^*y^*z^*$ 固定在模型上，随模型一起变换。由于轴测图可以在单一投影面上同时反映模型三个坐标平面方位上的形状特征，图形更符合于人们的视觉常识，形象、逼真、富有立体感。因此工程中常把轴测图作为辅助图样，说明机器或产品的外形特征、结构关系、装配或安装要求等。另外，在产品设计的过程中，为了弥补工程图表达不直接的缺陷，常常利用轴测图帮助设计人员进行空间关系分析、外观设计构思等。

本节的主要任务是根据轴测图的定义，用投影变换的方法描述和讨论轴测图的变换矩阵。鉴于轴测图上一般不能直接反映出形体各表面的实形，为了定量地研究轴测图的度量性和图形显示效果，需要引入轴测轴、轴间角、轴向伸缩系数等概念。本节需掌握轴测图

"沿轴测量"的特点，并可利用变换矩阵进行定量讨论。下面讨论几种最常用轴测图的投影变换。

1. 正轴测投影

投射方向与轴测投影面相互垂直时获得的轴测图称为正轴测投影。

（1）正轴测投影的变换矩阵　已知如图 4-3 所示的立方体，坐标系 $Ox^*y^*z^*$ 与投影坐标系 $Oxyz$ 正好重合。图 4-3a 所示为立方体及坐标系 $Ox^*y^*z^*$ 向 V 面投射得到正视图；将图 4-3a 中的立方体及坐标系 $Ox^*y^*z^*$ 绕 z 轴逆时针转 θ 角，向 V 面投射得到图 4-3b；再绕 x 轴顺时针转 φ 角，向 V 面投射，得到该立方体的正轴测投影，即图 4-3c。

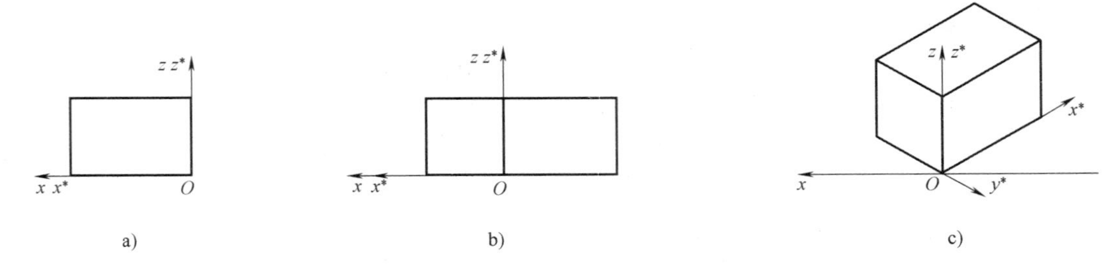

图 4-3　正轴测投影的形成

根据几何变换原理，写出正轴测投影变换矩阵为

$$T_{正}=T_{z\theta}T_{x\varphi}T_V=\underbrace{\begin{pmatrix}\cos\theta & \sin\theta & 0 & 0\\ -\sin\theta & \cos\theta & 0 & 0\\ 0 & 0 & 1 & 0\\ 0 & 0 & 0 & 1\end{pmatrix}}_{\text{绕 } z \text{ 轴逆时针转 } \theta \text{ 角}}\underbrace{\begin{pmatrix}1 & 0 & 0 & 0\\ 0 & \cos(-\varphi) & \sin(-\varphi) & 0\\ 0 & -\sin(-\varphi) & \cos(-\varphi) & 0\\ 0 & 0 & 0 & 1\end{pmatrix}}_{\text{绕 } x \text{ 轴顺时针转 } \varphi \text{ 角}}\underbrace{\begin{pmatrix}1 & 0 & 0 & 0\\ 0 & 0 & 0 & 0\\ 0 & 0 & 1 & 0\\ 0 & 0 & 0 & 1\end{pmatrix}}_{\text{向 } V \text{ 面投影}}$$

$$=\begin{pmatrix}\cos\theta & 0 & -\sin\theta\sin\varphi & 0\\ -\sin\theta & 0 & -\cos\theta\sin\varphi & 0\\ 0 & 0 & \cos\varphi & 0\\ 0 & 0 & 0 & 1\end{pmatrix}$$

理论上，任意给定一组 θ、φ 的值，代入 $T_{正}$ 矩阵对几何模型进行变换，就可得到该模型的正轴测投影。然而，如何才能得到满足工程设计需求的轴测图，则需要进一步研究 θ、φ 取值与轴测图显示效果之间的关系。

（2）轴向伸缩系数和轴间角　"沿轴测量"是定量研究轴测图的基本出发点。由轴测图的定义知，空间直角坐标系随三维形体一起向轴测投影面投射时，通常可以得到三个坐标轴的轴测投影，它们被称为轴测投影轴，而三个轴测投影轴之间的夹角称为轴间角。显然，只要能够建立空间直角坐标系坐标轴方向长度与轴测投影轴上对应长度的度量关系，就可以用沿着轴测投影轴测量长度的方法，对轴测图的长度尺寸关系进行定量分析。

轴向伸缩系数是轴测投影轴上的投影长度与空间坐标轴方向对应的长度之比，即

$$\text{轴向伸缩系数}=\frac{\text{轴测投影轴上的投影长度}}{\text{空间坐标轴方向对应的长度}}$$

轴向伸缩系数表征了轴测图长度度量关系。

下面讨论轴向伸缩系数、轴间角与 θ、φ 的关系。在空间直角坐标系的 x、y、z 轴上分别取三个单位向量，用齐次坐标表示为

$$\boldsymbol{i}=(1\quad 0\quad 0\quad 1)\quad \boldsymbol{j}=(0\quad 1\quad 0\quad 1)\quad \boldsymbol{k}=(0\quad 0\quad 1\quad 1)$$

分别对以上单位向量实施正轴测投影变换，得

$$\boldsymbol{i}^*=(1\quad 0\quad 0\quad 1)\boldsymbol{T}_{正}=(\cos\theta\quad 0\quad -\sin\theta\sin\varphi\quad 1)=(i_x^*\quad 0\quad i_z^*\quad 1)$$

$$\boldsymbol{j}^*=(0\quad 1\quad 0\quad 1)\boldsymbol{T}_{正}=(-\sin\theta\quad 0\quad \cos\theta\sin\varphi\quad 1)=(j_x^*\quad 0\quad j_z^*\quad 1)$$

$$\boldsymbol{k}^*=(0\quad 0\quad 1\quad 1)\boldsymbol{T}_{正}=(0\quad 0\quad \cos\varphi\quad 1)=(0\quad 0\quad k_z^*\quad 1)$$

设 x、y、z 三个方向的轴向伸缩系数分别为 p、q、r，根据定义，有

$$p=\frac{|\boldsymbol{i}^*|}{|\boldsymbol{i}|}=\sqrt{\cos^2\theta+\sin^2\theta\sin^2\varphi}$$

$$q=\frac{|\boldsymbol{j}^*|}{|\boldsymbol{j}|}=\sqrt{\sin^2\theta+\cos^2\theta\sin^2\varphi}$$

$$r=\frac{|\boldsymbol{k}^*|}{|\boldsymbol{k}|}=\cos\varphi$$

设轴测坐标轴 x^*、y^* 与水平线的夹角分别为 α_x、α_y，如图 4-4 所示，则有

$$\tan\alpha_x=\frac{i_z^*}{i_x^*}=-\frac{\sin\theta\sin\varphi}{\cos\theta}=-\tan\theta\sin\varphi,$$

$$\tan\alpha_y=\frac{j_z^*}{j_x^*}=\frac{\cos\theta\sin\varphi}{\sin\theta}=\cot\theta\sin\varphi。$$

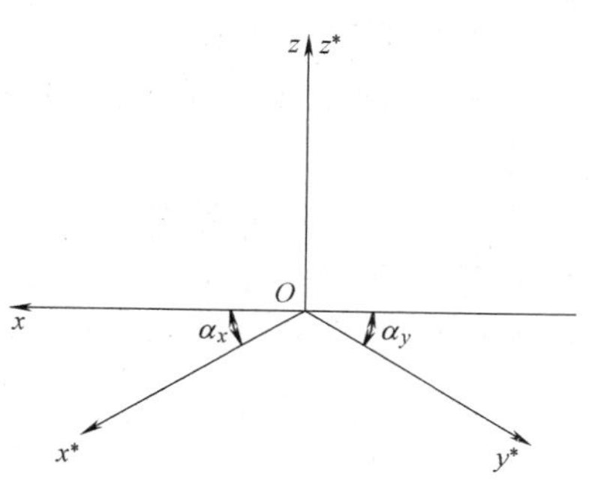

图 4-4　正轴测投影的轴向角

由于空间坐标轴 z 上的单位向量(0　0　1　1) 的轴测投影为 (0　0　$\cos\varphi$　1)，其仅仅缩短了长度，方向并无改变，故 z^* 与 z 之间的夹角为零。

（3）正等轴测投影变换　正等轴测投影变换简称为正等测变换，对应的轴测图称为正等轴测图。正等轴测投影就是 x、y、z 三个方向的轴向伸缩系数均相等时的投影，即取 $p=q=r$。根据前述推导的结果可以求得正等轴测投影中 $\theta=45°$，$\varphi=35.26°$。

在正等轴测投影中，$\alpha_x=\alpha_y=30°$，x^*、y^*、z^* 三轴之间的夹角互为 120°，轴向伸缩系数 $p=q=r\approx0.82$，其在右手坐标系下的变换矩阵为

$$\boldsymbol{T}_{右}=\begin{pmatrix}\cos\theta & 0 & -\sin\theta\sin\varphi & 0\\ -\sin\theta & 0 & -\cos\theta\sin\varphi & 0\\ 0 & 0 & \cos\varphi & 0\\ 0 & 0 & 0 & 1\end{pmatrix}=\begin{pmatrix}0.7071 & 0 & -0.4082 & 0\\ -0.7071 & 0 & -0.4082 & 0\\ 0 & 0 & 0.8165 & 0\\ 0 & 0 & 0 & 1\end{pmatrix}$$

为了与绘图机等硬件设备的坐标系一致，常常需要选取左手坐标系，此时形体的 x 轴坐标取负值，则形体先绕 z 轴旋转 $-\theta$，再绕 x 轴转 $-\varphi$ 后的变换矩阵为

$$T_{左}=\begin{pmatrix}\cos\theta & 0 & \sin\theta\sin\varphi & 0\\ \sin\theta & 0 & -\cos\theta\sin\varphi & 0\\ 0 & 0 & \cos\varphi & 0\\ 0 & 0 & 0 & 1\end{pmatrix}=\begin{pmatrix}0.7071 & 0 & 0.4082 & 0\\ 0.7071 & 0 & -0.4082 & 0\\ 0 & 0 & 0.8165 & 0\\ 0 & 0 & 0 & 1\end{pmatrix}$$

无论采用哪种坐标系，要得到显示或绘制正等轴测投影所必需的二维信息，只需将形体的位置坐标向量乘以 $T_{左}$ 或者 $T_{右}$ 即可。

（4）正二轴测投影变换　正二轴测投影变换简称为正二测变换，对应的轴测图称为正二轴测图。若令沿 x 和 z 轴两个方向的轴向伸缩系数相等，沿 y 轴方向的轴向伸缩系数为沿 x、z 轴方向的一半，即令轴向伸缩系数有 $p=r=2q$ 的关系，就得到正二轴测投影。参照前述正轴测投影形成原理和轴向伸缩系数计算的公式，可以推导出正二轴测图的各有关参数如下。

$$\theta=20.7°\quad \varphi=19.47°\quad \alpha_x=7.18°\quad \alpha_y=41.4°\quad p=r=0.9428\quad q=0.4714$$

将相关数据带入 $T_{正}$，得正二轴测投影在右手和左手两种坐标系下的变换矩阵分别为

$$T_{右}=\begin{pmatrix}0.9354 & 0 & -0.1178 & 0\\ -0.3535 & 0 & -0.3117 & 0\\ 0 & 0 & 0.9428 & 0\\ 0 & 0 & 0 & 1\end{pmatrix}\qquad T_{左}=\begin{pmatrix}0.9354 & 0 & 0.1178 & 0\\ 0.3535 & 0 & -0.3117 & 0\\ 0 & 0 & 0.9428 & 0\\ 0 & 0 & 0 & 1\end{pmatrix}$$

2. 斜轴测投影变换

投射线与轴测投影面相互倾斜时获得的轴测图称为斜轴测投影，对应的投影变换称为斜轴测投影变换。

斜轴测投影有很多种，其中工程上经常用到的是一种保持形体上平行于轴测投影面的平面不变形的斜轴测投影，如 $p=q=1$、$r=0.5$，轴间角 $\angle x^*Oz^*=90°$、$\angle z^*Oy^*=135°$ 得到的正面斜二轴测投影，就特别适用于某一面形状比较复杂对象的表达。

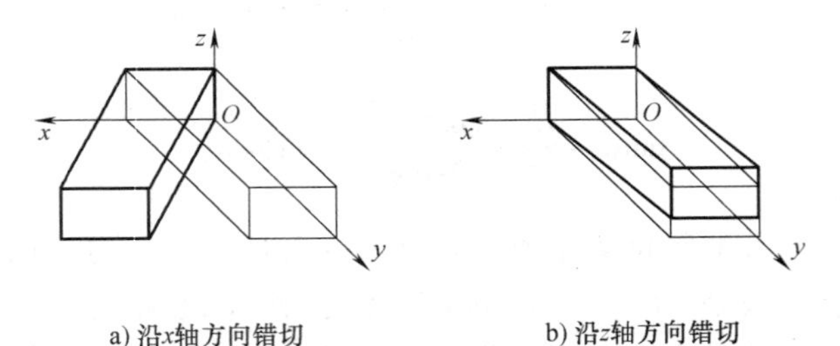

a) 沿x轴方向错切　b) 沿z轴方向错切

图 4-5　正面斜轴测投影的两次错切变换

直接进行斜投射过程的矩阵描述较为复杂，因而，一般采用错切变换的方法研究斜轴测投影。步骤是先根据投射线倾斜的角度使三维形体发生错切变形，再进行正投射，得到与斜投射效果相同的轴测投影。

正面斜轴测投影是使三维形体分别沿 x、z 轴两个方向产生错切（图 4-5），然后再向 V 面进行正投射的结果，即正面斜轴测投影变换是两个基本错切变换和向 V 面的投影变换的组合，该过程的变换矩阵为

$$T_{斜}=\underset{\text{沿 }x\text{ 轴方向错切}}{\begin{pmatrix}1&0&0&0\\ d&1&0&0\\ 0&0&1&0\\ 0&0&0&1\end{pmatrix}}\underset{\text{沿 }z\text{ 轴方向错切}}{\begin{pmatrix}1&0&0&0\\ 0&1&f&0\\ 0&0&1&0\\ 0&0&0&1\end{pmatrix}}\underset{\text{向 }v\text{ 面投射}}{\begin{pmatrix}1&0&0&0\\ 0&0&0&0\\ 0&0&1&0\\ 0&0&0&1\end{pmatrix}}=\begin{pmatrix}1&0&0&0\\ d&0&f&0\\ 0&0&1&0\\ 0&0&0&1\end{pmatrix}$$

三维建筑俯瞰图是一种形象直观表达建筑群体的重要方式。它是先使表达对象沿 x 轴方向错切，再沿 y 轴方向错切，最后向 H 面正投射所得到的一种斜轴测投影。三维建筑俯瞰图的变换矩阵为

$$\boldsymbol{T}=\underbrace{\begin{pmatrix}1&0&0&0\\0&1&0&0\\g&0&1&0\\0&0&0&1\end{pmatrix}}_{\text{沿 }x\text{ 轴方向错切}}\underbrace{\begin{pmatrix}1&0&0&0\\0&1&0&0\\0&h&1&0\\0&0&0&1\end{pmatrix}}_{\text{沿 }y\text{ 轴方向错切}}\underbrace{\begin{pmatrix}1&0&0&0\\0&1&0&0\\0&0&0&0\\0&0&0&1\end{pmatrix}}_{\text{向 }H\text{ 面投射}}=\begin{pmatrix}1&0&0&0\\0&1&0&0\\g&h&0&0\\0&0&0&1\end{pmatrix}$$

根据三维建筑俯瞰图的特点，一般有

$$p=q=r=1,\quad \theta=60^\circ,\quad g=0.6,\ h=0.866$$

为了使建筑物不显得歪斜，须将 z 轴转成竖直方向，即将所得的俯瞰图按右手坐标系绕 z 轴逆时针旋转 30°，即

$$\boldsymbol{T}_{俯瞰}=\begin{pmatrix}1&0&0&0\\0&1&0&0\\g&h&0&0\\0&0&0&1\end{pmatrix}\begin{pmatrix}\cos 30^\circ&\sin 30^\circ&0&0\\-\sin 30^\circ&\cos 30^\circ&0&0\\0&0&1&0\\0&0&0&1\end{pmatrix}=\begin{pmatrix}0.866&0.5&0&0\\-0.5&0.866&0&0\\0.866g-0.5h&0.5g+0.866h&0&0\\0&0&0&1\end{pmatrix}$$

利用上述变换矩阵，只需将建筑物角点的三维坐标向量与其相乘，便可获得绘制三维建筑俯瞰图的二维坐标信息，即

$$\begin{aligned}&(x\quad y\quad z\quad 1)\begin{pmatrix}0.866&0.5&0&0\\-0.5&0.866&0&0\\0.866g-0.5h&0.5g+0.866h&0&0\\0&0&0&1\end{pmatrix}\\&=(0.866x-0.5y+(0.866g-0.5h)\quad 0.5x+0.866y+(0.5g+0.866h)z\quad 0\quad 1)\\&=(x^*\quad y^*\quad 0\quad 1)\end{aligned}$$

4.4 透视投影变换

在建筑或美术设计领域，需要将设计对象表达得更为逼真，更加符合人们的视觉习惯，这时就需要采用透视投影法绘制透视投影图。透视投影图（Perspective Projecting Drawing）简称为透视图，是按照中心投影法绘制的三维形体的单面投影图。透视图的优点是形象逼真，按照透视投影法绘制的三维形体的投影图与肉眼看到的三维形体实物十分接近，特别适用于绘制大型建筑物的直观图。下面扼要介绍透视投影变换的矩阵表达和几种常见透视图生成的方法。

1. 透视投影变换的矩阵表达

已知三维齐次坐标变换矩阵的一般形式为

$$\boldsymbol{T}=\begin{pmatrix}a&b&c&p\\d&e&f&q\\g&h&i&r\\l&m&n&s\end{pmatrix}$$

首先讨论其中第四列元素 p、q、r 在透视投影变换中的作用。空间点的透视投影是通过

该点的投射线与透视投射面的交点。在图 4-6 中，设透视投影面为 V 面，视点为 $\boldsymbol{E}$，通过视点 $\boldsymbol{E}$ 向 V 面作垂线，其垂足 O 点称为主点，$\boldsymbol{E}$ 与 O 之间的距离 d 称为视距。设空间有一点 $\boldsymbol{F}(x, y, z)$，通过该点引投射线 $\boldsymbol{EF}$ 与 V 面相交，交点 $\boldsymbol{F}^*(x^*, 0, z^*)$ 就是点 $\boldsymbol{F}$ 的透视投影。

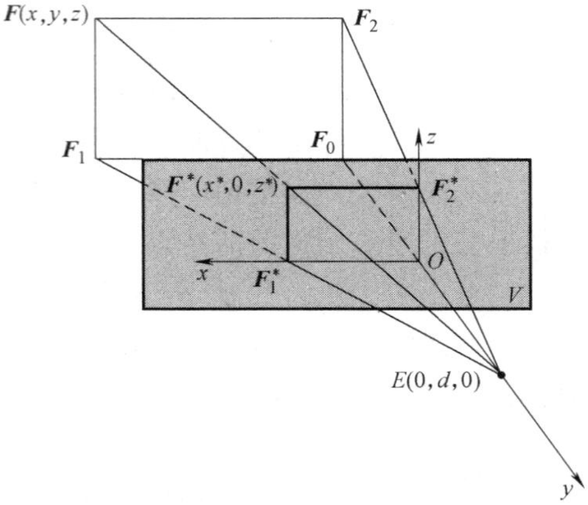

按照上述透视投影的基本原理，因为 $\triangle \boldsymbol{EF_0F_1}$ 与 $\triangle \boldsymbol{EOF_1^*}$ 相似，所以有

$$\frac{x^*}{x}=\frac{d}{d-y}=\frac{1}{1-\dfrac{y}{d}} \quad 即\ x^*=\frac{x}{1-\dfrac{y}{d}}$$

设 $d=-\dfrac{1}{q}$，则 $q=-\dfrac{1}{d}$，带入上式得 $x^*=\dfrac{x}{1+qy}$。又因为 $\triangle \boldsymbol{EF_0F_2}$ 与 $\triangle \boldsymbol{EOF_2^*}$ 相似，同理可得

$$z^*=\frac{z}{1+qy}$$

图 4-6 点的透视投影

假设获得点 $\boldsymbol{F}(x, y, z)$ 透视投影的步骤是先进行透视投影变换，然后向 V 面正投射，用矩阵表示，有

$$(x \quad y \quad z \quad 1)\begin{pmatrix}1&0&0&0\\0&1&0&q\\0&0&1&0\\0&0&0&1\end{pmatrix}\begin{pmatrix}1&0&0&0\\0&0&0&0\\0&0&1&0\\0&0&0&1\end{pmatrix}=(x \quad 0 \quad z \quad 1+qy)$$

透视变换　　向 V 面投射

进行规格化处理后，有

$$(x \quad y \quad z \quad 1)=\left(\frac{x}{1+qy} \quad 0 \quad \frac{z}{1+qy} \quad 1\right)=(x^* \quad 0 \quad z^* \quad 1)$$

即

$$x^*=\frac{x}{1+qy}, z^*=\frac{z}{1+qy}$$

上式说明，通过上述变换得到的结果与依据图 4-6 推导的结果完全一致，变换方法符合透视投影变换原理，三维齐次变换矩阵中的元素 q 确实可以控制透视投影变换。因而

$$\boldsymbol{T}_q=\begin{pmatrix}1&0&0&0\\0&1&0&q\\0&0&1&0\\0&0&0&1\end{pmatrix}$$

称为透视投影变换矩阵。这时，视点 $\boldsymbol{E}$ 在 y 轴上，$\boldsymbol{E}$ 与 V 面的距离，即视距为 $d=-\dfrac{1}{q}$。

在透视图中，空间某一方向平行线的投影延长相交的点称为此方向的灭点。理论上，空间平行线相交于无限远点，用矩阵 $\boldsymbol{T}_q$ 对无限远点实施透视变换，可以求取透视图上灭点的

坐标。现以（0　1　0　0）表示 y 轴上无限远点经过规格化了的位置向量齐次坐标，则有

$$(0\quad 1\quad 0\quad 0)\begin{pmatrix}1&0&0&0\\0&1&0&q\\0&0&1&0\\0&0&0&1\end{pmatrix}=(0\quad 1\quad 0\quad q)=\left(0\quad \frac{1}{q}\quad 0\quad 1\right)$$

可以看出，y 轴上的无限远点（0　1　0　0）进行透视变换后为 $\left(0\quad \frac{1}{q}\quad 0\quad 1\right)$，原与 y 轴平行的直线，变换后不再与 y 轴平行，而是汇交于 y 轴上的一点 $\left(0,\ \frac{1}{q},\ 0\right)$，这个点就是透视图的灭点，它是与视点 $\boldsymbol{E}\left(0,\ \frac{-1}{q},\ 0\right)$ 关于透视投影面 V 对称的点。此外，一般视点位于 V 面的前方，因此灭点在 V 面的后方。此外，空间平行于 x 轴和 z 轴的直线，经透视投影变换后仍平行于对应的坐标轴。上述变换矩阵得到的透视图只有一个灭点，故称为一点透视，即平行透视。

同理，视点在 x 轴和 z 轴上的一点透视投影变换矩阵分别为

$$\boldsymbol{T}_p=\begin{pmatrix}1&0&0&p\\0&1&0&0\\0&0&1&0\\0&0&0&1\end{pmatrix}\qquad \boldsymbol{T}_r=\begin{pmatrix}1&0&0&0\\0&1&0&0\\0&0&1&r\\0&0&0&1\end{pmatrix}$$

此时，透视图上灭点的坐标分别为 $\left(\frac{1}{p},\ 0,\ 0\right)$ 和 $\left(0,\ 0,\ \frac{1}{r}\right)$。

2. 透视投影变换及投影

进行几何模型的透视投影变换时，先将几何模型上的点逐个进行透视投影变换，将变换的结果投射到 V 面上，然后依次连接这些点的透视投影，由此得到几何模型的透视投影。

下面讨论一点和两点透视。

（1）一点透视（平行透视）　为了得到效果较好的一点透视图，灭点一般取在视平线的上方。同时，为了便于建立透视投影变换的数学模型，应使三维形体的主要形面与坐标平面重合。因此，处于任意位置的几何模型，在透视投影变换前需要做适当的平移，使其处于坐标系的适当位置。假设模型在 x 轴方向移动了 l，y 轴方向移动 m，z 轴方向移动了 n，以选择适当的视平线高度。因而，一点透视的变换矩阵可写为

$$\boldsymbol{T}_{透1}=\underset{\text{平移}}{\begin{pmatrix}1&0&0&0\\0&1&0&0\\0&0&1&0\\l&m&n&1\end{pmatrix}}\underset{\text{一点透视}}{\begin{pmatrix}1&0&0&0\\0&1&0&q\\0&0&1&0\\0&0&0&1\end{pmatrix}}\underset{\text{向}V\text{面投射}}{\begin{pmatrix}1&0&0&0\\0&0&0&0\\0&0&1&0\\0&0&0&1\end{pmatrix}}=\begin{pmatrix}1&0&0&0\\0&0&0&q\\0&0&1&0\\l&0&n&mq+1\end{pmatrix}$$

为了增强透视图的立体感，一般令 $q<0$。

例 4-3　已知图 4-7a 所示房屋各顶点的位置坐标，令 $p=0$，$q=-0.1$，$r=0$，$s=1$，$l=4$，$n=-3$，$m=-8$，试用一点透视投影变换矩阵获得在 V 面上绘制透视图的坐标。

解　1）将各参数带入 $\boldsymbol{T}_{透1}$ 得

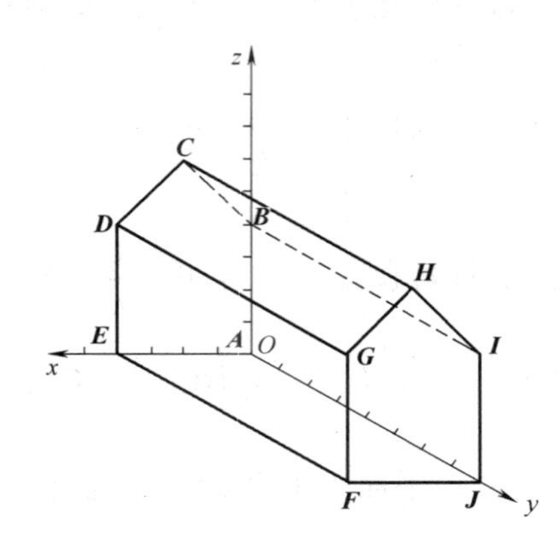

a) 房屋的空间模型

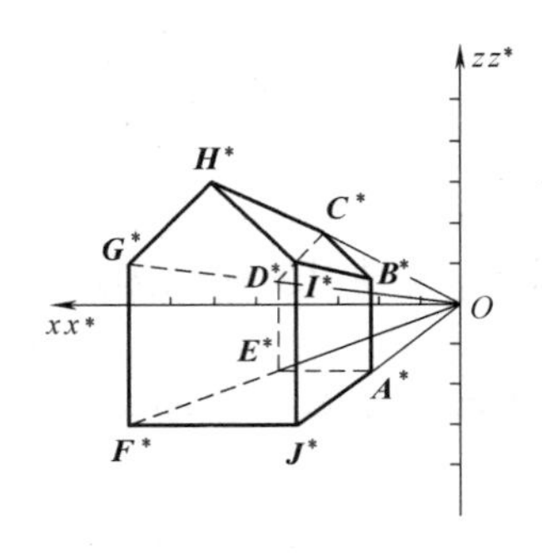

b) 房屋的一点透视图

图 4-7　房屋的透视投影变换

$$T_{透1}=\begin{pmatrix}1&0&0&0\\0&0&0&-0.1\\0&0&1&0\\4&0&-3&1.8\end{pmatrix}$$

2）对房屋顶点位置坐标实施变换。

$$\begin{pmatrix}0&0&0&1\\0&0&4&1\\2&0&6&1\\4&0&4&1\\4&0&0&1\\4&8&0&1\\4&8&4&1\\2&8&6&1\\0&8&4&1\\0&8&0&1\end{pmatrix}\begin{pmatrix}1&0&0&0\\0&0&0&-0.1\\0&0&1&0\\4&0&-3&1.8\end{pmatrix}=\begin{pmatrix}4&0&-3&1.8\\4&0&1&1.8\\6&0&3&1.8\\8&0&1&1.8\\8&0&-3&1.8\\8&0&-3&1\\8&0&1&1\\6&0&3&1\\4&0&1&1\\4&0&-3&1\end{pmatrix}$$

3）对变换后的点进行归一化处理，将所得变换后的点依次连接起来，得到房屋的一点透视图，如图 4-7b 所示。

$$\begin{pmatrix}4&0&-3&1.8\\4&0&1&1.8\\6&0&3&1.8\\8&0&1&1.8\\8&0&-3&1.8\\8&0&-3&1\\8&0&1&1\\6&0&3&1\\4&0&1&1\\4&0&-3&1\end{pmatrix}\Rightarrow\begin{pmatrix}2.2&0&-1.7&1\\2.2&0&0.6&1\\3.3&0&1.7&1\\4.4&0&0.6&1\\4.4&0&-1.7&1\\8&0&-3&1\\8&0&1&1\\6&0&3&1\\4&0&1&1\\4&0&-3&1\end{pmatrix}$$

若在此例中，其他数据不变，取 $q=-0.2$，透视投影会有何变化？请读者自己回答。

（2）两点透视（成角透视） 如图4-8所示，对形体实施两点透视变换后，只有垂直方向的棱线仍是互相平行的，另外两个方向的棱线分别汇交于左右两个灭点。形成两点透视图的步骤如下。

1）将三维形体平移至适当位置。

2）使形体绕 z 轴逆时针旋转 θ 角，且 $\theta<90°$。

3）对旋转后的形体进行透视投影变换。

4）将透视投影变换后的结果向 V 面投射。

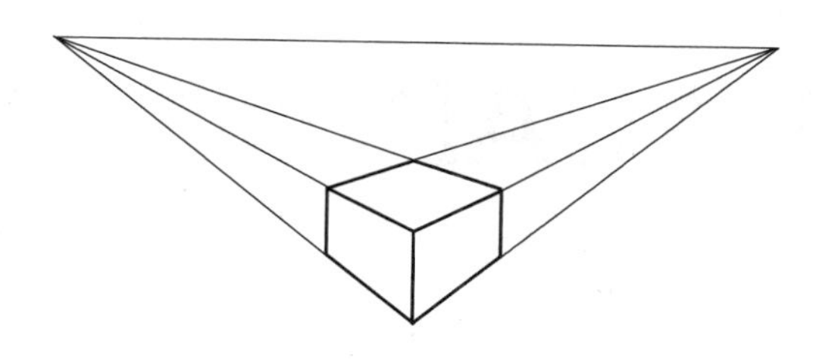

图4-8 两点透视

上述步骤用变换矩阵表示为

$$\boldsymbol{T}_{透2}=\underset{平移}{\begin{pmatrix}1&0&0&0\\0&1&0&0\\0&0&1&0\\l&m&n&1\end{pmatrix}}\underset{旋转}{\begin{pmatrix}\cos\theta&\sin\theta&0&0\\-\sin\theta&\cos\theta&0&0\\0&0&1&0\\0&0&0&1\end{pmatrix}}\underset{一点透视}{\begin{pmatrix}1&0&0&0\\0&1&0&q\\0&0&1&0\\0&0&0&1\end{pmatrix}}\underset{向V面投射}{\begin{pmatrix}1&0&0&0\\0&0&0&0\\0&0&1&0\\0&0&0&1\end{pmatrix}}$$

$$=\begin{pmatrix}\cos\theta&0&0&q\sin\theta\\-\sin\theta&0&0&q\cos\theta\\0&0&1&0\\l\cos\theta-m\sin\theta&0&n&ql\sin\theta+qm\cos\theta+1\end{pmatrix}$$

为了增强立体感，一般令 $q\sin\theta<0$、$q\cos\theta<0$。

练 习 题

1. 已知单位立方体各顶点的坐标为：$\boldsymbol{A}$(1，1，1)，$\boldsymbol{B}$(1，1，2)，$\boldsymbol{C}$(2，1，2)，$\boldsymbol{D}$(2，1，1,)，$\boldsymbol{E}$(1，2，1)，$\boldsymbol{F}$(1，2，2)，$\boldsymbol{G}$(2，2，2)，$\boldsymbol{H}$(2，2，1)。

（1）建立该立方体的左视图，并计算出点 $\boldsymbol{A}$ 在左视图中 $\boldsymbol{A}^*$ 的坐标值。

（2）编写对应的图形显示程序。

2. 采用正二轴测投影的方式，求题1中立方体各顶点变换后的点坐标。

3. 令 $p=0$、$q=-0.1$、$r=0$、$s=1$、$l=4$、$n=-3$、$m=-8$，试用一点透视投影变换矩阵获得题1中立方体各顶点在 V 面上透视图的坐标。

第5章

三维CAD软件技术

—核心问题与本章导读—

现代设计多采用 CAD 软件来实现。本章简单介绍 CAD 软件建模的相关概念及建模常用方法，重点介绍典型三维 CAD 软件 UG NX 常用功能，即草图绘制、实体建模、装配设计、工程图设计以及运动仿真。

5.1 CAD 软件基础

5.1.1 CAD 软件概述

CAD 系统是指引进了 CAD 技术的计算机系统，具有强大的图形交互设计能力与图形显示输出能力。CAD 系统由硬件系统和软件系统两部分组成。软件系统由系统软件、支撑软件和应用软件组成，其中支撑软件是 CAD 软件系统的核心。

1. CAD 支撑软件的主要组成

（1）图形处理软件　图形处理软件是 CAD 系统的重要支撑软件，具有生成点、线、圆等图形元素，实现图形变换及编辑，标注尺寸、文字等绘制图形时所需的基本功能。图形处理软件既有较强的计算能力，又具有强大的图形绘制、显示及输出功能。

（2）数据库管理系统　为了满足大量数据的处理和信息交换需要，数据库管理系统（DataBase Management System，DBMS）应运而生。数据库管理系统具有保证数据资源共享、信息保密、减少数据冗余等功能。数据库管理系统是用户与数据之间的接口，用户使用其可对数据进行相关操作。CAD 系统中使用了大量数据库来实现图形操作及相关数据管理。

（3）分析软件　分析软件主要用来解决工程设计中各种数值计算问题，如有限元分析、机构分析模拟、模态分析、塑料流动分析、冷却分析模拟等。目前已有很多功能强大的商品化软件包来实现产品的各种功能分析。

2. CAD 软件分类

1）根据模型维数不同，CAD 软件分为二维 CAD 软件和三维 CAD 软件。二维 CAD 软件主要用来绘制二维图形，如用正投影法表示的工程图绘制。二维 CAD 软件一般将产品和工程设计图样看成是点、线、圆、文本等元素的集合。三维 CAD 软件的核心是产品的几何模型，将产品的实际形状在计算机中表示成为几何模型。模型中包括了产品几何结构的有关点、线、面、体的各种信息，既包含有几何信息又包含了拓扑信息。计算机几何模型的描述经历了从线框模型、表面模型到实体模型的发展，所表达的几何体信息越来越完整和准确。采用三维 CAD 软件进行产品设计时，能更多地反映实际产品的结构或加工制造过程。

2）根据 CAD 应用行业不同，CAD 软件可分为针对机械、建筑、土木、服装、水利等行业开发的专业 CAD 软件。

随着 CAD 技术的发展和人们需求的不断提高，发展出了各种基于知识的 CAD 软件即智能 CAD。知识的应用使得 CAD 软件的设计功能和设计自动化水平大大提高，对产品设计全过程的支持程度大大加强，促进了产品和工程的创新开发。典型 CAD 软件有 UG NX、CATIA、Pro/E、AutoCAD、中望 CAD、CAXA 等商用软件。

5.1.2 CAD 软件建模基础

1. 常用术语

（1）实体（Solid）与片体（Sheet） 实体是指具有一定质量、一定厚度和封闭体积的几何特征。片体是相对于实体而言的几何特征，其厚度为0，只有表面，没有体积和质量。

每个实体和片体都是独立的几何体，可以包含一个或多个特征。

（2）特征（Feature）与体素特征（Primitive Feature） 特征是指实体或片体所共有的特性。特征不仅具有按照一定拓扑关系组成的特定形状，而且反映特定的工程语义，适合应用于产品的设计、分析和制造。特征兼有形状和功能两种属性，从其名称和语义足以联想其特定的几何形状、拓扑关系、典型功能、绘图表示方法、制造技术和公差要求等。J. J. Shan 等人将产品信息分为 5 大类广义特征：形状特征、精度特征、技术特征、材料特征和装配特征。形状特征用于描述具有一定工程意义的几何形状信息，是非几何特征的载体。在 CAD 建模过程中，形状特征具有重要作用。

长方体、圆柱体、圆锥体和球体常作为产品设计的基础特征使用，相对于产品设计来说是最基本的特征，称为体素特征。

（3）基准（Datum） 基准是用来确定对象上几何关系所依据的点、线或面。基准可以是平面、轴或坐标系，即基准平面、基准轴和基准坐标系。使用 CAD 软件时，一般需首先确定相应的基准。

（4）坐标系（Coordinate System） CAD 软件工作时需要位置参考即使用坐标系。CAD 系统一般有两种坐标系，即绝对坐标系和用户坐标系。绝对坐标系是 CAD 软件提供的默认坐标系，规定了坐标原点和坐标轴方向，不允许进行修改；用户坐标系则是用户根据需要来创建，可以改变原点位置和坐标轴方向。

任意时刻起作用的坐标系称为工作坐标系，是建模时某个零部件或者全局的参考坐标系。工作坐标系仅有一个，根据需要可进行工作坐标系的变换。

（5）布尔运算（Boolean Operation） 布尔运算是指通过对两个或两个以上的实体模型进行并集、差集、交集运算，得到新的实体模型。CAD 软件提供 3 种布尔运算方式，即求和（Unite）、求交（Intersect）和求差（Subtract）。在图形处理操作中，运用布尔运算可使简单实体组合生成复杂的新实体。

（6）草图（Sketch） 草图是与实体模型相关联的二维图形，常用作创建三维模型的基础。绘制草图时，需先确定草图平面。草图平面就是用于绘制草图的平面，坐标平面、基准平面或实体上任一平面均可作为草图平面。草图中提出了“约束”的概念，通过几何约束与尺寸约束控制草图中的图形，从而实现参数化建模。

应用草图工具，用户可以绘制与模型相似的二维轮廓，添加精确约束后完整表达设计意图。使用建模工具对已创建的草图进行拉伸、旋转等操作，生成与草图相关联的实体模型。修改草图时，关联的实体模型自动更新。

2. CAD 软件常用建模方法

CAD 软件一般都具有强大的三维建模功能，常用建模方法有体素建模法、特征建模法和草图建模法三种。

（1）体素建模法　体素建模法是指由体素特征通过布尔运算创建实体模型，实现由简单实体创建复杂实体。常用 CAD 软件的主要体素特征包括长方体、圆柱体、圆锥体和球体。体素建模法，如图 5-1 所示。

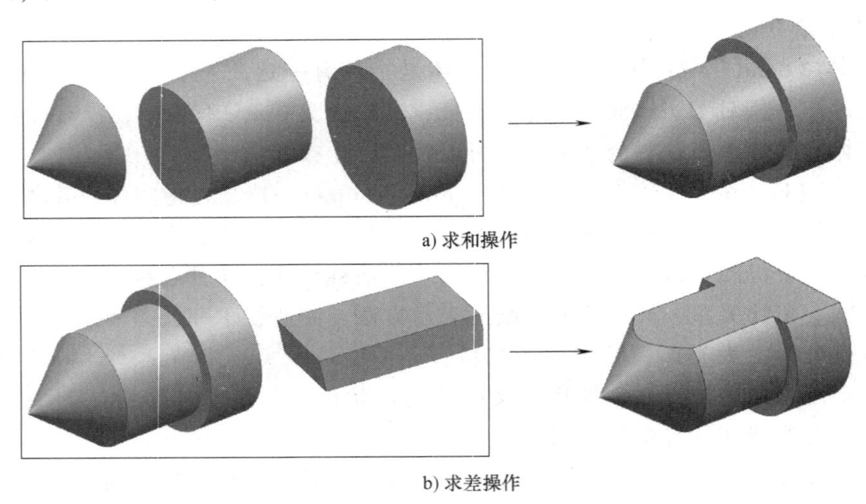

a) 求和操作

b) 求差操作

图 5-1　体素建模法

（2）特征建模法　由形状特征通过布尔运算创建实体模型的方法称为特征建模法。形状特征一般分为主形状特征和辅助形状特征，简称为主特征和辅特征。主特征用于构造零件的主体形状结构，辅特征用于对主特征的局部修改。常用形状特征如图 5-2 所示。

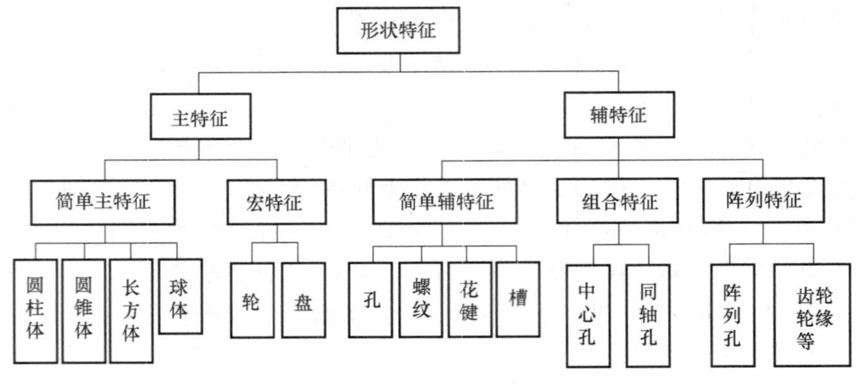

图 5-2　常用形状特征

（3）草图建模法　首先绘制模型的二维草图，然后通过拉伸、旋转、扫掠等方法创建实体模型的方法称为草图建模法。该方法一般用来创建结构复杂的实体模型。草图建模法，如图 5-3 所示。

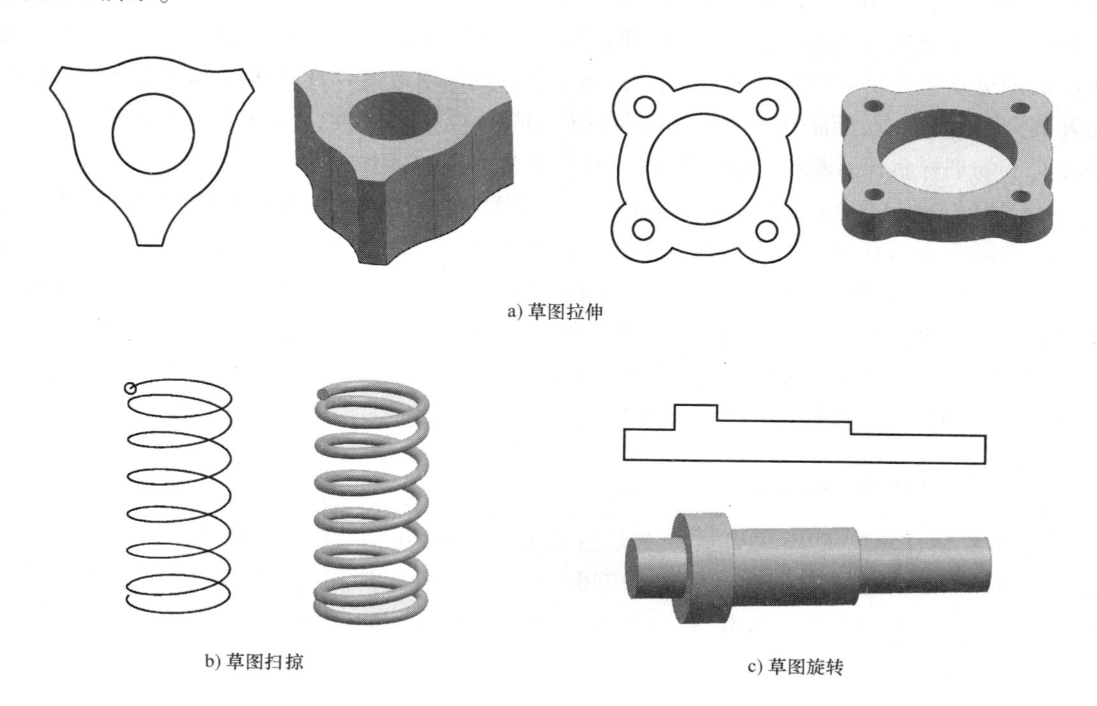

a) 草图拉伸

b) 草图扫掠　　c) 草图旋转

图 5-3　草图建模法

5.2　UG NX 入门

5.2.1　UG NX 简介

UG（Unigraphics）起源于美国麦道公司，于 1991 年 11 月并入 EDS 软件公司，2007 年 5 月被 SIMENS 收购，是基于 C 语言开发、集 CAD/CAE/CAM 一体的计算机辅助设计、分析和制造软件。它广泛应用于航空、航天、汽车、造船、通用机械和电子等工业领域。

UG NX 软件汇集了美国航空航天和汽车工业的专业知识，支持产品开发全过程，是较好的 CAD/CAE/CAM 集成软件包之一。

UG NX 的主要功能模块：

CAID（Computer Aided Industrial Design）：计算机辅助工业设计。工业设计是由科学与美学、技术与艺术相互交叉、渗透、结合形成的，以机械化方式生产的工业产品造型设计为主要研究对象的一门新兴的边缘学科。工业设计师利用 UG NX 建模功能可迅速创建和改进复杂产品的形状，并能使用渲染和可视化工具满足设计概念的审美要求。

CAD（Computer Aided Design）：计算机辅助设计。UG NX 包括了功能强大、应用广泛的设计模块，具有高性能的机械设计和工程图设计功能，为制造设计提供高性能和灵活性，可满足客户设计不同复杂产品的需要。

CAE（Computer Aided Engineering）：计算机辅助工程。主要包括 UG 有限元解算器（UG/FEA）、UG 有限元前后置处理（UG/Scenario for FEA）、机构学（UG/Mechanisms）及注射模分析（UG/MF Part Advisor）。其中 UG/FEA 是一个与 UG/Scenario for FEA 前处理和后处理功能紧密集成的有限元解算器。机构学（UG/Mechanisms）直接在 UG NX 内方便地进行产品的运动学分析和设计仿真。UG 的 CAE 模块允许制造商以数字化的方式仿真和优化产品及其开发过程。在产品开发周期中较早地运用数字化仿真性能，可改善产品质量，减少或消除对于物理样机昂贵耗时的设计、构建及对变更周期的依赖。

CAM（Computer Aided Manufacturing）：计算机辅助制造。UG NX 的加工模块提供界面友好的图形化窗口环境，用户可以在图形方式下观测刀具沿轨迹运动的情况并可对其进行图形化修改。UG NX 加工模块可在实体模型上直接生成用于产品加工的数控代码，并保持与实体模型全相关，其后处理支持多种类型的数控机床。

UG NX 优于通用的设计工具，具有专业的管路和线路设计系统、钣金模块、专用塑料件设计模块和其他行业设计所需的专业应用程序。

5.2.2 UG NX 基本操作

UG NX 软件由多个模块组成，主要包括 CAD、CAM、CAE、注射模、钣金件、Web、管路应用、质量工程应用、逆向工程等应用模块，其中每个应用模块都以 Gateway 环境为基础，它们之间既有联系又相互独立。UG NX10 建模模块界面如图 5-4 所示。

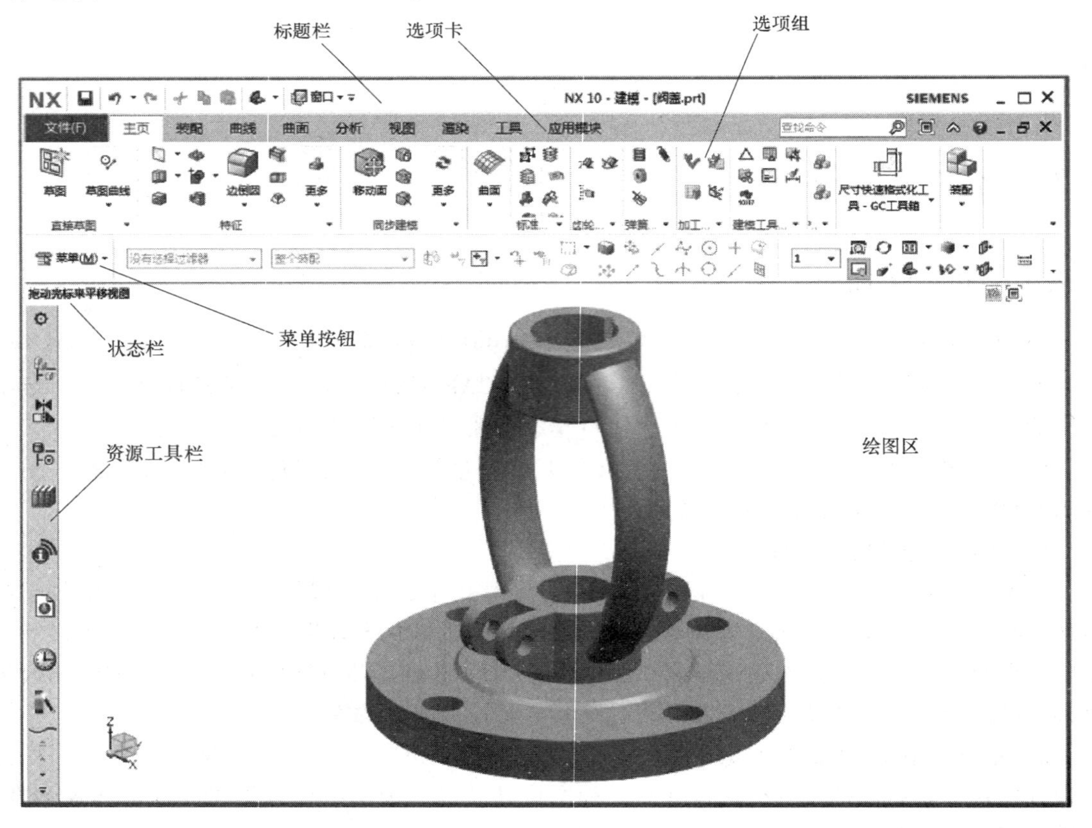

图 5-4 UG NX10 建模模块界面

UG/Gateway为所有UG NX产品提供一个一致的、基于Motif的进入捷径，是用户打开NX进入的第一个应用模块。Gateway是执行其他应用模块的先决条件。该模块为UG NX的其他模块运行提供了底层统一的数据库支持和一个图形交互环境，支持打开已保存的部件文件、建立新的部件文件、绘制工程图以及输入输出不同格式的文件等操作，也提供图层控制、视图定义和屏幕布局、表达式和特征查询、对象信息和分析、显示控制和隐藏/再现对象等操作。UG/Gateway是所有UG NX应用的必要基础。

UG NX是专业化的CAD图形软件，开始具体工作前可对其进行环境设置、图层设置和坐标系设置等操作，熟悉UG NX基本工具的使用。

1. 环境设置

用户根据需要修改UG NX系统默认的基本参数来进行环境设置，以提高工作效率。常用基本参数有对象参数、用户界面参数、图形窗口的背景特性、可视化性能参数等，通过选择菜单“首选项”中对应菜单命令可实现UG NX系统参数的设置。

2. 坐标系设置

在CAD环境下工作需选择合理的坐标系。UG NX常用坐标系有绝对坐标系、工作坐标系、基准坐标系及加工坐标系四种。

绝对坐标系（Absolute Coordinate System，ACS）是系统默认坐标系，原点位置和各坐标轴的方向永远保持不变。UG NX绝对坐标系有且只有一个，决定X、Y、Z轴的绝对方向和绝对零点，是判断俯视图、仰视图、左视图等基本视图的依据。

工作坐标系（Work Coordinate System，WCS）又称为相对坐标系，是建模时使用的参考坐标系。工作坐标系可以改变、不唯一，用户根据需要进行定义，但处于激活状态的工作坐标系始终只有一个。绝对坐标系是工作坐标系的基准，工作坐标系通过绝对坐标系变换而来。在默认情况下，UG NX绝对坐标系与工作坐标系重合。

基准坐标系（Criterion Coordinate System，CSYS）是UG NX辅助建模用的参考系，作基准使用，是用户具体建模时每个分步动作的参考坐标系。基准坐标系是一个UG NX特征，和Axis、Point等类似。基准坐标系可以有多个，既可以被创建也可以被删除。

加工坐标系（Machine Coordinate System，MCS）即机床坐标系，仅用于加工模块。它是所有刀具轨迹输出点坐标值的基准，刀具轨迹中所有点的数据都是根据加工坐标系生成的。

3. 视图与布局设置

在UG NX建模模块中，沿着某个方向观察模型得到的图形称为视图。不同的视图用于显示在不同方位和观察方向上的图形，视图的观察位置与方向只和UG NX绝对坐标系有关，与工作坐标系无关。UG NX系统预定义的视图称为标准视图。

在进行三维设计时，为了多角度观察一个对象，需要同时看到一个对象的多个视图。布局是指在绘图区中将多个视图按一定规则显示出来。同一布局中只有一个视图是工作视图，所有操作都是针对工作视图，用户可根据需要改变工作视图。

UG NX10预定义了6种布局，称为标准布局。用户可以创建布局，也可以保存、修改和删除布局。图5-5所示为包含4个视图的标准布局。

4. 图层设置

图层（Layer）类似于透明胶片，在不同图层上可以创建数目任意的几何体，多个图层叠放在一起构成完整复杂的设计对象。图层主要用来管理和控制复杂图形，建模时将不同种

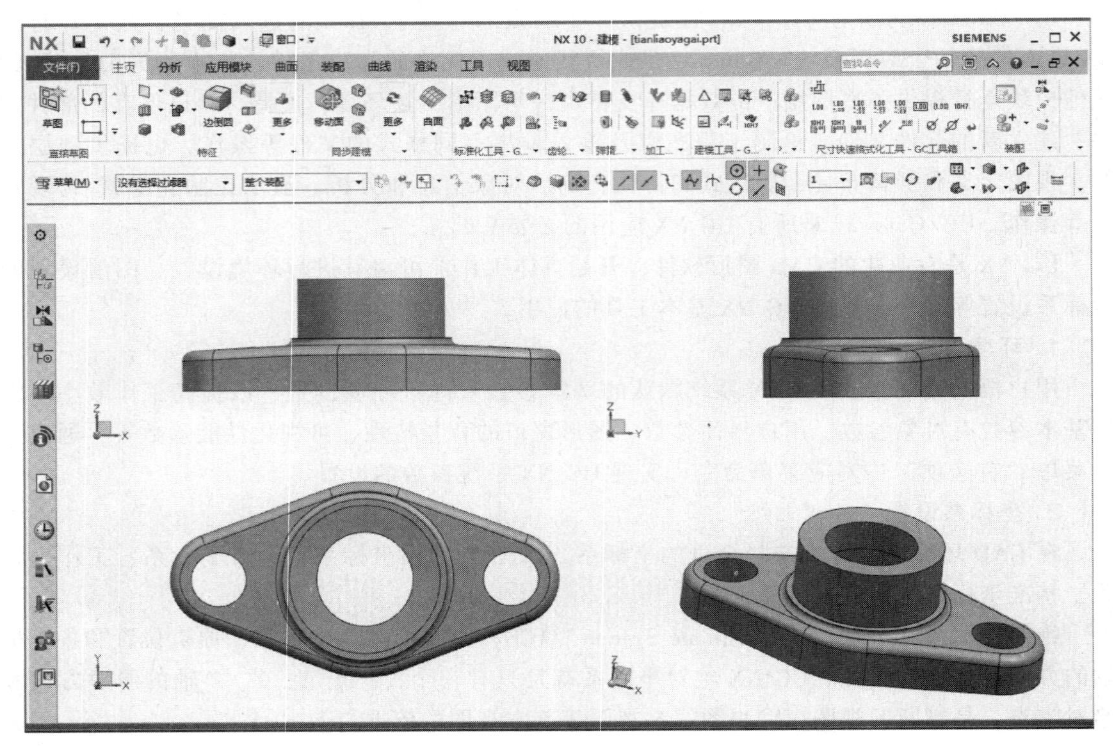

图 5-5　包含 4 个视图的标准布局

类或用途的图形分别置于不同的图层，可以方便控制图形的显示、编辑及状态。

UG NX 利用图层组织部件文件的数据，利用层类型（Layer Categories）来组织和命名图层。UG NX 支持 256 个图层，即每个 UG NX 部件文件均拥有 256 个图层。图层有四种状态，即工作状态、可选状态、仅可见状态和不可见状态。

（1）工作图层　当前执行操作的图层称为工作图层，工作图层不能被关闭，有 work 标志。

（2）可选图层　可以对该图层上的对象进行选择与编辑等操作，有 selectable 标志。

（3）仅可见图层　仅可见图层处于被锁定状态，图层上的图形对象可见，但不能对该图层上的图形对象进行选择与编辑操作，有 visible 标志。

（4）不可见图层　将该图层中的图形对象进行隐藏，使之不可见。不可见图层处于关闭状态，不加任何标志。

打开“图层设置”对话框（见图 5-6），用户可设置图层的可选状态、工作状态及可见或不可见状态，也可将图形对象从一个图层移动或复制到另一个图层。

5. 对象选择操作

UG NX 中的任何几何元素都是对象。操作或编辑对象时，必须先选择该对象。UG NX 提供多种对象选择方式和工具：当鼠标指针移动到任何一个可选择对象时，这个对象被加亮显示，单击即可选中该对象；对于重叠对象中实体的拾取可通过“快速拾取”对话框（见图 5-7a）来实现；当需要选择不同类型的对象时，使用“类选择”对话框（见图 5-7b）可实现限定条件选择对象，提高工作效率。

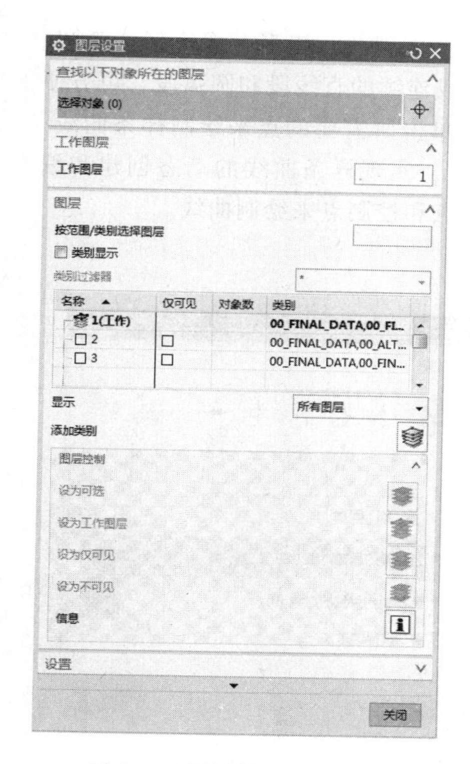

图5-6 “图层设置”对话框

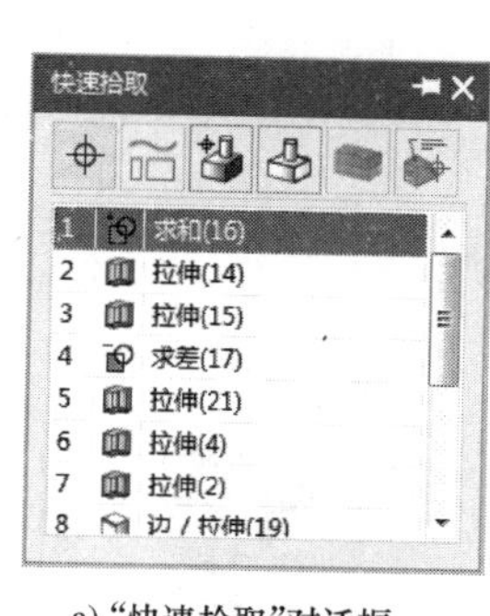

a)“快速拾取”对话框

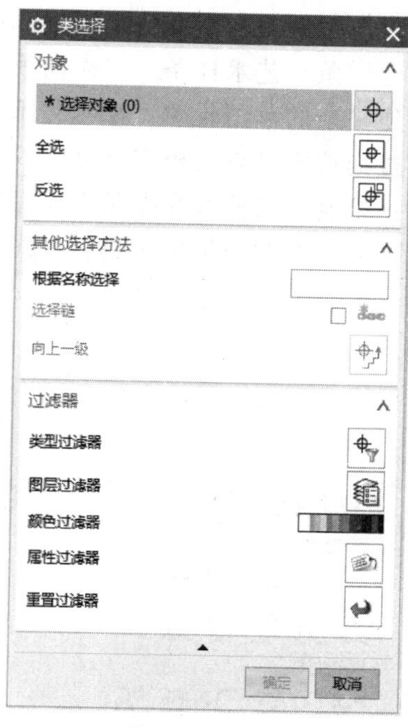

b)“类选择”对话框

图5-7 对象选择

绘图区中所有对象均可显示或隐藏。UG NX 提供了编辑对象显示的工具，可以设置对象颜色、线型、透明度等属性。

5.3 草图设计

草图环境是绘制草图的基础，UG NX 提供两种草图环境，即直接草图和任务环境草图。直接草图仍然留在建模模块，是在建模环境下包含一部分任务环境草图的功能。在给定的工作平面上绘制草图，不能完全实现草图模块所有功能。直接草图的显著优点是创建和编辑草图相比在任务环境中更快更容易。通常在建模模块、外观造型设计模块中创建和编辑草图，或在需要查看草图更改对模型的实时影响时使用直接草图。任务环境草图则是进入草图模块，在草图模块中实现草图的绘制。草图模块是一个独立的模块，只能用来创建草图，在该模块中不能实现建模功能。

为了更准确、更有效地绘制草图，可进行草图样式、小数位数和默认前缀名等基本参数的设置。选择“首选项”→“草图”命令，打开草图“首选项”对话框进行设置。

5.3.1 草图绘制与编辑

1. 草图绘制

绘制草图首先要确定绘制草图的平面，即草图平面。草图平面可以是坐标平面也可以是基准平面或者图形对象上的某一个平面。

草图绘制基本命令包括轮廓、直线、圆弧、圆、圆角、倒斜角、矩形、多边形、椭圆、拟合样条、艺术样条、二次曲线等。其中绘制轮廓命令生成连续的直线段和圆弧段，可方便创建复杂的草图轮廓；绘制艺术样条命令是在绘图区依次单击所需要的点来绘制样条曲线，通过拖拽定义点或极点并在定义点处指定斜率或曲率约束，实现样条曲线的动态创建和编辑；绘制二次曲线命令是在绘图区依次选择曲线起点、终点和控制点来绘制曲线。

草图绘制与编辑工具栏如图 5-8a 所示。

a) 草图绘制与编辑工具栏

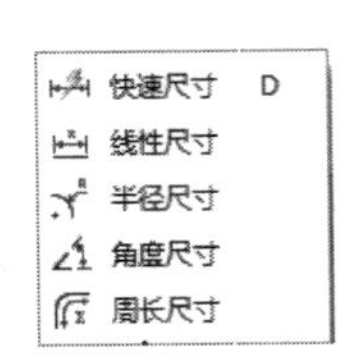

b) 尺寸约束

c) 几何约束

图 5-8 草图工具

2. 草图编辑

创建完成的草图，根据需要可进行编辑。草图编辑主要包括快速修剪、快速延伸、镜像曲线、偏置曲线、阵列曲线、交点、派生曲线、添加现有曲线、投影曲线、相交曲线等。草图编辑常用命令见表 5-1。

表 5-1 草图编辑常用命令

命令	图标	功　　能
快速修剪		将曲线修剪至选定的边界
快速延伸		将曲线延伸至另一邻近的曲线或选定边界
制作拐角		通过延伸或修剪两条曲线来制作拐角
偏置曲线		偏置选择的曲线链、投影曲线或曲线
阵列曲线		对草图曲线进行矩形阵列或圆形阵列
镜像曲线		通过选择任意直线镜像草图曲线

（续）

命令	图标	功　能
投影曲线		将选中曲线沿草图平面法向投射至草图平面
派生直线		绘制与两平行直线平行的中间直线或绘制两条不平行直线所成角度的平分线或偏置某一直线

5.3.2 草图约束

UG NX 草图约束可以通过给草图对象添加约束来控制图形，从而实现对草图对象的精确控制。草图约束有尺寸约束和几何约束两种类型，如图 5-8b、c 所示。

1. 尺寸约束

草图尺寸约束是在草图上标注尺寸，并设置尺寸标注线、建立相应的表达式，实现驱动、限制和约束草图对象的大小、形状及放置位置。尺寸包括线性尺寸、半径尺寸、角度尺寸和周长尺寸。

通过设置自动标注尺寸，可在曲线上根据设置的规则自动创建尺寸。

2. 几何约束

草图几何约束用来指定草图对象之间必须维持的几何关系或草图对象必须遵守的条件。几何约束指定并维持草图几何图形的拓扑关系，如平行、垂直、重合、固定等。

可以手动添加几何约束也可使用自动约束。自动约束是指根据用户设置，系统根据所选草图对象自动施加其中合适的几何约束。

5.4 实体建模

UG NX 提供强大的实体建模和编辑功能。实体建模基于特征和约束建模技术，具有参数化设计和编辑复杂实体模型的功能，可高效构建复杂的产品模型。

CAD 软件实体建模过程一般仿真于产品的加工过程，即毛坯→粗加工→精加工。

1. 创建实体模型毛坯

采用草图建模法，首先绘制草图，通过给定约束绘制出准确的草图，然后对草图进行拉伸、旋转、扫掠，结合布尔运算创建实体模型毛坯；也可采用体素建模法，通过体素特征及布尔运算生成实体模型毛坯。

2. 创建实体模型粗略结构

UG NX 设计特征功能提供了在实体毛坯上生成各种类型的孔、腔体、凸台与凸起等特征的功能，仿真在实体毛坯上移除或添加材料的加工，从而创建实体模型粗略结构，类似于产品粗加工。

3. 创建实体模型精细结构

UG NX 细节特征功能可以在实体模型上创建边缘倒圆、边缘倒角、拔模等特征，偏置与比例功能提供了片体增厚与实体挖空的能力，使用这些功能能够实现实体的精细结构设计，类似于产品精加工。

5.4.1 创建实体特征

在实体建模的过程中，为了方便构造实体特征，UG NX 设置了参考特征。参考特征主要包括基准平面、基准轴、基准 CSYS，用户根据需要创建参考特征辅助建模。

UG NX 提供了功能强大的实体建模工具，主要包括设计特征及扫掠特征等工具，如图 5-9 所示。

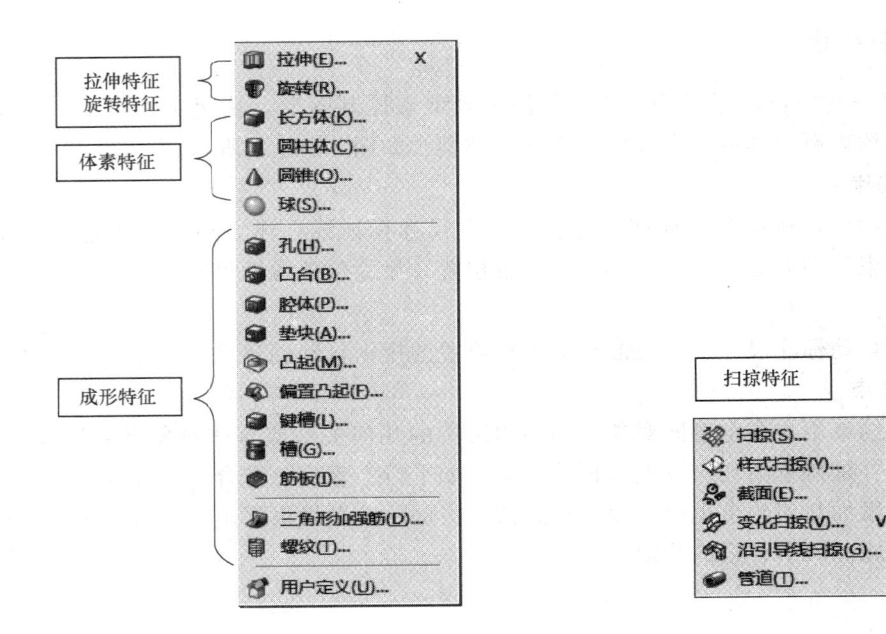

图 5-9　UG NX10 实体建模常用工具

1. 创建体素特征

体素特征常作为模型的基础特征使用，基于基础特征添加新的特征创建所需模型。创建体素特征一般需确定其类型、尺寸、空间方向与位置等参数。

2. 创建拉伸特征和旋转特征

拉伸和旋转实质是扫掠的特殊情况，UG NX 中提供了创建拉伸特征和旋转特征的功能。

拉伸和旋转是最常用的实体建模方法。拉伸特征是将截面沿着指定方向拉伸一段距离创建的特征。旋转特征是将截面绕轴线旋转一定角度创建的特征。

3. 创建成形特征

在建模过程中成形特征主要用于模型细节的添加，以现有模型为基础进行创建。成形特征的添加过程类似产品的加工过程，即对现有毛坯进行加工。

UG NX 的“设计特征”菜单栏中包含一系列成形特征创建功能，即孔、凸台、腔体、垫块、凸起、键槽、槽等。成形特征的生成方式是参数化的，修改特征参数即可获得新模型。

成形特征一般只能在已有实体上添加，在已有实体上创建成形特征要考虑两个要素。

（1）特征安放面　所有特征都需要一个安放面，基准平面和模型上的平面均可作为安放面，特征创建在安放面的法线方向上，与安放面相关联。

（2）特征定位　特征定位就是特征相对于安放面的位置，需设置合理的定位尺寸。

4. 创建扫掠特征

扫掠特征是指沿着一条或多条引导线扫掠截面曲线创建特征。其中变化扫掠是在扫掠引导线上定义多个截面，可以通过修改每个截面的尺寸参数从而产生截面沿引导线变化的效果。如图 5-10 所示。

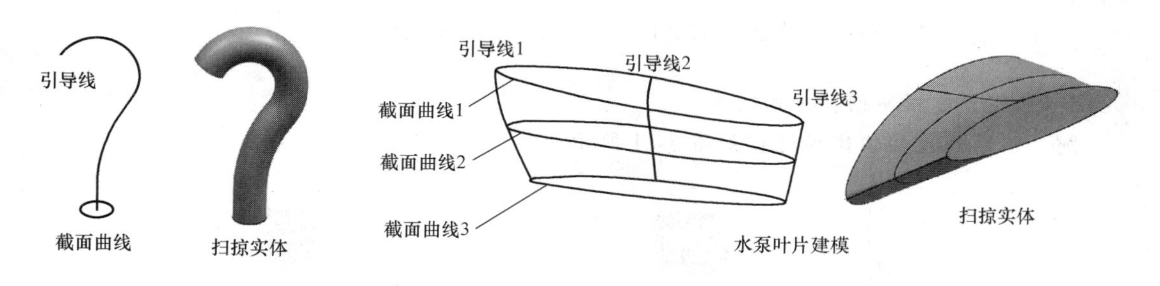

图 5-10　扫掠特征

5.4.2　特征操作与特征编辑

1. 特征操作

特征操作用于修改各种实体模型或特征，主要包括边特征操作、面特征操作、其他特征操作及布尔运算。

（1）边特征操作　边特征操作用于修改实体边的局部形状，主要有边倒圆、倒斜角。边倒圆是对选定的锐边进行倒圆角处理，圆角半径可以是常量也可以是变量。凹边倒圆添加材料，凸边倒圆减少材料。倒斜角则是对选定的锐边倒斜角，可以是对称斜角也可以是非对称斜角。

（2）面特征操作　面特征操作用于修改实体面的局部形状，主要包括面倒圆、移动面等。面倒圆是指在实体选定面组之间添加相切圆角面，功能比边倒圆更强大，其圆角形状可以是圆形、二次曲线或规律曲线。移动面是通过将实体表面沿某一方向移动一定距离或旋转一定角度来修改实体形状。

（3）其他特征操作　其他特征操作主要包括拔模、抽壳、阵列等。拔模是将模型表面沿指定方向倾斜一定的角度，因为模具设计中为了保证产品在生产过程中能够顺利脱模设计有一定斜度。抽壳是按照指定厚度将实体模型挖空，形成具有一定厚度的薄壁体的操作，一般用于将成形实体掏空、使实体变薄，节省材料。阵列则是按照一定布局（如线性、圆形、多边形等）创建某个特征的多个副本。

（4）布尔运算　零件的实体模型是一个整体，但在建模过程中，零件模型通常由多个实体或特征组合而成。布尔运算可实现将多个实体或特征组合成一个整体。

进行布尔运算需选择目标体和工具体，其中目标体为执行布尔运算的实体，只能有一个，工具体为在目标体上执行操作的实体，可选多个。运算完成后，工具体成为目标体的一部分，成为一个新的实体。生成新实体的图层、颜色、线型等属性和目标体相同。

2. 特征编辑

特征编辑是指对已创建的特征进行修改或重定义。特征编辑主要包括特征参数编辑、特征位置编辑、特征替换、特征移动、特征重排序等。

特征参数编辑是对特征的参数根据需要进行修改，从而生成新特征。可编辑的特征参数包括一般实体特征参数、扫掠特征参数、阵列特征参数、倒角特征参数及其他参数 5 种。

特征位置编辑是指通过改变实体特征的位置来修改实体特征，一般应用于垫块、凸台、键槽、腔体等放置位置的编辑，通过编辑定位尺寸的值来移动特征，也可为创建时没有指定定位尺寸或定位尺寸不全的特征添加定位尺寸，或直接删除定位尺寸。

例 5-1 实体建模实例：水泵阀盖。

解 水泵阀盖实体建模过程如图 5-11 所示。

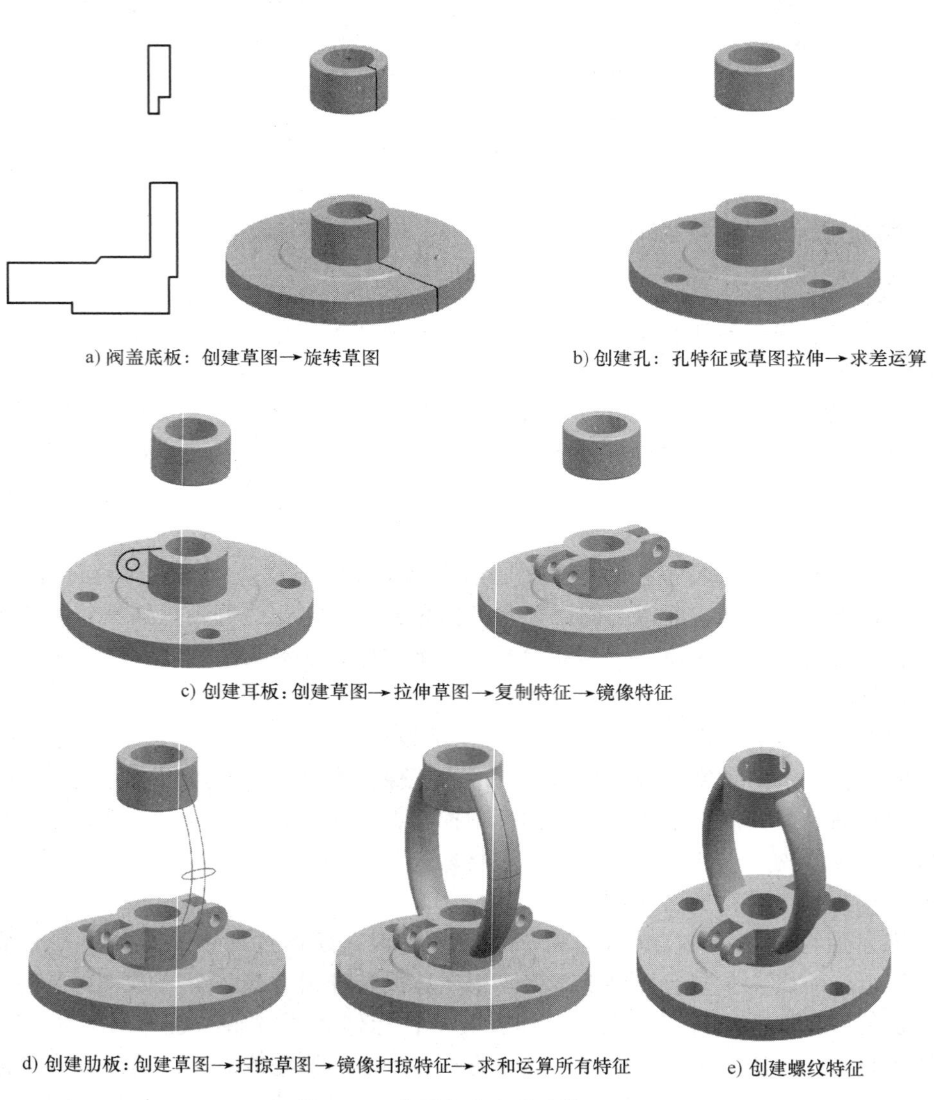

图 5-11 水泵阀盖实体建模过程

5.4.3 特征表达式设计

参数化设计（Parameter Design）也称为尺寸驱动（Dimension-Driving），即将设计要求、设计原则、设计方法和设计结果用灵活可变的参数来表示，以便在人机交互过程中根据实际情况随时加以改动，快速实现模型的修改。参数化设计技术一般有三种方法，即基于几何约束的数学方法、基于几何原理的人工智能方法和基于特征造型的建模方法。

特征表达式是 UG NX 参数化建模的重要工具，通过定义特征的算术表达式或条件表达式，用户可以控制部件的特性。表达式在参数化设计中起着重要作用，通过表达式不但可以控制同一个部件上不同特征之间的尺寸与位置关系，而且可以控制装配中的部件与部件之间的尺寸与位置关系。表达式记录了所有参数化特征的参数值，可在建模的任意时刻通过修改表达式的值对模型进行修改。

表达式可以自动建立或手动建立。系统自动生成开头用 p 的限定符表示的表达式。以下情况会自动建立表达式。

1）创建草图时，用两个表达式定义草图基准 XC 和 YC 坐标。

2）特征或草图定位时，每个定位尺寸用一个表达式表示。

3）定义草图尺寸约束时，每个定位尺寸用一个表达式表示。

4）建立特征时，某些特征参数将用相应的表达式表示。

5）建立装配配对条件时，会生成相应表达式。

用户也可以通过手动生成需要的表达式，实现参数化建模。

1）选择“工具”→“表达式”命令，打开“表达式”对话框，直接创建表达式或选择已有表达式进行修改。

2）从草图生成表达式。

3）在文本文件中输入表达式，然后选择“工具”→“表达式”→“导入”命令，将文本文件中表达式导入表达式变量表中。

例 5-2 盘形凸轮参数化设计。参数化设计对心直动尖顶推杆盘形凸轮机构中的盘形凸轮，

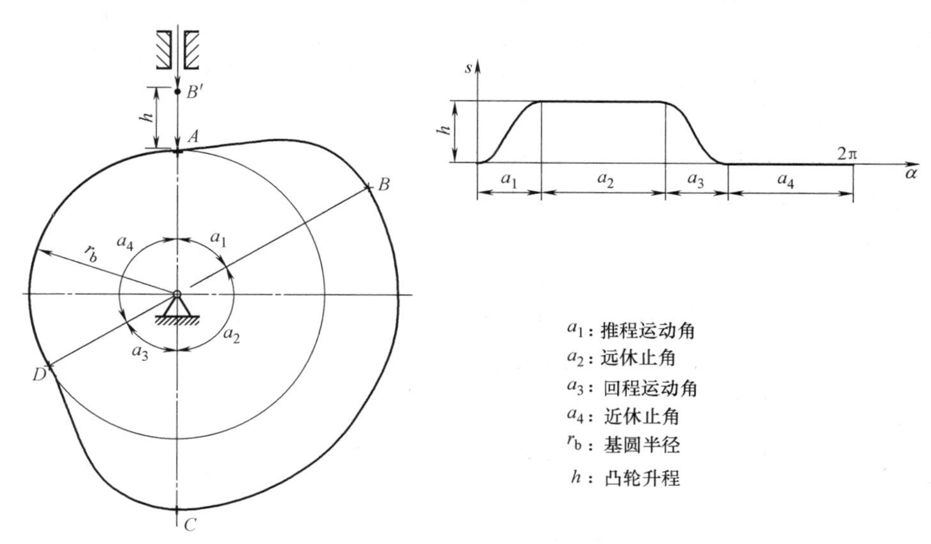

图 5-12 对心直动尖顶推杆盘形凸轮运动规律

设计要求：当凸轮转过角度 a_1 时，推杆等加速等减速上升 h；凸轮继续转过角度 a_2 时，推杆停止不动；凸轮再继续转过角度 a_3 时，推杆等加速等减速下降 h；凸轮转过余下的角度 $a_4=360-a_1-a_2-a_3$ 时，推杆停止不动。凸轮运动规律如图 5-12 所示。

(1) 表达式

1) 基本参数[⊖]：

凸轮升程：　h　(长度，mm)

基圆半径：　rb　(长度，mm)

凸轮厚度：　tb　(长度，mm)

推程运动角：　a1　(角度，degree)

远休止角：　a2　(角度，degree)

回程运动角：　a3　(角度，degree)

近休止角：　a4=360-a1-a2-a3　(角度，degree)

参数：　t∈［0，1］　(无量纲)

本例设各参数初始值如下：h=20，rb=40，tb=20，a1=60，a2=120，a3=60，t=0。

2) 推程等加速阶段凸轮轮廓计算表达式：

起始角：　p1=0　(角度，degree)

终止角：　b1=a1/2　(角度，degree)

角变量：　j1=p1*(1-t)+b1*t　(角度，degree)

位移：　s1=(2*h*j1*j1)/(a1*a1)　(长度，mm)

理论轮廓曲线 x 坐标值：　xt1=(rb+s1)*sin(j1)　(长度，mm)

理论轮廓曲线 y 坐标值：　yt1=(rb+s1)*cos(j1)　(长度，mm)

理论轮廓曲线 z 坐标值：　zt1=0　(长度，mm)

与推程等加速阶段类似，其余各阶段凸轮轮廓计算表达式如下：

3) 推程等减速阶段：

p2=b1；　b2=b1+a1/2；　j2=p2*(1-t)+b2*t；

je2=a1-j2(角变量)；　s2=h-(2*h*je2*je2)/(a1*a1)；

xt2=(rb+s2)*sin(j2)；　yt2=(rb+s2)*cos(j2)；　zt2=0。

4) 远休止阶段：

p3=b2；b3=b2+a2；　j3=p3*(1-t)+b3*t；

xt3=(rb+h)*sin(j3)；　yt3=(rb+h)*cos(j3)；　zt3=0。

5) 回程等加速阶段：

p4=b3；　b4=b3+a3/2；　j4=p4*(1-t)+b4*t；

je4=j4-p4；　s4=h-(2*h*je4*je4)/(a3*a3)；

xt4=(rb+s4)*sin(j4)；　yt4=(rb+s4)*cos(j4)；　zt4=0。

6) 回程等减速阶段：

p5=b4；　b5=b4+a3/2；　j5=p5*(1-t)+b5*t；

⊖ 由于 UG 表达式中，不便于创建含下标和希腊字母的参数，所以此处用不带下脚标的英文字母和数字表示各参数。为了与软件界面效果一致，该部分的字母均为直体。

je5 = b5−j5；　　s5 = (2 * h * je5 * je5)/(a3 * a3)；

xt5 = (rb+S5) * sin(j5)；　yt5 = (rb+S5) * cos(j5)；　zt5 = 0。

7）近休止阶段：

p6 = b5；　b6 = 360；　j6 = p6 * (1−t) +b6 * t；

xt6 = rb * sin(j6)；　　yt6 = rb * cos(j6)；　zt6 = 0。

（2）参数化设计步骤及结果

1）打开表达式对话框，创建表达式，如图 5-13 所示；

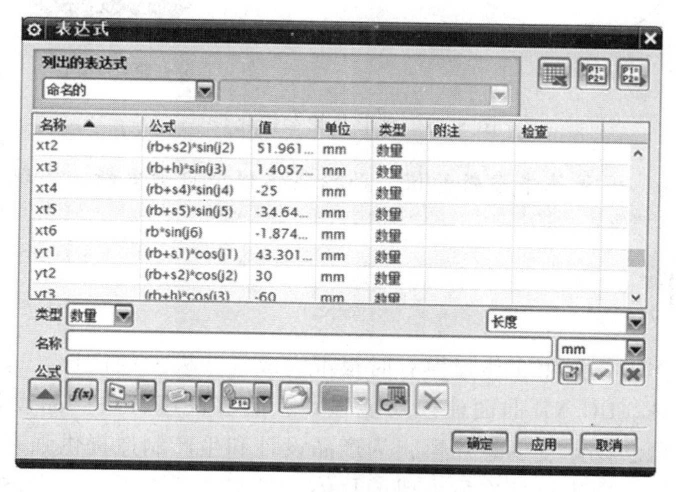

图 5-13　创建表达式

2）生成凸轮轮廓：利用 UG NX 的“规律曲线”功能，生成各段规律曲线。例如创建凸轮轮廓远休止阶段规律曲线：在菜单栏中依次选择“插入”→“曲线”→“规律曲线”，打开规律曲线对话框。在规律曲线对话框中确定规律曲线的规律类型、参数及函数，创建相应规律曲线，如图 5-14 所示。重复“规律曲线”命令，依次生成所有曲线，得到完整凸轮轮廓。

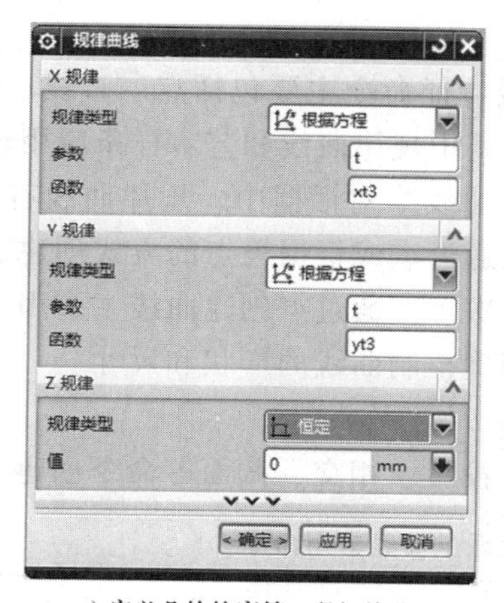

a) 定义凸轮轮廓第三段规律曲线

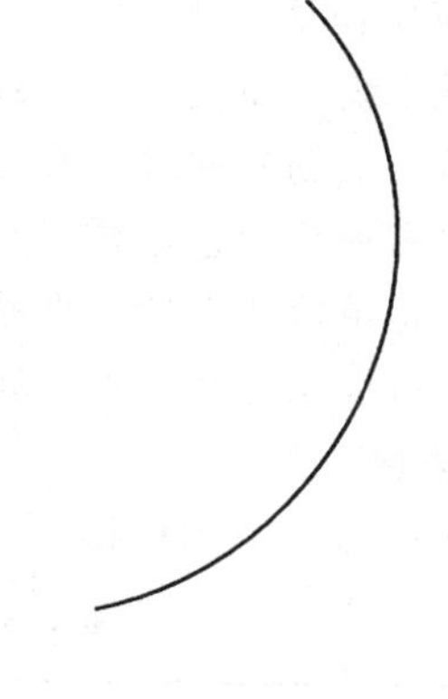

b) 凸轮轮廓第三段规律曲线

图 5-14　创建凸轮轮廓远休止阶段规律曲线

3）拉伸凸轮轮廓实现凸轮实体建模，凸轮厚度由参数 tb 驱动。如图 5-15 所示。

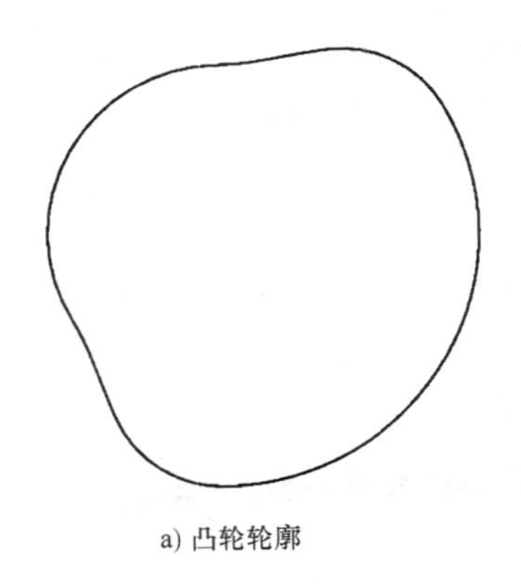

a) 凸轮轮廓

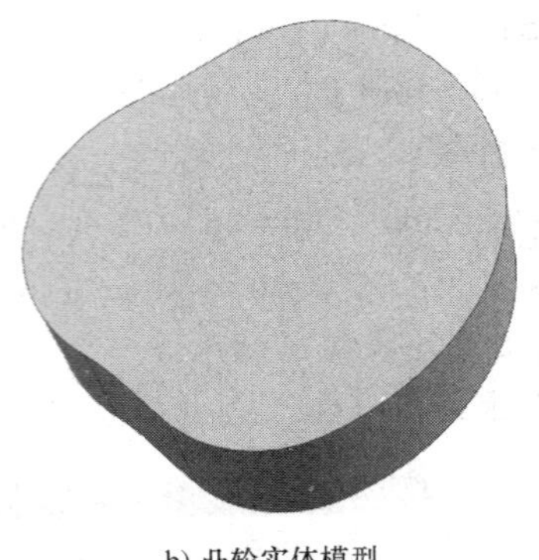

b) 凸轮实体模型

图 5-15　盘形凸轮参数化设计

改变表达式中 h，rb 等基本参数的值，凸轮实体模型自动更新，实现参数化设计。

5.5　曲面设计

在实际设计工作中，使用实体建模有时很难完成复杂模型的设计，这时需要借助曲面特征工具作为辅助工具。UG NX 曲面建模功能强大，能够快速解决产品设计中自由曲面造型的问题，可以进行概念设计、创意建模，为产品设计和生产制造提供强有力的支持。

曲面是对点、线、面进行操作后生成的片体，是定义了边界的非实体特征。曲面建模一般步骤是先创建曲线，根据曲线构造曲面。可对曲面进行编辑，得到用户需要的曲面模型。

5.5.1　曲线设计

曲线构造和编辑是三维 CAD 软件中最重要、最基本的操作，简单实体模型和复杂曲面模型的创建一般都从构造曲线开始。

1. 创建基本曲线

UG NX 建模应用模块用于创建基本曲线特征命令主要包括点、直线、圆弧/圆、规律曲线、艺术样条、螺旋线、曲面上的曲线等。其中规律曲线和艺术样条应用较多。规律曲线是指根据给定规律函数来创建曲线，在“规律曲线”对话框中，规律曲线有以下几种：恒定、线性、三次、根据方程等。艺术样条可采用通过点或根据极点的方式创建。通过极点创建曲线要确定曲线类型是单段或多段、曲线的阶次等。通过点创建曲线主要用于逆向工程或零件通过已知数据点进行样条曲线构造，可以精确控制曲线的形状和尺寸。

2. 创建派生曲线

派生曲线种类很多，可用桥接、连接、投影、相交、截面等命令创建见表 5-2。

表 5-2　创建派生曲线常用命令

命令	图标	功　　能
桥接曲线		为两条不相连的曲线创建一段光滑的连接曲线
连接曲线		将多段曲线连接成一条曲线

（续）

命令	图标	功　　能
投影曲线		将点或曲线向某个面投射创建一条新的曲线
相交曲线		创建两组对象集相交的曲线
截面曲线		生成截面和特征表面相交部分所构成的曲线
抽取曲线		基于选择的一个或多个特征边缘和表面创建曲线
偏置曲线		将已存在的曲线特征按照一定方式向内或向外偏置一定的距离创建新的曲线
镜像曲线		根据选定的平面对曲线进行镜像操作创建新曲线

3. 编辑曲线

已创建的曲线特征可以通过编辑命令进行修改，见表5-3。

表5-3　编辑曲线常用命令

命令	图标	功　　能
修剪曲线		修剪或延伸曲线到选定对象
修改曲线参数		通过修改曲线参数实现曲线编辑
修剪拐角		修剪两条曲线至其交点,生成拐角
分割曲线		将曲线分割成多段,分割后的每段曲线独立且与原曲线线型相同
曲线长度		延伸或缩短曲线,使之达到给定的长度
曲线光顺		通过曲率变化修改曲线

5.5.2　常用曲面设计

在UG NX中，曲面特征是构建特殊造型必备的要素，其厚度为零，有表面大小没有质量和体积，但不影响模型特征参数的修改。一个曲面可包含多个片体，每个片体都是独立的几何体，每个片体也可包含多个特征。曲面可以是点的集合，也可以是线的集合或者是面与面的组合。

1. 创建曲面

曲面创建有三种常用方法，即由点构面、由线构面和由面构面。最常用的创建方法是先创建曲线，利用曲线构建曲面框架获得曲面。此方法创建的曲面全参数化，曲面和曲线之间具有关联性，即曲线修改后相关曲面会自动更新。UG NX提供直纹曲面、通过曲线组、通过曲线网格、扫掠等多种曲线创建曲面的命令，见表5-4。

表 5-4　创建曲面常用命令

命令	图标	功　能
直纹曲面		通过两条截面线串创建曲面
通过曲线组		通过一系列截面线串创建曲面，线串大致在同一方向
通过曲线网格		通过一系列截面线串创建曲面，线串在两个方向上
扫掠		将曲线轮廓沿给定空间路径延伸创建曲面，延伸的曲线轮廓为截面线，路径为引导线
N 边曲面		由一组端点相连、封闭连续线串来创建曲面
艺术曲面		通过预先设置的曲面构造方式创建曲面

2. 编辑曲面

编辑曲面用于对已有曲面进行修改。利用编辑曲面功能可重定义曲面特征参数，也可通过变形和再生命令对曲面直接进行编辑，从而创建出风格多变的自由曲面，满足设计需要。编辑曲面常用命令见表 5-5。

表 5-5　编辑曲面常用命令

命令	图标	功　能
修剪曲面		用曲线、面或基准平面修剪曲面
偏置曲面		将曲面沿法线方向偏移生成新的曲面，原曲面位置不变
X 成形		用于编辑样条和曲面的极点来改变曲面形状，可平移、旋转、缩放等，常用于曲面的局部变形操作
扩大曲面		对未修剪的曲面进行放大或缩小
缝合曲面		通过将公共边缝合在一起组合曲面
剪断曲面		在指定点分割曲面或剪断曲面中不需要的部分

5.6　装配设计

装配设计是指通过配对条件在产品各零部件之间建立合理的约束关系，确定相互间的位置关系并建立链接，把零件组装成产品模型的过程。

UG NX 采用虚拟装配方式，即装配时建立的是各组件的链接，装配体和组件之间是引用关系。它具有占用内存少、装配速度快、自动更新等优点。装配过程中部件被装配引用，而不是被复制到装配中。部件被修改时，引用该部件的装配自动更新。装配文件不包含实际部件，仅用于管理部件，包含的是组件对象，是指针的集合。

UG NX 提供装配模块用于产品虚拟装配。UG NX 资源工具栏中的装配导航器是一种以图形界面显示的装配结构，称为装配树。在该树形结构中，每个组件作为一个节点显示。装配树不仅能清楚地反映装配中各个组件的装配关系，而且能让用户快速、便捷地选取和操作各个部件，如用户可在装配导航器中改变显示部件和工作部件、隐藏和显示组件等。装配工具栏中集成了装配过程中常用的命令，为用户提供访问和实现常用装配功能的途径和手段。

5.6.1 装配设计基础

1. 装配术语

（1）装配部件　装配部件是由零件和子装配构成的部件。任意部件文件都可作为装配部件。当存储一个装配时，各部件的数据仍然存储在原部件文件中，装配文件中存储的是指向不同部件文件的指针。

（2）子装配　子装配是在上一级装配中被用作组件的装配，其有自己的组件。子装配是一个相对概念。任何一个装配部件可在更高级装配中用作子装配。

（3）组件对象　组件对象是从装配部件链接到组件的指针实体。一个组件对象记录部件的名称、层、颜色、线型、线宽、引用集和配对条件等信息。

（4）组件　组件是装配中组件对象所指的部件文件。组件可以是单个零件也可以是一个子装配。组件由装配部件通过组件对象引用而不是被复制到装配部件中。

（5）主模型　主模型是供UG各功能模块共同引用的部件模型，可同时被工程图、装配、加工、机构分析和有限元分析等模块引用。当主模型修改时，相关应用自动更新。

（6）配对条件　配对条件即约束条件，是组件的装配关系及约束关系的集合。

（7）引用集　引用集是用户在零部件中定义的部分几何对象，代表相应的零部件参与装配。引用集包含零部件名称、原点、方向、几何体、坐标系、基准轴、基准平面和属性等数据。引用集一旦产生，就可以单独装配到部件中。一个零部件可以有多个引用集。

2. 装配方法

装配前先需进入装配模块，进入装配模块有两种方法，即直接新建装配或在打开的部件中新建装配。UG NX装配方法主要有以下两种。

（1）自底向上装配　自底向上装配是首先创建好装配体各部件的几何模型，再将部件作为组件添加到装配中，通过添加约束，准确定位各组件在装配体中的位置，完成装配。它的优点是任何在部件级进行的修改都会在装配体中自动更新。

自底向上装配添加组件时，对于处在装配环境中现存的实体不能当作组件被添加。该类实体只是几何体，不含组件其他信息。如需将其添加到当前装配中，需使用自顶向下装配方法实现。

（2）自顶向下装配　自顶向下装配是在装配中创建与其他部件相关的部件模型，从装配部件的顶级向下产生子装配和部件的方法。它的优点是任何在装配级进行的修改都会自动反映到个别组件。

自顶向下装配主要基于有些模型需要根据实际情况来判断其位置和形状，即需通过已装配的组件来确定其位置和形状。

UG NX主要支持两种自顶向下装配的方法：方法一是先在装配中建立一个几何模型，然后创建一个新组件，并把该几何模型链接到新组件中；方法二则是先在装配中建立一个新组件，该组件不包含任何几何对象即“空组件”；把该组件作为工作部件，再在其中建立几何模型从而实现装配。

此外，UG NX允许混合装配，即可以在自底向上装配与自顶向下装配之间进行切换，混合使用。

5.6.2 装配约束

在装配设计中，装配约束用于指定组件之间的约束关系或在装配中重新定位组件。除运动部件外，机器中的大部分零部件不允许随便运动。限制零件自由度的主要手段是对零件施加各种约束，通过约束来确定两个零件或多个零件之间的相对位置关系。UG NX 的装配约束用来限制装配组件的自由度，装配建模的过程实质上是对组件的自由度进行限制的过程。根据装配约束限制自由度的个数，分为完全约束和欠约束两种典型装配状态。

装配模块中添加组件时根据需要可以打开“装配约束”对话框，其主要包括十种约束类型，分别为接触对齐、同心、距离、固定、平行、垂直对齐/锁定、等尺寸配对、胶合、中心、角度。用户根据需要选择不同约束实现组件之间的合理装配。

例 5-3 阀杆和阀瓣的装配。

解 进入装配模块，选择阀杆作为第一个组件，以“绝对原点”的方式定位，添加和阀杆装配的阀瓣作为第二个组件，选择“通过约束”来装配。阀杆和阀瓣的装配过程如图 5-16 所示。

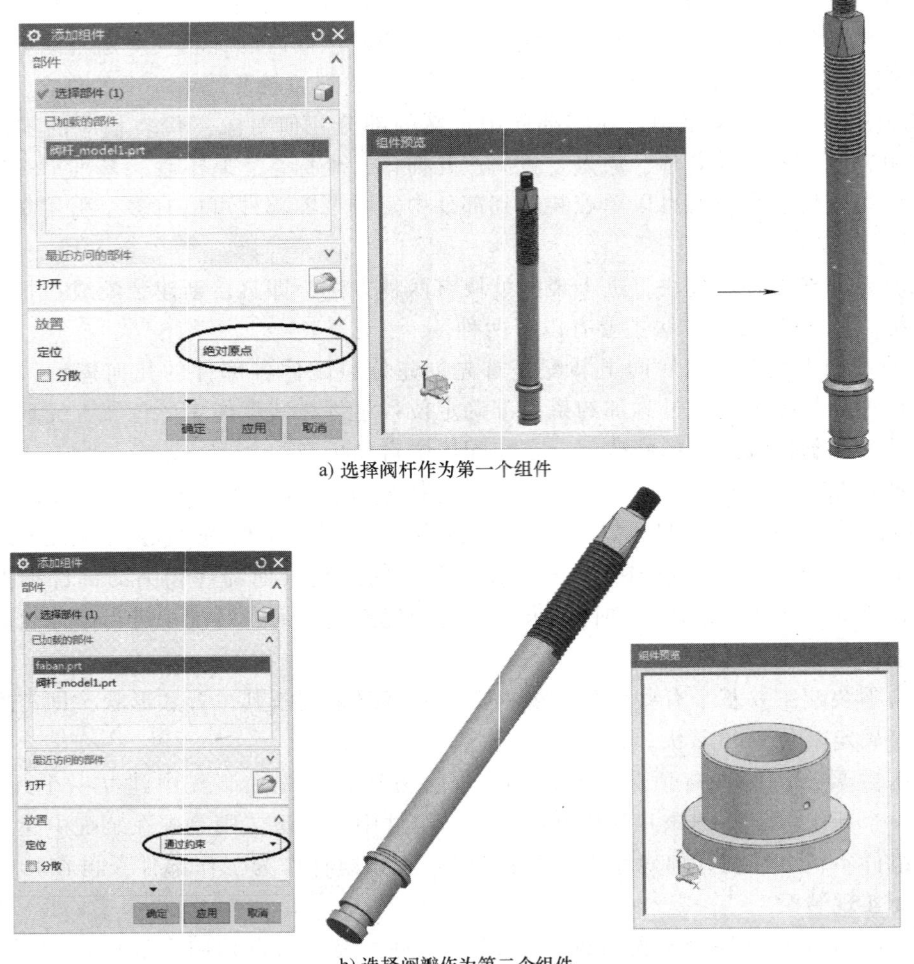

a) 选择阀杆作为第一个组件

b) 选择阀瓣作为第二个组件

图 5-16 阀杆和阀瓣的装配过程

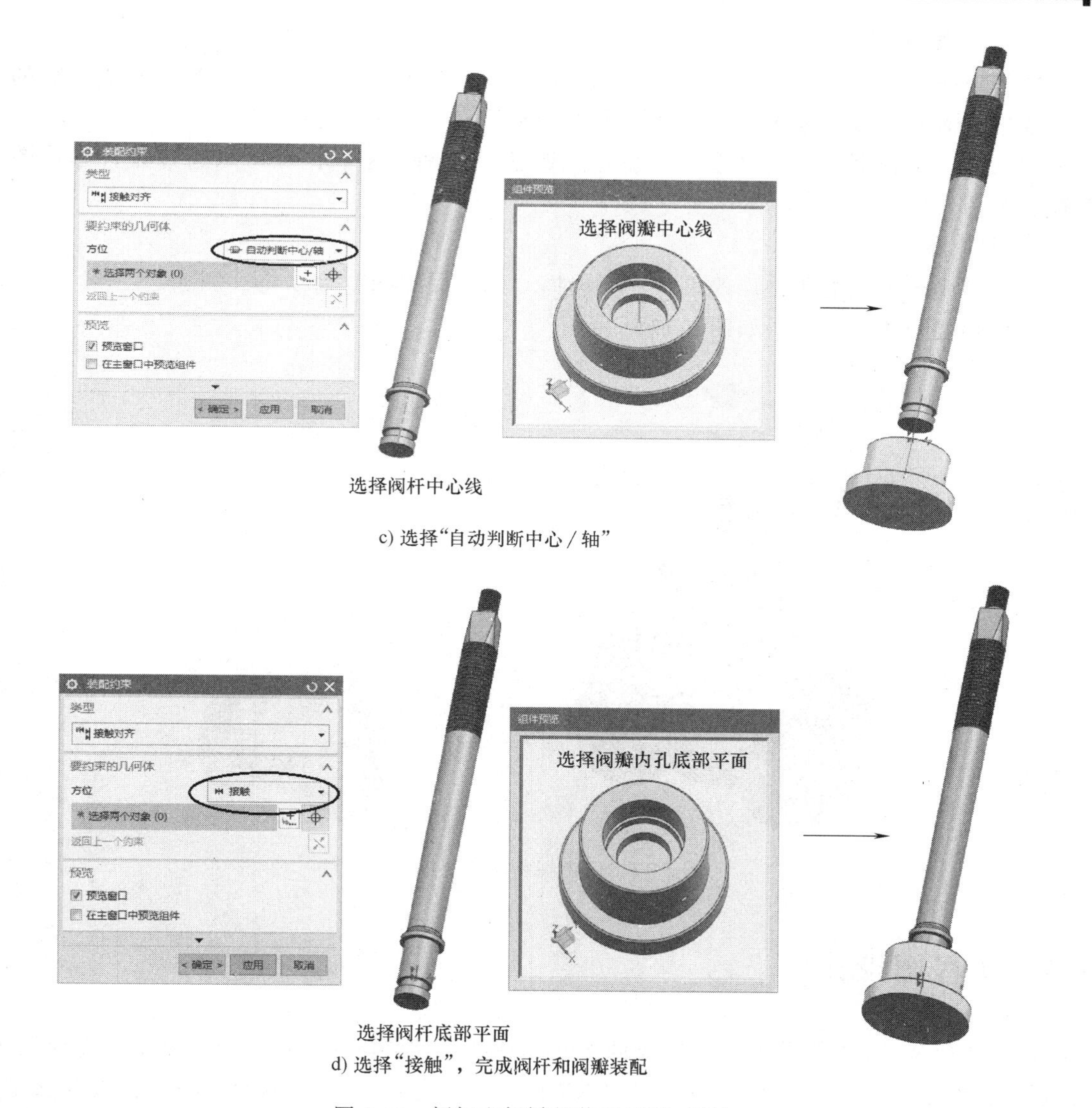

c) 选择“自动判断中心 / 轴”

d) 选择“接触”，完成阀杆和阀瓣装配

图 5-16　阀杆和阀瓣的装配过程（续）

5.6.3　爆炸图

为了更好地显示装配体的组成情况，可在装配环境下将装配体中的组件拆分开来，这样就创建了爆炸图，或称为组件分离图。通过对爆炸图进行编辑，可将组件按照装配关系偏离原来的位置，以便观察产品内部结构以及组件的装配顺序和相互关系。

1. 创建爆炸图

依次选择“装配”→“爆炸图”→“创建爆炸图”命令，弹出“创建爆炸图”对话框，进行相应操作即可创建新的爆炸图。

用户可对爆炸图中的组件进行 UG NX 的所有操作，如编辑特征参数等，但对爆炸图中组件的操作均会反映到非爆炸图。爆炸图根据需要可随时在任意视图中显示或隐藏。

装配体部件中的实体是不能被爆炸的，只能爆炸装配体部件中的组件。

2. 编辑爆炸图

新创建的爆炸图中，各组件并没有从其装配位置移走，因此一般难以直接得到理想的爆炸图效果，需要选择“编辑爆炸图”命令进行调整。

UG NX“编辑爆炸图”命令可以交互式调整组件间的距离，也可以通过设置爆炸图参数控制视图效果。

3. 删除爆炸图

当不需要显示装配体爆炸效果时，可选择“删除爆炸图”命令将其删除。

截止阀装配体及爆炸图如图 5-17 所示。

图 5-17　截止阀装配体及爆炸图

5.7　工程图设计

利用 UG NX 建模模块和装配模块创建的部件和装配体模型，可以引用到工程图模块中，通过投射快速创建二维工程图。由于 UG NX 的工程图是投射实体模型得到的，因此该工程图与实体模型完全相关。实体模型进行的任何编辑修改，都会在二维工程图中产生相应的变化，即实体模型的改变会自动更新到二维工程图中。

5.7.1　工程图设计基本流程

工程图设计基本流程如图 5-18 所示。

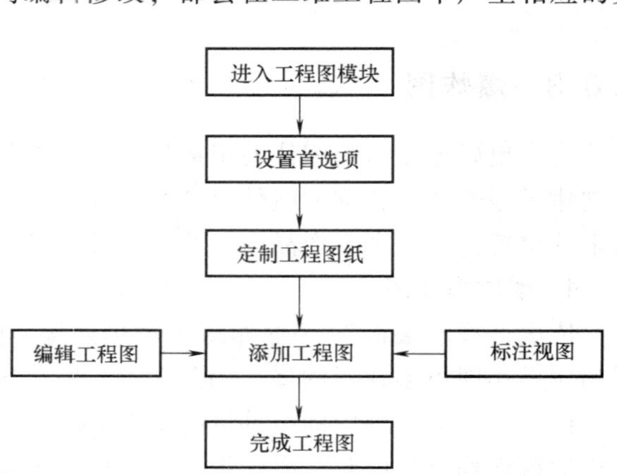

图 5-18　工程图设计基本流程

1）进入工程图模块，打开需要创建工程图的部件文件。

2）设置首选项。进行相关参数（如线宽、隐藏线的显示、视图边界线显示和颜色等）的设置。

3）定制工程图纸。新建图纸页，完

成图纸大小、单位等相关设置。

4）添加工程图。单击“基本视图”按钮，进行工程图添加。

5）编辑工程图。对添加的工程图进行编辑，使之符合二维工程图规范。

6）标注工程图。完成尺寸标注、文本标注等，包括工程图的几何尺寸、加工要求、技术要求及标题栏的标注。

5.7.2 编辑及标注工程图

1. 编辑工程图

根据需要可对已添加的工程图有关参数或投影进行编辑。编辑工程图主要包括移动或复制视图、对齐视图、定义视图边界、编辑剖面线等。

移动或复制视图是改变视图的位置；对齐视图是将图样上的相关视图对齐，使整个工程图整齐，便于读图；定义视图边界是将视图以所定义的矩形线框或封闭曲线为界限进行显示操作；编辑剖面线就是根据模型材质不同对剖面线进行修改。视图还有其他相关编辑功能。

2. 标注工程图

创建工程图后，需要对视图图样进行标注。标注是表示图样几何信息和加工信息的重要手段，是工程图的重要组成部分。工程图标注包括尺寸标注、文本标注等。UG NX 提供了相应工具和手段来实现这些功能。标注的凸凹模零件图如图 5-19 所示。

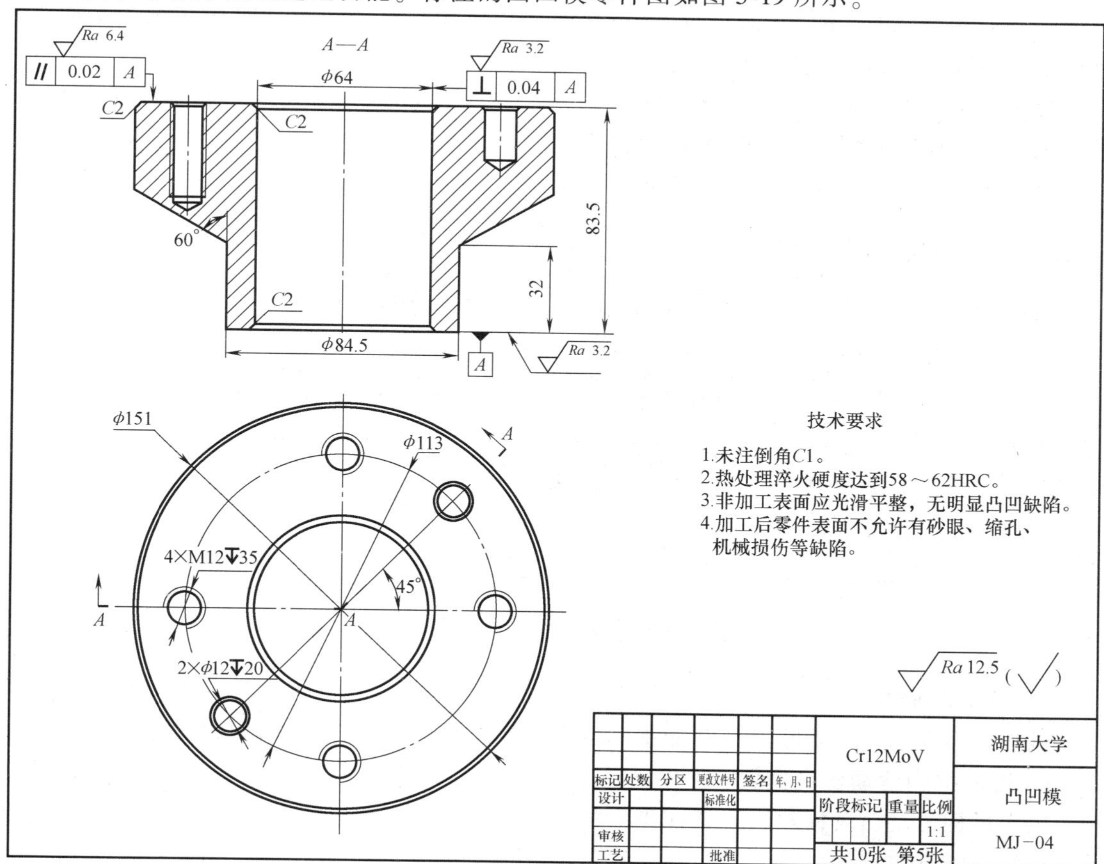

图 5-19 凸凹模零件图

5.8 运动仿真

运动仿真是在机构模型装配完成的基础上添加机构连接和驱动，使机构模型运转来模拟机构的实际运动。运动仿真是用户分析机构的运动规律，研究机构静止或运动时的受力情况，并根据分析数据对机构模型进行改进和进一步优化设计的有力工具。

UG NX 的运动仿真功能采用机构运动仿真模块对机构进行运动学分析或动力学分析。运动过程可以生成动画视频，方便用户对设计方案进行模拟、验证、修改；用户还可利用运动仿真图形输出各个部件的位移、坐标、加速度、速度和力的变化情况，对运动机构进行优化，使模型趋于完善。

5.8.1 基本概念

（1）机构（Mechanism） 机构是能在驱动下完成指定动作的装配体，由连杆、运动副及驱动构成。

（2）连杆（Link） 连杆是组成机构的零件单元，分为固定连杆和活动连杆。

（3）运动副（Joint） 运动副是使两个连杆既保持接触又保持某些相对运动的可动连接。

（4）自由度（Degree of freedom） 自由度是指机构具有确定运动时所必须给定的独立运动参数的数目。不同连接类型提供不同的运动限制。

（5）驱动（Driver） 驱动为机构中的主动件提供动力来源，可在运动副上放置驱动，并指定位置、速度或加速度与时间的关系。

（6）解算方案（Solution） 定义机构的分析类型和计算参数。

5.8.2 运动仿真基本流程

通过 UG NX 进行机构运动仿真的基本流程如图 5-20 所示。

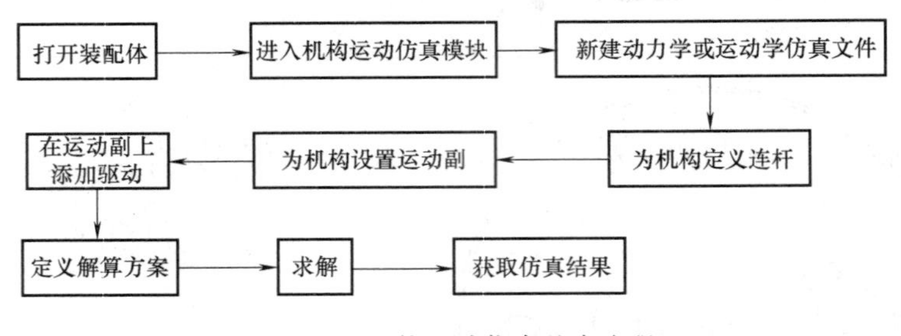

图 5-20 机构运动仿真基本流程

1. 打开装配体

机构的运动仿真一般建立在装配主模型之上，因此首先需打开该装配文件。

2. 进入机构运动仿真模块

进入机构运动仿真模块，系统在当前路径下自动创建一个与装配模型同名的文件夹，用于保存运动仿真数据。

3. 新建动力学或运动学仿真文件

新建一个仿真文件，首先确定运动仿真的分析类型，有运动学和动力学两种。运动学分析主要研究机构的速度、加速度、位移及反作用力，对机构根据解算时间和步长进行运动仿真。运动学仿真连杆和运动副都是刚性的，机构自由度为0。动力学分析考虑机构实际运行时的各种因素影响。当机构自由度为1或1以上，或者要对机构进行静态平衡研究时，须进行动力学分析。

确定运动仿真的分析类型后，进行仿真环境设置。

4. 为机构定义连杆

机构中所有参与当前运动的零件都要定义为连杆，分为固定连杆和活动连杆两种类型。

5. 为机构设置运动副

为了约束连杆之间的位置，限制连杆之间的相对运动并定义连杆之间的运动方式，需要给机构设置运动副。UG NX 机构运动仿真模块提供了旋转副、柱面副等十五种运动副。

6. 在运动副上添加驱动

驱动是机构运动动力的来源，一般添加在机构的运动副上。在运动副上添加驱动的功能选项与运动副定义选项在同一对话框内，可选择恒定、简谐、函数等驱动类型。

7. 定义解算方案及求解

定义解算方案即设置机构分析条件，包括定义解算方案类型、分析类型、时间、步数、重力常数以及求解器参数等。解算方案类型包括常规驱动、链接运动驱动、电子表格驱动三种。其中常规驱动表示解算方案为基于时间的运动形式，即机构在指定时间内按指定步数进行运动；链接运动驱动表示解算方案为基于位移的运动形式，即机构以指定步数和步长进行运动；电子表格驱动表示解算方案是使用电子表格功能进行常规和关节（铰接）运动的仿真。

解算方案定义完成后，利用求解功能对该运动仿真方案进行求解。

8. 获取仿真结果

对解算方案求解完成后，查看机构运行状态并分析结果，既可以导出动画，也可以根据结果做进一步分析，以便检验或改进机构设计。

5.8.3 运动仿真实例

以直通式截止阀为例进行运动仿真，分析阀门在开启与关闭情况下的各个零部件的运动状态。

1. 准备工作

打开直通式截止阀装配文件。将阀体设置一定透明度方便观察阀瓣、阀瓣压盖以及阀杆等部件的运动状态。进入机构运动仿真模块，在运动导航器中右击“新建仿真”按钮。选择运动学仿真，进行运动学仿真参数编辑。

2. 定义连杆

确定阀门开启与关闭过程中各零部件的运动状态：阀体、阀座、阀盖、填料压盖、上密封座、活结螺栓等工作期间固定不动的零件均为固定零件。在这些零件上建立连杆L001，选择固定连杆将这些零件固定，得到固定副J001，如图5-21a所示。

开启与关闭截止阀的过程中，手轮为旋转运动，阀瓣、阀瓣压盖、阀杆为旋转运动和上下运动，对这些零件建立活动连杆 L002。

3. 设置运动副及添加驱动

如图 5-21b 所示，在连杆 L002 上建立柱面副：在“运动副”对话框中选择柱面副，选择连杆 L002，选择旋转的原点及方位完成运动副定义。

采用 STEP 函数实现运动仿真驱动的设置是在运动副对话框中单击驱动，选择函数，打开函数管理器，创建旋转函数 math_ func 为

STEP(x,0,0,10,1080)+STEP(x,12,0,22,-1080)+STEP(x,24,0,34,1080)+STEP(x,36,0,46,-1080)创建平移函数 math_ func1 为

STEP(x,0,0,10,20)+STEP(x,12,0,22,-20)+STEP(x,24,0,34,20)+STEP(x,36,0,46,-20)

4. 定义解算方案并求解

如图 5-21 所示，打开“解算方案”对话框，定义解算方案，包括分析类型、时间、步数及其他参数的确定。完成解算方案定义后，对该运动仿真方案进行求解。

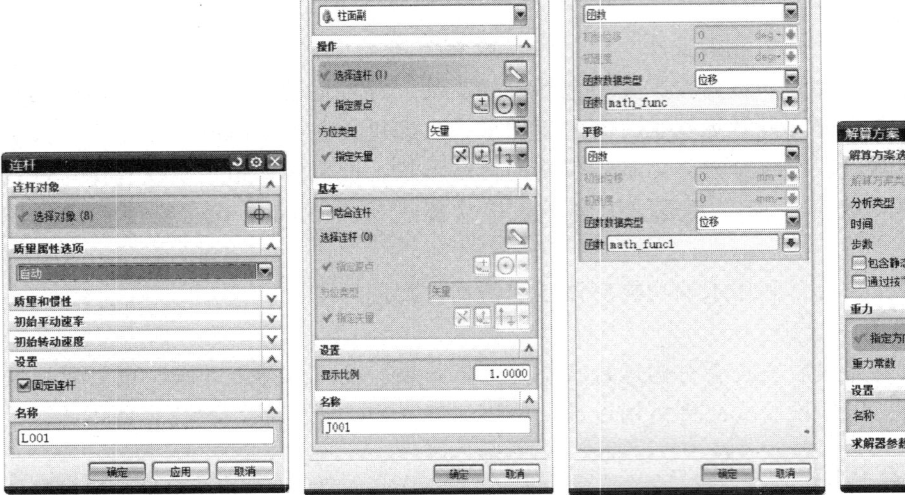

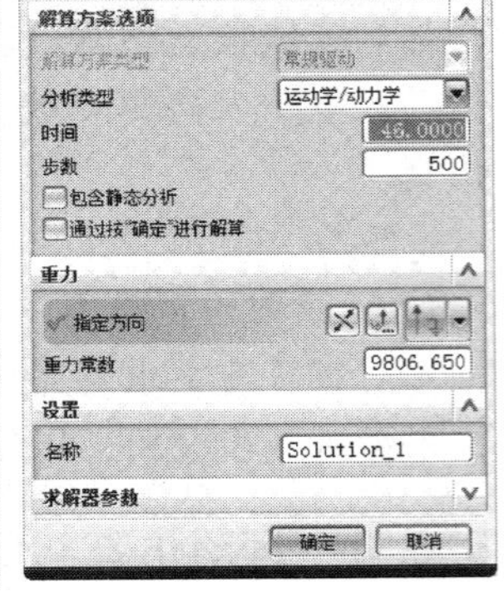

a) 定义连杆　　b) 设置运动副及添加驱动　　c) 定义解算方案

图 5-21　截止阀运动仿真创建过程

5. 获取仿真结果

求解完成后，即可进行动画的播放与导出。在动画控制栏中可以对动画进行前后时间控制，同时可以选择“导出至电影”命令将所得到的动画方案导出为扩展名为 .avi 的视频，方便用户使用。

练　习　题

1. 熟练掌握 UG NX 系统基本参数设置、布局设置及图层的使用。
2. 草图绘制和编辑有哪些主要方式？如何给草图添加几何约束和尺寸约束？
3. 什么是体素特征？UG NX 可以创建哪些体素特征？

4. 创建扫掠特征有哪些方法？请分别举例，并熟练扫掠命令的使用和操作。
5. 常用派生曲线有哪些？请在 UG NX 中练习常用派生曲线的创建。
6. 简述工程图绘制和运动仿真的一般步骤。
7. 创建图 5-22 所示安全阀阀帽实体模型。
8. 上机实验见附录 B。

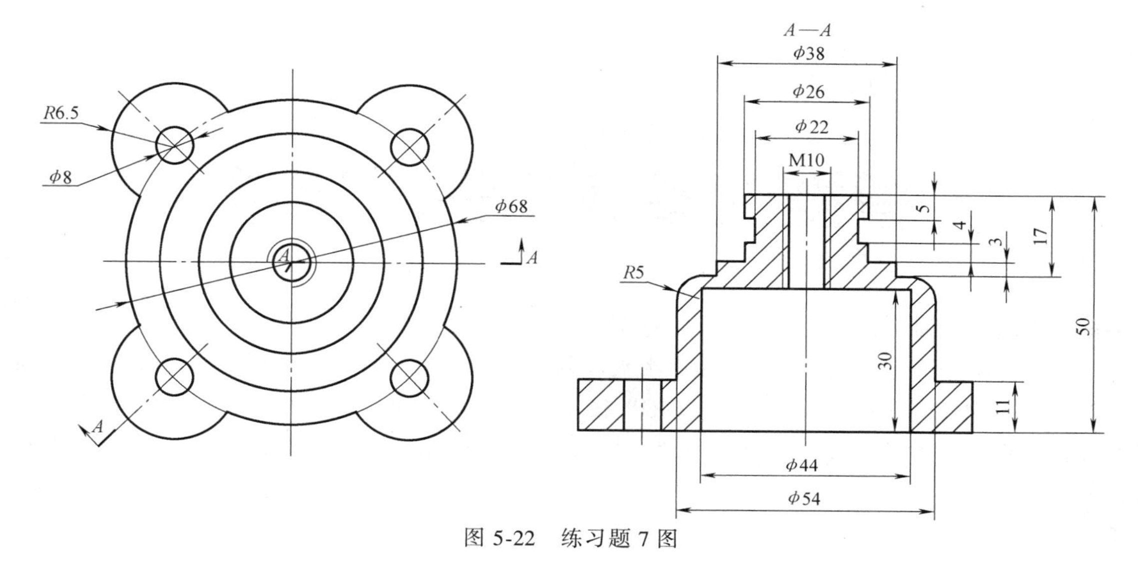

图 5-22　练习题 7 图

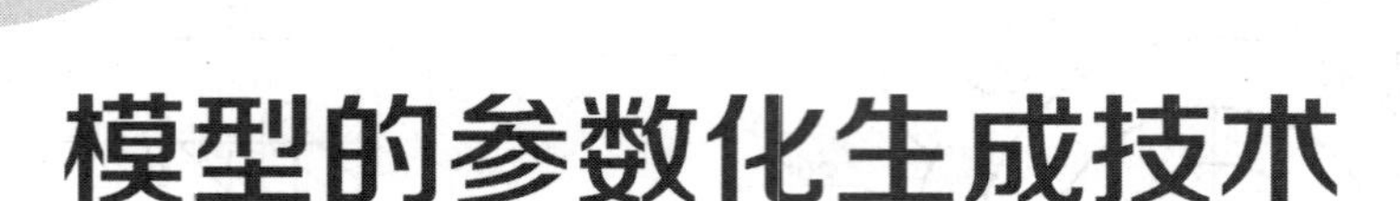

模型的参数化生成技术

—核心问题与本章导读—

本章简要介绍UG NX模型参数化生成技术，重点介绍UG NX二次开发语言UG/Open GRIP，详细讲述了GRIP语言基础、GRIP程序流程控制语句、实体的生成语句、人机交互语句、子程序及调用、文件管理等内容，并辅以实例说明GRIP语言的参数化建模功能及应用。

6.1 参数化生成技术

模型的参数化生成技术是指由参数建立和分析模型，通过改变模型的参数值建立和分析新模型的技术，即参数化建模。它的突出优点是可以通过变更参数的方法修改设计模型，从而修改设计意图。

参数化建模的参数可以是几何参数，也可以是属性参数（如温度、材料等）。参数在模型中主要通过“尺寸”的形式来体现，尺寸用对应变量表示即给图形元素赋予相应的变量。通过改变变量的值并遵循给定的约束条件，模型自动改变所有与其相关的尺寸，从而改变其形状和大小。参数是参数化设计的核心概念，参数和模型一起存储。

6.1.1 UG NX模型参数化生成技术

UG NX是Siemens PLM Software公司出品的集CAD/CAE/CAM一体化的产品工程解决方案，为用户的产品设计及加工过程提供了数字化造型和验证手段，具有强大的参数化设计功能，创建的参数化模型能够很好反映设计意图并易于修改。UG NX常用参数化生成技术主要有两种：基于建模环境的模型参数化生成技术和基于二次开发的模型参数化生成技术。

1. 基于建模环境的模型参数化生成技术

（1）通过系统参数与尺寸约束实现模型参数化设计　UG NX的草图参数、实体模型参数、组件参数等统称为系统参数。UG NX具有完善的系统参数自动提取功能，如在草图设计时将输入的尺寸约束作为特征参数进行保存，在后续设计中进行可视化修改，可实现最直接的参数化建模。

尺寸驱动是参数驱动的基础，尺寸约束是实现尺寸驱动的前提。尺寸驱动在二维草图中实现。当草图中的图形相对于坐标轴位置关系确定、图形完全约束后，其尺寸和位置关系能协同变化，系统将直接把尺寸约束转化为系统参数。

（2）使用表达式进行模型参数化设计　UG NX 表达式是模型参数化设计的一个重要工具。使用表达式可以定义和控制模型尺寸参数，通过建立算术表达式和条件表达式控制一个模型不同特征之间的尺寸和位置关系，也可以控制多个草图之间的尺寸和位置关系，使之产生相关性。使用表达式对模型修改容易，从而实现模型的参数化设计。

表达式可以自动建立或手工建立。当创建草图特征时，系统自动建立相应的表达式。用户也可根据设计意图自定义算术或条件表达式。只要改变表达式中的任意一个参数，模型与其相关的形状和大小自动随之改变。

（3）利用电子表格实现模型参数化设计　UG 的电子表格提供了 Excel 与 UG NX 之间的智能接口。在建模应用模块中，表格驱动的界面及内部函数为相关的参数化设计提供了方便有力的工具。将参数信息从部件提取到 Excel 中，更新部件前可进行手工处理即可实现参数化设计。

为了高效地创建电子表格实现参数化建模，在设计前必须对所创建的模型进行仔细分析，从整体上形成创建模型的大致思路，明确需要创建哪些特征、创建这些特征的次序及各特征的内在联系和特点，最后明确驱动参数。具体步骤如下：首先建立参数化实体模型，然后创建一个含有该模型所有变量的外部电子表格，将电子表格中的数据与当前模型中的参数建立关联。这样该电子表格中的变量被当前模型尺寸所引用，通过修改电子表格中的数据即可驱动当前模型的结构及尺寸改变，实现参数化设计。

2. 基于二次开发的模型参数化生成技术

CAD 的二次开发是指基于 CAD 软件平台，结合具体应用需求并总结行业设计知识和经验，开发面向行业和设计流程的 CAD 系统，使得商品化、通用化的 CAD 系统用户化、本土化的过程。商品化 CAD 系统一般都提供二次开发工具、开发语言等，其既可提高设计制造质量，又能缩短产品的生产周期，充分发挥通用 CAD 软件的价值。

二次开发能够实现模型的参数化设计，实现系列化产品的高效设计。

6.1.2　UG NX 二次开发

CAD 软件的二次开发一般有三种方式：数据文件共享方式；通用 CAD 系统用户化开发方式；嵌入式语言开发方式。

UG/Open 二次开发模块是 UG NX 软件的二次开发工具集，利用该模块可对 UG NX 系统进行用户化开发，满足用户特定的需求。

UG/Open 包括以下几个部分：

（1）UG/Open API 开发工具　它提供 UG NX 软件直接编程接口，支持 C、C++、FORTRAN 和 Java 等主要高级语言。UG/Open API 又称为 User Function，是一个允许程序访问并改变 UG 对象模型的程序集，封装了近 2000 个 UG 操作函数。UG/Open API 可方便地对 UG 的图形终端、文件管理系统和数据库进行操作，绝大多数 UG 操作都可以用 UG/Open API 函数实现。开发者通过使用 C 语言等语言来调用这些函数，达到实现用户化的目的。

（2）UG/Open UIStyle 开发工具　它是一个可视化编辑器，用于创建类似于 UG NX 的交互界面。

（3）UG/Open Menuscript 开发工具　它对 UG NX 软件操作界面进行用户化开发，用户无须编程即可对 UG NX 标准菜单进行添加、重组、删减或在 UG NX 中集成用户开发的软件功能。

（4）UG/Open GRIP 开发工具　它是 UGNX 内嵌的二次开发语言，用户利用该工具实现参数化建模等特殊应用。UG/Open GRIP 是 UG 软件包中的一个重要模块，具备完整的语法规则、程序结构及内部函数，GRIP 程序必须经过编译、链接，生成可执行文件之后才能在 UG 中被执行。

本章主要介绍 UG/Open GRIP 语言基础，以及如何使用 UG/Open GRIP 语言实现模型的参数化设计。

6.2　UG/Open GRIP 语言基础

GRIP（Graphics Interactive Programming）简单、易学、交互性能强。利用 GRIP 程序能够实现与 UG 的各种交互操作，如模型的参数化设计、文件管理、系统参数控制、UG 数据库存取等。通过 GRIP 编程，工程师及开发人员能将专业知识与 UG NX 系统相融合，更好地发挥该通用 CAD 软件的功能。

6.2.1　程序设计基本步骤和程序组成

1. GRIP 程序设计基本步骤

运行 NX Tools/NX Open GRIP，打开 GRADE（GRip Advanced Development Environment）即 GRIP 高级开发环境，进入操作界面，如图 6-1 所示。

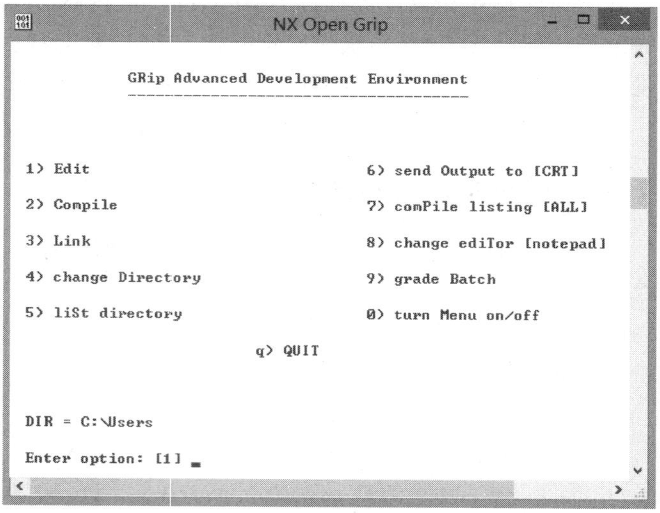

选择“1）Edit”，进入程序编辑窗口，编写 GRIP 源程序并保存，生成 GRIP 源程序文件（.grs）。

选择“2）Compile”，编译源程序文件（.grs）生成目标程序文件（.gri）。

选择“3）Link”，链接目标程序文件（.gri）生成可执行程序文件（.grx）。

打开 UG，执行 FILE/Excute/grip…，选择相应文件（.grx），执行 GRIP 程序，实现相应功能。

图 6-1　GRADE 界面

2. GRIP 程序的一般组成

GRIP 程序一般由数据输入、数据处理及数据输出三个模块组成，有特定的程序结束语句即HALT语句，每个主程序必须有一个结束语句。

例6-1 GRIP简单程序实例：参数化生成圆并计算该圆面积。

```
$$数据输入模块：包含变量申明、初始化及交互式输入
  $$变量申明
  ENTITY/CR
  STRING/STR (30)
  NUMBER/r, s, rp
  $$ 初始化语句
  DATA/STR, 'This is my first GRIP program'
  $$交互式输入语句
  A10:                    $$语句标号
    PARAM/'输入圆半径：', 'RADIUS=', r, rp
    JUMP/A10:, A20:,, rp
  $$数据处理模块和数据输出模块
    CR=CIRCLE/0, 0, 0, r
    s=3.14*r*r
    MESSG/str
    PRINT/'圆面积=', s
  A20:
  $$结束语句
  HALT
```


3. 续行符、注释语句及语句标号

（1）续行符$　GRIP程序一行只允许写一个语句，一行最多80个字符，太长则需换行，用$表示连接。$后面内容为注释信息。

（2）注释语句$$　非执行语句，仅起注释作用。

（3）语句标号　用于表示程序转移，单独占一行。语句标号由字母或符号开始，冒号结束。

4. 本书约定

用“|”表示语句中多选一的选项，“+”表示重复前面选项，“[ ]”表示可选项。

GRIP语句执行时不区分字母的大写和小写，为了便于阅读，本书中主词和辅词用大写字母，参数用小写字母，并且采用缩进方式编写程序。

6.2.2 语句格式

GRIP程序由语句组成，规定每行只能书写一条语句。GRIP语句有三种基本格式，即陈述格式、全局参数存取格式、实体数据存取格式。

1. 陈述格式（Statement Format，SF）

陈述格式语句包括标准函数、几何变换、投影变换、曲线曲面、几何实体生成、实体编辑、定义字体和线型、定义坐标系、显示控制、文件操作等400多个语句。

陈述格式：主词/[辅词 1] [参数 1]+

陈述格式一般由主词、辅词和参数组成，主词和辅词或主词与参数之间用符号“/”分隔。其中主词标志该语句功能，每个语句只能有一个主词。辅词为主词的附加修饰词，用来描述实体的各种生成方法等，每个语句可以有多个辅词，也可以没有辅词。

例如：$$ 生成圆心在点 pt，半径为 5mm 的圆 cr

cr=CIRCLE/CENTER，pt，RADIUS，5

其中：CIRCLE 为主词，CENTER 和 RADIUS 为辅词，pt 和 5 为参数。

常用辅词及意义见表 6-1。

表 6-1 常用辅词及意义

辅词	意义	辅词	意义	辅词	意义
CENTER	中心	TANTO	相切于	INTOF	交点
RADIUS	半径	PERPTO	垂直于	CSYS	坐标系
DIAMTR	直径	PARLEL	平行于	AXIS	轴
START	开始	ANGLE	角度	ORIGIN	原点
END	终止	DELTA	增量	POLAR	极坐标
XSMALL XLARGE	位置修饰词，表示实体 X 轴方向位置	YSMALL YLARGE	位置修饰词，表示实体 Y 轴方向位置	ZSMALL ZLARGE	位置修饰词，表示实体 Z 轴方向位置

在后续说明 GRIP 语句格式时会用到“PMOD2”表示二维位置修饰词：XSMALL、YSMALL、XLARGE、YLARGE，“PMOD3”表示三维位置修饰词。

2. 全局参数存取格式（Global Parameter Access，GPA）

全局参数存取格式语句用于访问 UG NX 的系统参数，控制系统状态。GPA 语句以“&”开始，最长为 6 个字母。每个 GPA 语句都有确定的含义，可与一个常量或系统总体参数相连，并有给定的数据类型和参数取值范围。GPA 格式语句共有 180 个左右。

例如：&ENTCLR=&yellow　　　$$ 设置系统后续生成的实体颜色为黄色

&FONT=2　　　$$ 设置系统后续生成的实体线型为虚线

3. 实体数据存取格式（Entity Data Access，EDA）

实体数据存取格式语句用于访问 UG 数据库中的各种资源。EDA 语句以“&”开始，有确定的存取类型、数据类型等要求。EDA 格式语句可以访问 UG 数据库中所有实体的属性、几何参数、坐标等，约有 120 多个 EDA 语句。

例如：
```
ENTITY/ln1                $$ 声明实体变量 ln1
NUMBER/len                $$ 声明数字变量 len
ln1=LINE/0,0,100,100      $$ SF 格式语句生成直线 ln1
&COLOR(ln1)=&RED          $$ EDA 格式语句:将 ln1 的颜色改为红色(写功能)
len=&LENGTH(ln1)          $$ 获取 ln1 的长度(读功能)保存至变量 len
```

6.2.3 常量、变量及表达式

1. 常量

常量是指程序执行过程中，值保持不变的量。GRIP 有数字常量和字符串常量。

数字常量：如100，-20。

字符串常量：用单引号引起来的数据，如'Hello！''123'。

2. 变量

变量是指程序执行过程中，值可以改变的量。变量由变量名和变量值组成。

（1）变量的命名规则　变量名的第一个字符必须为字母，长度不得超过32个字符，可以是全字母或者字母与数字的组合，不得含有逗号“,”和特殊字符（如“$”“@”“&”等）。

（2）变量的数据类型及声明　GRIP变量常用数据类型有数字变量、字符串变量、实体变量。变量使用之前一般要先声明，简单数字变量可以不声明直接使用。

GRIP变量声明语句根据变量的数据类型不同来进行声明。

声明数字变量：

格式：NUMBER/name[(dim1[,dim2[,dim3]])][,name[(dim1[,dim2[,dim3]])]]+

说明：NUMBER为主词，表示声明数字变量。name为数字变量名，dim1，dim2，dim3分别表示数组的一、二、三维下标。省略下标时，表示声明的变量为简单数字变量，否则为数字数组变量。

声明字符串变量：

格式：STRING/name([dim1,[dim2]],n)[,name([dim1[,dim2]],n)]+

说明：STRING为主词，表示声明字符串变量。name为变量名，字符串变量为数组，至少包含一个下标。

声明实体变量：

格式：ENTITY/name[(dim1[,dim2[,dim3]])][,name[(dim1[,dim2[,dim3]])]]+

说明：ENTITY为主词，表示声明实体变量。name为变量名，dim1，dim2，dim3分别表示数组的一、二、三维下标。省略下标时，表示声明的变量为简单实体变量，否则为实体数组变量。

（3）数组　数组是一系列具有相同数据类型变量的集合。GRIP规定数组变量的维数最大为三维。

在GRIP中经常用到数组部分元素的集合即数组子集，用“数组名（下标..上标）”表示。常见子集有常数子集、固定数组子集和变量数组子集。常数子集是指子集上下标都为常数的子集，如c1(2..5)，c2(3*3..12)；固定数组子集是指上、下标为变量，但数组个数为常量的子集，如n1(j..j+5)，n2(i，j，k..k+3)；变量数组子集则是指子集的上下标均为任意表达式，如n(ABSF(x+3)..i*2)。

使用子集时须注意以下几点：

1）数组子集的上标必须大于子集的下标。

2）除“DATA/”语句不能使用子集外，常数子集和固定数组子集可用于GRIP程序的任何地方，变量数组子集只能用于以下GRIP语句：BLANK、BOUND、CLINE、DELETE、DRAW、GROUP、HATCH、MASK等。

3. 表达式

GRIP语言使用表达式来实现数据处理和条件判断。

（1）算术表达式　算术表达式是指由算术运算符连接而成的有意义的表达式，其运算结果为数值。常用算术运算符为 * * （乘方）、* （乘）、/（除）、+（加）、-（减）。

（2）字符串表达式　字符串表达式是指由字符串运算符连接而成的有意义的表达式，运算结果为字符串。字符串运算符为+（字符串连接）。

（3）关系表达式　关系表达式是指由关系运算符连接而成的有意义的表达式，运算结果为逻辑值。关系运算符只用于算术表达式的值或数字变量之间的比较，不能用于实体变量和字符串变量的比较。关系运算符为 = = （等于）、<>（不等于）、<（小于）、>（大于）、>= （大于等于）、<= （小于等于）。

（4）逻辑表达式　逻辑表达式是由逻辑运算符连接而成的有意义的表达式，仅对逻辑结果进行运算，结果为逻辑值。逻辑运算符为 AND （与）、OR （或）、NOT （非）。

6.2.4　赋值语句和嵌套语句

1. 一般赋值语句

语句格式：变量名=常量或表达式

说明：将一个常量或表达式的值赋给一个变量。

数字变量赋值：　　y=8 * x

字符串变量赋值：　　str1 =' Hunan University '

实体变量赋值：　　pt=POINT/0，1

GRIP 有两个特殊 GPA 常数 &NULSTR 与 &NULENT，其中 &NULSTR 表示给字符串变量赋值为空字符串，&NULENT 表示给实体变量赋值为空实体。

```
strnme=&NULSTR          $$ &NULSTR 为 GPA 常数，表示一个空字符串
pt (2) = &NULENT        $$ &NULENT 为 GPA 常数，表示一个空实体
```


2. DATA 赋值语句

一般赋值语句只能给一个变量赋值，对于需要给多个变量赋值的情况，DATA 赋值语句更为简单方便，可以实现一条语句给多个变量赋值。

格式：DATA/name,value[,value]+[,name,value[,value]+]+

说明：DATA 语句实现一条语句为多个变量赋值。其中“name”为变量名，可以是简单变量名也可以是数组变量名；“value”为变量的值，“value [，value] +”表示多个值，此时所对应赋值的变量为数组；若“name”为数组名，DATA 要求提供该数组所有变量元素的值。

例：
```
NUMBER/m,n(3)
STRING/ch(3,30)
DATA/m,5.0,n,6.0,7.0,8.0,ch,'姓名','学号','家庭地址'
```

3. 嵌套语句

GRIP 允许在一个语句中嵌入另一个语句，这种语句称为嵌套语句或复合语句。嵌套语句中嵌入的语句必须是完整的，并且需要用圆括号括起来。GRIP 规定在一个语句中嵌套的语句层数不得超过 10 层。

例如：
```
PT1=POINT/4,5
cr1=CIRCLE/CENTER,PT1,RADIUS,10
```

上面两个语句的功能可以由下面的一条嵌套语句来实现，即

cr1 = CIRCLE/CENTER,(PT1 = POINT/4,5),RADIUS,10

6.2.5 函数

函数可实现常用数学计算、数据类型转换等操作，GRIP 常用函数见表 6-2。

GRIP 函数一般格式：函数名（[参数表]）

表 6-2 GRIP 常用函数

函数格式		函数功能	函数实例及返回值
数学计算函数	SQRTF(n1)	二次方根运算	SQRTF(16)= 4
	LOGF(n1)	对数运算	LOGF(100)= 4.6052
	EXPF(n1)	指数运算	EXPF(4)= 54
	INTF(n1)	取整运算	INTF(-4.6)= -4
	MODF(n1,n2)	求余运算	MODF(12,5)= 2
	MAXF(n1,…,nk)	最大值	MAXF(2,-3,5,0)= 5
	MINF(n1,…,nk)	最小值	MINF(2,-3,5,0)= -3
	SINF(a1)	正弦函数	SINF(30)= 0.5
	COSF(a1)	余弦函数	COSF(30)= 0.866
	ASINF(a1)	反正弦函数	ASINF(1)= 90
	ACOSF(a1)	反余弦函数	ACOSF(1)= 0
	ATANF(a1)	反正切函数	ATANF(1)= 45
数据类型转换函数	ISTRL(n1)	整数转换为字符串	ISTRL(200)= ‘200’
	FSTRL(n1)	实数转换为字符串	FSTRL(200)= ‘200.000’
	VALF(str1)	字符串转换为实数	VALF(‘1.414’)= 1.414
字符串操作函数	BLSTR(n1)	生成空字符串	BLSTR(3)= ‘ ’
	SUBSTR(str1,n1,n2)	截取子字符串	SUBSTR(‘first’,3,2)= ‘rs’
	CMPSTR(str1,str2)	比较两字符串,相同返回 0 否则返回 1	CMPSTR(‘ABC’,‘BCD’)= 1 CMPSTR(‘BC’,‘BC’)= 0
	FINDSTR(str1,str2,pos)	搜索字符串	FINDSTR(‘Hello’,‘e’,1)= 2

注：三角函数单位为“度”，对数函数为求自然对数。

6.3 实体生成与图形变换语句

6.3.1 GRIP 语言建模基础

1. 工作视图和工作图层

GRIP 语言创建的几何体生成在用户定义的工作视图和工作图层上。UG NX 默认工作视图为“TOP VIEW”，默认工作图层为 1 层。可根据需要改变工作视图和工作图层。

语句格式：&WORKVW = number

说明：设置系统工作视图，为 GPA 格式语句，“number”表示视图编号，取值为 1~8 之间整数。

语句格式：LAYER/WORK，n

说明：设置工作图层，“LAYER”为主词；“WORK”为辅词，表示工作图层；“n”为图层编号，取值在 1~256 之间。

语句格式：&LYRSEL(Layer number[,IFERR,label:])= Val

格式：改变图层工作状态，为 GPA 格式语句，“Layer number”为图层编号，“Val”为图层工作状态编号，当 Val=1 或 Val=&yes 时表示该图层为可选；当 Val=2 或 Val=&no 时表示该图层不可选。

2. 工作坐标系和工作平面

GRIP 语言将坐标系作为一种实体，可以创建多个坐标系，也可以删除已经存在的坐标系。实体的点坐标以工作坐标系为参考，工作坐标系的 xOy 平面称为工作平面。

GRIP 语言创建坐标系实体的语句主词为 CSYS。创建坐标系实体的常用语句见表 6-3。

表 6-3 创建坐标系实体的常用语句

语句格式	功 能
CSYS/point1,point2,point3[,ORIGIN,point]	由已知点创建新坐标系
CSYS/line1,line2 [,ORIGIN,point]	由已知两条直线创建新坐标系
CSYS/point,line[,ORIGIN,point]	由已知一点一直线创建新坐标系
CSYS/arc[,ORIGIN,point]	由已知圆弧创建新坐标系
CSYS/coordinate system[,ORIGIN,point]	由已知坐标系创建新坐标系

新坐标系创建完成后，根据需要将其设置为工作坐标系，相应语句如下。

&WCS=newcs　　　$$ 将坐标系 newcs 设置为工作坐标系

6.3.2 实体生成语句

GRIP 将 UG NX 中生成的一切图形对象都称为实体。GRIP 语言可生成所有实体。常用的语句有二维、三维实体生成语句。

1. 二维实体生成语句

(1) 点实体生成语句　点实体生成语句主词为 POINT，辅词和参数不同可以生成不同已知条件的点实体。点实体生成的常用语句见表 6-4。

表 6-4 点实体生成的常用语句

语句格式	功 能
POINT/CENTER,circle	在圆心处生成点
POINT/circle,ATANGL,angle	生成圆弧上给定角度位置处的点
POINT/ENDOF,"PMOD3",ent	生成实体端点处的点
POINT/"PMOD3",INTOF,ent1,ent2	生成实体交点处的点
POINT/pt1,DELTA,dx,dy,dz	生成已知点的坐标增量点
POINT/pt1,POLAR,dist,angle	以极坐标方式生成点
POINT/pt1,VECT,line,"PMOD3",dist	以向量方式生成点
POINT/x,y,[z]	在已知坐标位置处生成点

例 6-2 点实体的生成实例，如图 6-2 所示。

```
ENTITY/pt(6),cr1,ln1                          $$ 声明变量
pt(1)=POINT/10,-2                             $$ 生成坐标点
pt(2)=POINT/pt(1),DELTA,-12,10,0              $$ 生成增量点
cr1=CIRCLE/0,0,6                              $$ 生成圆
pt(3)=POINT/CENTER,cr1                        $$ 生成圆心点
pt(4)=POINT/cr1,ATANGL,45                     $$ 生成圆弧上的点
ln1=LINE/pt(1),pt(2)                          $$ 生成直线
pt(5)=POINT/ENDOF,XLARGE,ln1                  $$ 根据位置修饰词生成直线端点
pt(6)=POINT/YLARGE,INTOF,ln1,cr1              $$ 生成直线与圆弧的交点
HALT
```

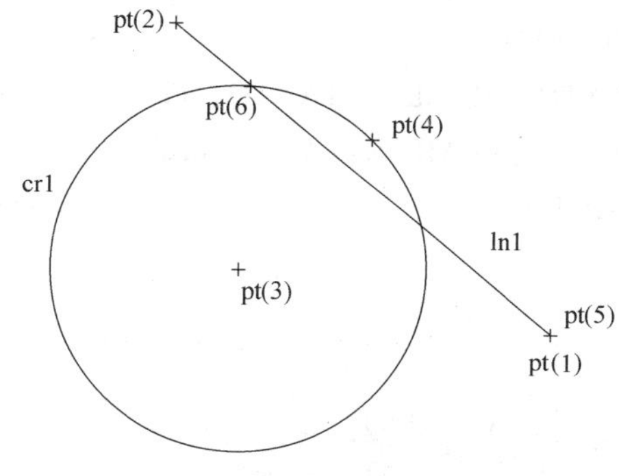

图 6-2　点实体的生成实例

（2）直线实体生成语句　直线实体生成语句的主词为 LINE，辅词和参数不同可以生成不同已知条件的直线实体。直线实体生成的常用语句见表 6-5。

表 6-5　直线实体生成的常用语句

语句格式	功　　能
LINE/PARLEL,line,"PMOD3",offset	生成平行于已知直线的平行线
LINE/PARLEL|PERPTO,line,"PMOD3"|point, $ TANTO,curve	生成与曲线相切的平行线或正交线
LINE/point,ATANGL,angle	生成过已知点的角度线
LINE/point1,LEFT|RIGHT|point2,TANTO,curve	生成过点 1 且与曲线相切的直线
LINE/LEFT|RIGHT|point,TANTO,curve1,　$ LEFT|RIGHT|point,TANTO,curve2	生成两曲线的公切线
LINE/point,PARLEL|PERPTO,line	生成过已知点且与已知直线平行或正交的直线
LINE/point1,point2,PERPTO,curve	生成过已知点 1 垂直于曲线的直线
LINE/point1,point2	生成过已知两点的直线
LINE/x1,y1,x2,y2	生成过两坐标点的直线

例 6-3 直线实体的生成实例，如图 6-3 所示。

```
ENTITY/p1,p2,o1,o2,cr1,cr2,ln(10)
p1=POINT/-1,-1
p2=POINT/p1,DELTA,-2,2,0
o1=POINT/0,0
o2=POINT/4,0
cr1=CIRCLE/CENTER,o1,RADIUS,1
cr2=CIRCLE/CENTER,o2,RADIUS,2
ln(1)=LINE/0,0,5,0                                 $$ 两坐标点直线
ln(2)=LINE/p1,p2                                   $$ 两已知点直线
ln(3)=LINE/PARLEL,ln(2),XSMALL,3                   $$ 直线 ln(2)的平行线
ln(4)=LINE/p1,ATANGL,60                            $$ 过点 p1 与 x 轴成 60°角的直线
ln(5)=LINE/p2,LEFT,TANTO,cr2                       $$ 过点 p2 的曲线 cr2 的切线
ln(6)=LINE/RIGHT,TANTO,cr1,LEFT,TANTO,cr2          $$ 曲线 cr1 与 cr2 的外公切线
ln(7)=LINE/PERPTO,ln(1),XLARGE,TANTO,cr2           $$ 与 ln(1)正交、与 cr2 相切
ln(8)=LINE/p2,p1,PERPTO,cr1                        $$ 曲线 cr1 的垂线
HALT
```

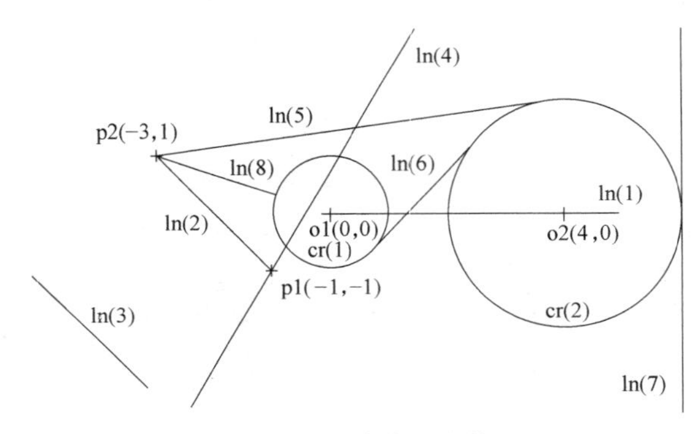

图 6-3 创建直线实体

（3）圆或圆弧和圆角实体生成语句 圆和圆弧实体生成语句的主词为 CIRCLE，辅词和参数不同可生成不同已知条件的圆或圆弧。圆或圆弧实体生成的常用语句见表 6-6。

表 6-6 圆或圆弧实体生成的常用语句

语句格式	功 能
CIRCLE/CENTER,point,RADIUS,r $ [,START,angl1,END,angl2]	已知圆心点实体及半径生成圆或圆弧
CIRCLE/x,y,[z,] r,[,START,angl1,END,angl2]	已知圆心点坐标及半径生成圆或圆弧
CIRCLE/CENTER,point,TANTO,line $ [,START,angl1,END,angl2]	已知圆心并与已知直线相切生成圆或圆弧
CIRCLE/CENTER,point1,point2 $ [,START,angl1,END,angl2]	已知圆心及圆弧上的点生成圆或圆弧
CIRCLE/point1,point2,point3	已知三点生成圆弧

圆角实体生成语句的主词为 FILLET，不同辅词和参数可生成不同已知条件的圆角实体。圆角实体生成的常用语句见表 6-7。

表 6-7 圆角实体生成的常用语句

语句格式	功　能
FILLET/ent1,ent2,CENTER,point,　$ RADIUS,r[,NOTRIM][,IFERR,label:]	生成两实体之间已知圆心及半径的圆角
FILLET/"PMOD3",line1,"PMOD3",line2,　$ RADIUS,r[,NOTRIM][,IFERR,label:]	生成两直线之间已知圆角半径及位置修饰词的圆角
FILLET/[IN|OUT|TANTO],ent1,　$ [IN|OUT|TANTO],ent2,　$ [IN|OUT|TANTO],ent3,CENTER,point	生成与三个实体相切的圆角

例 6-4 圆和圆弧实体的生成实例，如图 6-4 所示。

```
ENTITY/pt1,pt2,pt3,pt4,pt5                    $$ 声明变量
ENTITY/ln1,cr1,cr2,cr3,cr4,cr5,cr6
pt1=POINT/0,2                                 $$ 生成点
pt2=POINT/3,3
pt3=POINT/3,4
pt4=POINT/1,4
pt5=POINT/1,0
ln1=LINE/4,0,0,4                              $$ 生成直线
cr1=CIRCLE/CENTER,pt2,pt3                     $$ 生成圆
cr2=CIRCLE/CENTER,pt1,RADIUS,1
cr3=CIRCLE/3,-1,0.5
$$ 生成与直线 ln1 相切的圆弧
cr4=CIRCLE/CENTER,pt2,TANTO,ln1,START,180,END,270
$$ 生成与直线 ln1 及圆 cr2 相切的圆角
cr5=FILLET/ln1,cr1,CENTER,pt4,RADIUS,1,NOTRIM
$$ 生成与圆 Cr3 和 Cr2 以及直线 ln1 相切的圆角
cr6=FILLET/OUT,cr3,TANTO,ln1,IN,cr2,CENTER,pt5,NOTRIM
HALT
```

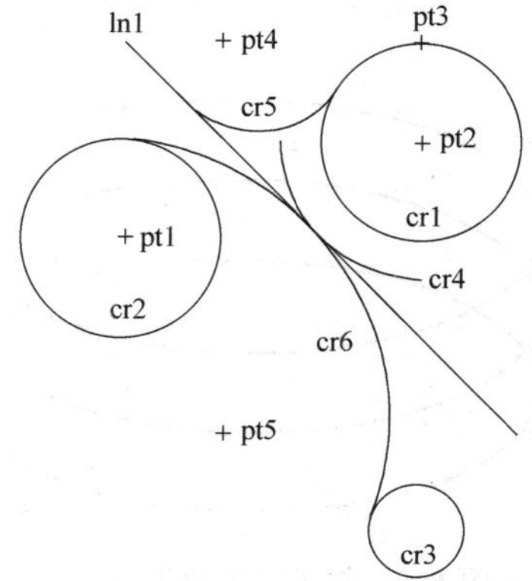

图 6-4　圆和圆弧实体的生成实例

(4) 曲线实体生成语句　曲线实体多种多样，不同类型的曲线实体其 GRIP 生成语句的主词各不相同。根据主词、辅词和参数不同可以生成不同已知条件的曲线实体。曲线实体生成的常用语句见表 6-8。

表 6-8　曲线实体生成的常用语句

语句格式	功　能
ELLIPS/point, semimajor, semiminor　$ [,ATANGL, angle] [,START, angle, END, angle]	生成椭圆或椭圆弧
PARABO/point, focal length,　$ dymin, dymax[,ATANGL, angle]	生成抛物线
SPLINE/[CLOSED,] point　$ [,VECT, dx, dy, dz|TANTO, curve|angle]…	生成开口或闭合的样条曲线
SPLINE/APPROX, [BLANK|DELETE]　$ [,TOLER, t] obj list	生成逼近的样条曲线
BCURVE/entlist[,VERT[,numlist]]　$ [,DEGREE, num[,CLOSED]] [,IFERR, label:]	根据已知的系列点生成 B 样条曲线

例 6-5　曲线实体的生成实例：利用生成开口样条曲线语句生成螺旋线。根据螺旋线参数方程，编写 GRIP 程序创建直径 d=8mm、导程 p=1.3mm、圈数=3 的螺旋线实体，如图 6-5 所示。

```
ENTITY/sp(200),en1
NUMBER/x,y,z
DATA/a,0,d,8,p,1.3,n,3          $$赋初值:a为角度,d为直径,p为导程,n为圈数
DO/Loop1:,z,0,p*n,p/48          $$循环结构生成螺旋线上的点,每圈取48个点
    t=t+1
    x=d*sinf(a)/2
    y=d*cosf(a)/2
    sp(t)=POINT/x,y,z
    a=a+7.5
Loop1:
    en1=SPLINE/sp(1..t)         $$过已知系列点创建螺旋线
    BLANK/sp(1..t)              $$隐藏点实体
HALT
```

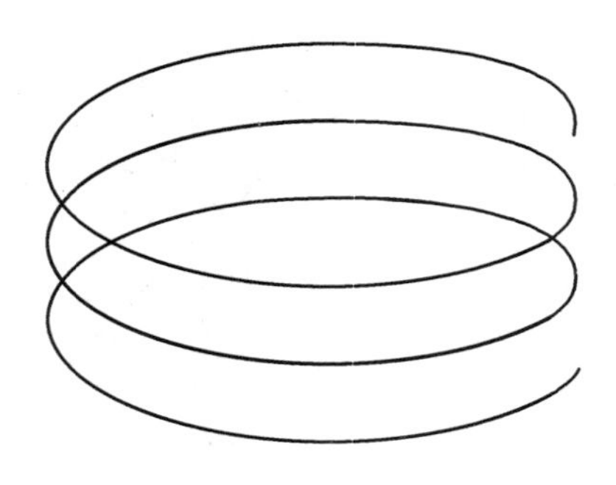

图 6-5　曲线实体的生成实例

2. 三维实体生成语句

（1）基本体素生成语句　UG 基本体素是指长方体、圆柱体、圆锥、球这些特征。体素是构造复杂实体模型的基础。基本体素生成的常用语句见表 6-9。

表 6-9　基本体素生成的常用语句

语句格式	功　　能
SOLBLK/ORIGIN,x,y,z, $ SIZE,dx,dy,dz[,IFERR,label:]	已知一个顶点和边长生成长方体
SOLCON/ORIGIN,x,y,z,HEIGHT,h, $ DIAMTR,d1,d2[,AXIS,i,j,k]	已知底面中心点坐标和高度生成圆锥或圆台
SOLPRI/ORIGIN,x,y,z,HEIGHT,h, $ DIAMTR,d,SIDE,s[,AXIS,i,j,k]	已知底面中心点坐标、高度、内切圆直径及边数生成正棱柱体
SOLCYL/ORIGIN,x,y,z,HEIGHT,h, $ DIAMTR,d[,AXIS,i,j,k]	已知底面中心点坐标、高度及直径生成圆柱体
SOLSPH/ORIGIN,x,y,z,DIAMTR,d	已知球心点坐标和直径生成球

（2）复杂实体生成语句　复杂实体生成的常用语句见表 6-10。

表 6-10　复杂实体生成的常用语句

语句格式	功　　能
SOLEXT/obj list, HEIGHT,h [,AXIS,i,j,k] [,IFERR,label:]	拉伸二维图形生成拉伸实体
SOLREV/obj list, ORIGIN,x,y,z, ATANGL,a[,AXIS,i,j,k]	旋转二维图形生成回转实体
SOLTUB/obj list,DIAMTR,d1[,d2] [,TOLER,t] [,IFERR,label:]	生成管道实体

（3）曲面实体生成语句　曲面实体生成的常用语句见表 6-11。

表 6-11　曲面实体生成的常用语句

语句格式	功　　能
REVSRF/ent,AXIS,line[,point][start,end]	生成旋转曲面
CYLNDR/CENTER,point,line CYLNDR/point,RADIUS,r	生成圆柱面
SPHERE/arc SPHERE/CENTER,point1,RADIUS ,r [,plane,point2]	生成球面
PLANE/line1,line2 PLANE/point1,point2,point3	生成平面
OFFSRF/ent,dis [,TOLER,edge curve tolerance]	生成偏置曲面
BSURF/obj list,num list1 [,VERT [,num list2]]　　$ [,DEGREE,num1 [,CLOSED],num2]　　$ [,CLOSED] [IFERR,label:]	过已知点生成 B 曲面

例 6-6　曲面实体的生成实例：创建半个葫芦体，如图 6-6 所示

```
ENTITY/ln1,spln1,ent,p(11)
  ln1=LINE/0,-2,0,42
  p(1)=POINT/0,0
```

```
p(2) = POINT/2,0
p(3) = POINT/5,0
p(4) = POINT/15,10
p(5) = POINT/8,20
p(6) = POINT/6,22
p(7) = POINT/8,24
p(8) = POINT/11,30
p(9) = POINT/4,36
p(10) = POINT/3,38
p(11) = POINT/3,40
spln1 = SPLINE/p(1..11)
ent = REVSRF/spln1,AXIS,ln1,0,180        $$ 生成旋转曲面
HALT
```

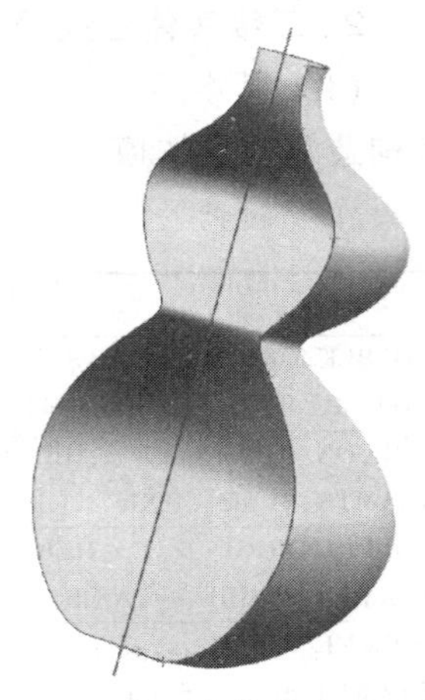

图 6-6　曲面实体的生成实例

6.3.3　实体编辑语句

1. 实体运算语句

对已生成的实体进行运算以生成满足其他要求的实体。实体运算的常用语句见表 6-12。

表 6-12　实体运算的常用语句

语句格式	功　能
UNITE/obj,WITH,obj list [,CNT,c][,IFERR,label:]	实体和实体进行并运算
SUBTRA/ obj,WITH,obj list [,CNT,c][,IFERR,label:]	实体和实体进行减运算
INTERS/ obj,WITH,obj list [,CNT,c][,IFERR,label:]	实体和实体进行交运算
BLEND/ent,RADIUS|CHAMFR,num [,entlist1] $ [,VERT, entlist2] [,IFERR,label:]	实体倒圆角或倒直角
SPLIT/obj list,WITH,obj [,CNT,c] [,IFERR,label:]	对实体进行分割

2. 实体修改语句

GRIP 实体修改语句可实现对已生成的实体进行修改，包括删除、隐藏、成组等功能。实体修改的常用语句见表 6-13。

表 6-13　实体修改的常用语句

语句格式	功　能
DELETE/all	删除所有可选择的实体
DELETE/ent list	删除指定的实体
BLANK/ALL	隐藏所有可选择的实体
BLANK/ent list	隐藏指定的实体
UNBLNK/ent list	恢复显示指定的实体
GROUP/ent list	把实体列表中实体组合成一个组实体
UNGRP/[TOP,] ent list	解散组实体

6.3.4 图形变换语句

在二维绘图或三维建模过程中，经常需要将已生成的对象通过平移、缩放、旋转、镜像等操作变换到另一个位置或生成另一图形，即图形变换。GRIP 有相应的图形变换语句，可实现对已有图形的变换，见表6-14。

表6-14 图形变换语句

语句格式		功能
生成变换矩阵语句	MATRIX/TRANSL,dx,dy,dz	图形相对于坐标系 x、y、z 轴方向分别平移增量 dx、dy、dz
	MATRIX/SCALE,s MATRIX/SCALE,xc,yc,zc	将图形均匀放大或缩小 s 倍 将图形沿 x、y、z 轴方向以 xc、yc、zc 的比例进行缩放 注意:缩放操作相对于坐标系原点进行
	MATRIX/XYROT,angle MATRIX/YZROT,angle MATRIX/ZXROT,angle	将图形绕 z 轴旋转 angle 角度 将图形绕 x 轴旋转 angle 角度 将图形绕 y 轴旋转 angle 角度
	MATRIX/MIRROR,line MATRIX/MIRROR,plane	图形关于直线 line 镜像变换 图形关于平面 plane 镜像变换
	MATRIX/ matrix1,matrix2	生成图形复合变换矩阵,复合变换是简单变换的组合 注意:复合变换的总变换矩阵按照变换顺序依次进行矩阵乘法运算得到
实现变换	TRANSF/matrix,obj1 $ [,MOVE][,TRACRV]	图形变换语句,其中[,MOVE]表示图形变换之后自动删除原来图形;[,TRACRV]表示产生图形移动的轨迹曲线

例6-7 图形变换实例，如图6-7所示。

```
ENTITY/cr(7),ln1
NUMBER/mat(5,12)
cr(1)=CIRCLE/0,0,1
ln1=LINE/-5,0,5,0
mat(1,1..12)=MATRIX/TRANSL,2,1,0             $$ 生成平移变换矩阵
cr(2)=TRANSF/mat(1,1..12),cr(1)              $$ 实现平移变换
mat(2,1..12)=MATRIX/SCALE,1,2,3              $$ 生成缩放变换矩阵
cr(3)=TRANSF/mat(2,1..12),cr(2)              $$ 实现缩放变换
mat(3,1..12)=MATRIX/XYROT,90                 $$ 生成旋转变换矩阵
cr(4)=TRANSF/mat(3,1..12),cr(3)              $$ 实现旋转变换
mat(4,1..12)=MATRIX/MIRROR,ln1               $$ 生成镜像变换矩阵
cr(5..7)=TRANSF/mat(4,1..12),cr(2..4)        $$ 实现镜像变换
HALT
```

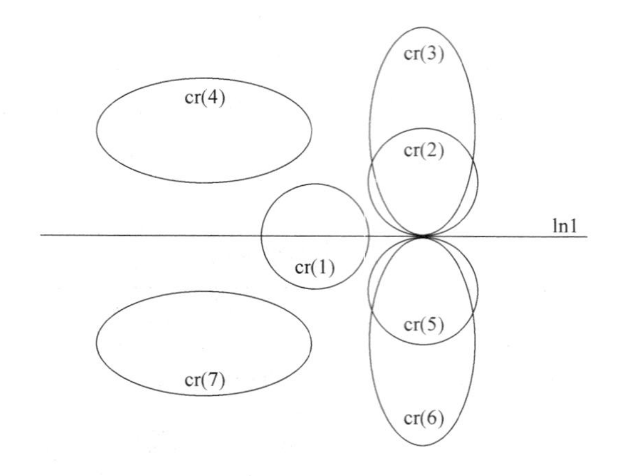

图 6-7　图形变换实例

6.4　常用输入输出语句

任何程序都离不开数据的输入和输出。程序的数据输入方式一般有两种，即赋值和人机交互输入。赋值是在程序中将数据直接赋给变量；人机交互输入则是在程序执行过程中，提示用户根据需要输入数据赋给变量。人机交互输入语句使得程序更具通用性和用户友好性。程序执行会生成相应结果，这就涉及数据的输出。程序执行结果的输出既可以是数据也可以是图形。

GRIP 语言的数据输入和输出功能强大，其人机交互语句执行时以对话框的方式显示，直观方便。

6.4.1　GRIP 人机交互基础

1. 响应变量

执行人机交互语句时，有多种操作供用户选择。GRIP 语法规定每一种操作返回一个特定的值，这个值被保存至一个变量，该变量称为响应变量。

每一个交互语句执行时，用户选择不同的操作，系统就会返回特定的值给响应变量。根据响应变量的值，程序执行对应流程语句，实现相应功能。

2. 转移语句

（1）无条件转移语句

格式：JUMP/label：

说明：实现程序流程无条件转移，即当程序执行到该语句时，程序流程直接转向该语句所指的语句标号 label：处。

（2）条件转移语句

格式：JUMP/{label：+}，[expression]

说明：条件转移语句，用来实现程序的有条件转移。算术表达式 expression 的值为正整数 n，程序流程转移至语句标号序列 {label：+} 中的第 n 个标号所代表的语句处。

例如：JUMP/A10:，A20:，A30:，x

若 x=1，则程序转向语句标号 A10：处执行；若 x=2，程序转向语句标号 A20：处执行，若 x=3，程序转向语句标号 A30：处执行。

6.4.2 人机交互语句

GRIP 的人机交互语句为程序交互式输入数据。该类语句不能单独使用，必须将表 6-15 中的响应变量值和 JUMP 语句结合起来才能发挥作用。使用中，JUMP 语句将人机交互语句的交互选择项作为语句标号序列 {label}+，将人机交互语句的响应变量值作为表达式 expression 的值，从而达到根据用户的交互操作实现对程序流程进行控制的目的。因而，学习使用 GRIP 的人机交互语句时要对照表 6-15 并熟悉 JUMP 语句的功能。

表 6-15 人机交互语句及响应变量值

操作	人机交互语句及响应变量值						
	POS	GPOS	CHOOSE	MCHOOSE	PARAM	IDENT	TEXT
Back	1	1	1	1	1	1	1
Cancel	2	2	2	2	2	2	2
OK	—	3	—	3	3	3	3(未输入文本) 5(输入文本)
Not used	3、4	4	3	—	—	—	—
Position Defined	5	5	—	—	—	—	—
Alternate action	—	—	4	4	4	—	4
Option #1 … Option#14	—	—	5 … 18	—	—	—	—

1. 指示屏幕点位置语句

格式：POS/'message'，x-coord，y-coord，z-coord，response

JUMP/Back，cancel，Not used，Not used，Pos def，response

说明：用光标指示屏幕点的位置，并将该点坐标值赋给变量 x-coord，y-coord，z-coord；'message'为提示信息，response 表示响应变量的值，见表 6-15。

2. 调用 UG 点构造器对话框语句

格式：GPOS/'message'，x-coord，y-coord，z-coord，response

JUMP/Back，cancel，Not used，Not used，Pos def，response

说明：执行 GPOS 语句调用 UG 点构造器对话框。用户根据需要选择不同选项来定义点的位置，并将点的坐标值赋给变量 x-coord，y-coord，z-coord；'message'为提示信息，response 表示响应变量的值，见表 6-15。

例 6-8 POS 与 GPOS 语句应用实例：在绘图区交互式确定两个点的位置，连接这两点生成一条直线。

ENTITY/ln

```
NUMBER/x(2),y(2),z(2)
A10:
  POS/'define pt(1)',x(1),y(1),z(1),resp1
  JUMP/A10:, stop:,,,,resp1
A20:
  GPOS/'define pt(2)',x2,y2,z2,resp2
  JUMP/A20:, stop:,,,,resp2
Ln=LINE/x(1),y(1),z(1), x(2),y(2),z(2)
stop:
HALT
```

3. 创建用户单选项对话框语句

格式：CHOOSE/string list,[DEFLT,n,][ALTACT,'message',] response

JUMP/Back,Cancel,Not used,Alt-action,Option, response

说明：创建用户单选项对话框，最多允许建立 14 个选项，string list 表示选项；[DEFLT, n,] 表示第 n 项为默认选项，[ALTACT, 'message',] 表示增加一个显示'message'的按钮；response 为响应变量的值，见表 6-15。

例 6-9 CHOOSE 语句应用实例：选择图形变换类型，如图 6-8 所示。

```
NUMBER/mat1(12), mat2(12), mat3(12),mat4(12)
STRING/menu(5,20)
ENTITY/ent(5),ln1
DATA/menu,'图形变换','平移变换','比例变换', '旋转变换','镜像变换'
ent(1)=SOLCYL/ORIGIN,10,0,0,HEIGHT,5,DIAMTR,4
ln1=LINE/0,0,10,-10
L0:
  CHOOSE/menu(1..5),DEFLT,3,resp        $$ DEFLT,3 表示第 3 项为默认选项
  JUMP/L0:,L5:,,,L1:,L2:,L3:,L4:,resp
L1:
  mat1=MATRIX/TRANSL,10,10,0
  ent(2)=TRANSF/mat1,ent(1)
  JUMP/L5:
L2:
  mat2=MATRIX/SCALE,2
  ent(3)=TRANSF/mat2,ent(1)
  JUMP/L5:
L3:
  mat3=MATRIX/XYROT,90
  ent(4)=TRANSF/mat3,ent(1)
  JUMP/L5:
```

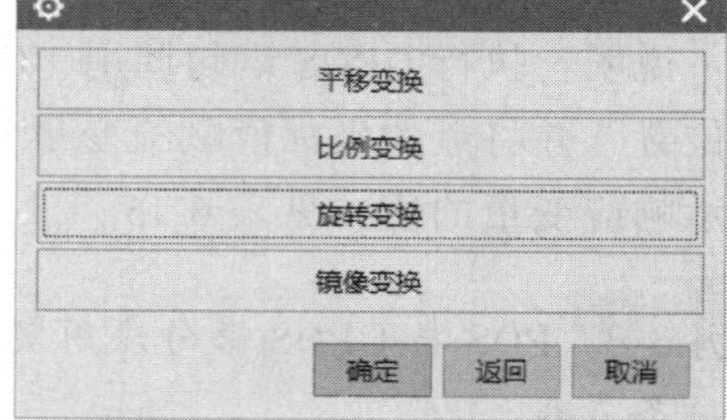

图 6-8 CHOOSE 语句应用实例

```
L4:
  mat4=MATRIX/MIRROR,ln1
  ent(5)=TRANSF/mat4,ent(1)
L5:
HALT
```

4. 创建用户多选项对话框语句

格式：MCHOOSE/'message'，menu options，response array $
[,ALTACT,'message'] ，response
JUMP/Back，Cancel，OK，alt-action，response

说明：创建用户多选项对话框，menu options 定义选项，用户可以根据需要选中多个选项；选项的选择状态被保存至响应变量数组 response array 中，值为 1 表示选择该选项，为 0 表示该选项未被选择。'message'为状态栏提示信息，response 表示响应变量的值，见表 6-15。

例 6-10 MCHOOSE 语句应用实例，如图 6-9 所示。

```
NUMBER/var(4)
STRING/msg(4,40)
DATA/msg,'男','党员','本科在读','已婚'
DATA/var,0,0,0,0
A1:
  MCHOOSE/'信息收集',msg,var,resp
  JUMP/A1:,hal:,,,resp
  PRINT/var
hal:
HALT
```

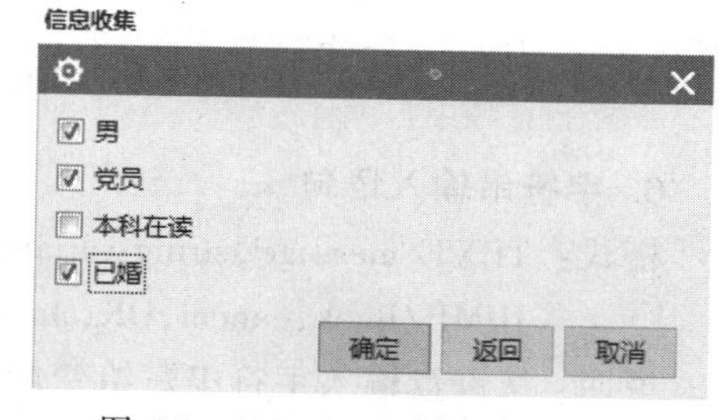

图 6-9 MCHOOSE 语句应用实例

选择如图 6-9 所示多个选项，则变量数组 var 各变量值分别为：var(1)=1，var(2)=1，var(3)=0，var(4)=1。根据 var 各变量值不同确定程序执行不同功能。

5. 参数赋值语句

格式：PARAM/'message'{ ,'option'[,INT] ,variable} +[,ALTACT,'message'] ,response
JUMP/Back，Cancel，OK，Alt-action，resp

说明：给一系列变量交互式输入数据，'option'为变量提示信息，变量如果已被赋值，则值以默认值的方式显示在对话框中；'message'为提示信息，response 表示响应变量的值，见表 6-15。

例 6-11 CHOOSE 与 PARAM 语句应用实例，如图 6-10 所示。

```
ENTITY/ln(50),solid(6),obj(50)
NUMBER/da,d,z
STRING/menu(4,20)
DATA/menu,'带轮的类型','style A','style B','style C'
```

```
DATA/da,100,d,80,z,4
A10:
  CHOOSE/menu(1..4),resp1
  JUMP/A10:,trm:,,,,,,,resp1
A20:
  PARAM/'输入各参数','外径',da,'内径',d,'槽数',z,resp2
  JUMP/A20:,trm:,,resp2
 $$ 生成 A 型带轮程序省略
trm:
HALT
```

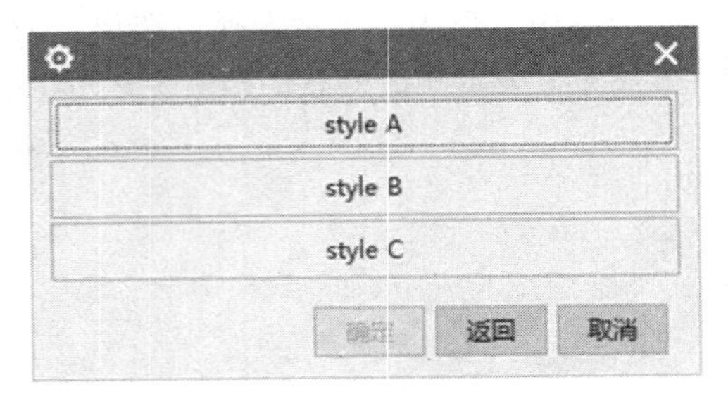

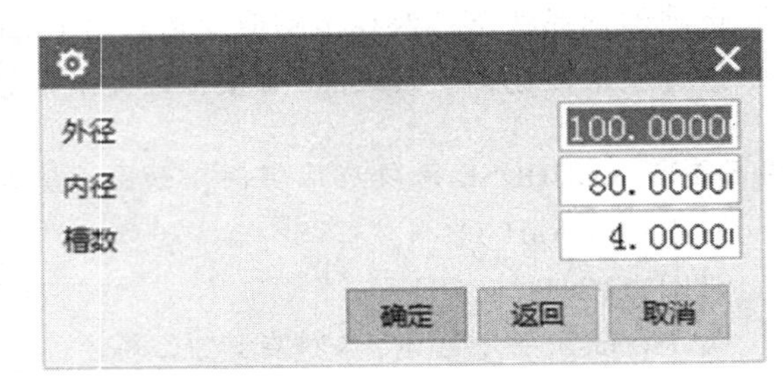

图 6-10 CHOOSE 与 PARAM 语句应用实例

6. 字符串输入语句

格式：TEXT/'message',string-variable[,ALTACT,'message'],response[,DEFLT]

JUMP/Back,cancel,OK(notext),Alt-action,OK(text),resp

说明：从键盘输入字符串赋给变量 string-variable。'message'为提示信息，response 表示响应变量的值，见表 6-15。

7. 实体识别语句

格式：IDENT/'message'[,SCOPE,{WORK|ASSY|REF}], obj list [,CNT,count]

[,CURSOR,x-coord,y-coord,z-coord] [,MEMBER,{ON|OFF}],response

JUMP/back, cancel, OK, resp

说明：从 UG NX 绘图区交互式选择实体。'message'为提示信息；选项 [, CNT, count] 记录所选择的实体数目；[, CURSOR, x-coord, y-coord, z-coord] 表示把光标位置的坐标值赋给变量 x-coord, y-coord, z-coord; [,MEMBER,{ON|OFF}]表示是否打开 GROUPS 或 Components 并选择其成员。response 表示响应变量的值，见表 6-15。

6.4.3 常用输出语句

1. 显示提示信息

格式：MESSG/[TEMP,]string list

说明：提示信息对话框，string list 表示提示信息。选择辅词 TEMP 表示提示信息出现后继续往下执行其他语句；省略 TEMP 则输出信息对话框出现后，程序暂停运行，直到用户按下确认键程序继续向下执行。

2. 面向屏幕临时输出

格式：CRTWRT/'message', x-coord, y-coord, z-coord

说明：在图形屏幕坐标点（x-coord, y-coord, z-coord）处临时显示注释信息'message'。

3. 输出一行数据语句

格式：PRINT/[USING,'image string',]data list

说明：在信息窗口输出数据 data list，USING 选项表示输出数据按照映像字符串格式输出，省略 USING 选项则输出数据为自由格式输出。

映像字符串以"#"字符开始，跟着一串"@"字符。

例如：x=12.67

y=0.6578

PRINT/USING, '#@@.@@@', x, y　　$$ 输出结果为：12.670　.658

6.5 程序流程控制语句

6.5.1 分支结构流程控制语句

1. 逻辑 IF 语句

格式：IF/logical expression, statement

说明：逻辑 IF 语句。当逻辑表达式即 logical expression 的值为真时，执行紧跟的语句 statement，否则执行下一条语句。

2. 条件 IF 语句

格式：IF/numerical expression, [label1:],[label2:],[label3:]

说明：当数值表达式 numerical expression 的值<0 时，程序流程转向 label1:，当数值表达式的值=0 时，程序流程转向 label2:，当数值表达式的值>0 时，程序流程转向 label3:。

3. 块 IF 语句

格式：IFTHEN/logical expression1

```
        statement block1
    [ELSEIF/logical expression2
        statement block2]
    ……
    [ELSE
        statement blockn]
    ENDIF
```

说明：块 IF 语句，实现多分支结构程序设计。其程序框图如图 6-11 所示。

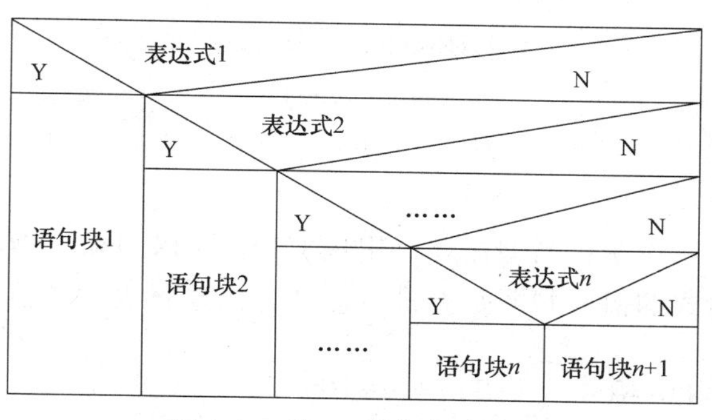

图 6-11　块 IF 程序流程框图

例 6-12　运输公司计算运费是根据路程计算，路程 s 越远，每公里运费越低。假如标准如下：

$s \leqslant 500$km　　运费没有折扣，为 0.5 元/(t · km)

500km<s≤2000km　　此路程范围内运费享受5%的折扣

2000km<s≤3000km　　此路程范围内运费享受10%的折扣

s>3000km　　此路程范围内运费享受15%的折扣

请交互式输入货物重量及运输路程，计算出相应运费。

```
NUMBER/s,yf
k1:
  PARAM/'重量/路程:','重量(t)=',w,  $
          '运输路程(km)=',s,resp
  JUMP/k1:,k2:,,,resp
IFTHEN/s<=500
  yf=0.5*w*s
ELSEIF/s<=2000
  yf=0.5*w*500+0.5*0.95*w*(s-500)
ELSEIF/s<=3000
  yf=0.5*w*500+0.5*0.95*w*(2000-500)+0.5*0.90*w*(s-2000)
ELSE
  yf=0.5*w*500+0.5*0.95*w*(2000-500)+0.5*0.90*w*(3000-2000) $
     +0.5*0.85*w*(s-3000)
ENDIF
PRINT/'应交运费为=',yf,'元'
k2:
HALT
```


6.5.2 循环结构流程控制语句

1. 当型循环

格式：

```
Label:
    IFTHEN/logical expression
      statement block
      JUMP/Label:
    ENDIF
```

说明：当型循环，用块IFTHEN语句和JUMP语句组合实现。从IFTHEN语句的逻辑表达式的值来判断是否进行循环。当逻辑表达式值为“真”时执行循环。

例6-13 求1+2+3+…+100。

```
NUMBER/sum,x
DATA/sum,0,x,0
La1:                  $$ 循环入口
  IFTHEN/x<=100       $$ 循环条件判断
    sum=sum+x
```

```
    x=x+1
    JUMP/La1:
  ENDIF                 $$ 循环出口
  PRINT/'1+2+3+…+100=',sum
HALT
```

2. 直到型循环

格式：Label:

```
    statement block
IF/logical expression, JUMP/Label:
```

说明：直到型循环，用逻辑IF语句实现。先执行循环体语句块即statement block，执行到逻辑IF语句时，对逻辑表达式logical expression求值，如果其值为“真”，则循环继续，直到logical expression的值为“假”时结束循环。

例6-14 用直到型循环改写例6-13，程序如下：

```
NUMBER/sum,x
DATA/sum,0,x,0
La1:                  $$ 循环入口,先执行循环体,再进行循环条件判断
    sum=sum+x
    x=x+1
  IF/x<=100,JUMP/La1:    $$ 循环条件判断
  PRINT/'1+2+3+…+100=',sum
HALT
```


3. DO循环

格式：DO/label:,index variable,start,end[,increment]

```
    statement block
Label:
```

说明：DO循环，循环变量index variable的初值（start）、终值（end）、步长（increment）可以为常量、变量或表达式，如果为变量则应先赋值；循环次数可由循环初值、终值、步长计算得到；increment即步长为1时可省略；循环变量在循环体内不能再赋以新值；循环变量的初值、终值、步长在循环期间不能改变；可向循环体外转移，但不能向循环体内转移；当循环从非正常出口转出时，循环变量保持当前值。

例6-15 用DO循环改写例6-13，程序如下：

```
NUMBER/sum, x
sum=0
DO/La1:, x, 0, 100            $$ 循环入口，步长为1，省略不写
    sum=sum+x
La1:                          $$ 循环出口
```

```
PRINT/'1+2+3+…+100=', sum
HALT
```

例 6-16 程序流程控制语句应用实例：已知花键轴如图 6-12 所示，D_1、D_2、B、N 均为参数，参数取值见表 6-16；矩形花键长度 L 要求满足 $50\text{mm}<L<200\text{mm}$；编写参数化建立该花键轴实体模型的 GRIP 程序，要求用户通过交互方式确定其中心线位置，选择零件型号即可在 UG 中自动生成相应参数的花键轴实体模型。

表 6-16 花键轴参数表 （单位：mm）

型号 \ 参数	D_1	D_2	N	B
1	30	26	6	6
2	58	52	8	10
3	100	90	10	14

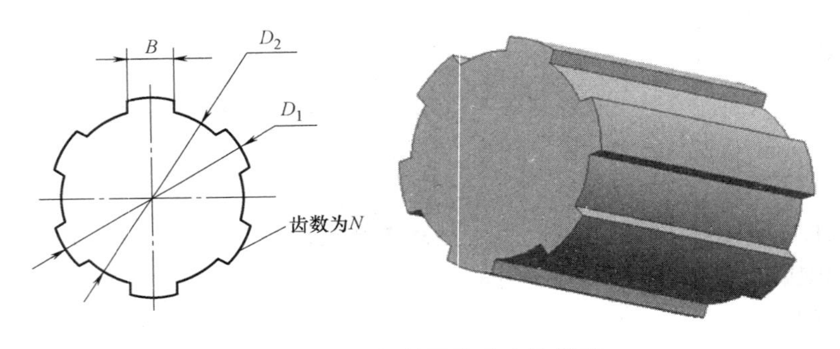

图 6-12 花键轴结构及实体模型

```
$$ 参数化生成花键轴 GRIP 源程序 huajianzhou. grs
NUMBER/x(2),y(2),z(2),mat1(12),i                        $$ 声明变量
ENTITY/pt(200),cr(5),en(20),ln(10),cy1
i=1
L10:
  CHOOSE/'请选择花键轴型号:','型号 1:D1=30 D2=26 N=6 B=6', $
         '型号 2:D1=58 D2=52 N=8 B=10', $
         '型号 3:D1=100 D2=90 N=10 B=14',rps
  JUMP/L10:,HLT:,,,L11:,L12:,L13:,rps                   $$ 选择花键轴型号
L11:
  D1=30
  D2=26
  N=6
  B=6
  JUMP/L15:
```

```
L12:
   D1=58
   D2=52
   N=8
   B=10
   JUMP/L15:
L13:
   D1=100
   D2=90
   N=10
   B=14
L15:
L16:                         $$ 交互式输入花键轴长度
  PARAM/'请输入花键轴长度:','HEIGHT=',h,rp2
  JUMP/L16:,HLT:,,,rp2
   $$ 容错判断:判断输入的花键轴长度是否满足要求(块 IF 分支结构)
IFTHEN/h<=50 or h>=200
     MESSG/'长度超过范围,请重新输入!'
     JUMP/L16:
ENDIF
L30:
 $$ 定义花键轴中心线位置,交互式输入中心线两端点位置(当型循环结构)
  IFTHEN/i<=2
     L20:
        GPOS/'请输入中心线位置:',x(i),y(i),z(i),rp1
        JUMP/L20:,HLT:,,,rp1
        i=i+1
      JUMP/L30:
  ENDIF
ln(1)=LINE/x(1),y(1),z(1),x(2),y(2),z(2)
pt(1)=POINT/1,0,0    $$ 定义用户坐标系,中心线为新坐标系的 Z 轴方向
cy1=CSYS/pt(1),ln(1)
&WCS=cy1          $$ 将 cy1 设置为工作坐标系
DELETE/ln(1)
en(1)=SOLCYL/ORIGIN,0,0,0,HEIGHT,h,DIAMTR,D2     $$ 生成圆柱体
cr(1)=CIRCLE/0,0,0,D2/2                          $$ 开始创建一个花键轮廓
cr(2)=CIRCLE/0,0,0,D1/2
ln(1)=LINE/-B/2,0,-B/2,D1
ln(2)=LINE/B/2,0,B/2,D1
```

```
    pt(1)=POINT/INTOF,cr(1),ln(1)
    pt(2)=POINT/INTOF,cr(1),ln(2)
    pt(3)=POINT/0,D2/2
    cr(3)=CIRCLE/pt(2),pt(3),pt(1)
    pt(4)=POINT/INTOF,cr(2),ln(1)
    pt(5)=POINT/INTOF,cr(2),ln(2)
    pt(6)=POINT/0,D1/2
    cr(4)=CIRCLE/pt(5),pt(6),pt(4)
    ln(3)=LINE/pt(1),pt(4)
    ln(4)=LINE/pt(2),pt(5)
    en(2)=SOLEXT/ln(3..4),cr(3..4),HEIGHT,h    $$ 拉伸创建一个花键实体
    DELETE/cr(1..4),ln(1..4),pt(1..6)
    DO/L40:,i,1,n-1                           $$ DO 循环结构入口
      mat1=MATRIX/XYROT,360/n * i
      en(2+i)=TRANSF/mat1,en(2)               $$ 旋转变换实现花键环形阵列
    L40:                                      $$ 循环出口
    en(3+i)=UNITE/en(1),WITH,en(2..2+i)       $$ 并运算创建花键轴整体模型
    HLT:
HALT
```


6.6 子程序及调用

1. 子程序

GRIP 程序设计过程中，可以将那些重复使用的程序部分或一些常用的功能程序段单独书写为一个程序，需要的时候直接调用该程序即可。这种类型的程序就是子程序。

子程序和主程序一样，也是一个完整的 GRIP 程序，经过编译后，由主程序实现链接即可运行。子程序有特定的格式要求，即

格式：PROC [/dummy argument list]

　　变量申明

　　子程序主体

　　RETURN

说明：子程序一般格式以 PROC/语句开始；以 RETURN 语句结束；一个子程序中至少有一个 RETURN 语句，也可以有多个 RETURN 语句；子程序的形式参数 dummy argument list 可以是 ENTITY，STRING，NUMBER 等类型的变量名，也可以是一般变量。

子程序必须由主程序或其他子程序调用才能被执行。

2. 子程序调用

格式：CALL/'subprogram name' [, actual argument list]

说明：子程序调用语句，'subprogram name'为子程序名，[, actual argument list] 子程序

实际参数。

使用子程序时需注意以下几点。

1）子程序和主程序须单独编译，编译通过后由主程序链接生成可执行程序。

2）子程序不能单独执行，必须被主程序或其他子程序调用才能被执行。

3）主程序调用子程序时，形式参数与实际参数个数必须相等，形式参数与对应实际参数的数据类型必须相同。

4）一个主程序调用子程序数量最多不超过50个。

例6-17 子程序及子程序调用实例：主程序给定阶梯轴的段数后调用子程序实现阶梯轴的实体建模。

```
 $$ 主程序 main.grs
ENTITY/ent(10),ln1,wcs1,pt    $$ 变量声明
NUMBER/n       $$ 表示阶梯轴段数
L10:
  PARAM/'请输入阶梯轴段数(3<n<8)','n=',n,resp    $$ 人机交互语句
  JUMP/L10:,trm:,,,resp
IFTHEN/n<=3   or n>=8          $$ 容错判断
  MESSG/'段数不在满足范围内'
  JUMP/L10:
ENDIF
CALL/'jietizhou',n          $$ 调用子程序,n(阶梯轴段数)为实际参数
trm:
HALT

 $$ 创建阶梯轴子程序:jietizhou.grs
PROC/x                          $$  x(阶梯轴段数)为形式参数
ENTITY/ln1,pt,wcs1,ent(20)
NUMBER/xp(2),yp(2),zp(2),zc,h,d       $$ h、d 分别表示每段阶梯轴的长度和直径
DO/L30:,i,1,2          $$ 确定阶梯轴中心线两端点
  L20:
    GPOS/'请输入中心线位置:',xp(i),yp(i),zp(i),resp
    JUMP/L20:,HLT:,,,resp
L30:
ln1=LINE/xp(1),yp(1),zp(1),xp(2),yp(2),zp(2)    $$ 生成阶梯轴中心线
pt=POINT/1,0,0
wcs1=CSYS/pt,ln1
&WCS=wcs1       $$ 定义工作坐标系
zc=0     $$ 循环结构生成阶梯轴实体
DO/L40:,i,1,x
```

```
  L35:
  PARAM/'请输入 D','D=',d,'H=',h,resp
  JUMP/L35:,HLT:,,,resp
  ent(i)=SOLCYL/ORIGIN,0,0,zc,HEIGHT,h,DIAMTR,d
  zc=zc+h
L40:
HLT:
RETURN          $$ 子程序执行结束,返回主程序调用处
```

程序执行结束后,形成的阶梯轴如图 6-13 所示。

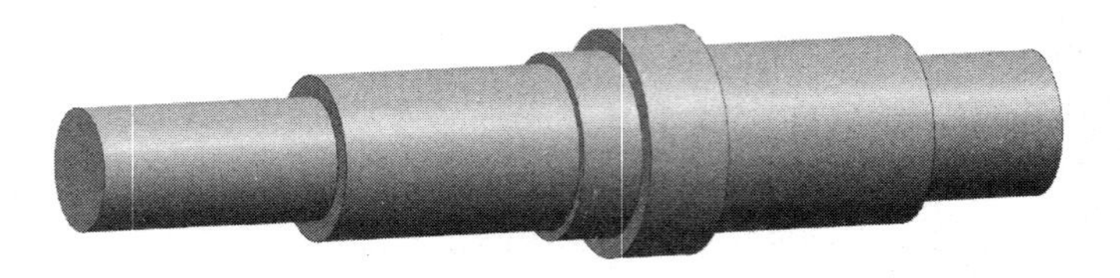

图 6-13　主程序调用子程序阶梯轴(n=x=6)

6.7　文件管理

1. 创建文件

(1) 创建部件文件

格式: CREATE/PART, 'filename', {INCHES|MMETER}[,number list][,IFERR,label:]

说明: 创建部件文件, 如果给定文件名的部件文件不存在, 该语句将创建一个新的部件文件, 选项 INCHES| MMETER 表示计量单位为英制|公制, number list 表示部件的初始显示边界。如果该部件文件已存在, 将执行选项 IFERR, 转向 label:, 输出错误提示信息。

(2) 创建文本文件

格式: CREATE/TXT, file#[,'filename '][,IFERR,label:]

说明: 创建文本文件, 如果给定文件名的文本文件不存在, 该语句将创建一个新的文本文件。否则将执行选项 IFERR, 转向 label:, 输出错误提示信息。

file#表示该文本文件的临时文件工作区号 GRIP 文本临时文件的工作区有 10 个, 即 1 号工作区 (1)~10 号工作区 (10), 每个工作区可以打开一个文本文件。

2. 操作文件

(1) 操作部件文件

打开部件文件语句:

格式: FETCH/PART, 'filename' [,IFERR,label:]

说明: 打开文件名为'filename'的部件文件。如果该部件文件存在, 打开该文件, 否则转向错误语句标号。

保存部件文件语句：

格式：FILE/PART [,'filename'] [,IFERR,label：]

说明：将当前打开的部件文件以'filename'为文件名存盘。

终止部件文件语句：

格式：FTERM/PART [,options] [,IFERR,label：]

说明：终止已激活的部件文件，[，options] 可以是 all、string、asmbly、always 中的任意一个，其中 all 表示关闭所有打开的部件文件；string 表示给出文件名后关闭；asmbly 表示关闭当前的部件文件；always 表示如果当前部件文件被修改，正常关闭该文件。

删除部件文件语句：

格式：FDEL/'filename' [，IFERR，label：]

说明：删除名为'filename'的部件文件。

（2）操作文本文件

打开文本文件语句：

格式：FETCH/TXT，file#，'filename' [,IFERR,label：]

说明：如果该文本文件存在，表示在 file#工作区打开该文件，否则执行 IFERR，label：转向错误语句标号。

保存文本文件语句：

格式：FILE/TXT，file# [,'filename'] [LINNO] [,IFERR,label：]

说明：保存文本文件，file#为工作区号；LINNO 保存时在文本文件中自动记入行号；IFERR，label：为错误信息通道，即存盘出错时，转向语句标号 label：。

终止文本文件语句：

格式：FTERM/TXT，file# [,IFERR,label：]

说明：关闭已打开的文本文件，IFERR，label：为错误信息通道。

删除文本文件语句：

格式：FDEL/'filename' [,IFERR,label：]

说明：删除由'filename'指定的文本文件，IFERR，label：为错误信息通道。

设置行指针在临时文件顶部语句：

格式：RESET/file#

说明：设置指针到当前打开的文本文件的顶部，file#为临时文件号，GRIP 中可使用从1~10 的 10 个临时文件号。

读文本文件数据语句：

格式：READ/file#，[LINNO,line#] [USING,'image string'] [IFERR,label：]

说明：从已打开且临时文件号为 file#的文本文件中读取数据，IFERR，label：为错误信息通道。

向文本文件写入数据语句：

格式：WRITE/file#，/[LINNO,line#] [USING,'image string'],data list

说明：向已打开且临时文件号为 file#的文本文件中写入数据。

例 6-18 文件操作实例：生成如图 6-14 所示内六角圆柱头螺钉，其参数值见表 6-17。

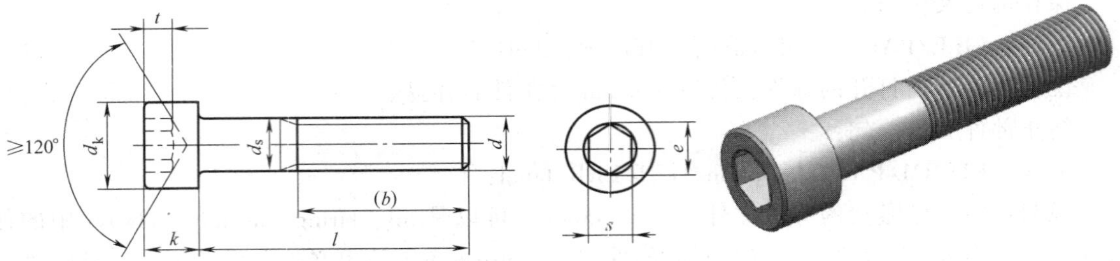

图 6-14　内六角圆柱头螺钉

表 6-17　内六角圆柱头螺钉（GB/T 70.1—2000 摘录）　（单位：mm）

螺纹规格 d	M5	M6	M8	M10	M12	M16	M20	M24	M30	M36
b(参考)	22	24	28	32	36	44	52	60	72	84
d_k(max)	8.5	10	13	16	18	24	30	36	45	54
e(min)	4.58	5.72	6.86	9.15	11.43	16	19.44	21.73	25.15	30.85
k(max)	5	6	8	10	12	16	20	24	30	36
s(公称)	4	5	6	8	10	14	17	19	22	27
t(min)	2.5	3	4	5	6	8	10	12	15.5	19
l 范围(公称)	8~50	10~60	12~80	16~100	20~120	25~160	30~200	40~200	45~200	55~200

luoding.txt 保存内六角圆柱头螺钉设计参数，保存在路径“f：\ gripjc”下，文件内容为：10.0，16.0，10.0，8.0，5.0，9.15，32.0，50.0，1.5，见表 6-18。

表 6-18　程序变量及对应数值　（单位：mm）

d	dk	k	s	t	e	b	l	p(螺距)
10.0	16.0	10.0	8.0	5.0	9.15	32.0	50.0	1.5

```
$$ 内六角圆柱头螺钉参数化实体建模 GRIP 源程序
ENTITY/en(20),sp(2000),sp1(2000),sp2(2000),pt(2000),ln(10),cr(1)
NUMBER/mat(12)
DATA/st,0,st1,0,st2,0,a,0,sn,-1,i,0,t1,0,t2,0,r,0.5,c1,0.5
CREATE/PART,'f:\luoding',MMETER,IFERR,open10:      $$ 创建部件文件
JUMP/open20:
open10:
  FETCH/PART,'f:\luoding'                 $$ 如果部件文件已存在则打开该部件文件
  DELETE/ALL
open20:
FETCH/txt,1,'f:\luoding.txt'              $$ 打开文本文件
RESET/1
READ/1,d,dk,k,s,t,e,b,l,p                 $$ 读取文本文件数据
h1=p * sqrtf(3)/2
```

```
d1=d-5*h1/4                         $$ 螺钉小径
en(1)=SOLCYL/ORIGIN,0,0,k+l-b,HEIGHT,b+2*p,DIAMTR,d1
$$ 生成螺旋线 1
DO/loop1:,st,k+l-b-p,l+k+p,p/48
    i=i+1
    sp(i)=POINT/d*SINF(a)/2,d*COSF(a)/2,st        $$ 创建样条曲线控制点
    a=a+7.5*sn
loop1:
en(2)=SPLINE/sp(1..i)               $$ 创建样条曲线
$$ 生成螺旋线 2
DO/loop2:,st1,k+l-b-p,k+l+p,p/48
    t1=t1+1
    sp1(t1)=POINT/d1*SINF(a1)/2,d1*COSF(a1)/2,st1
    a1=a1+7.5*sn
loop2:
en(3)=SPLINE/sp1(1..t1)
$$ 采用样条曲线创建梯形牙廓
DO/loop3:,st2,k+l-b-p+1*p/16,k+l-b-p-1*p/16,-p/80
    t2=t2+1
    sp2(t2)=POINT/0,0.99*d/2,st2
loop3:
DO/loop4:,st2,k+l-b-p-1*p/16,k+l-b-p-3*p/8,-5*p/320
    t2=t2+1
    sp2(t2)=POINT/0,0.99*(d/2-sqrtf(3)*(k+l-b-p-1*p/16-st2)),st2
loop4:
DO/loop5:,st2,k+l-b-p-3*p/8,k+l-b-p+3*p/8,p/40
    t2=t2+1
    sp2(t2)=POINT/0,0.99*d1/2,st2
loop5:
DO/next:,st2,k+l-b-p+3*p/8,k+l-b-p+1*p/16,-5*p/320
    t2=t2+1
    sp2(t2)=POINT/0,0.99*(d1/2+sqrtf(3)*(k+l-b-p+3*p/8-st2)),st2
next:
en(4)=SPLINE/CLOSED,sp2(1..t2)        $$ 创建封闭的样条曲线
en(5)=BSURF/SWPSRF,TRACRV,en(2..3),GENCRV,en(4)        $$ 创建扫掠实体
en(1)=UNITE/en(1),WITH,en(5)        $$ 与螺纹杆并运算
en(6)=SOLCON/ORIGIN,0,0,0,HEIGHT,c1,DIAMTR,dk-2*c1,dk        $$ 倒角
en(7)=SOLCYL/ORIGIN,0,0,c1,HEIGHT,k-c1,DIAMTR,dk
en(7)=UNITE/en(7),WITH,en(6)
```

```
en(8)=SOLCON/ORIGIN,0,0,0,HEIGHT, $
        1*0.5*SINF(30)/COSF(30),DIAMTR,e+1,e
en(9)=SOLPRI/ORIGIN,0,0,0,HEIGHT,t,DIAMTR,s,side,6
en(10)=SOLCON/ORIGIN,0,0,t,HEIGHT, $
        s*0.5*SINF(30)/COSF(30),DIAMTR,s,0
en(7)=SUBTRA/en(7),WITH,en(8..10)        $$ 生成内六角
pt(1)=POINT/k,0,0
ln(1)=LINE/pt(1),ATANGL,90
pt(2)=POINT/k+l-b,d/2
ln(2)=LINE/pt(2),ATANGL,180
cr(1)=FILLET/YLARGE,ln(2),XLARGE,ln(1),RADIUS,r
pt(3)=POINT/&SPOINT(cr(1))
pt(4)=POINT/&EPOINT(cr(1))
pt(5)=POINT/k+l-b,0
ln(3)=LINE/pt(1),pt(3)
ln(4)=LINE/pt(4),pt(2)
ln(5)=LINE/pt(2),pt(5)
ln(6)=LINE/pt(5),pt(1)
en(11)=SOLREV/ln(3..6),cr(1),ORIGIN,0,0,0,ATANGL,360,AXIS,1,0,0
mat=MATRIX/ZXROT,-90
en(12)=TRANSF/mat,en(11)
en(13)=SOLCYL/ORIGIN,0,0,l-b+k,HEIGHT,b,DIAMTR,d
en(13)=INTERS/en(13),WITH,en(1)
en(7)=UNITE/en(7),WITH,en(12..13)
BLANK/en(2..3)
DELETE/sp,sp1,sp2,en(11),pt,ln
FILE/PART
FILE/TXT,1
HALT
```


GRIP 语言还具有制图功能和装配等功能语句,请参阅其他相关资料和文献。

练 习 题

1. CAD 软件二次开发方式主要有几类?

2. 试比较 Pro/E 与 UG NX 两个 CAD 软件各自特点。

3. 已知 $A(0,0)$、$B(2,1)$、$C(1, 2)$,试编写点 A、直线 AB、平面 ABC 的 GRIP 生成源程序,要求进行编译、链接,并获得通过。

4. GRIP 程序实现棱柱体的生成:要求交互式输入棱柱体边数 $n(3<n<10)$,棱柱体高 $h=148$mm,具有错误提示功能。

5. 用 GRIP 程序参数化生成如图 6-15 所示零件。要求交互式输入参数 A、B、RC 及该零件厚度 H,两孔直径为 8mm,程序具有错误提示功能。

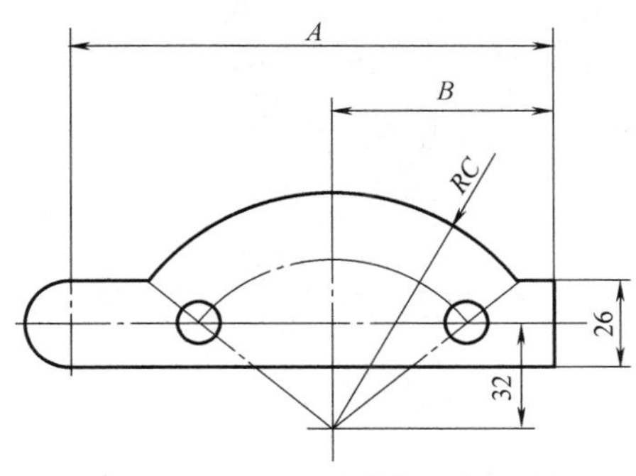

图 6-15　练习题 5 图

6. 如图 6-16 所示，GRIP 程序人机交互输入法兰参数（D、D_1、D_2、D_3、D_4、h、h_1、n），实现其参数化设计，要求由用户确定法兰中心线的位置，并具有错误提示功能。

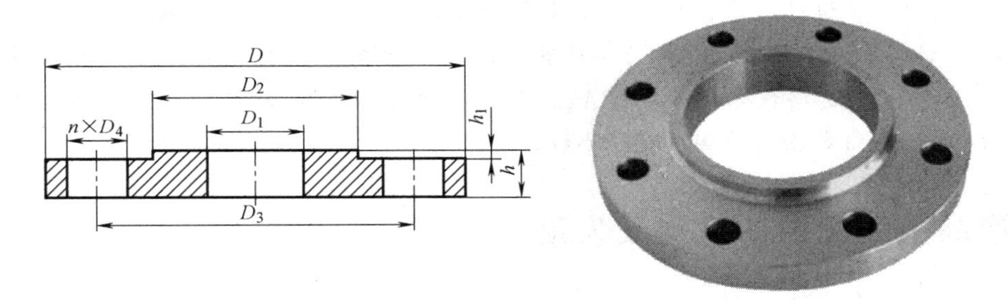

图 6-16　练习题 6 图

第7章

产品数据交换技术

—核心问题与本章导读—

在产品设计与制造过程中，设计人员需要使用计算机辅助设计（CAD）、计算机辅助制造（CAM）、计算机辅助工程（CAE）、计算机辅助工艺规程设计（CAPP）、计算机集成制造（CIM）等技术，这些技术统称为CAx。本章主要介绍CAx软件系统间产品数据交换技术，并详细介绍产品数据交换国际标准STEP。

7.1 产品数据交换的意义及发展

7.1.1 产品数据交换的意义及方式

随着计算机辅助技术在工业领域的广泛应用，生产率大大提高。但由于每种系统都有自己特定的数据格式，在具体应用中，多种CAx系统间的数据交换就成一个亟须解决的问题。为了满足CAx集成的需要，提高数据交换的速度，保证数据传输的完整、可靠和有效，必须使用产品数据交换规范。

CAx系统间的产品数据交换有三种方式。第一种方式是采用专用数据格式（见图7-1），即数据通过两个系统间约定的数据结构形成的文件传送，发送方先按约定将数据转换成专用文件，接收方收到文件后用后置处理器进行处理。它的特点是原理简单，转换接口程序易于实现，运行效率较高。但当系统较多时，接口程序增多，编写接口要了解的数据也较多，并且当一个系统的数据结构变化时引起的修改也较多。这是CAx系统发展初期采用的方式。第二种方式是采用标准数据格式（见图7-2），在每一系统与标准数据格式之间开发双向转

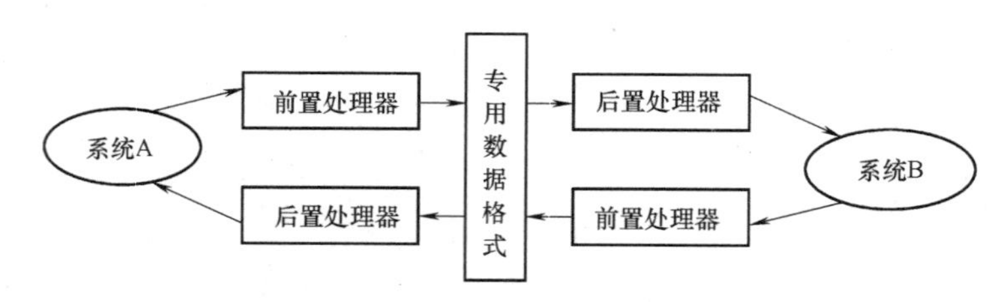

图7-1 采用专用数据格式

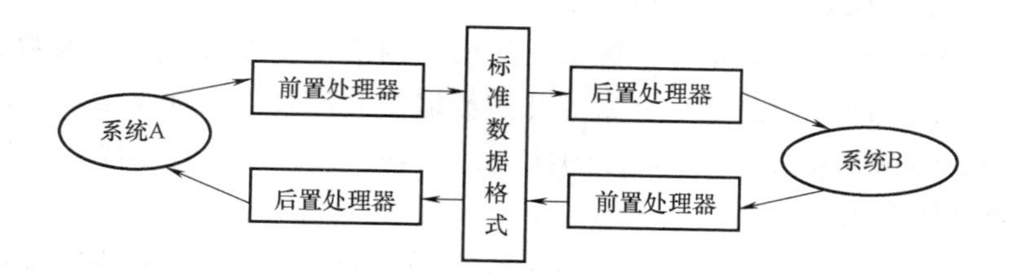

图 7-2　采用标准数据格式

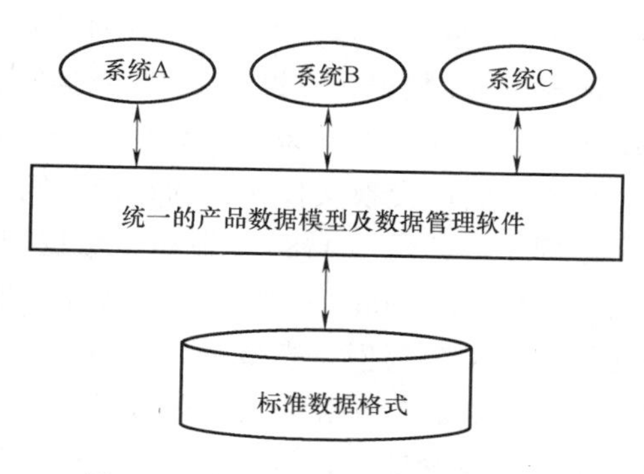

图 7-3　采用统一的产品数据模型

换接口（即前置处理器和后置处理器），是进行 IGES 图形数据交换的思想基础，其目的是减少和简化各系统之间数据转换接口程序的编写，所以系统的数据传输针对标准的数据格式，所有的前后置处理器的编写都非常类似。但当子系统较多时，接口程序增多，编写接口要了解的数据结构也较多，而且仍然存在系统间模型不统一的问题。由于以上两种方式都是通过数据交换接口，因此运行效率不高，也不便于集成。第三种方式采用统一的产品数据模型（见图 7-3），并采用统一的数据管理软件来管理产品数据，各系统之间可以直接进行信息交换，而不是将产品信息转换为数据，再通过文件来交换，这就大大提高了系统的集成性。它强调所有的应用系统均采用统一的产品数据模型，该数据模型包含该产品生命周期各阶段的产品信息。这种方式是 STEP 进行产品信息交换的基础。

7.1.2　数据交换标准的发展

20 世纪 70 年代末 80 年代初以来，国际上做了大量数据交换标准的研究与制定，从而产生了许多数据交换规范。

IGES（Initial Graphics Exchange Specification）是最早出现的 CAD 产品数据交换规范，影响最大，应用最广泛。IGES 于 1979 年在美国国家标准局的倡导下开始制定，1981 年 9 月 ANSI 公布美国标准 IGES1.0 版，直到 1996 年公布 IGES5.3 版，其内容和功能不断改进，覆盖了 CAx 软件数据交换的越来越多的领域，是 CAD/CAM 系统间图形信息交换的一种规范。

IGES 文件的格式分为 ASCII 和二进制格式。ASCII 格式便于阅读，二进制格式适合传送大量文件。ASCII 格式中，每行为 80 个字符，每 8 个字符为一个域，每行 10 个域，由若干行组成一个文件。文件分成五段，即开始段、全局参数段、目录索引段、参数数据段、结束段。开始段（START SECTION）提供使用者阅读 IGES 数据文件的说明语言，格式和行数不限。全局参数段（GLOBAL SECTION）包含由前置处理器写入和后置处理器处理该文件所需的描述信息，提供和整个模型有关的信息，如 IGES 文件在使用的参数分隔符、记录分隔符、文件名、IGES 版本、直线颜色、单位、建立及修改该文件的时间、作者等信息。目录索引段（DIRECTORY ENTRY SECTION）存放 IGES 文件中的实体目录，包含文件索引和实体的属性信息，每个实体对应一个索引，每一个索引占两行，包含 20 项，每项占 8 个字符，记录相应实体的实体类型，参数指针、版本、线形、图层，视图等内容。参数数据段（PARAMTER DATA SECTION）记录每个元素的几何数据，其记录内容随元素不同而异。结束段（TERMINATE SECTION）标识 IGES 文件的结束，只有一行，记录起始段、全局段、条目索引段、参数数据段的段码及各段行数。

IGES 标准的缺点主要表现在以下几个方面。首先 IGES 中定义的实体主要是几何图形方面的信息，而不是产品定义的全面信息。它的目的是在屏幕上显示图形或用绘图机绘出图形、尺寸标注和文字注释。所有这些都是供人理解的，而不是面向计算机的，所以不能满足 CAD/CAM 集成的要求。其次 IGES 对数据传输不可靠，往往一个 CAD 系统只有一部分数据能转换成 IGES 数据，在读入 IGES 数据时，也经常有部分数据被丢失。此外 IGES 的一些语法结构有二义性，不同系统对同一 IGES 文件给出不同的解释，这可能导致数据交换的失败。再次是它的交换文件所占的存储空间大，影响数据文件的处理速度和传输效率。

法国宇航公司于 1984 年制定了数据交换传输标准 SET Rev1.1，并已经成为法国国家标准 AFNOR：Z68-300。SET 有七类模型，即二维和三维线框模型、曲面模型、实体模型、有限元模型、文字模型、模型结构和专用扩展模型，通过 ASCII 码文件进行 CAx 系统间的数据交换。SET 采用五层结构，即数据集、总装件、部装件、块和子块。块和子块是点、线、面、体、坐标变换、视区定义、线型、文字和符号等数据。SET 与 IGES 明显的区别在于 SET 采用了更紧凑的存储格式，因而运行效率高，灵活并易于扩展。

联邦德国汽车工业协会于 1983 年 6 月公布了 VDAFS1.0 标准，用以传递自由曲面的数据，并已经成为德国国家标准 DIN 66301。VDAFS 的特点是应用领域较窄，只能处理自由曲面数据信息。

欧洲最大的 CIMS 研究工程 ESPRIT 项目 322CAD·I 计划于 1984 年开始实施，目的是开发一个功能完善的 CAD 数据接口，以发展各种 CAD 系统间数据交换技术。CAD·I 计划以发展适用于产品定义数据交换的现有接口，如 IGES，XBF 和 SET 等接口为原则，设计了一个交换产品数据的文件草案。

为了更全面地研究产品定义数据的管理与应用，美国空军作为 ICAM 计划的一部分，在 IGES 的基础上进行了一个涉及产品生存期中各个环节的产品定义数据接口计划（Product Definition Data Interface，PDDI）。它的研究内容包括产品的几何模型、力学模型、分析、出图、工艺过程设计、工艺装备设计、数控加工、成组工艺、质量控制、生产管理中的材料明细表、进度计划、库存及生产控制、市场预测等。PDDI 计划从 1982 年 10 月开始，三年完成。PDDI 将产品的定义数据分成五类，即几何数据、拓扑数据、容差数据、特征数据和管理数据，其系统结构分为概念模式、工作格式、交换格式和存取软件部分，其中交换格式包括元数据、格式、注释、特征、统计、关系和数据共七节。1988 年美国 ATP 公司推出了完全采用 PDDI 的机械 CAD/CAM 软件——CIMPLEX。PDDI 不但为 20 世纪 90 年代的计算机集成制造系统软件的开发提供了实用技术，而且为后来的 PDES（Product Data Exchange Specification）计划做了很多技术储备。特别是 PDDI 的数据描述语言 DSL 后来成为 PDES 的数据描述语言。

与 PDDI 相衔接，美国 IGES 委员会于 1984 年开始实施研究新一代产品数据交换规范 PDES 计划，于 1987 年中期完成 PDES1.0，后来得到 ISO 的认可，纳入其 STEP 计划中。

PDES 计划的目标是为建立产品数据交换规范开发一种方法论，并运用这套方法论开发一个新的产品数据交换标准，以克服 IGES 在开发和实施过程中存在的缺陷。它的显著特点是着重于产品模型信息的交换，而不仅是几何和图形数据的传递，能描述的信息除了几何数据，还应包括许多非几何数据，如制造特征、公差、材料特征、表面处理要求等。PDES 支持的产品数据交换方式上，不仅支持文件交换，同时也支持数据库共享，在交换方式上前进了一大步。PDES 的开发方法基于一个三层的体系结构（应用层、逻辑层、物理层）、参数模型及形式化语言 EXPRESS，消除了定义中的二义性，提高了计算机可实现的程度。所以，无论是开发标准的方法论还是标准的结构和内容方面，PDES 计划都有重大的突破和创新，为 STEP 标准的制定奠定了基础。1986 年公布的 PDES 初始报告和 1988 年底公布的 STEP1.0（草案）是 PDES/STEP 计划的两个最重要的文件，它们描述了 PDES/STEP 的一些基本思想和规范的发展计划，并且提供了产品信息模型的基本资料。ISO 的 TC 184 成立了几个组专门制定 STEP 的系列标准。正式命名为 ISO 10303 产品数据的表达与交换。

STEP 标准不像其他规范仅仅集中在数据交换，STEP 采用 EXPRESS 形式化描述语言对产品数据所表达的信息模型进行正式的定义，对产品数据进行形式化的表达。STEP 将产品的表达与实现分开，这是 STEP 有别于其他标准的根本所在。现在，几乎所有的主流 CAD 软件都提供了 STEP 接口，只是转换没有 IGES 方便。

除了以上介绍的几种标准，还有其他一些产品数据交换规范，如 DXF、SLC、STL、SAT、ParaSolid 等。DXF 是 Autodesk 公司开发的用于 AutoCAD 与其他软件之间进行数据交换的中性文件格式。DXF 是一种开放的矢量数据格式，可以分为 ASCII 码格式和二进制格式。几乎所有的 CAx 软件都支持此格式。STL 文件格式由美国 3D System 公司于 1988 年制定，是一种用三角面片表达实体表面数据的文件格式，广泛应用于快速成型、数控加工、逆向工程等领域。ParaSolid 是一种国际通用的几何建模平台，UG、SolidWorks、SolidEdge 等软件采用 ParaSolid 作为其三维造型内核。ParaSolid 文件格式分为文本格式（扩展名为 x_ t）和二进制格式（扩展名为 x_ b）。该数据交换格式可靠，广泛应用于 CAx 系统间数据交换。系统内核使用 ParaSolid 的不同软件，能够相互进行精确的无缝转换。

7.2 STEP 标准

STEP 是国际标准化组织（ISO）所属技术委员会 TC184（工业自动化系统技术委员会）下的“产品模型数据外部表示”（External Representation of Product Model Data）分委员会 SC4 所制定的国际统一 CAD 数据交换标准。

STEP（Standard for the Exchange of Product Model Data）全称为产品模型数据交换标准，其 ISO 的正式代号为 ISO 10303。它的目的是提供一种不依赖于任何特定系统的中性机制，能够描述产品整个生命周期的、完整的、语义一致的产品数据模型。产品生命周期包括产品的设计、制造、使用、维护和报废等整个周期。

7.2.1 STEP 的体系结构

STEP 由一系列的单独发行的部分组成，其标准结构（见图 7-4）主要由描述方法（Description Methods），实现方法（Implementation Methods），集成资源（Integrated Resources），

一致性测试（Conformance Testing），应用协议（Application Protocols）和应用解释构件（Application Interpreted Construct）六大部分组成。每一部分又包括若干子部分。STEP 主要由以下部分组成。

(1) 描述方法　　Part 11～19
(2) 实现方法　　Part 21～29
(3) 一致性测试方法论与框架　　Part 31～35
(4) 抽象测试集　　Part 301～337
(5) 集成通用资源　　Part 41～49
(6) 集成应用资源　　Part 101～199
(7) 应用协议　　Part 201～1199
(8) 应用解释构件　　Part 501～521

描述方法包括形式化数据规范语言 EXPESS，EXPRESS 的图形化表示法 EXPRESS-G 以及 EXPRESS 的映射语言等。STEP 发展过程中创造性地定制了形式化的数据规范语言，形式化数据规范语言的使用提高了数据表达的精确性和一致性，有利于 STEP 在计算机上的实现。

集成资源是 STEP 标准的主要部分，采用 EXPRESS 语言描述，提供产品信息的表达。集成资源是形成应用协议的基础，但不能直接实现。每一集成资源是由 EXPRESS 描述的产品数据的集合，这些数据描述称为资源构件。这些资源构件用于描述某个特定方面的数据，不同应用领域中相似的信息可以用同一资源构件表达。因此它们具有可重用性，可经过组合、修改、增加约束、关系和属性以满足特定应用的需求。

集成资源包括通用资源、应用资源和应用解释构件。通用资源在应用上具有通用性，其标准编号为 Part40～49。应用资源描述特定应用领域的数据，如图样版本、尺寸编号等。这些资源往往被相应的应用协议所引用，如绘图、有限元等，其标准编号为 Part101～199。当两个或两个以上应用协议的信息需求出现重复时，必须使用相同的解释，即在应用解释模型 AIM 中使用能满足这些信息需求的相同的集成资源构件和定义。在这种情况下，引入了应用解释构件的概念。应用解释构件是建立应用协议提供资源引用和解释的标准，标准编号从 Part 501 开始。AIC 可用于将来开发的新的应用协议。STEP 要求拥有相同的信息需求的处理器间要有互相协调的能力，AIC 就能满足这方面的要求。

应用协议是 STEP 标准的一个基本概念。应用协议是一份文件，用以说明如何用标准的 STEP 集成资源来解释产品数据模型，以满足实际需求。也就是说，根据不同应用领域的实际需求，从集成资源抽取所需的构件，并补充集成资源中没有的信息。

一个应用协议包括应用活动模型（Application Activity Model，AAM）、应用参考模型（Application Reference Model，ARM）、应用解释模型（Application Interpreted Model，AIM）和一致性类（Conformance Classes）四部分。根据应用领域的需要，用信息流与过程流来描述一个应用，这就是应用活动模型。AAM 是一种功能模型，一般用 IDEF0 描述，主要描述活动的输入、输出、控制与机制。根据 AAM 定义出应用协议的信息需求与数据间的相互关系，即应用参考模型。此模型通常用 IDEFX 或 EXPRESS-G 表示。根据 AAM 和 ARM，从集成资源中抽取所需的资源构件，增加约束、关系和属性，建立用 EXPRESS 描述的应用解释模型。应用解释模型是 ARM 向 STEP 集成资源信息模型映射的结果，采用 EXPRESS 语言描述。

实现方法是针对特定的 STEP 信息模型的标准实现方法。STEP 中的每一种实现方法描述了从 EXPRESS 语言到实现方法所用的形式语言的映射。这一部分内容将在下一节进行详细阐述。

一致性测试包括一致性测试方法论和框架（Conformance Testing Methodology and Framework）和抽象测试集（Abstract Test Suits）两部分。一致性测试方法论和框架为实现了 STEP 应用协议的产品提供测试一致性的方法和要求。每个应用协议对应一个抽象测试集。每个抽象测试集包含一些抽象测试件（Abstract Test Case，ATC），每个一致性要求对应一个或多个 ATC。ATC 包含测试目标、测试件标志符、标准的特定部分的引用说明和特定于测试件的判定准则。一致性测试的方法是选择与应用协议实现方法相对应的抽象测试集中的 ATC，采用抽象测试方法进行测试。

基于参考模型和形式化语言的作用，STEP 体系结构可以分为三个层次，如图 7-4 所示。

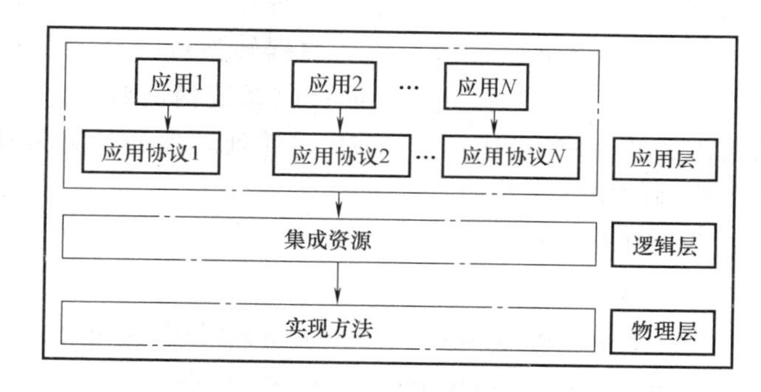

图 7-4　STEP 体系结构的层次关系

1）最上层是应用层，包括应用协议及对应的抽象测试集，是面向具体应用的，这是标准与应用的接口。

2）第二层是逻辑层，包括集成资源，是一个完整的产品模型，其从实际应用中抽象出来，与具体实现无关。

3）最底层是物理层，包括实现方法，给出在计算机上的具体实现形式，如输出中性文件。

逻辑层的集成资源是 STEP 的核心，针对不同的应用，以集成资源为基础构造面向特定应用领域的应用协议，而各种应用的实现最终体现在物理层。这就使得产品数据的表示和实现形式在逻辑上完全分离，减少各层数据模型之间的依赖性，更换或增加一种新的实现形式，上两层可相对保持不变；同样，对于不同应用领域对同一集成资源的要求，可以通过增加、限制属性以及相互间的关系约束等方式对集成资源进行扩充，而不必改动其他两层的数据模型。

这三层组织结构在形式上类似于数据库的三级模式结构（外模式，概念模式，内模式）。应用层支持以 IDEF0 方法为基础的功能分析，并在此基础上设计产品数据模型。逻辑层用来生成形式化的规格说明，EXPRESS 语言就是支持形式化规格说明的建模语言。物理层导出和指明形式化的需求规格的实施机制。目前已定义了该层物理文件和对数据库的标准数据访问接口（SDAI）。

使用三级模式设计语言模型时，可通过功能分析导出形式化的需求规格说明，然后根据形式化的需求规格说明，导出面向实施的规格说明。这就使得 STEP 独立于应用，独立于具体的计算机系统，独立于任何语法标准。

7.2.2 实现方法

实现方法是指用什么方法或形式在具体领域中实现信息交换。STEP 标准将数据交换的实现形式分为四级，即中性文件、工作格式交换、数据库交换和知识库交换。对于不同的 CAD/CAM 系统，可以根据对数据交换的要求和技术条件选取一种或多种形式。

中性文件是最低一级。STEP 中性文件利用显式正文编码，语法结构由 Wirth 语法标记法（WSN）定义，提供对应用协议书中产品数据描述的读和写操作。显式正文是指文件内容是可读的正文格式，有别于二进制编码。STEP 中性文件以“ISO-10303-21;”开始，“END-ISO-10303-21;”结束。文件由两段组成，即 HEADER 段和 DATA 段。HEADER 段记录有关整个中性文件的信息，如文件名、文件生成日期、作者姓名、单位、文件描述、前后处理程序名等。DATA 段为文件的主体，记录 EXPRESS 定义的实体实例及其属性值，实例用标志号和实体名表示，属性值为简单或聚合数据类型的值或引用其他实例的标志号。各应用系统之间数据交换是经过前置处理或后置处理程序处理为标准中性文件进行交换。STEP 文件前置处理器把应用程序内的数据转换成符合 STEP 交换结构语法的文件，STEP 后置处理器将读入的 STEP 文件转换成接收系统内的数据。产品数据模型的 EXPRESS 描述和交换结构语法的 WSN 描述，为 STEP 文件处理器的计算机辅助生成提供了形式化基础。下面为一个椭圆的中性文件删节版。

```
ISO-10303-21;
HEADER;
/* Generated by software containing ST-Developer
 * from STEP Tools,Inc.(www.steptools.com)
 */
/* OPTION:using custom schema-name function */

FILE_DESCRIPTION(
/* description */('')
/* implementation_level */'2;1');

FILE_NAME(
/* name */'mode12.stp',
/* time_stamp */'2016-07-30T21:04:19+08:00',
/* author */(''),
/* organization */(''),
/* preprocessor_version */'ST-DEVELOPER v15',
/* originating_system */'SIEMENS PLM Software NX 8.5',
/* authorisation */'');

FILE_SCHEMA(('CONFIG_CONTROL_DESIGN'));
ENDSEC;
```

```
DATA;
#10=SHAPE_REPRESENTATION_RELATIONSHIP('None',
'relationship between mode12-None and mode12-None',#92,#11);
#11=GEOMETRICALLY_BOUNDED_WIREFRAME_SHAPE_REPRESENTATION('mode12-
None'
(#93),#104);
#12=CC_DESIGN_APPROVAL(#24,(#82));
#13=CC_DESIGN_APPROVAL(#25,(#84));
#14=CC_DESIGN_APPROVAL(#26,(#31));
#15=APPROVAL_PERSON_ORGANIZATION(#69,#24,#18);
…
#94=ELLIPSE('Conicl',#96,50.,25.);
#95=AXIS2_PLACEMENT_3D(″,#101,#97,#98);
#96=AXIS2_PLACEMENT_3D(″,#103,#99,#100);
…
ENDSEC;
END-ISO-10303-21;
```

工作格式交换是一种特殊的形式。它是产品数据结构在内存的表现形式，是以二进制格式给出的公共文件。它的实现需要定义标准的数据存取机制，利用内存数据管理系统使要处理的数据常驻内存，对它进行集中处理，故提高了运行速度；另外，不必考虑数据的存储方式、指针、链表的维护，减轻了设计人员的负担。

数据库交换是通过共享数据库实现的。产品数据经数据库管理系统 DBMS 存入数据库，每个应用系统可以从数据库取出所需的数据。运用数据字典，应用系统可以向数据库系统直接查询、修改、存取产品数据。

知识库交换是通过知识及推理机制，实现与知识管理系统的交换，并进行全部有效性检验。各应用系统通过知识库管理系统向知识库存取产品数据，它们与数据库交换内容基本相同。目前基于知识库的实现方法还处于初级阶段。

STEP 体系中的 Part 22 标准数据访问接口 SDAI 属于工作格式交换。SDAI 旨在为 STEP 应用系统提供一种不依赖于具体系统的访问接口，允许所有应用通过共同的 API 接口，访问全局数据库。SDAI 使数据的应用与数据存储技术分离，从而给应用一个一致性的数据存储环境，使用户觉得“仿佛通过界面进行管理的底层数据描述与它们在应用模式中定义的数据描述是一致的。”SDAI 规定了应用程序对数据进行存取的各种操作，针对某一特定程序设计语言的表现形式可以将它分为迟联编和早联编。SDAI 用 EXPRESS 语言构造概念模型，制定出独立于特定实现的数据交换接口规范，并由可编程语言联编实现。它的目标是“如果所有的数据库管理系统都使用了标准数据存取接口，那么开发各类应用时就可以不考虑它们所使用的数据库管理系统”。SDAI 提供了三种层次数据交换实现的规范，即文本文件交换、内存工作区交换和数据库支持的交换。文本文件交换层次中，每个应用系统必须包容 EXPRESS 模式的语义并传输相关信息，然后以标准文本格式进行读写，从而进行产品信息的完全交换。内存工作区交换层次利用某种可编程语言来提供数据结构和操作，并由它包容

EXPRESS 模式的语言，这种层次实现时处理的数据常驻内存，一旦程序执行终止，语言结构和处理的数据都不再保留。数据库支持的交换层次支持应用程序间数据实例的即时共享，应用程序就像处理本身属性数据存储交互一样完成与 STEP 永久数据存储平滑无缝的交互。

在目前的计算机工程应用环境中，数据存取方式采用专用数据访问接口。对现有的应用软件，若要改用另一种数据存储技术或数据存取方式，则必须修改原有应用软件。如果所有数据存储技术采用标准数据访问接口，则应用软件的编写可独立于数据存储技术与系统，这就使得接口具有柔性，也使新的存储系统更方便地与现有应用软件集成起来。STEP 标准正是基于这个因素而采用标准数据访问接口 SDAI。它规定以 EXPRESS 语言定义其数据库结构，应用程序用此接口来获取和操作数据。应用软件的开发者不必关心数据存储系统以及其他应用软件本身的数据定义形式和存取接口。

7.2.3 EXPRESS 语言简介

EXPRESS 语言作为 STEP 标准的信息化建模语言，是一种面向对象的语言，具有以下特点：严格的形式化定义，具有丰富的语义和易于理解的形式，用它可方便、无二义地表达产品数据。

EXPRESS 语言的制定吸收了许多语言的功能和特点，如 Ada、Algol、C/C++、Euler、Modula-2、Pascal、PL/1、SQL，并增加了一些新功能，因而更适宜表达信息模型。它具有面向对象语言的抽象性、继承性、多态性和一定程度的封装性等特点。需要指出的是，EXPRESS 本身不是一种程序设计语言，没有控制流，不包括输入输出、信息处理、异常处理等语言元素。

1. EXPRESS 的数据类型

一般来讲，系统保留字为大写字母（见表 7-1），保留字符见表 7-2，用户自定义的变量为小写字母。变量命名规则是变量名以字符开头，可包含字符、数字和下划线。

表 7-1 保留字

ABSTRACT	ACTION	AGGREGATE	ALLAS	AND	ANDOR
ARRAY	AS	BAG	BASED_ON	BEGIN	BEHAVIOUR
BINARY	BOOLEAN	BY	CASE	COMPLEX	CONNOTAIONAL
CONSTANT	DERIVE	ELSE	END	END_ACTION	END_ALLAS
END_HAVIOUR	END_CASE	END_CONSTANT	END_ENTITY	END_EVENT	END_FUNCTION
END_IF	END_LOCAL	END_PROCEDURE	END_REPEAT	END_RULE	END_SCHEMA
END_SUBTYPE_CONSTRAINT	END_TYPE	ENTITY	ENUMERATION	ESCAPE	EVENT
EXCEPTION	EXCEPTIONS	EXECUTE	EXPRESSION	EXTENSIBLE	EXTERNAL
FALSE	FOR	FOREACH	FROM	FUNCTION	GENERIC
IF	IN	INDEXED	INSTANCE	INTEGER	INVERSE
IS	LIST	LOCAL	LOGICAL	OF	ON
ONEOF	OPTIONAL	OTHERWISE	POST	POST_CONDITION	PRE
PRE_CONDITION	PROCEDURE	QUERY	RAISE	REACTION	REAL
REFERENCE	RENAMED	REPEATED	RETURN	ROLE_NAME	RULE
SCHEMA	SELECT	SELF	SIGNAL	SKIP	STRING
SUBTYPE_CONSTRAINT	SUBTYPE	SUPERTYPE	SYNCHRONISE	TABLE	THEN
TO	TOTAL_OVER	TRUE	TYPE	TYPE_NAME	UNIQUE
UNKNOWN	UNTIL	USE	VAR	WAIT	WHEN
WHERE	WHILE	WITH			

表 7-2 保留字符

<table>
<tr><td>!</td><td>'</td><td>(</td><td>)</td><td>,</td><td>.</td></tr>
<tr><td>:</td><td>;</td><td>@</td><td>E</td><td>I</td><td>[</td></tr>
<tr><td>\\</td><td>]</td><td>^</td><td>e</td><td>i</td><td>{</td></tr>
<tr><td>|</td><td>}</td><td>--</td><td>::</td><td>:=</td><td>:></td></tr>
<tr><td><*</td><td>=></td><td>(*</td><td>*)</td><td>?</td><td>%</td></tr>
</table>

数据类型是信息化建模语言的核心，决定了语言的建模能力。EXPRESS 的数据类型包括简单数据类型、聚合数据类型、命名数据类型、构造数据类型和广义数据类型。

简单数据类型是 EXPRESS 中最基本的数据类型，包括 COMPLEX、INTEGER、REAL、STRING、LOGICAL、BOOLEAN 和 BINARY。值得注意的是要区别 BOOLEAN 和 LOGICAL，LOGICAL 的值有 TRUE、FALSE、UNKNOWN，BOOLEAN 的值包括两个常量 FALSE 和 TRUE。

聚合数据类型是基类数据的组合，EXPRESS 提供四种聚合数据类型，即 BAG、LIST、SET 和 ARRAY。每一种类型对其基类赋予不同的特性。

（1）BAG　未排序元素的集合，其元素可重复。元素个数可以是变化的，也可以由上下边界限定。例如：装配中用的螺钉可用 BAG 类型表示，可能有很多的螺钉是等效的，但具体哪一个用在实际的孔中并不重要。

（2）LIST　一系列有序元素的集合，可用线性表表示，通过位置查寻，元素的个数可变。例如：工艺过程的各工序可用 LIST 结构表示，各工序是有序的，并可以从工艺过程中添加或删除的。

（3）SET　每个元素间有一个索引值（任意类型），这样元素才好识别。元素无序、个数可变、没有重复值。例如：线条上的非线性点可用 SET 表示。

（4）ARRAY　与 SET 相似，只是索引值是整型，固定大小并已排序元素的集合，元素可有重复值。例如：转换矩阵（如几何）可用 ARRAY 表示。

注意：EXPRESS 语言中聚合数据类型都是一维的。多维数组可表示为基本元素为聚合数据类型的聚合类。例如：LIST [1：3] OF ARRAY [5：10] OF INTEGER 表示一个二维数组。

命名数据类型是由用户说明的数据类型，包括实体类型（ENTITY）和定义类型（TYPE）。例如：

```
ENTITY  point;
  x, y, z      : REAL;
  Ref_coord : cartesian_coordinate_system;
END_ENTITY;
TYPE positive_length_measure = REAL;
WHERE
  WR : SELF > 0;
END_TYPE;
```

构造数据类型包括枚举类型（ENUMERATION）和选择类型（SELECT）。这两种类型具有相似的语法结构，其中 SELECT 类型中的元素可以是实体。

广义数据类型由关键字 GENERAL 和 AGGREGATE 说明，GENERAL 是所有数据类型的总和，AGGREGATE 是所有聚合类型的总和，只用于函数或过程的类型说明。

2. 模式结构

EXPRESS 语言的基础是模式（SCHEMA），每种模型由若干模式组成。EXPRESS 描述的信息模型由一个或几个模式组成。一般来讲，模式有类型说明、实体、规则、函数与过程。模式的一般结构如下。

```
SCHEMA schema_id;
  {interface_specification}
  [constant_declaration]
  {type_declaration | entity_declaration | function_declaration | procedure_declaration | rule_declaration}
END_SCHEMA;
```

说明：花括号 {} 是指零或重复多次，方括号 [] 是可选参数，竖线表示表达式中确切的应选元素。

1）schema_ id 是模式标志符。

2）interface_ specification 是界面规范，说明模式之间的引用情况，关键字是 USE FROM 和 REFERENCE FROM。USE FROM 中引用的实体或类型名称可修改、在两个模式中完全独立，可独立地实例化，在模式间可传递使用。REFERENCE FROM 中引用的资源包括另一模式中的常量、实体、类型、函数和过程，被引用的实体或类型不可以独立地实例化，在模式间不可传递使用。USE FROM 优先于 REFERENCE FROM。

3）constant_ declaration 是常量说明，例如：

```
CONSTANT
  origin : point : = point (0.0, 0.0, 0.0);
  gravity_ factor : REAL : = 9.803;
END_ CONSTANT;
```

4）type_ declaration 是类型说明，entity_ declaration 是实体说明，这两类在前文已经举例说明。function_ declaration 和 procedure_ declaration 是函数和过程的说明，函数和过程与一般的编程语言中是一样的。函数对给定的参数进行运算并得到特定数据类型的结果。而过程是从调用处获得参数，并进行处理，从而得到预期的状态。过程中改变参数但不返回任何具体的值。

5）rule_ declaration 是规则说明。

以下是一个简单的模式实例。

```
SCHEMA  example;
  CONSTANT
    b  : INTEGER   := 1;
    c  : BOOLEAN   := TRUE;
  END_CONSTANT;
  TYPEenum = ENUMERATION OF (e, f, g);
  END_TYPE;
```

```
ENTITY entity1;
  a   : INTEGER;
WHERE
  WR1  : a > 0;
  WR2  : a<> b;
END_ENTITY;
ENTITY entity2;
  c : REAL;
END_ENTITY;
ENTITY d;
  Attr1  : INTEGER;
  Attr2  : enum;
WHERE
  WR1  : ODD(attr1);
  WR2  : attr2 <> e;
END_ENTITY;
END_SCHEMA;
```

3. 实体说明

实体是 EXPRESS 信息模型的重要组成部分。信息模型中的绝大部分描述对象是通过实体定义的。ENTITY 的结构及说明如下。

```
ENTITYentity_name
    {[ABSTRACT][subtype_declaration|supertype_declaration]};
    [explicit_attr ]
    [derived_attr]
    [inverse_attr]
    [unique_rules]
    [where_rules]
END_ENTITY;
```

1）entity_name 是实体标志符。

2）subtype_declaration(supertype_declaration）是实体的子类（超类）说明；ABSTRACT 表示此超类为绝对超类，只能实例化为它的子类。

3）explicit_attr(显示属性）是描述实体实例的属性。

4）derived_attr(导出属性）是通过某种计算方式得到的属性。

5）inverse_attr(逆向属性）指明本实体在特定的实体中所起的作用，说明实体间的相互关系。逆向属性的类型是特定的实体类型或者基类为特定实体类型的聚合类型。

6）unique_rules(唯一性规则）指明实体的某些属性在实例中必须保持唯一性的约束条件。

7）where_rules(值域规则）约束实体实例的单个或多个属性的值。所有值域规则均采用 WHERE 关键字。

例如：

```
ENTITY door;
  handle : knob;
  hinges : BAG [1:?] OF UNIQUE hinge;
END_ ENTITY;
ENTITY knob;
...
INVERSE
  opens : door FOR handle;
END_ ENTITY;
```

4. 实体间的继承机制

EXPRESS 语言具有继承机制。超类（SUPERTYPE）与子类（SUBTYPE）就是表明实体继承关系的一种方法。子类是比其超类更特殊的类型，超类是比其子类更一般的类型，因此子类可以继承超类的属性。

对于实体间复杂的继承关系，EXPRESS 引入三个关系算子，即 ONEOF、AND 和 ANDOR。

1）ONEOF 表示 ONEOF 列表中的实体是互斥的，且不能同时实例化。例如：

```
ENTITYpower_part;
  SUPERTYPE OF (ONEOF (fluid_powered, electrical_powered, powerless));
  Name : part_name;
  ...
  END_ENTITY;
  ENTITYfluid_powered;
  SUBTYPE OF (power_part);
...
END_ENTITY;
ENTITYelectrical_powered;
  SUBTYPE OF (power_part);
...
END_ENTITY;
ENTITY powerless;
  SUBTYPE OF (power_part);
...
END_ENTITY;
```

2）ANDOR 表示子类间可以随意组合。例如：

```
ENTITY person;
  SUPERTYPE OF (employee ANDOR student);
  ...
END_ENTITY;
```

```
ENTITY employee;
  SUBTYPE OF (person);
  …
END_ENTITY;
ENTITY student;
  SUBTYPE OF (person);
  …
END_ENTITY;
```

3）AND 表示子类中的实体通常是同时出现的。例如：

```
ENTITY mechanical_part;
  SUPERTYPE OF (power_part AND ONE OF(air_handling, liquid_handling, communication));
  …
END_ENTITY;
```

5. 图形化语言 EXPRESS-G

EXPRESS-G 是形式化语言的图形描述方法，很容易转换成 EXPRESS 语言。这个方法支持 EXPRESS 语言的一个子集，其图形符号和关系线型描述如图 7-5 和图 7-6 所示。图 7-7 所示为某数据模式的 EXPRESS-G 图。

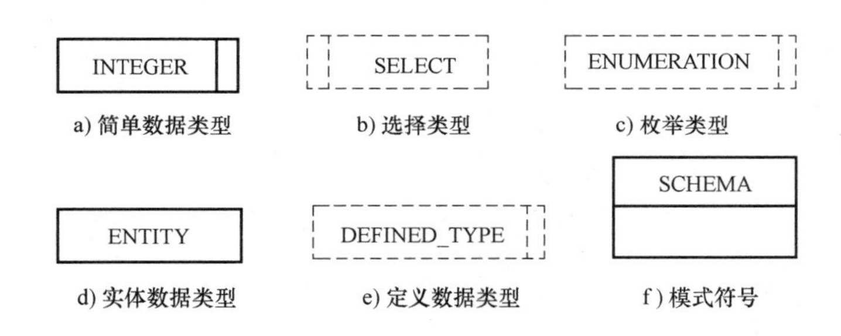

图 7-5　符号描述

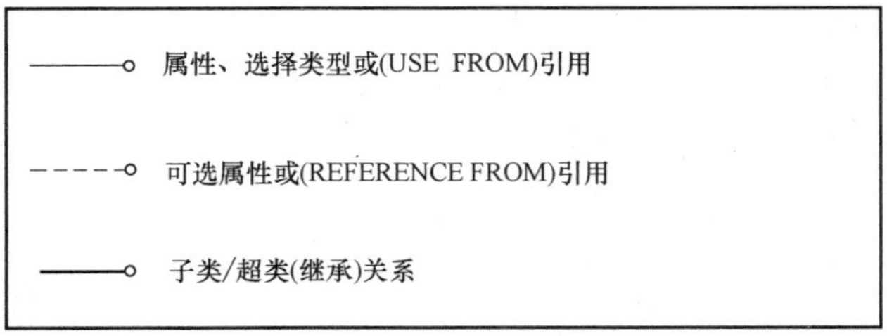

属性、选择类型或(USE FROM)引用

可选属性或(REFERENCE FROM)引用

子类/超类(继承)关系

图 7-6　关系线型描述

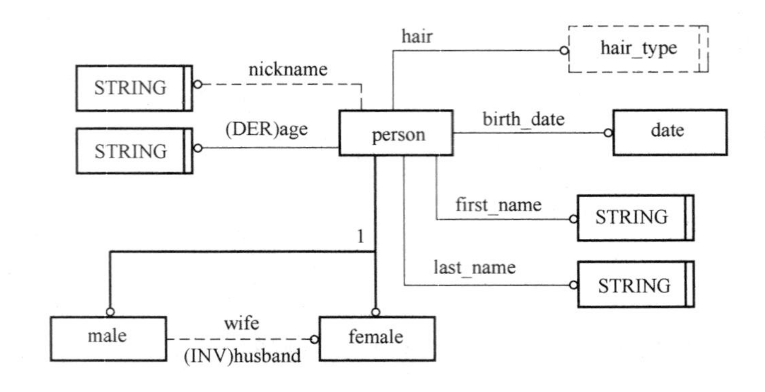

图 7-7　某数据模式的 EXPRESS-G 图

练　习　题

1. 试述数据交换的意义。
2. 当前常用的数据交换标准格式有哪些？
3. 描述 STEP 标准的体系结构，并对各个组成部分做简要说明。
4. 描述 EXPRESS 语言的数据类型。

第8章

产品模型的数字化分析基础

—核心问题与本章导读—

计算机辅助工程（CAE）是用计算机辅助求解产品结构强度、刚度、屈曲稳定性、动力响应、弹塑性等力学性能以及结构性能设计优化等问题的一种近似数值分析技术，其能有效缩短产品的设计周期，降低设计成本。CAE 软件的主体是有限元分析软件。本章主要介绍结构有限元法的基本原理、常用有限元分析软件 ANSYS 的使用和机械系统动力学分析软件 ADAMS 的使用。

8.1 结构有限元分析方法

有限元法（Finite Element Method，FEM）是力学和现代计算技术相结合的产物，是结构设计理论基础，也是近几十年来工程计算方法领域中的一项重大成就。有限元软件则是有限元法及其应用的集中体现，并且已经成为现代 CAD 系统中的重要组成部分。它广泛用于产品结构设计、磁场强度、热传导、结构屈曲、非线性材料的弹性和蠕变分析以及其他很多学科领域，成为结构和非结构体系分析的有力工具。有限元法的应用已由弹性力学平面问题扩展到空间问题、板壳问题，由静力平衡问题扩展到稳定问题、动力问题和波动问题，分析的对象从弹性材料扩展到塑性、黏弹性、黏塑性和复合材料等，从固体力学扩展到流体力学、传热学等连续介质力学领域。作为一个 CAD/CAM 技术工作者，必须了解有限元的基础知识，具备使用有限元软件的能力。

8.1.1 有限元法概述

在工程分析中，结构分析方法分为解析法和数值法两种。解析法是应用分析力学、弹性力学和材料力学中所采用的解微分方程的理论，即通过力的平衡、应变和位移、应变和应力的关系这三组基本方程，并根据边界条件来求解应力和应变的方法。解析法求得的是精确解，只能对简单的情况求解，如用于分析简单的杆、梁以及形状规则的板壳等。

绝大多数工程问题很难求得解析解，因此需要运用数值法。数值法是一种近似分析方法，目前主要有三种：第一种是有限差分法，该方法以差分原理为基础，把求解区域进行网格划分，建立离散点上的差分方程，求解得到数值解，第二种是有限元法，该方法以变分原理为基础，在力学模型上进行近似数值计算，它首先将连续体简化为由有限个单元组成的离散化模型，并根据平衡条件进行分析，然后根据变形协调条件把这些单元重新组合起来，成为一个组合体综合求解；第三种是边界元法，该方法是一种积分方法，通过边界上的场来求解和表示区域场，将区域问题转化为边界问题。

有限元法的基本思路是将一个连续的物体离散成有限个简单形状的单元，称为离散化，如图 8-1 所示。用这种有限个单元的集合来代替原来的物体，各个单元之间利用单元节点相连，节点相当于一个铰链。单元之间的相互作用力通过节点传递，称为节点力。作用在节点上的外力，称为节点载荷。节点力与节点载荷不同，前者是内力，后者是外力。单元划分和节点选择要考虑分析对象的特点、承受载荷的情况、计算精确度要求、计算机容量等因素。物体被离散化后，首先对其中的各个单元进行力学分析，简称为单元分析，找出各个单元的节点力与节点位移的关系。由于选用的是某些简单形状的单元，因此，单元的力学分析就比较简单易行，而且各个单元存在着相同的规律性。单元分析后，再对整个物体进行力学分析，简称为整体分析，找出整个物体所有节点的节点载荷与节点位移的关系。这些关系式构成一个线性方程组。引入边界条件后，求解这个线性方程组，就可以得出基本未知量的解。根据所得到的解，求出各个单元的应变和应力。

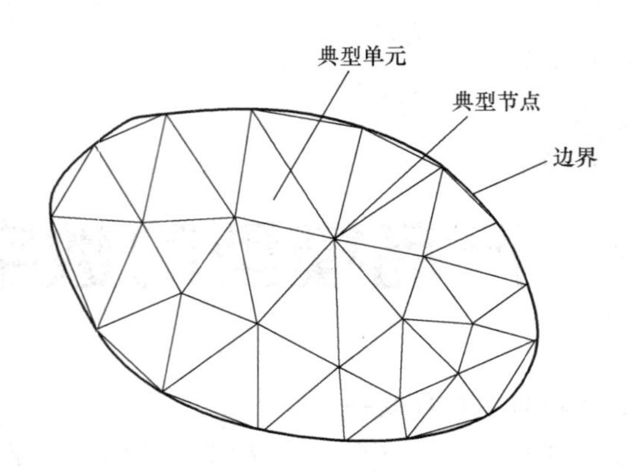

图 8-1　离散化

从选择基本未知量的角度，有限元法分成三类：以节点位移作为基本未知量称为位移法；以节点力作为基本未知量称为力法；以部分节点位移和节点力作为基本未知量称为混合法。由于位移法得出的方程组和计算程序都比较简单，因而应用最广。

从推导方法的角度，有限元法分为三类。

1）直接法。把各个单元的节点力与节点位移的关系按照一定的秩序进行直接叠加，求出整个物体的线性方程组。这种方法的优点是比较直观，易于理解，但只适用于求解较简单的问题。直接刚度法就是其中的一种。

2）变分法。应用变分原理，把有限元法归结为求泛函的问题，这样可以建立有限元法的严格数学解释，并扩大了其应用范围。

3）加权余数法。这种方法可以直接从基本微分方程式求出近似解，而不需要利用泛函，因而，在不存在泛函的工程领域都可采用。

有限元法发展很快，目前，不仅可以用于结构分析的线性和非线性领域，而且可以用于非结构分析领域，如温度场、电磁场和热传导等。实际上，它几乎可以推广应用于求解所有连续介质和场的问题。

用有限元法进行工程分析的过程包括三个阶段，即建模阶段、用分析软件进行工程计算阶段和结果分析阶段（又称为后处理阶段）。建模阶段是创建几何模型，定义材料属性，划分网格。工程计算阶段利用有限元分析软件对有限元模型施加载荷、设定约束条件，然后自动求解。后处理阶段是查看计算结果并进行分析，判断结果是否正确，从而评判结构性能的好坏或设计的合理性，为结构优化提供依据。

综上所述，工程问题的有限元分析过程如图 8-2 所示。

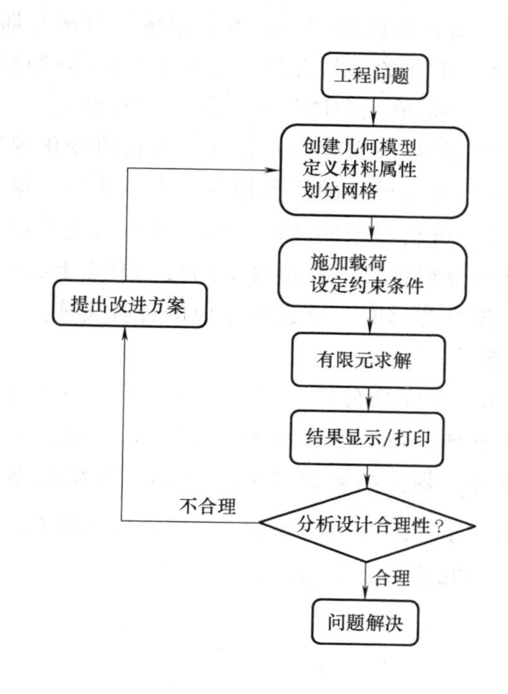

图 8-2 工程问题的有限元分析过程

结构有限元分析计算步骤如下。

1）结构的离散化。假想把物体分割成只在数目有限的节点处相连的有限个单元网格组成的等效系统。

2）单元分析过程。对每个单元逐个进行分析，用能量守恒原理导出各单元的节点力与节点位移之间的关系式。

3）整体分析，分为四个步骤：

① 把各个单元拼接成完整物体的力学模型，先建立各节点的平衡方程，再获得由各节点和位移之间的关系构成的线性联立方程组。

② 把所有载荷分配到各节点上，并根据边界条件，进行约束处理。

③ 解由①得到的线性联立方程组，求出各节点位移。

④ 根据节点位移求出单元网格内各点处的应变和应力。

4）分析校核计算结果，输出并绘制应力图、应变图、变形图、等应力曲线图、动态特性图等。

下面以弹性力学中平面问题为例讨论有限元分析的过程。

8.1.2 结构的离散化

结构的离散化是有限元法的一项重要步骤，离散化的质量直接影响到有限元分析精度和计算效率。下面讨论离散化处理中特别要注意的几个问题。

1）单元类型。按形状进行分类，单元可分为点单元、线单元、面单元和三维实体单元。按单元阶次进行分类，单元可分为线性单元、二次单元、P 单元。每类单元又包含若干种单元。在 ANSYS 软件中共含有 100 多种单元类型。

单元类型的选择取决于结构的几何形状与计算精度要求，如结构的边界为不规则的曲线时，采用曲边四边形八节点单元能获得更好的近似结果。但在平面问题中，由于三角形三节点单元对包括曲边边界结构的任何形状都能获得较好的近似结果，而且计算量相对较少，故应用最为广泛。下面均以三角形三节点单元为例进行讨论。

2）单元之间不能相互重叠，要与原物体的占有空间相容，即单元不能落在原区域外，也不能使区域边界出现空洞。

3）单元应精确逼近原物体。所有原域的顶点都应取成单元的顶点；所有网格的表面顶点都应落在原域表面上；所有原域的边和面都被单元的边和面逼近。

4）单元的形状合理。每个单元应尽量趋近于正多边形和正多面体，不能出现面积很小的二维尖角单元和体积很小的三维薄单元。

5）网格的密度分布合理。分析值变化梯度大的区域需要细化网格。

6）相邻单元的边界相容。不能从一个单元的边和面的内部产生另一单元的顶点。

7）分析对象的几何结构、载荷及支承情况均为对称时，可只取其中一个对称部分的结构进行分析计算。在位移受约束的节点上，应根据实际情况设置约束条件。当节点沿某一方向上没有位移时，则设置相应的连杆支座。当节点为某一固定点时，则设置铰链支座，如图 8-3 所示。

8）单元划分后，要对全部单元和节点进行编码。节点分为全局节点和单元节点，前者用于整体分析，后者用于单元分析。以图 8-3a 所示的结构为例，取其对称部分结构进行单元划分，划分结果如图 8-3b 所示。将结构划分为①、②、③、④四个单元，全局节点编码分别为 1、2、3、4、5 和 6，每个单元各有三个单元节点 $\bar{i}_j$（$i=1，2，3$），下标代表单元编码，单元节点按逆时针方向编码。

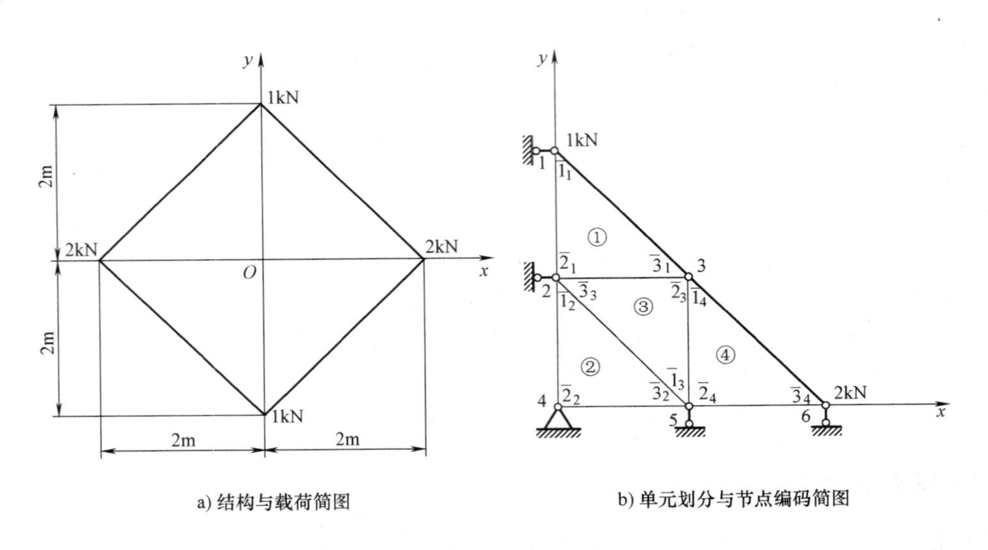

图 8-3　对称结构离散化示例

8.1.3　单元分析过程

下面以弹性力学中的平面问题为例，讨论有限元法中的单元分析过程。

工程实际中有不少结构可以利用它们的几何形状特点，将三维问题简化为二维问题，主要有三类，即平面应力问题，平面应变问题以及轴对称问题。本节只讨论平面应力和平面应变问题。

对于薄壁结构（厚度方向远比其他两个方向尺寸小），假设外载荷作用于 xOy 平面内，在 z 轴方向无外力作用。此时由于平衡原理，可知，物体内各点的法向应力 σ_z、剪切应力 τ_{xz}和 τ_{yz}为零，这种应力状态称为平面应力状态，如图 8-4 所示。

对于截面几何形状与载荷沿纵向无明显变化的长尺寸物体，如水坝、花键轴等，如图

8-5 所示，假设物体长度方向与 z 轴方向一致，横截面上应力、应变、位移均为 x，y 的函数，且沿物体长度方向无变化，则物体内各点上垂直于 xOy 平面的应变 ε_z、剪切应变 γ_{yz} 和 γ_{xz} 为零。这种应变状态称为平面应变问题。

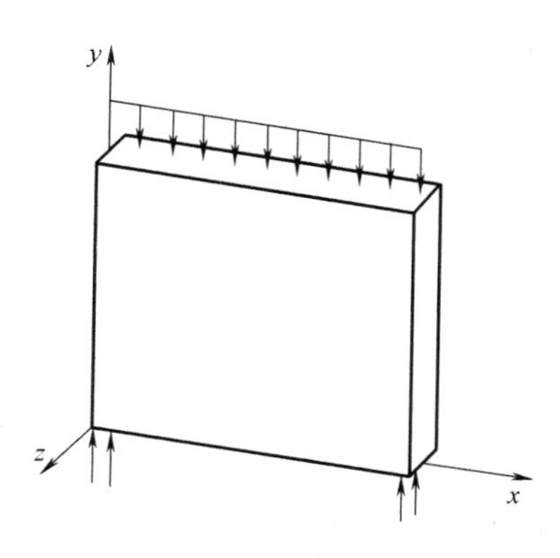

图 8-4　平面应力状态

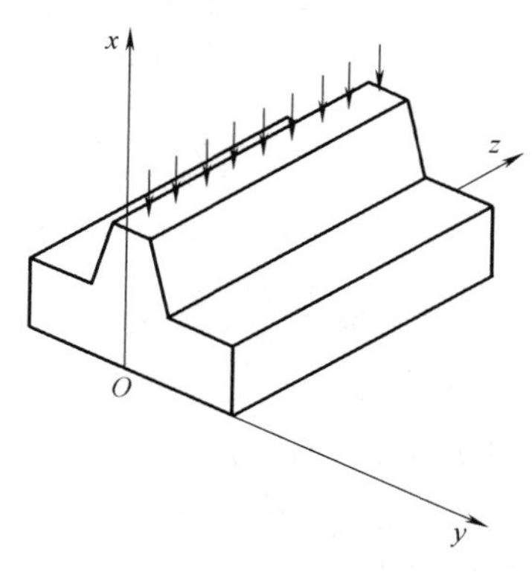

图 8-5　平面应变状态

1. 单元分析的基本步骤

在位移法中，单元分析的目的是求出单元上节点的力与位移之间的关系，即

$$\boldsymbol{f}^{e}=\boldsymbol{K}^{e}\boldsymbol{\delta}^{e} \tag{8-1}$$

对于三角形单元，每一节点的位移有水平和垂直方向两个分量，则式（8-1）中

$$\boldsymbol{\delta}^{e}=(u_1 \quad v_1 \quad u_2 \quad v_2 \quad u_3 \quad v_3)^{\mathrm{T}}$$

称为单元节点位移，各元素含义如图 8-6 所示。

f^e 称为单元节点力，其也有六个分量，如图 8-7 所示。故有

$$\boldsymbol{f}^{e}=(f_{x1} \quad f_{y1} \quad f_{x2} \quad f_{y2} \quad f_{x3} \quad f_{y3})^{\mathrm{T}}$$

注意，为了书写方便，在不引起误解的前提下，单元节点编码略去了上面的一横，以下同。

$\boldsymbol{K}^e$ 称为单元刚度矩阵，其确定了节点位移和节点力之间的转换关系，单元分析的目的就是要找出单元刚度矩阵 $\boldsymbol{K}^e$ 的表达式。

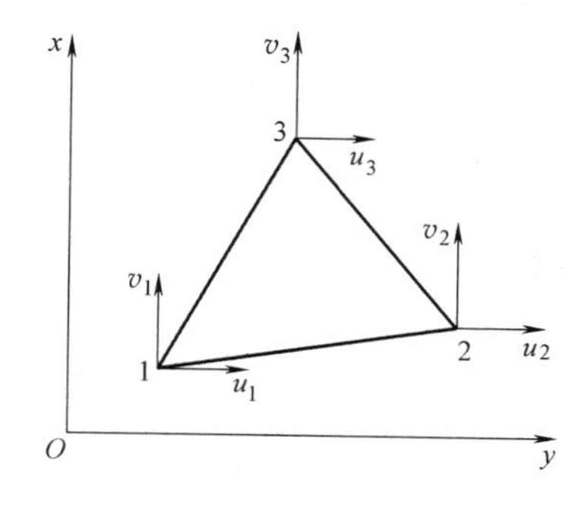

图 8-6　节点位移分量

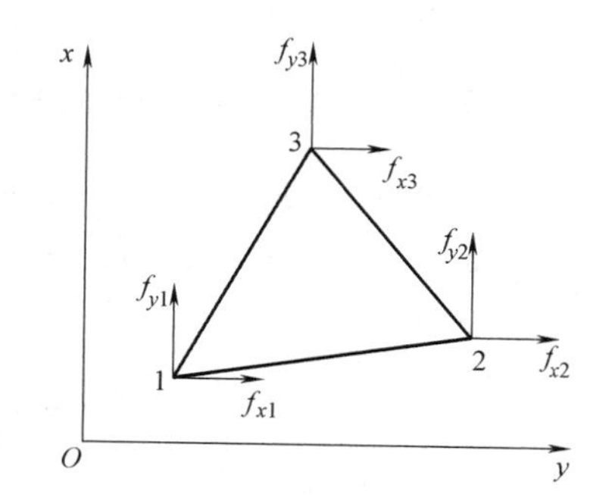

图 8-7　节点力分量

单元分析大致可归纳为图 8-8 所示的基本步骤。每一步都要求相邻各量之间的转换关

系，综合起来即可获得单元节点位移与单元节点力的转换关系，这种关系由单元刚度矩阵 $\boldsymbol{K}^e$ 来表达。

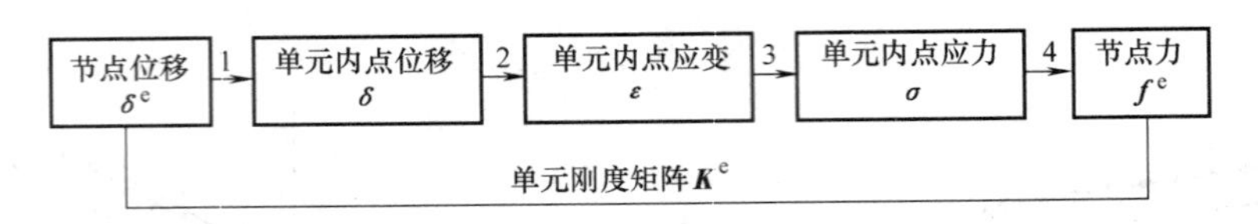

图 8-8　单元分析的基本步骤

2. 形函数矩阵

如图 8-6 所示，单元分析的第一步是由单元的六个节点位移分量 u_1、v_1、u_2、v_2、u_3、v_3推算出单元内部任意一点（x，y）的位移 u 和 v，它们之间的关系可用形函数矩阵表达。

（1）单元位移模式　对整个结构体而言，体内任一点的位移情况极为复杂，基本不可能用某种函数来描述。但进行离散化处理之后，整个结构被划分成许多小单元，在每个小单元内，各点的位移可以用该点坐标的函数来表示，这种函数关系称为单元位移模式。位移函数关系简化是有限元的关键技术之一，也是它的力学近似性之所在。

选择位移模式时，简单的方法是将位移 u 和 v 表示为坐标 x 和 y 的幂函数，即用幂的多项式来表示。如采用下面的线性多项式来表示单元内任意点的位移，即

$$\begin{cases} u(x, y) = a_1 + a_2 x + a_3 y \\ v(x, y) = a_4 + a_5 x + a_6 y \end{cases} \tag{8-2}$$

这是两个线性多项式，含有六个待定系数 $a_1 \sim a_6$。已知三个节点的坐标，即求出这六个待定系数。

（2）由单元节点位移 $\{\delta\}^e$ 求内部任意点位移 $\delta(x, y)$　将单元三节点坐标值代入式（8-2），即

$$\begin{cases} u_i = a_1 + a_2 x_i + a_3 y_i \\ v_i = a_4 + a_5 x_i + a_6 y_i \end{cases} \quad (i = 1、2、3) \tag{8-3}$$

解这个方程组，并令

$$\Delta = \frac{1}{2}[(x_1 y_2 + x_2 y_3 + x_3 y_1) - (x_2 y_1 + x_3 y_2 + x_1 y_3)]$$

$$a_1 = x_2 y_3 - x_3 y_2 \quad a_2 = x_3 y_1 - x_1 y_3 \quad a_3 = x_1 y_2 - x_2 y_1 \quad b_1 = y_2 - y_3 \quad b_2 = y_3 - y_1$$

$$b_3 = y_1 - y_2 \quad c_1 = x_3 - x_2 \quad c_2 = x_1 - x_3 \quad c_3 = x_2 - x_1$$

则

$$\begin{cases} a_1 = \dfrac{1}{2\Delta}(a_1 u_1 + a_2 u_2 + a_3 u_3) \\ a_2 = \dfrac{1}{2\Delta}(b_1 u_1 + b_2 u_2 + b_3 u_3) \\ a_3 = \dfrac{1}{2\Delta}(c_1 u_1 + c_2 u_2 + c_3 u_3) \end{cases} \tag{8-4}$$

$$\begin{cases} a_4=\dfrac{1}{2\Delta}(a_1v_1+a_2v_2+a_3v_3) \\ a_5=\dfrac{1}{2\Delta}(b_1v_1+b_2v_2+b_3v_3) \\ a_6=\dfrac{1}{2\Delta}(c_1v_1+c_2v_2+c_3v_3) \end{cases} \tag{8-5}$$

将式（8-4）代入式（8-2）的第一式，得

$$u(x, y)=\frac{1}{2\Delta}[(a_1+b_1x+c_1y)u_1+(a_2+b_2x+c_2y)u_2+(a_3+b_3x+c_3y)u_3]$$

令

$$\begin{cases} N_1(x, y)=\dfrac{1}{2\Delta}(a_1+b_1x+c_1y) \\ N_2(x, y)=\dfrac{1}{2\Delta}(a_2+b_2x+c_2y) \\ N_3(x, y)=\dfrac{1}{2\Delta}(a_3+b_3x+c_3y) \end{cases} \tag{8-6}$$

则

$$u(x, y)=N_1(x, y)u_1+N_2(x, y)u_2+N_3(x, y)u_3 \tag{8-7}$$

同理，将式（8-5）代入式（8-2）的第二式，可得

$$v(x, y)=N_1(x, y)v_1+N_2(x, y)v_2+N_3(x, y)v_3 \tag{8-8}$$

综合式（8-7）和式（8-8），写成矩阵形式

$$\begin{pmatrix} u(x,y) \\ v(x,y) \end{pmatrix}=\begin{pmatrix} N_1 & 0 & N_2 & 0 & N_3 & 0 \\ 0 & N_1 & 0 & N_2 & 0 & N_3 \end{pmatrix}\begin{pmatrix} u_1 \\ v_1 \\ u_2 \\ v_2 \\ u_3 \\ v_3 \end{pmatrix} \tag{8-9}$$

式中，$N_i=N_i(x, y)$，$i=1$、2、3。令式（8-9）可以简写成

$$\boldsymbol{N}=\begin{pmatrix} N_1 & 0 & N_2 & 0 & N_3 & 0 \\ 0 & N_1 & 0 & N_2 & 0 & N_3 \end{pmatrix}$$

$$\boldsymbol{\delta}(x, y)=\boldsymbol{N}\boldsymbol{\delta}^{e} \tag{8-10}$$

该式用于已知单元节点位移 $\boldsymbol{\delta}^{e}$，求单元内点位移 $\boldsymbol{\delta}(x, y)$。

函数 N_1、N_2 和 N_3 表示单元内部的位移分布状态，称为位移的形态函数，矩阵 $[N(x, y)]$ 称为形函数矩阵，或称为形态矩阵。显然，采用不同形式的单元，会有不同的形函数矩阵。

选择单元的位移模式（位移函数）时，必须保证有限元解的收敛性，即当单元剖分趋

于无穷小时，有限元的解应收敛于问题的精确解。可以证明，对于三角形三节点单元，上述的线性位移函数是满足收敛性要求的。有限元的收敛性问题是个重要而又比较复杂的理论性问题，在此不做讨论，读者可参阅有关专著。

3. 几何方程

通过讨论单元内点位移与点应变的几何关系，进一步推导出单元节点位移 $\{\delta\}^e$ 与单元内点应变 $\{\varepsilon\}$ 之间的转换关系，即几何方程。

（1）位移和应变之间的几何关系　设单元内有一微小矩形 $ABCD$，受力变形前其边长为 dx 和 dy，如图 8-9a 所示。下面分别讨论受力变形后由水平位移 u 和垂直位移 v 所引起的应变。

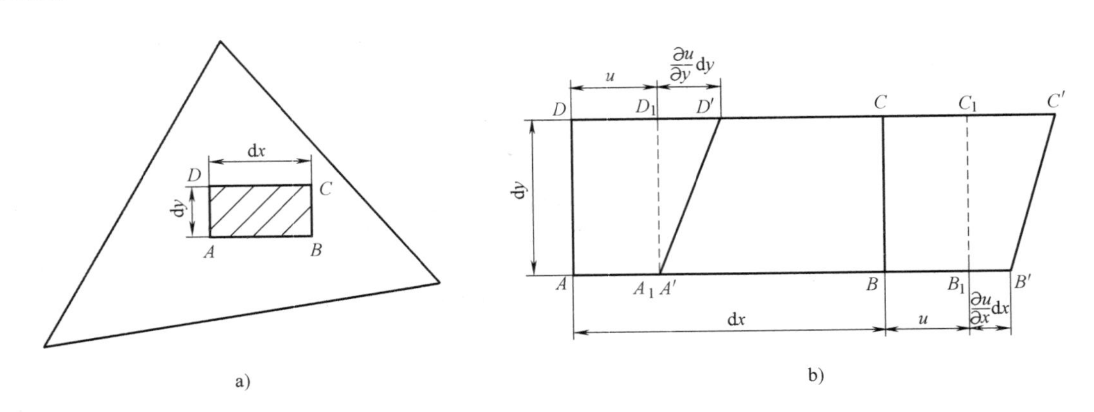

图 8-9　单元内位移和应变的几何关系

图 8-9b 所示为只有水平位移时，矩形单元 $ABCD$ 在变形后为 $A'B'C'D'$。由于 u 是 x 和 y 的函数，而且变形是逐点连续变化的，故 $\partial u/\partial x$ 表示沿 x 轴方向位移的变化率，$\partial u/\partial y$ 表示沿 y 轴方向位移的变化率。点 A 的水平位移为 u，由于 A、B 两点的坐标增量为 dx，所以 x 轴方向 u 的增量为$\dfrac{\partial u}{\partial x}dx$，点 B' 相对点 B 的位移为 $u+\dfrac{\partial u}{\partial x}dx$。同理，在 y 轴方向，u 的增量为 $\dfrac{\partial u}{\partial y}dy$，点 D' 相对点 D 的位移为 $u+\dfrac{\partial u}{\partial y}dy$。由水平位移 u 引起的三个应变分量为

$$\varepsilon'_x=\frac{A'B'-AB}{AB}=\frac{\dfrac{\partial u}{\partial x}dx}{dx}=\frac{\partial u}{\partial x}$$

$$\varepsilon'_y=0$$

$$\gamma'_{xy}=\frac{D_1D'}{AD_1}=\frac{\dfrac{\partial u}{\partial y}dy}{dy}=\frac{\partial u}{\partial y}$$

同理，求出由于垂直位移 v 所引起的三个应变分量为

$$\varepsilon''_x=0\quad \varepsilon''_y=\frac{\partial v}{\partial y}\quad \gamma''_{xy}=\frac{\partial v}{\partial x}$$

由上述应变分量进行叠加，得到位移 u 和 v 所引起的总应变为

$$\begin{cases}\varepsilon_x=\varepsilon'_x+\varepsilon''_x=\dfrac{\partial u}{\partial x}\\ \varepsilon_y=\varepsilon'_y+\varepsilon''_y=\dfrac{\partial v}{\partial y}\\ \gamma_{xy}=\gamma'_{xy}+\gamma''_{xy}=\dfrac{\partial u}{\partial y}+\dfrac{\partial v}{\partial x}\end{cases} \tag{8-11}$$

式（8-11）为已知位移求应变的几何方程。

（2）单元内点应变 ε 与单元节点位移 δ_e 的关系　对式（8-6）求偏导数，得

$$\begin{cases}\dfrac{\partial N_1(x,\ y)}{\partial x}=\dfrac{b_1}{2\Delta}\\ \dfrac{\partial N_2(x,\ y)}{\partial x}=\dfrac{b_2}{2\Delta}\\ \dfrac{\partial N_3(x,\ y)}{\partial x}=\dfrac{b_3}{2\Delta}\\ \dfrac{\partial N_1(x,y)}{\partial y}=\dfrac{c_1}{2\Delta}\\ \dfrac{\partial N_2(x,\ y)}{\partial y}=\dfrac{c_2}{2\Delta}\\ \dfrac{\partial N_3(x,\ y)}{\partial y}=\dfrac{c_3}{2\Delta}\end{cases} \tag{8-12}$$

将式（8-7）和式（8-8）代入式（8-11），得

$$\begin{cases}\varepsilon_x=\dfrac{\partial u(x,\ y)}{\partial x}=\dfrac{1}{2\Delta}(b_1u_1+b_2u_2+b_3u_3)\\ \varepsilon_y=\dfrac{\partial v(x,\ y)}{\partial y}=\dfrac{1}{2\Delta}(c_1v_1+c_2v_2+c_3v_3)\\ \gamma_{xy}=\dfrac{\partial u(x,\ y)}{\partial y}+\dfrac{\partial v(x,\ y)}{\partial x}\\ \quad=\dfrac{1}{2\Delta}[(c_1u_1+c_2u_2+c_3u_3)+(b_1v_1+b_2v_2+b_3v_3)]\end{cases} \tag{8-13}$$

式（8-13）表示成矩阵形式为

$$\begin{pmatrix}\boldsymbol{\varepsilon}_x\\ \boldsymbol{\varepsilon}_y\\ \boldsymbol{\gamma}_{xy}\end{pmatrix}=\frac{1}{2\Delta}\begin{pmatrix}b_1 & 0 & b_2 & 0 & b_3 & 0\\ 0 & c_1 & 0 & c_2 & 0 & c_3\\ c_1 & b_1 & c_2 & b_2 & c_3 & b_3\end{pmatrix}\begin{pmatrix}u_1\\ v_1\\ u_2\\ v_2\\ u_3\\ v_3\end{pmatrix} \tag{8-14}$$

令

$$\boldsymbol{B}=\frac{1}{2\Delta}\begin{pmatrix} b_1 & 0 & b_2 & 0 & b_3 & 0 \\ 0 & c_1 & 0 & c_2 & 0 & c_3 \\ c_1 & b_1 & c_2 & b_2 & c_3 & b_3 \end{pmatrix} \tag{8-15}$$

则式（8-14）可表示为

$$\boldsymbol{\varepsilon}=\boldsymbol{B}\boldsymbol{\delta}^{e} \tag{8-16}$$

转换矩阵 $\boldsymbol{B}$ 称为几何矩阵，它的元素仅与三角形单元的节点坐标有关。式（8-16）为已知单元节点位移 $\boldsymbol{\delta}^{e}$ 求单元内点应变 $\boldsymbol{\varepsilon}$ 的关系式。$\boldsymbol{B}$ 中各元素均为常数，即单元内各点的应变也为常数，因此三角形三节点单元被称为常应变三角形单元。

4. 弹性方程

弹性力学的平面问题有平面应力和平面应变两类，而两者的主要区别就在于具有不同的弹性矩阵 $\boldsymbol{D}$。

（1）平面应力问题的弹性方程　在平面应力问题中，只有三个独立的应力分量 σ_x、σ_y、τ_{xy}。由应力分量 σ_x 产生的线应变为

$$\varepsilon'_x=\frac{\sigma_x}{E} \quad \varepsilon'_y=-\mu\frac{\sigma_x}{E}$$

式中，E 是材料的弹性模量；μ 是泊松比。由应力分量 σ_y 产生的线应变为

$$\varepsilon''_x=-\mu\frac{\sigma_y}{E} \quad \varepsilon''_y=\frac{\sigma_y}{E}$$

由应力分量 τ_{xy} 产生的切应变为

$$\gamma_{xy}=\frac{\tau_{xy}}{G}=\frac{2(1+\mu)}{E}\tau_{xy}$$

式中，G 是材料的剪切模量。

因此得到应力求应变的弹性方程为

$$\begin{cases} \varepsilon_x=\varepsilon'_x+\varepsilon''_x=\dfrac{1}{E}(\sigma_x-\mu\sigma_y) \\ \varepsilon_y=\varepsilon'_y+\varepsilon''_y=\dfrac{1}{E}(\sigma_y-\mu\sigma_x) \\ \gamma_{xy}=\dfrac{2(1+\mu)}{E}\tau_{xy} \end{cases} \tag{8-17}$$

由式（8-17）解出应力，可得由应变求应力的弹性方程为

$$\begin{cases} \sigma_x=\dfrac{E}{1-\mu^2}(\varepsilon_x+\mu\varepsilon_y) \\ \sigma_y=\dfrac{E}{1-\mu^2}(\mu\varepsilon_x+\varepsilon_y) \\ \tau_{xy}=\dfrac{E}{1-\mu}\cdot\dfrac{1-\mu}{2}\gamma_{xy} \end{cases} \tag{8-18}$$

写成矩阵形式为

$$\boldsymbol{\sigma}=\boldsymbol{D}\boldsymbol{\varepsilon} \tag{8-19}$$

式中

$$\boldsymbol{D}=\frac{E}{1-\mu^2}\begin{pmatrix}1 & \mu & 0\\ \mu & 1 & 0\\ 0 & 0 & \frac{1-\mu}{2}\end{pmatrix} \tag{8-20}$$

$\boldsymbol{D}$ 是一个对称矩阵，其元素仅与材料的弹性模量 E 和泊松比 μ 有关，故称为弹性矩阵，反映了应变与应力的内在转换关系，也称为本构关系。

（2）平面应变问题的弹性方程　在平面应变问题中，因 $\sigma_z\neq 0$，所以应力状态是三维的，应遵循各向同性材料胡克定律，即

$$\begin{cases}\varepsilon_x=\dfrac{1}{E}[\sigma_x-\mu(\sigma_y+\sigma_z)]\\ \varepsilon_y=\dfrac{1}{E}[\sigma_y-\mu(\sigma_x+\sigma_z)]\\ \varepsilon_z=\dfrac{1}{E}[\sigma_z-\mu(\sigma_x+\sigma_y)]\\ \gamma_{xy}=\dfrac{2(1+\mu)}{E}\tau_{xy}\\ \gamma_{yz}=\dfrac{2(1+\mu)}{E}\tau_{yz}\\ \gamma_{zx}=\dfrac{2(1+\mu)}{E}\tau_{zx}\end{cases} \tag{8-21}$$

在平面应变问题中，$\varepsilon_z=0$、$\gamma_{yz}=0$、$\gamma_{zx}=0$，由式（8-21）可得 $\tau_{yz}=0$、$\tau_{zx}=0$、$\sigma_z=\mu(\sigma_x+\sigma_y)$，也就可得平面应变问题的弹性方程为

$$\begin{cases}\varepsilon_x=\dfrac{1-\mu^2}{E}\left(\sigma_x-\dfrac{\mu}{1-\mu}\sigma_y\right)\\ \varepsilon_y=\dfrac{1-\mu^2}{E}\left(\sigma_y-\dfrac{\mu}{1-\mu}\sigma_x\right)\\ \gamma_{xy}=\dfrac{2(1-\mu^2)}{E}\left(1+\dfrac{\mu}{1-\mu}\right)\tau_{xy}\end{cases} \tag{8-22}$$

弹性矩阵为

$$\boldsymbol{D}=\frac{E(1-\mu)}{(1+\mu)(1-2\mu)}\begin{pmatrix}1 & \dfrac{\mu}{1-\mu} & 0\\ \dfrac{\mu}{1-\mu} & 1 & 0\\ 0 & 0 & \dfrac{1-2\mu}{2(1-\mu)}\end{pmatrix} \tag{8-23}$$

比较式（8-17）和式（8-22），若在式（8-17）中引入变量替换，将 E 换成 $E/(1-\mu^2)$，μ 换成 $\mu/(1-\mu)$ 则可得到式（8-22）。因而，两类平面问题的弹性方程均可表示为

$$\boldsymbol{\sigma}=\boldsymbol{D\varepsilon}$$

而平面应变问题的弹性矩阵 $\boldsymbol{D}$ 可由式（8-20）引入变量替换直接得到。

5. 虚功方程

在有限元法中，通常采用虚功原理推导出单元内点应力 $\boldsymbol{\sigma}$ 与单元节点力 $\boldsymbol{F}^e$ 之间的关系式。

单元节点力是作用于单元节点上的外力，其必然在单元内部引起相应的应变。设单元各节点在外力作用下有虚位移 $\bar{\boldsymbol{\delta}}^e$，则在单元内部必有相应的虚应变 $\bar{\boldsymbol{\varepsilon}}^e$。根据虚功原理，节点力在节点的虚位移上所做的虚功等于单元内部应力在虚应变上所做的虚功。

首先计算节点力所做的虚功。设单元节点的虚位移为

$$\bar{\boldsymbol{\delta}}^e=(\bar{u}_1 \quad \bar{v}_1 \quad \bar{u}_2 \quad \bar{v}_2 \quad \bar{u}_3 \quad \bar{v}_3)^{\mathrm{T}}$$

单元节点力为

$$\boldsymbol{F}^e=(f_{x1} \quad f_{y1} \quad f_{x2} \quad f_{y2} \quad f_{x3} \quad f_{y3})^{\mathrm{T}}$$

则单元节点力所做的虚功为

$$W=\bar{u}_1 f_{x1}+\bar{v}_1 f_{y1}+\bar{u}_2 f_{x2}+\bar{v}_2 f_{y2}+\bar{u}_3 f_{x3}+\bar{v}_3 f_{y3}=\bar{\boldsymbol{\delta}}^{e\mathrm{T}}\boldsymbol{F}^e$$

再计算内部应力所做的虚功。考虑到图 8-9a 中的微小矩形，设单元厚度为 t，单元的虚应变为 $\bar{\boldsymbol{\varepsilon}}=(\bar{\varepsilon}_x \quad \bar{\varepsilon}_y \quad \bar{\gamma}_{xy})^{\mathrm{T}}$，应力为 $\boldsymbol{\sigma}=(\sigma_x \quad \sigma_y \quad \tau_{xy})$，则此微小矩形的内力虚功近似为

$$\mathrm{d}Q=(\bar{\varepsilon}_x\sigma_x+\bar{\varepsilon}_y\sigma_y+\bar{\gamma}_{xy}\tau_{xy})t\mathrm{d}x\mathrm{d}y=\bar{\boldsymbol{\varepsilon}}^{\mathrm{T}}\boldsymbol{\sigma}t\mathrm{d}x\mathrm{d}y$$

将此式积分，得整个单元的内力虚功为

$$Q=\iint_{\Delta}\mathrm{d}Q=\iint_{\Delta}\bar{\boldsymbol{\varepsilon}}^{\mathrm{T}}\boldsymbol{\sigma}t\mathrm{d}x\mathrm{d}y$$

根据虚功原理，$W=Q$，即

$$\bar{\boldsymbol{\delta}}^{e\mathrm{T}}\boldsymbol{F}^e=\iint_{\Delta}\bar{\boldsymbol{\varepsilon}}^{\mathrm{T}}\boldsymbol{\sigma}t\mathrm{d}x\mathrm{d}y$$

由式（8-16）有 $\bar{\boldsymbol{\varepsilon}}=B\bar{\boldsymbol{\delta}}^e$，代入上式得

$$\bar{\boldsymbol{\delta}}^{e\mathrm{T}}\boldsymbol{F}^e=\iint_{\Delta}\bar{\boldsymbol{\delta}}^{e\mathrm{T}}\boldsymbol{B}^{\mathrm{T}}\boldsymbol{\sigma}t\mathrm{d}x\mathrm{d}y$$

上式两边消去 $\bar{\boldsymbol{\delta}}^{e\mathrm{T}}$，得

$$\boldsymbol{F}^e=\iint_{\Delta}\boldsymbol{B}^{\mathrm{T}}\boldsymbol{\sigma}t\mathrm{d}x\mathrm{d}y$$

由于三角形三节点单元的 $\boldsymbol{B}$ 和 $\boldsymbol{\sigma}$ 中各元素都是常量，而积分 $\iint_{\Delta}\mathrm{d}x\mathrm{d}y$ 等于单元面积 Δ，故得

$$\boldsymbol{F}^e=\boldsymbol{B}^{\mathrm{T}}\boldsymbol{\sigma}t\Delta \tag{8-24}$$

6. 单元刚度矩阵 K^e

综合式（8-16）和式（8-19），可得到由单元节点位移 $\boldsymbol{\delta}^e$ 求单元内点应力 $\boldsymbol{\sigma}$ 的关系式为

$$\boldsymbol{\sigma}=\boldsymbol{D\varepsilon}=\boldsymbol{DB\delta}^e \tag{8-25}$$

综合式（8-24）和式（8-25），得

$$\boldsymbol{F}^e=\boldsymbol{B}^{\mathrm{T}}\boldsymbol{\delta}t\Delta=\boldsymbol{B}^{\mathrm{T}}\boldsymbol{DB\delta}^e t\Delta$$

简写为

$$\boldsymbol{F}^e=\boldsymbol{K}^e\boldsymbol{\delta}^e \tag{8-26}$$

其中

$$\boldsymbol{K}^e=\boldsymbol{B}^{\mathrm{T}}\boldsymbol{DB}t\Delta \tag{8-27}$$

称为单元刚度矩阵。它是一个 6×6 阶矩阵，反映了单元节点位移 $\boldsymbol{\delta}^e$ 和节点力 $\boldsymbol{F}^e$ 之间的转换关系。

单元分析讨论了四个向量之间的五个转换矩阵。它们之间的转换关系可概括如下。

$$\boldsymbol{F}^e_{6\times1}\xleftarrow{\boldsymbol{B}^{\mathrm{T}}_{6\times3}t\Delta}\boldsymbol{\sigma}_{3\times1}\xleftarrow{\boldsymbol{D}_{3\times3}}\{\boldsymbol{\varepsilon}\}_{3\times1}\xleftarrow{\boldsymbol{B}_{3\times6}}\boldsymbol{\delta}^e_{6\times1}$$

$$\boldsymbol{S}=\boldsymbol{DB}$$

$$\boldsymbol{K}^e_{6\times6}=\boldsymbol{B}^{\mathrm{T}}\boldsymbol{DB}t\Delta$$

式（8-26）的完整形式为

$$\begin{pmatrix}f_{x1}\\f_{y1}\\f_{x2}\\f_{y2}\\f_{x3}\\f_{y3}\end{pmatrix}=\begin{pmatrix}k_{11}&k_{12}&k_{13}&k_{14}&k_{15}&k_{16}\\k_{21}&k_{22}&k_{23}&k_{24}&k_{25}&k_{26}\\k_{31}&k_{32}&k_{33}&k_{34}&k_{35}&k_{36}\\k_{41}&k_{42}&k_{43}&k_{44}&k_{45}&k_{46}\\k_{51}&k_{52}&k_{53}&k_{54}&k_{55}&k_{56}\\k_{61}&k_{62}&k_{63}&k_{64}&k_{65}&k_{66}\end{pmatrix}\begin{pmatrix}\mu_1\\\nu_1\\\mu_2\\\nu_2\\\mu_3\\\nu_3\end{pmatrix} \tag{8-28}$$

式中 $\boldsymbol{k}_{ij}(i、j=1、2、\cdots、6)$ 称为刚度系数。它反映了单元节点位移分量和单元节点力分量之间的关系，如

$$f_{x1}=k_{11}u_1+k_{12}v_1+k_{13}u_2+k_{14}v_2+k_{15}u_3+k_{16}v_3$$

那么，k_{13} 表示当其他节点位移分量都为零时，单元第二个节点的水平位移分量 u_2 在第一个节点上所引起的水平节点力为 f_{x1}；k_{15} 则表示当其他节点位移分量为零时，单元第三个节点的水平位移分量 u_3 在第一个节点上引起的水平节点力为 f_{x1}。如此类推，可以得到每个刚度系数所表示的某个节点位移分量与所引起的相应节点力分量之间的一一对应关系。可以证明，单元刚度矩阵 K^e 具有下述三个特性。

1）对称性，具有 $k_{ij}=k_{ji}$。

2）奇异性，即其对应行列式为零。

3）分块特性，即将其分为 9 个 2×2 子矩阵，则其中任一个子矩阵 $\boldsymbol{K}_{ij}$ 表示单元第 j 个节点的位移子向量 $\boldsymbol{\delta}_j$ 与单元第 i 个节点的节点力子向量 $\boldsymbol{F}_i$ 之间的关系。例如：$\boldsymbol{K}_{23}$ 表示单元第三个节点的位移子向量 $\boldsymbol{\delta}_3$ 与单元第二个节点力子向量 $\boldsymbol{F}_2=(f_{x2}\ f_{y2})^{\mathrm{T}}$ 之间的关系。式（8-28）写成分块形式如下

$$\begin{pmatrix}\{\boldsymbol{F}_1\}\\\{\boldsymbol{F}_2\}\\\{\boldsymbol{F}_3\}\end{pmatrix}=\begin{pmatrix}[\boldsymbol{K}_{11}] & [\boldsymbol{K}_{12}] & [\boldsymbol{K}_{13}]\\ [\boldsymbol{K}_{21}] & [\boldsymbol{K}_{22}] & [\boldsymbol{K}_{23}]\\ [\boldsymbol{K}_{31}] & [\boldsymbol{K}_{32}] & [\boldsymbol{K}_{33}]\end{pmatrix}\begin{pmatrix}\{\boldsymbol{\delta}_1\}\\\{\boldsymbol{\delta}_2\}\\\{\boldsymbol{\delta}_3\}\end{pmatrix} \tag{8-29}$$

式中

$\boldsymbol{F}_i=\begin{pmatrix}f_{xi}\\f_{yi}\end{pmatrix}$　$i=1$、2、3，为单元三节点上力分量组成的向量

$\boldsymbol{\delta}_i=\begin{pmatrix}u_i\\v_i\end{pmatrix}$　$i=1$、2、3，为单元三节点上位移分量组成的向量

$\boldsymbol{K}_{ij}$　i、$j=1$、2、3，为 2×2 的单元刚度矩阵的子矩阵

8.1.4 平面问题的整体分析

1. 整体分析的步骤

整体分析是在单元分析完成后进行的，分为四个步骤。

1）根据各单元在全局节点上要满足的变形连续条件，即有相同位移，得到反映结构整体平衡关系的方程组

$$\boldsymbol{F}=\boldsymbol{K\delta} \tag{8-30}$$

式中，$\boldsymbol{K}$ 是整体刚度矩阵。这一步的主要工作是由单元刚度矩阵 $\boldsymbol{K}^e$ 集成整体刚度矩阵 $\boldsymbol{K}$。

2）由于整体刚度矩阵 $\boldsymbol{K}$ 仍然是奇异矩阵，要依据已知外载荷建立整体载荷向量并引入边界条件修改式（8-30），使其有唯一解。

3）解式（8-30），由节点载荷求出全局节点位移 $\{\delta\}$。

4）根据全局节点位移 $\{\delta\}$ 求出各单元应力 $\{\sigma\}$ 和应变 $\{\varepsilon\}$。

2. 集成刚度矩阵 K

集成刚度矩阵 $\boldsymbol{K}$ 的原理和方法如图 8-3 所示。该结构分为四个单元，共六个节点，各单元码①、②、③、④，单元局部节点码 $\bar{1}$、$\bar{2}$、$\bar{3}$ 和总体节点码 1~6 的对应关系可用编码矩阵描述如下，即

$$\begin{matrix} & ① & ② & ③ & ④ \\ \bar{1} & 1 & 2 & 5 & 3\\ \bar{2} & 2 & 4 & 3 & 5\\ \bar{3} & 3 & 5 & 2 & 6\end{matrix}$$

设该结构各节点的位移为

$$\boldsymbol{\delta}=(\boldsymbol{\delta}_1\quad\boldsymbol{\delta}_2\quad\boldsymbol{\delta}_3\quad\boldsymbol{\delta}_4\quad\boldsymbol{\delta}_5\quad\boldsymbol{\delta}_6)^{\mathrm{T}} \tag{8-31}$$

式中 $\boldsymbol{\delta}_i=(u_i\quad v_i)^{\mathrm{T}}$，$i=1$、2、…、6。

在单元分析中，已推导出节点对单元的作用力可用式（8-29）来计算。节点给单元以作用力，单元也必给节点以反作用力，两者大小相等、方向相反。所以，单元对节点的作用力的大小也可以用同一公式来计算。以单元②为例。利用式（8-29）有

$$\begin{pmatrix} \boldsymbol{F}_{\bar{1}} \\ \boldsymbol{F}_{\bar{2}} \\ \boldsymbol{F}_{\bar{3}} \end{pmatrix}^{②} = \begin{pmatrix} \boldsymbol{K}_{\bar{1}\bar{1}} & \boldsymbol{K}_{\bar{1}\bar{2}} & \boldsymbol{K}_{\bar{1}\bar{3}} \\ \boldsymbol{K}_{\bar{2}\bar{1}} & \boldsymbol{K}_{\bar{2}\bar{2}} & \boldsymbol{K}_{\bar{2}\bar{3}} \\ \boldsymbol{K}_{\bar{3}\bar{1}} & \boldsymbol{K}_{\bar{3}\bar{2}} & \boldsymbol{K}_{\bar{3}\bar{3}} \end{pmatrix}^{②} \begin{pmatrix} \boldsymbol{\delta}_1 \\ \boldsymbol{\delta}_2 \\ \boldsymbol{\delta}_3 \end{pmatrix}^{②} \tag{8-32}$$

在前面的单元分析中，为了书写方便，简化局部码符号，在进行整体分析时，则必须使用相应的局部码 $\bar{1}$、$\bar{2}$、$\bar{3}$ 等。

在式（8-32）中，若将局部码按编码矩阵的关系改为总体码，则得到

$$\begin{pmatrix} \boldsymbol{F}_2 \\ \boldsymbol{F}_4 \\ \boldsymbol{F}_5 \end{pmatrix}^{②} = \begin{pmatrix} \boldsymbol{K}_{24} & \boldsymbol{K}_{24} & \boldsymbol{K}_{25} \\ \boldsymbol{K}_{42} & \boldsymbol{K}_{44} & \boldsymbol{K}_{45} \\ \boldsymbol{K}_{52} & \boldsymbol{K}_{54} & \boldsymbol{K}_{55} \end{pmatrix}^{②} \begin{pmatrix} \boldsymbol{\delta}_2 \\ \boldsymbol{\delta}_4 \\ \boldsymbol{\delta}_5 \end{pmatrix} \tag{8-33}$$

式中，力向量 F 和刚度矩阵 K 的右下角加上了单元②的标记。由于 $\boldsymbol{\delta}_2$、$\boldsymbol{\delta}_4$、$\boldsymbol{\delta}_5$ 下标为全局节点编码，对单元①、②、③都是相同的，故不加注单元编码②的标记。单元②与节点 1、3、6 没有连接，不产生直接作用力，而节点 1、3、6 的位移也不直接影响单元②对节点 2、4、5 的作用力。

将式（8-33）按结构体全部总体节点码顺序进行扩展，与该单元没有连接的节点，其相应的子刚度矩阵为 2×2 零矩阵，在下式中简记为 0。

$$\begin{pmatrix} \boldsymbol{F}_1 \\ \boldsymbol{F}_2 \\ \boldsymbol{F}_3 \\ \boldsymbol{F}_4 \\ \boldsymbol{F}_5 \\ \boldsymbol{F}_6 \end{pmatrix}^{②} = \begin{pmatrix} 0 & 0 & 0 & 0 & 0 & 0 \\ 0 & \boldsymbol{K}_{22} & 0 & \boldsymbol{K}_{24} & \boldsymbol{K}_{25} & 0 \\ 0 & 0 & 0 & 0 & 0 & 0 \\ 0 & \boldsymbol{K}_{42} & 0 & \boldsymbol{K}_{44} & \boldsymbol{K}_{45} & 0 \\ 0 & \boldsymbol{K}_{52} & 0 & \boldsymbol{K}_{54} & \boldsymbol{K}_{55} & 0 \\ 0 & 0 & 0 & 0 & 0 & 0 \end{pmatrix}^{②} \begin{pmatrix} \boldsymbol{\delta}_1 \\ \boldsymbol{\delta}_2 \\ \boldsymbol{\delta}_3 \\ \boldsymbol{\delta}_4 \\ \boldsymbol{\delta}_5 \\ \boldsymbol{\delta}_6 \end{pmatrix} \tag{8-34}$$

式（8-34）与式（8-33）中的各 $\boldsymbol{F}$ 值完全一样，只是与单元②无直接联系的节点，在矩阵中填充了相应的零元素。式中 $\boldsymbol{F}_i = \begin{pmatrix} f_{xi} \\ f_{yi} \end{pmatrix}$，$i = 1$、2、…、6 为单元②对各节点作用力的力向量；$\boldsymbol{\delta}_i = \begin{pmatrix} u_i \\ v_i \end{pmatrix}$，i = 1、2、…、6 为各节点的位移向量。刚度矩阵中的各元素为 2×2 矩阵。

同理，对单元①有

$$\begin{pmatrix} \boldsymbol{F}_1 \\ \boldsymbol{F}_2 \\ \boldsymbol{F}_3 \\ \boldsymbol{F}_4 \\ \boldsymbol{F}_5 \\ \boldsymbol{F}_5 \end{pmatrix}^{①} = \begin{pmatrix} \boldsymbol{K}_{11} & \boldsymbol{K}_{12} & \boldsymbol{K}_{13} & 0 & 0 & 0 \\ \boldsymbol{K}_{21} & \boldsymbol{K}_{22} & \boldsymbol{K}_{23} & 0 & 0 & 0 \\ \boldsymbol{K}_{31} & \boldsymbol{K}_{32} & \boldsymbol{K}_{33} & 0 & 0 & 0 \\ 0 & 0 & 0 & 0 & 0 & 0 \\ 0 & 0 & 0 & 0 & 0 & 0 \\ 0 & 0 & 0 & 0 & 0 & 0 \end{pmatrix}^{①} \begin{pmatrix} \boldsymbol{\delta}_1 \\ \boldsymbol{\delta}_2 \\ \boldsymbol{\delta}_3 \\ \boldsymbol{\delta}_4 \\ \boldsymbol{\delta}_5 \\ \boldsymbol{\delta}_6 \end{pmatrix} \tag{8-35}$$

对单元③有

$$\begin{pmatrix} \boldsymbol{F}_1 \\ \boldsymbol{F}_2 \\ \boldsymbol{F}_3 \\ \boldsymbol{F}_4 \\ \boldsymbol{F}_5 \\ \boldsymbol{F}_6 \end{pmatrix}^{③} = \begin{pmatrix} 0 & 0 & 0 & 0 & 0 & 0 \\ 0 & \boldsymbol{K}_{22} & \boldsymbol{K}_{23} & 0 & \boldsymbol{K}_{25} & 0 \\ 0 & \boldsymbol{K}_{32} & \boldsymbol{K}_{33} & 0 & \boldsymbol{K}_{35} & 0 \\ 0 & 0 & 0 & 0 & 0 & 0 \\ 0 & \boldsymbol{K}_{52} & \boldsymbol{K}_{53} & 0 & \boldsymbol{K}_{55} & 0 \\ 0 & 0 & 0 & 0 & 0 & 0 \end{pmatrix}^{③} \begin{pmatrix} \boldsymbol{\delta}_1 \\ \boldsymbol{\delta}_2 \\ \boldsymbol{\delta}_3 \\ \boldsymbol{\delta}_4 \\ \boldsymbol{\delta}_5 \\ \boldsymbol{\delta}_6 \end{pmatrix} \tag{8-36}$$

对单元④有

$$\begin{pmatrix} \boldsymbol{F}_1 \\ \boldsymbol{F}_2 \\ \boldsymbol{F}_3 \\ \boldsymbol{F}_4 \\ \boldsymbol{F}_5 \\ \boldsymbol{F}_6 \end{pmatrix}^{④} = \begin{pmatrix} 0 & 0 & 0 & 0 & 0 & 0 \\ 0 & 0 & 0 & 0 & 0 & 0 \\ 0 & 0 & \boldsymbol{K}_{33} & 0 & \boldsymbol{K}_{35} & \boldsymbol{K}_{36} \\ 0 & 0 & 0 & 0 & 0 & 0 \\ 0 & 0 & \boldsymbol{K}_{53} & 0 & \boldsymbol{K}_{55} & \boldsymbol{K}_{56} \\ 0 & 0 & \boldsymbol{K}_{63} & 0 & \boldsymbol{K}_{65} & \boldsymbol{K}_{66} \end{pmatrix}^{④} \begin{pmatrix} \boldsymbol{\delta}_1 \\ \boldsymbol{\delta}_2 \\ \boldsymbol{\delta}_3 \\ \boldsymbol{\delta}_4 \\ \boldsymbol{\delta}_5 \\ \boldsymbol{\delta}_6 \end{pmatrix} \tag{8-37}$$

下面讨论每个节点的平衡问题。以节点 2 为例，如图 8-10 所示，$f_{x2}^{①}$、$f_{x2}^{②}$、$f_{x2}^{③}$表示单元①、②、③对节点 2 的水平作用力，$f_{y2}^{①}$、$f_{y2}^{②}$、$f_{y2}^{③}$表示各单元对节点 2 的垂直作用力，其作用方向与单元分析中所设节点对单元的作用力相反。图 8-10 中f_{x2}、f_{y2}分别表示作用在节点 2 上的外载荷 $\boldsymbol{F}_2$ 在水平与垂直方向的合力。外载荷可能是集中载荷、分布载荷等各种形式，但在有限元分析中，必须将它们转化为作用于节点上的集中载荷。

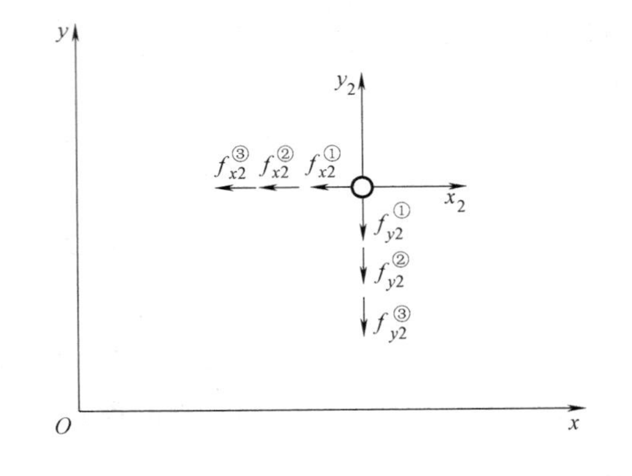

图 8-10　节点的平衡

节点 2 在外载荷和单元体作用力的作用下处于平衡状态，有

$$\boldsymbol{F}_2^{①}+\boldsymbol{F}_2^{②}+\boldsymbol{F}_2^{③}=\boldsymbol{F}_2 \tag{8-38}$$

式中，$\boldsymbol{F}_2=\begin{pmatrix} x_2 \\ y_2 \end{pmatrix}$，$\boldsymbol{F}_2^{①}=\begin{pmatrix} f_{x2}^{①} \\ f_{y2}^{①} \end{pmatrix}$等。

考虑到节点 1、3、4、5 和 6 的平衡，可推得下列平衡方程

$$\begin{aligned} &\boldsymbol{F}_1^{①}=\boldsymbol{F}_1 \\ &\boldsymbol{F}_3^{①}+\boldsymbol{F}_3^{③}+\boldsymbol{F}_3^{④}=\boldsymbol{F}_3 \\ &\boldsymbol{F}_4^{②}=\boldsymbol{F}_4 \\ &\boldsymbol{F}_5^{②}+\boldsymbol{F}_5^{③}+\boldsymbol{F}_5^{④}=\boldsymbol{F}_5 \\ &\boldsymbol{F}_6^{④}=\boldsymbol{F}_6 \end{aligned} \tag{8-39}$$

由于不与某节点相连接的单元对该节点的作用力为零，为便于用矩阵形式讨论，可将式（8-38）和式（8-39）按局部码和总体码顺序组合并扩展成下述形式，即

$$\boldsymbol{F}^{①}+\boldsymbol{F}^{②}+\boldsymbol{F}^{③}+\boldsymbol{F}^{④}=\boldsymbol{F} \tag{8-40}$$

式中，$\{\boldsymbol{F}_i\}=(\boldsymbol{F}_1\quad \boldsymbol{F}_2\quad \boldsymbol{F}_3\quad \boldsymbol{F}_4\quad \boldsymbol{F}_5\quad \boldsymbol{F}_6)^{\mathrm{T}}$。下标 i 表示该力所作用的节点号，矩阵外下标①、②、③、④则表示哪一个单元的作用力。

将式（8-34）~式（8-37）代入式（8-40），并相加，结果为

$$\begin{pmatrix} \boldsymbol{K}_{11} & \boldsymbol{K}_{12} & \boldsymbol{K}_{13} & 0 & 0 & 0 \\ \boldsymbol{K}_{21} & \boldsymbol{K}_{22} & \boldsymbol{K}_{23} & \boldsymbol{K}_{24} & \boldsymbol{K}_{25} & 0 \\ \boldsymbol{K}_{31} & \boldsymbol{K}_{32} & \boldsymbol{K}_{33} & 0 & \boldsymbol{K}_{35} & \boldsymbol{K}_{36} \\ 0 & \boldsymbol{K}_{42} & 0 & \boldsymbol{K}_{44} & \boldsymbol{K}_{45} & 0 \\ 0 & \boldsymbol{K}_{52} & \boldsymbol{K}_{53} & \boldsymbol{K}_{54} & \boldsymbol{K}_{55} & \boldsymbol{K}_{56} \\ 0 & 0 & \boldsymbol{K}_{63} & 0 & \boldsymbol{K}_{65} & \boldsymbol{K}_{66} \end{pmatrix} \begin{pmatrix} \boldsymbol{\delta}_1 \\ \boldsymbol{\delta}_2 \\ \boldsymbol{\delta}_3 \\ \boldsymbol{\delta}_4 \\ \boldsymbol{\delta}_5 \\ \boldsymbol{\delta}_6 \end{pmatrix} = \begin{pmatrix} \boldsymbol{F}_1 \\ \boldsymbol{F}_2 \\ \boldsymbol{F}_3 \\ \boldsymbol{F}_4 \\ \boldsymbol{F}_5 \\ \boldsymbol{F}_6 \end{pmatrix} \tag{8-41}$$

式中，$\boldsymbol{K}_{11}=\boldsymbol{K}_{11}{}^{①}$，$\boldsymbol{K}_{22}=\boldsymbol{K}_{22}{}^{①}+\boldsymbol{K}_{22}{}^{②}+\boldsymbol{K}_{22}{}^{③}$等。

请读者将式（8-34）~式（8-37）代入式（8-40），理解式（8-41）矩阵中各元素的含义。

式（8-41）表示了外载荷与节点位移之间的关系，可简化为

$$\boldsymbol{K\delta}=\boldsymbol{F} \tag{8-42}$$

式中，$\boldsymbol{K}$ 是整体刚度矩阵。应该指出的是，在程序运算中，为建立 $\boldsymbol{K}$，并不需要按上述步骤首先单独建立式（8-34）~式(8-37)，而只需要计算出每个单元的刚度矩阵，再按其子矩阵的下标（总体节点码）累加到整体刚度矩阵相应的位置上去，即可形成整体刚度矩阵。具体方法可参考有关书籍。

3. 修改整体载荷向量

1）节点载荷向量处理。在有限元法中，可以根据给定的外载荷条件，直接给出各节点的载荷向量。节点的载荷有外加载荷和支承反力两部分。外加载荷是指加于节点的集中载荷，而由支承约束产生的支承反力通常作为待定未知量，由整体平衡方程组确定。图 8-3 所示的例中，整体载荷向量表示如下

$$\boldsymbol{F}=(f_{x1}\quad f_{y1}\quad f_{x2}\quad f_{y2}\quad f_{x3}\quad f_{y3}\quad f_{x4}\quad f_{y4}\quad f_{x5}\quad f_{y5}\quad f_{x6}\quad f_{y6})^{\mathrm{T}}$$

2）非节点载荷的处理。有限元分析中要求载荷必须作用在节点上，作用在节点外的载荷要依据静力等效原则将其移到节点上。静力等效原则是指原外载荷与移到节点上的载荷在任何虚位移上所做的虚功相等。

如图 8-11a 所示的单元，节点 2、3 所在的边上有沿 x 轴方向的集中载荷 $\boldsymbol{F}$，设计节点 2、3 所在边长为 l，载荷作用点将其分为长度为 l_1、l_2 的两段，则将载荷移到节点 2、3 时，节点载荷分别为

$$f_{x2}=F\times l_2/l \quad f_{x3}=F\times l_1/l$$

单元受如图 8-11b 所示的均布载荷 q，则将载荷移到节点 2、3 上得到节点载荷分别为

$$f_{x2}=f_{x3}=\frac{1}{2}ql$$

若单元受到的载荷为体积力，如重力，则可以认为重力作用于三角形的重心，故应将其移到三个节点上，且三个节点力相等。

$$f_{y1}=f_{y2}=f_{y3}=\rho At/3$$

式中，ρ 是材料的密度；A 是三角形面积；t 是板厚。

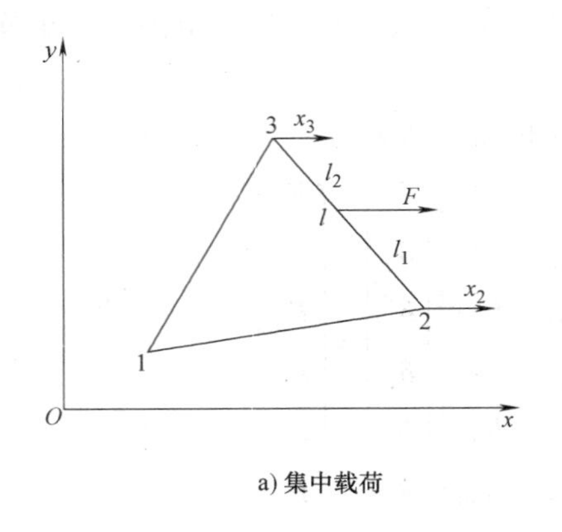

a) 集中载荷

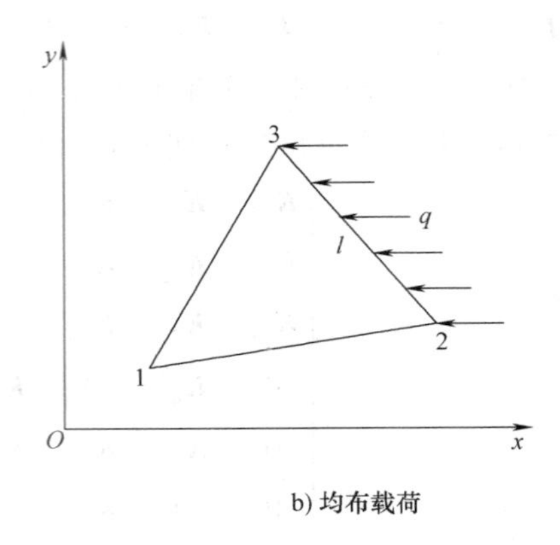

b) 均布载荷

图 8-11　非节点载荷的处理

3）引入边界条件修改平衡方程组。由于 $\boldsymbol{K}^e$ 和 $\boldsymbol{K}$ 均为奇异矩阵，若不引入边界条件对整体平衡方程组做修改，则式（8-42）的解将不是唯一的，具体修改方法如下。

若节点 n 有水平支承，使该节点的水平位移 $u_n=0$，则应对整体平衡方程组做如下修改：在刚度矩阵 $\boldsymbol{K}$ 中找出与零位移对应的第 $2n-1$ 行和列，将主对角线元素 $K_{(2n-1)(2n-1)}$ 改为 1，其他元素改为零，在向量 $\boldsymbol{F}$ 中，将第 $2n-1$ 个元素改为零。

若节点 n 有垂直支承，使该节点的垂直位移 $v_n=0$，则对 $\boldsymbol{K}$ 中第 $2n$ 行和列及 $\boldsymbol{F}$ 向量的第 $2n$ 个分量做与上述相同的修改。

若某种边界条件使节点 n 的水平位移 u_n 为某一已知非零值 H，即 $u_n=H$，则需做如下修正：①用一个大数 A（如 $A=10^8$）乘以 $\boldsymbol{K}$ 中主对角线元素 $\boldsymbol{K}_{(2n-1)(2n-1)}$；②将 $\boldsymbol{F}$ 中的第 $2n-1$ 个元素改为 $AHK_{(2n-1)(2n-1)}$。

同理，若边界条件使节点 n 的垂直位移 $v_n=H$ 时，则对 $\boldsymbol{K}$ 中主对角线元素 $\boldsymbol{K}_{2n2n}$ 和 $\boldsymbol{F}$ 中的第 $2n$ 个元素做与上述相同的修改。

4. 解平衡方程求节点位移 $\boldsymbol{\delta}$

当用有限元法对结构进行分析时，若剖分的单元较多，则整体平衡方程组的阶数很高，其整体刚度矩阵 $\boldsymbol{K}$ 将是一个巨大的方阵。因而，如何用有限的计算机存储容量快速地求解整体平衡方程组，就成为一个值得研究的问题。首先来考察一下整体刚度矩阵的几个特性。

1）$\boldsymbol{K}$ 为对称矩阵，因而，可以只存储矩阵的上三角部分（或下三角部分），这样可以节省约一半存储量。

2）$\boldsymbol{K}$ 为稀疏矩阵，大多数元素都是零元素，非零元素一般占元素总数的 17%～30%。利用这一性质，可设法仅存储非零元素，从而大大节约存储单元。

3）$\boldsymbol{K}$ 为带形矩阵，即非零元素大都集中在以主对角线为中心的斜带形区域内。在半个斜带形区域中（包括主对角元素在内），每行具有的元素个数称为半带宽，常用 d 表示。d 的值越大，则所需存储矩阵的元素数量越多，而 d 值又与节点编码的方式有关，其计算式为

$$d=(\text{相邻节点总体编码最大差值}+1)\times 2$$

因而，在为节点编码时，应尽量使相邻节点码之差为最小，以使半带宽 d 尽可能小。

解方程组的方法很多，请读者参阅计算方法方面的有关专著。

5. 计算单元应力和应变

在工程分析问题时，有时不仅要求得到各节点的位移，而且要了解结构体内的应力与应

变的分布状态。在已知节点位移$\boldsymbol{\delta}^e$的基础上通过几何方程$\boldsymbol{\varepsilon}=\boldsymbol{B}\boldsymbol{\delta}^e$可以求得各单位的应变$\boldsymbol{\varepsilon}$；进一步利用弹性方程$\boldsymbol{\sigma}=\boldsymbol{D}\boldsymbol{\varepsilon}$，可以求得各单元的应力$\boldsymbol{\sigma}$。

如前述，采用了线性位移模式，三角形三节点单元的应力与应变为常量，因而，应把计算出的应力与应变看成是单元形心处的应力与应变。如果要求出某些节点上的应力与应变，则还须用插值等方法进一步处理。

另一方面，由弹性方程求得应力$\boldsymbol{\sigma}=(\sigma_x \quad \sigma_y \quad \tau_{xy})^{\mathrm{T}}$并不是单元的主应力。按图8-12所示转换关系，计算出单元形心处最大和最小应力$\sigma_{\max}$和$\sigma_{\min}$，并确定其方向。计算公式为

$$\sigma_{\max}=\frac{\sigma_x+\sigma_y}{2}+\sqrt{\left(\frac{\sigma_x-\sigma_y}{2}\right)^2+\tau_{xy}^2}$$

$$\sigma_{\min}=\frac{\sigma_x+\sigma_y}{2}-\sqrt{\left(\frac{\sigma_x-\sigma_y}{2}\right)^2+\tau_{xy}^2}$$

最大主应力$\sigma_{\max}$与x轴的夹角θ为

$$\theta=\arctan\left(\frac{\sigma_y-\sigma_{\min}}{\tau_{xy}}\right)$$

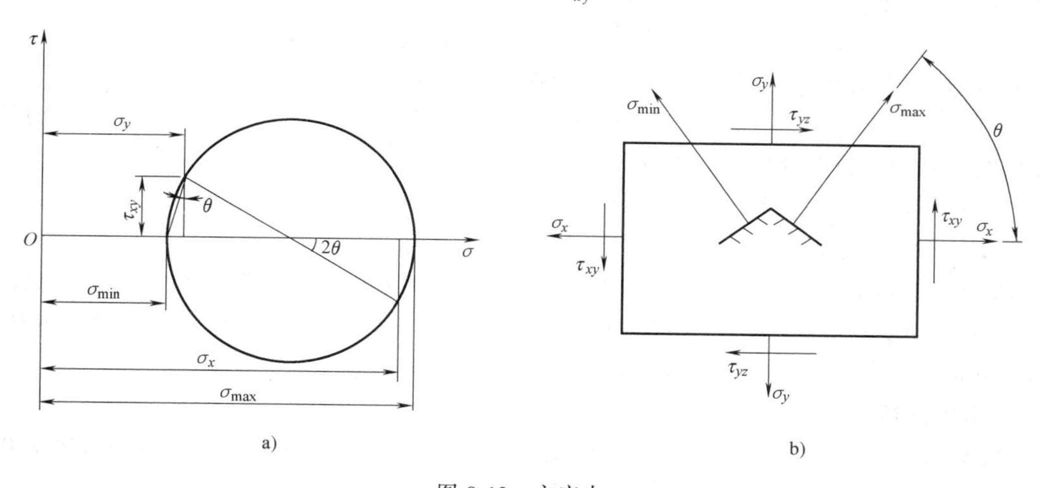

图8-12　主应力

以上位移、应力、应变各量可以由数据表格形式经打印机输出。由于这些数据非常之多，分析起来十分费时，所以有限元法的离散化（又称为单元剖分，前处理）和计算结果的分析处理（又称为后处理）占据了有限元分析整个过程80%~90%的时间。因而，一个优秀的有限元分析软件通常都配有功能强大的前后处理器，其前处理器可以根据结构形状和分析要求剖分有限元网格，后处理器则可以将获得的计算结果以可视化的图形、图像或动画方式显示出来，并绘出应力、应变等量的等值线图，使分析的结果一目了然。复杂结构和非线性有限元分析过程中的网格自动动态剖分，是有限元技术研究的活跃领域之一。此外，有限元的前后处理还与模型构造理论、工程数据库理论密切相关，了解前后处理技术也是使用有限元软件的基本条件。因而，作为一个CAD/CAM技术工作人员，应尽可能多地掌握一些有关有限元前后处理的知识。

8.2 有限元分析软件 ANSYS 简介

ANSYS 是融结构、热、流体、电磁、声学于一体的大型有限元分析系统，广泛应用于机械制造、航空航天、汽车交通、造船、土木工程、石油石化、日用电器等一般工业及科学研究，是世界上使用最广泛的有限元分析软件之一。ANSYS 主要功能与特点如下。

1. 结构分析

结构分析是有限元法最常用的应用领域。ANSYS 能够完成的结构分析如下。

1）静力分析——用于静态载荷。可以考虑结构的线性及非线性行为，如大变形、大应变、应力强化、塑性、黏弹性、超弹性、蠕变等，用于线性结构静力分析和非线性结构静力分析。

2）模态分析——计算线性结构的自振频率及振形。谱分析是模态分析的扩展，用于计算由于随机振动引起的结构应力和应变（也称为响应谱或 PSD）。

3）谐响应分析——确定线性结构对随时间按正弦曲线变化的载荷的响应。

4）瞬态动力学分析——确定结构对随时间任意变化的载荷的响应。可以考虑与静力分析相同的结构非线性行为。

5）谱分析——确定结构对随机载荷或随时间变化载荷的动力响应。

6）随机振动分析——确定结构在具有随机性质的载荷作用下的响应。

7）特征屈曲分析——用于计算线性屈曲载荷并确定屈曲模态形态（结合瞬态动力学分析可以实现非线性屈曲分析）。

8）专项分析——断裂分析、复合材料分析、疲劳分析。

2. 热分析

ANSYS 热分析基于能量守恒原理的热平衡方程，用有限元法计算物体内部各节点的温度，并导出其他热物理参数。ANSYS 热分析包括稳态、瞬态温度场分析；热传导、热对流、热辐射分析；相变分析；材料性质、边界条件随温度变化。

3. 电磁分析

ANSYS 充分利用各种电磁计算方法的优点，发展了多个适用于不同领域的电磁分析模块，这些模块优势互补、在统一的软件界面下共同解决各种复杂的电磁分析问题。电磁分析包括静磁场分析、交变电磁分析、瞬态磁场分析、电磁场分析和高频电磁场分析。

4. 流体分析

流体分析主要用于确定流体的流动及热行为。流体分析包括：流体动力学——可进行瞬态或稳态流体动力学分析、层流或湍流分析、可压缩流或不可压缩流分析、内流或外流分析等。声学分析——考虑流体介质与周围固体的相互作用，进行声波传递或水下结构的动力学分析等。

5. 耦合场分析

耦合场分析是对一个综合的工程问题就其涉及的各个学科进行联合仿真，考虑各个学科之间的相互影响及耦合程度。它包括热-力耦合、电磁-力耦合、流-固耦合等分析。

ANSYS 系统包括有前处理器、求解器、后处理器等。前处理器用于生成有限元模型，指定随后求解中所需的选项；求解器用于施加载荷及边界条件，然后完成求解计算；后处理器用于获取并检查求解结果，并对模型做出评价。ANSYS 系统中提供了多种数据接口与主流 CAD 软件共享数据，可将 CAD 软件系统建立的几何模型导入 ANSYS 系统，然后进行前处理得到有限元模型，并进行有限元求解。ANSYS 系统带有优化设计器，可实现结构的参数优化。程序中提供了分析→评估→修改的循环过程，即对初始设计进行分析，对设计结果进行评估，然后修改设计。这一循环过程重复进行直到所有的设计要求都满足为止。

8.2.1 ANSYS 基本使用方法

1. ANSYS 系统的常用文件

ANSYS 分析过程中会生成很多文件，存储在工作目录中。常用文件有数据库文件（jobname.db）、数据库备份文件（jobname.dbb）、日志文件（jobname.log）、结果文件(jobname.rst)、错误信息文件（jobname.err）等。数据库文件为二进制格式，用于记录有限元系统的资料，包括前处理、求解和后处理过程中输入的初始数据（如模型的几何尺寸、材料属性、载荷和边界条件等）及计算的结果数据（如位移、应力、应变和温度等）。日志文件为文本格式，用于记录 ANSYS 所有命令输入，在 ANSYS 启动时就已经打开，无论操作是 GUI 方式还是命令流方式，所有命令都以追加的形式被记录下来。日志文件不具有覆盖功能，若该文件已经存在，再次进入 ANSYS 时，命令只会添加在原有文件上。

2. ANSYS 数据库

ANSYS 数据库包括了前处理、求解及后处理过程中保存在内存中的数据。数据库存储了输入的初始数据以及计算的结果数据。由于数据库保存在计算机的内存中，操作者应注意保存，以防计算机死机或断电导致数据丢失。数据库进行保存后得到的就是数据库文件(jobname.db)，保存方式是选择 File→Save as jobname.db 或 File→Save as …。从数据库文件中恢复数据库，可选择 File→Resume jobname.db 或 File→Resume from…。

3. ANSYS 分析基本步骤

ANSYS 分析过程包含如下三个主要步骤：① 前处理，即创建有限元模型，包括创建或读入几何模型、定义材料属性和划分单元网格等；②施加载荷并求解，包括施加载荷及载荷选项、设定约束条件和求解等；③后处理，即查看计算结果，包括显示、分析结果和输出结果等。

（1）前处理　前处理是指创建几何模型及有限元模型的过程，包括创建几何模型、定义单元属性、划分单元网格和修正模型等。在几何模型上可方便施加载荷，但是几何模型并不参与有限元分析计算。所有施加在几何模型上的载荷或约束必须传递到有限元模型上进行求解。

1）创建几何模型和有限元模型的形式主要有：在 ANSYS 软件中创建几何模型，然后划分单元网格；在其他软件（如 UG NX、SolidWorks 等）中创建几何模型，ANSYS 通过数据接口读入模型，经过修正后划分单元网格；在 ANSYS 软件中直接创建节点和单元；在其他软件中创建有限元模型，将节点、单元数据读入 ANSYS。

2）ANSYS 的工作平面操作。它包括显示工作平面：Work plane→Display Working Plane，移动工作平面：Work plane→Offset WP by increments 等。

3）在 ANSYS 中创建几何模型的操作。

创建几何模型：Main Menu→preprocessor→Modeling→Create。

几何模型的布尔操作：Main Menu→preprocessor→Modeling→Operate。

几何模型的修改：Main Menu→preprocessor→Modeling→Move/Modify。

复制几何模型：Main Menu→preprocessor→Modeling→Copy。

删除几何模型：Main Menu→preprocessor→ Modeling→Delete。

显示几何模型：Utility Menu→plot 等。

4）定义单元属性。单元属性是指在划分网格以前必须指定的所分析对象的特征。这些特征包括材料属性、单元类型和实常数等。材料属性包括弹性模量、杨氏模量和密度等。定义材料属性的操作为：Main Menu→preprocessor→Material Props→Material Models。常见的单元类型有线单元、壳单元、平面单元和三维实体单元。定义单元类型的操作为：Main Menu→preprocessor→Element Type→Add/Edit/Delete。实常数是指某一单元的补充几何特征，如梁单元的横截面和壳单元的厚度等，定义实常数的操作为：Main Menu→preprocessor→Real Constants。

5）网格划分。它包括设置网格尺寸和划分网格等。划分网格的操作为 Main Menu→preprocessor→Meshing→Mesh Tool。

（2）施加载荷并求解

1）载荷的分类。ANSYS 允许对模型加载如下几种载荷：自由度 DOF，定义节点的自由度；集中载荷，即点载荷；面载荷，作用在表面的分布载荷；体积载荷，作用在体积或场域内的载荷；惯性载荷，结构质量或惯性引起的载荷。

2）ANSYS 加载操作。

施加自由度载荷：

Main Menu→preprocessor→Loads→Define Loads→Apply→Structural→Displacement。

施加集中载荷：

Main Menu→preprocessor →Loads→Define Loads→Apply→Structural→Force/Moment。

施加面载荷：

Main Menu→preprocessor→Loads→Define Loads→Apply→Structural→Pressure。

施加体积载荷：

Main Menu→preprocessor→Loads→Define Loads→Apply→Structural→Temperature。

施加惯性载荷：

Main Menu→preprocessor→Loads→Define Loads→Apply→Structural→Inertia。

3）模型的求解。ANSYS 求解操作为：Main Menu→Solution→Solve→Current LS。

（3）后处理　ANSYS 有两种后处理方法。一种是通用后处理，只能观察整个模型在某一时刻的结果，其操作为：Main Menu→General Postproc。第二种是时间-历程后处理，可以观察模型动态分析结果，其操作为：Main Menu→TimeHist Postproc。通用后处理的读取结果的操作为：Main Menu→General Postproc→Read Result，得到变形图的操作为：Main Menu→General Postproc→Plot Results，得到变形动画显示的操作为：Utility Menu→ Plotctrls→Animate→Deformed Shape。

8.2.2　ANSYS 典型实例

1. 问题描述

已知图 8-13 所示的悬壁梁长、宽、厚分别为 1m、0.1m、0.1m，在端部受集中载荷 $P=$

1000N，弹性模量 $E=2.1\times10^{11}$Pa，泊松比 $\mu=0.3$，对该悬壁梁进行受力分析。

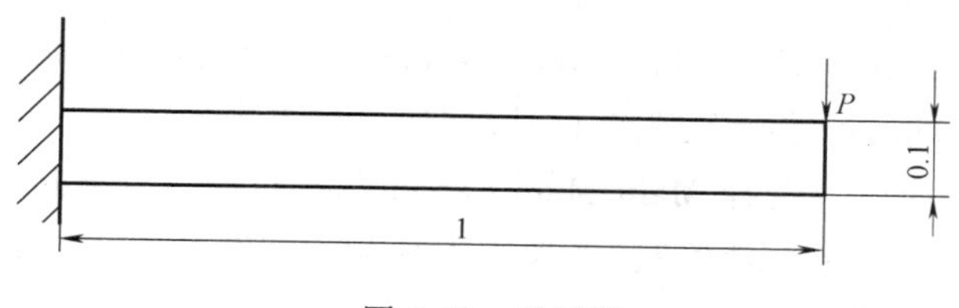

图 8-13　悬壁梁

2. 求解过程

（1）设置计算类型　选择 Main Menu→Preferences，弹出“Preferences for GUI Filtering”（设置优选项）对话框（见图 8-14），选择 Structural 选项，单击 OK 按钮。

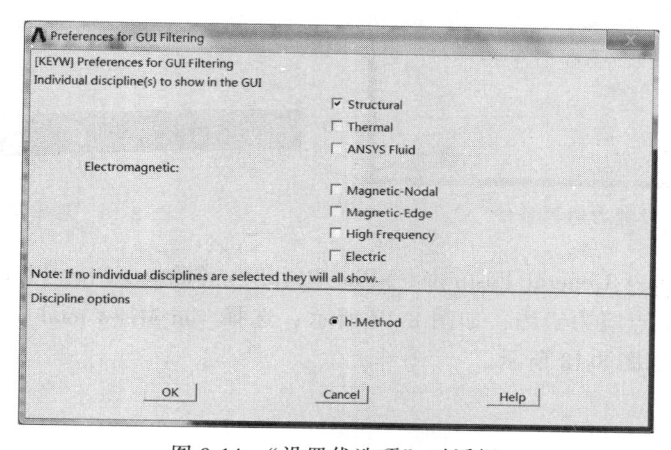

图 8-14　“设置优选项”对话框

（2）创建几何模型

1）创建关键点。选择 Main Menu→Preprocessor→Modeling→Create→Keypoints→In Active CS 依次输入两个关键点，坐标依次为 1（0，0，0）和 2（1，0，0）。

2）创建直线。选择 Main Menu→Preprocessor→Modeling→Create→Lines→Straight Line，选择关键点 1 和 2。

（3）选择单元类型　选择 Main Menu→Preprocessor→Element Type→Add/Edit/Delete …→Add…，选择 Beam 2 node 188 单元。

（4）定义材料参数　选择 Main Menu→ Preprocessor →Material Props →Material Models →Structural →Linear →Elastic →Isotropic，输入弹性模量 2.1E11，泊松比 0.3。

（5）定义截面　选择 Main Menu→ Preprocessor →Sections →Beam →Common Sections，输入 $B=0.1$，$H=0.1$。

（6）网格划分

1）设置网格大小。选择 Main Menu→Preprocessor→Meshing→Size Cntrls→ManualSize→Lines→Pick Lines，设置单元尺寸为 0.05。

2）划分网格。选择 Main Menu→Preprocessor→Meshing→Mesh→Lines，选择直线，划分网格单元。为显示单元实体，在菜单中选择 PlotCtrls→Style→Size and Shape，在对话框中勾

选 Display of Element。

（7）对模型施加约束

1）在最左端添加约束。选择 Main Menu→Solution→Define Loads→Apply→Structural→Displacement→On Keypoints，选择关键点 1，限制所有的自由度。

2）在最上端添加约束。选择 Main Menu→Solution→Define Loads→Apply→Structural→Force/Moment→On Nodes，选关键点 2，施加集中载荷，如图 8-15 所示。

（8）分析计算　选择 Main Menu→Solution→Solve→Current LS。

（9）结果显示　选择 Main Menu→General Postproc→Plot Results→Deformed Shape，如图 8-16 所示。

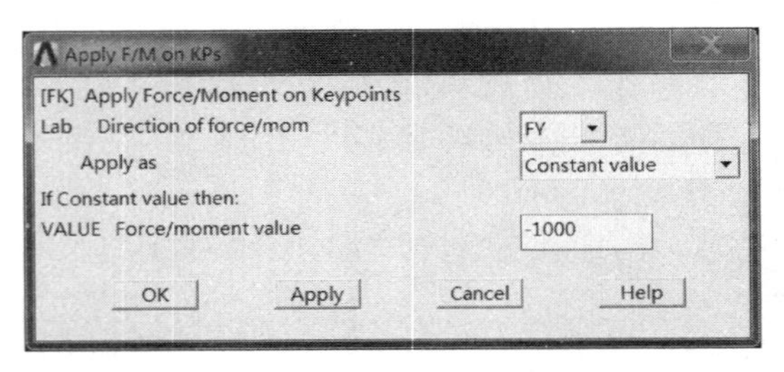

图 8-15　设置力边界条件

图 8-16　悬壁梁变形图

选择 Main Menu→ General Postproc →Plot Results→Contour Plot→Nodal Solu，选择 von Mises stress，得到节点应力云图，如图 8-17 所示；选择 von Mises total mechanical strain，得到节点应变云图，如图 8-18 所示。

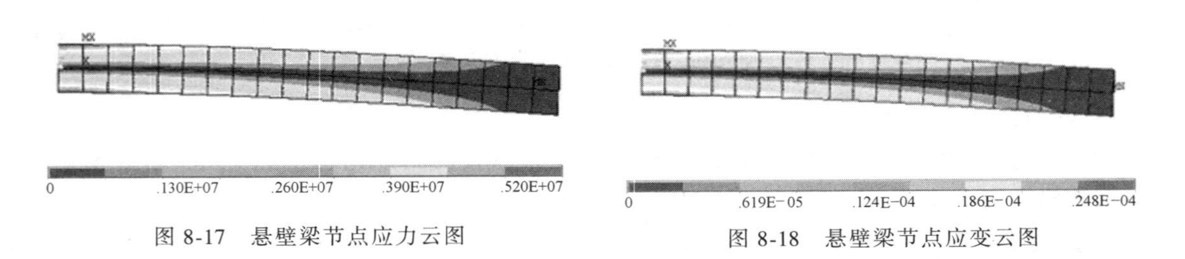

图 8-17　悬壁梁节点应力云图

图 8-18　悬壁梁节点应变云图

（10）退出系统　选择 Utility Menu→File→ Exit →Save Everything。

8.3　动力学分析软件 ADAMS 简介

机械系统动力学分析软件 ADAMS（Automatic Dynamic Analysis of Mechanical Systems）是美国 MDI（Mechanical Dynamics Inc.）公司开发的著名虚拟样机软件，后来 MDI 公司被 MSC. Software 公司收购，使 ADAMS 成为 MSC 产品组的一部分，名称改为 MSC. ADAMS，本文将其简称为 ADAMS。

ADAMS 软件使用交互式图形环境，采用 PARASOLID 作为实体建模的内核，给用户提供了丰富的零件几何图形库，同时提供了完整的约束库和力/力矩库。它的求解器采用多刚体系统动力学理论中的拉格朗日方程方法，建立系统动力学方程，对虚拟样机系统进行静力学、运动学和动力学分析，输出位移、速度、加速度和反作用力曲线。ADAMS 软件的仿真可用于预测机械系统的性能、运动范围、碰撞、峰值载荷以及计算有限元的输入载荷等。

ADAMS 软件有两种操作系统的版本，即 UNIX 版和 Windows 版。

8.3.1 ADAMS 的主要模块

ADAMS 软件是一个可视化、多模块、功能强、用途广的多体动力学分析软件系统，由若干模块组成，分为核心模块、扩展模块、专业模块、接口模块和工具箱。核心模块包括用户界面模块（ADAMS/View）、求解器模块（ADAMS/Solver）、后处理器模块（ADAMS/PostProcessor）。扩展模块包括液压系统模块（ADAMS/Hydraulics）、线性化分析模块（ADAMS/Linear）、高速动画模块（ADAMS/Animation）、振动分析模块（ADAMS/Vibration）、试验设计与分析模块（ADAMS/Insight）、耐久性分析模块（ADAMS/Durability）、数字化装配回放模块（ADAMS/DMU Replay）。专业模块主要有汽车模块（ADAMS/Car）、铁路车辆模块（ADAMS/Rail）、驾驶员模块（ADAMS/Driver）、轮胎模块（ADAMS/Tire）、发动机设计模块（ADAMS/Engine）、配气机构模块（ADAMS/Engine Valvetrain）等。接口模块包括柔性分析模块（ADAMS/Flex）、控制模块（ADAMS/Control）、图形接口模块（ADAMS/Exchange）、ADAMS 与 Pro/E 的接口模块（Mechanism/Pro）等。工具箱主要有工具箱软件开发包（ADAMS/SDK）、虚拟试验工具箱（Virtual Test Lab）、虚拟试验模态分析工具箱（Virtual Experiment Modal Analysis）、飞机起落架工具箱（ADAMS/Landing Gear）、齿轮传动工具箱（ADAMS/Gear Tool）等。

核心模块的主要功能如下。

1）ADAMS/View 是为用户提供建模和可视化处理的交互式图形环境。用户能方便地建立（或者从三维建模软件中直接导入）机械系统的三维模型，进一步定义运动副、设置运动约束、加载动力和载荷，以形成虚拟样机。ADAMS/View 还允许用户在模型中使用弹簧、阻尼器和摩擦等，并支持参数化建模，以便能很容易地修改模型并用于模拟试验研究。借助 ADAMS/View，用户在仿真过程中或仿真完成后，可以观察到主要的数据变化以及模型的运动。ADAMS/View 有自己的高级编程语言，具有强大的二次开发功能，用户可以实现操作界面的定制。

2）ADAMS/Solver 是 ADAMS 软件中的数值分析工具，能自动建立机械系统动力学仿真方程，采用数值方法对方程进行求解，可以支持多种分析类型，包括运动学、静力学、准静力学、线性或非线性动力学分析，提供有多种积分方法进行方程求解。ADAMS/Solver 具有强大的二次开发功能，用户可编写自己的计算子程序解决特定的应用问题。

3）ADAMS/PostProcessor 主要用于输出动画与各种仿真曲线。它可以用不同的方式回放仿真的结果，同时显示多次仿真的结果以便比较，保存页面设置以及数据曲线格式，整理标准化格式的报告或报表等。

8.3.2 ADAMS 基础知识

ADAMS 是一个多体动力学分析软件系统，使用该系统前需要具备一些基础知识，了解一些名词术语。

1. 基本术语

（1）零件　零件是独立的制造单元。任何机器都是由许多零件组合而成的，其中有的零件作为一个独立的运动单元而运动，有的零件则由于结构上和工艺上的需要与其他零件刚性地连接在一起，作为一个整体而运动。

(2) 构件　构件是独立的运动单元。构件可以是单独的一个零件，也可以是若干零件刚性连接在一起的组合体。从运动的角度出发，机器由若干个构件组合而成。在进行虚拟样机的运动仿真时，考虑的是构件而不是零件。

(3) 约束　两构件之间的连接关系，常体现为运动副。

(4) 机构　机构由若干构件通过约束组合而成，具有机架和原动件，各构件具有确定的相对运动。

(5) 力（或力矩）　机构内部产生的作用力（或力矩）或机构所受到的外力（或力矩）。

(6) 机器　机器是机构的组合，可以实现特有功能的机械系统。

2. 自由度

在三维空间中，一个自由的构件具有六个自由度，当构件与构件之间采用运动副连接时，运动副将根据其运动副类型限制构件的若干自由度。机械系统的自由度是指机械系统中各构件相对于机架所具有的独立运动的数量。机构具有确定运动的条件是其原动件的数目必须等于该机构的自由度。

3. 虚拟样机技术

虚拟样机是用来代替物理样机的计算机数字模型，与真实的物理样机相符，可在产品全生命周期（如设计、制造、服务等阶段）中进行展示、分析和测试。虚拟样机技术是指在产品设计开发过程中，在计算机上建立产品的虚拟样机，在各种工况下对虚拟样机进行仿真分析，得到产品的整体性能，根据性能的好坏，指导是否需要进一步改进产品设计，最终得到理想的产品设计的一种技术。利用虚拟样机技术可减少物理样机试制次数，有效减少设计成本，提高产品设计效率，其广泛应用于产品设计开发过程中。

4. ADAMS/View 环境设定

ADAMS/View 建立一个新模型时，系统需要设定建模环境，即设定坐标系、单位、重力加速度和工作栅格等。

(1) 坐标系　ADAMS/View 中有三种坐标系，分别为笛卡尔坐标系（Cartesian）、圆柱坐标系（Cylindrical）和球坐标系（Spherical），默认情况下为笛卡尔坐标系。ADAMS 常用的坐标系有全局坐标系、局部坐标系和坐标系标记。全局坐标系又称为绝对坐标系，固定在地面上，位于 ADAMS 的左下角，是 ADAMS 中所有零件的位置、方向、速度的度量基准坐标系。局部坐标系随构件的创建自动生成，其在全局坐标系中的位置和方向决定了构件在全局坐标系中的位置和方向，局部坐标系默认情况下与全局坐标系一致。坐标系标记分为固定标记和浮动标记。固定标记相对构件静止，可用于定义构件的形状、质心位置、作用与约束的位置和方向等。浮动标记相对构件运动，可用于定义作用与约束。坐标系的设置方式为选择 Settings→Coordinate System。

(2) 单位　ADAMS/View 共有六个基本度量单位，即长度（Length）、质量（Mass）、力（Force）、时间（Time）、角度（Angle）、频率（Frequency）。这六个基本度量单位组成了四个预设的常用单位系统，见表 8-1。

表 8-1 ADAMS 基本度量单位

单位系统	长度	质量	力	时间	角度	频率
MMKS	毫米(mm)	千克(kg)	牛顿(N)	秒(s)	度(°)	赫兹(Hz)
MKS	米(m)	千克(g)	牛顿(N)	秒(s)	度(°)	赫兹(Hz)
CGS	厘米(cm)	克(g)	达因(dyn)㊂	秒(s)	度(°)	赫兹(Hz)
IPS	英寸(in)㊀	磅(lb)㊁	磅力(lbf)㊃	秒(s)	度(°)	赫兹(Hz)

在每个基本度量单位选项下面还有其他若干选项，可根据需要通过选择 Settings→Units 进行设置。

（3）重力加速度　在默认情况下，ADAMS 的重力加速度方向沿全局坐标系 $-y$ 向，大小为 9806.65mm/s^2。重力作用在物体质心上，根据仿真的需要可以对重力加速度方向及大小进行调整，重力加速度的设置方式为选择 Settings→Gravity。

（4）工作栅格　在绘制、移动和修改几何模型、坐标系或铰链时，ADAMS 系统会自动捕捉工作栅格点。工作栅格的设置方式为选择 Settings→Working Grid。通常改变栅格区域的大小（Size）和栅格间距（Spacing），值得注意的是栅格区域内点数最大为 10000 点。工作栅格有矩形（Rectangular）和极坐标（Polar）两种形式，常用的形式为矩形。此外，工作栅格可以以点或线的形式显示。

Dots：栅格点，可以设置栅格点的颜色和大小。

Axes：坐标轴线，可以设置轴线的颜色和线宽。

Line：栅格线，可以设置栅格线的颜色和线宽。

Trail：线型，可以设置栅格线的线型。

5. ADAMS/View 设计步骤

采用 ADAMS/View 对机械系统进行仿真与设计分析主要包括以下步骤。

（1）创建模型　建立待分析的机械系统模型，包括建立各组成构件的几何模型、建立构件与构件之间的运动副、施加力（或力矩），以便接下来进行运动仿真。

（2）测试模型　检查机械系统模型的构成、自由度和过约束等情况，以保证模型的准确性。然后对系统进行运动仿真，ADAMS/View 会根据设计者的需要自动计算系统的运动参数，如位移、速度、加速度等。

（3）验证模型　将机械系统的试验数据与 ADAMS/View 的仿真数据进行对比分析，从而验证所创建的机械系统模型的有效性。

（4）完善模型　经过初步的仿真分析后，对模型进行完善，如定义柔性体、增加两构件间的摩擦力、添加力函数、定义控制等，使之更符合真实机械系统。

（5）迭代与优化　定义设计变量，对模型进行参数化，然后进行参数化分析，可得到设计变量对模型性能的影响。定义目标函数和约束方程。ADAMS/View 经过多次仿真分析可得到系统设计的最优方案。

㊀ 1in = 25.4mm

㊁ 1lb = 0.45359237kg

㊂ $1\text{dyn} = 10^{-5}\text{N}$

㊃ 1lbf = 4.448222N（以标准值 $g_n = 9.80665\text{m/s}^2$ 为基准）。

(6) 定制界面　为了方便使用，ADAMS/View 提供界面定制功能，可定制菜单和对话框等。

对复杂机器进行仿真分析时要循序渐进，在创建模型的过程中，采取边创建边仿真的方式，即完成一个机构的建模就进行一次仿真分析，从而验证已完成部分模型的正确性。

8.3.3　ADAMS/View 的几何建模

ADAMS/View 有两种几何建模方法：一是直接利用 ADAMS/View 本身的几何体库创建几何体，但几何体库建模实力不够强大，因此本方法适用于结构相对简单的机械系统的几何建模；二是利用图形接口模块导入其他 CAD 软件中创建的几何模型。对于复杂机械系统，设计人员通常利用 UG、SolidWorks 等 CAD 软件进行几何建模，再利用 ADAMS 进行运动仿真。具体方法是在 ADAMS 系统中选择 File→Import，弹出图 8-19 所示的对话框，将模型导入 ADAMS/View。

下面介绍利用 ADAMS/View 自带的几何建模工具进行几何建模的方法。

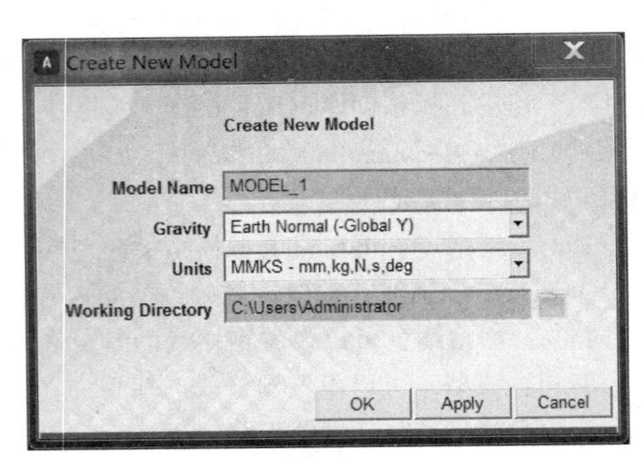

图 8-19　“File Import” 对话框

选择 ADAMS/View 标题栏第二行的 Bodies，弹出图 8-20 所示的几何体工具库。ADAMS/View 几何体工具库包括实体（Solids）建模工具、柔性体（Flexible Bodies）建模工具、构造体（Construction）工具、布尔操作（Booleans）工具和特征操作（Features）工具等。实体建模工具用于创建长方体、圆柱体、连杆等具有体积和质量的刚性体。柔性体建模工具用于创建各类柔性体，具体操作请查阅相关书籍。构造体工具用于创建点、标记点、折线、样条曲线等没有体积和质量的几何体。点与标记点的区别在于标记点是有方向的。布尔操作工具用于将若干基本几何体通过布尔运算组合成复杂的几何体。特征操作工具用于对几何体创建倒角、孔、凸台等特征。

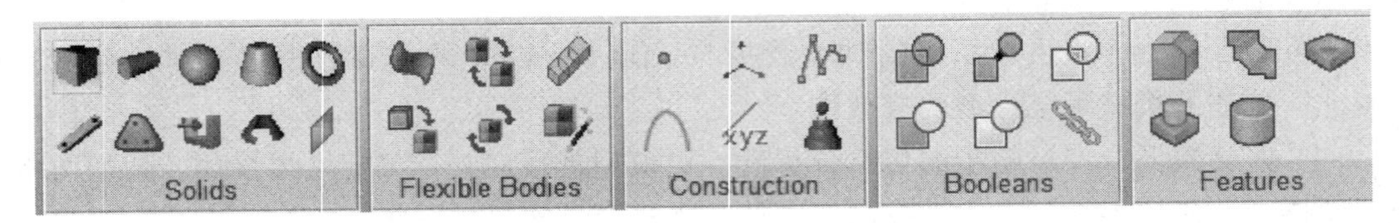

图 8-20　几何体工具库

几何模型在 ADAMS/View 中创建好后，其属性可以进行修改。几何模型的修改内容主要包括几何模型位置、形状和特性。

1. 几何模型位置的修改

在创建几何模型时，系统自动创建局部坐标系和坐标系标记。通过修改局部坐标系或坐标系标记在全局坐标系中的位置，从而修改几何模型的位置。也可以通过 Tools 菜单栏下的 Table Editor 修改标记点，从而改变几何模型的位置。

2. 几何模型形状的修改

几何模型形状的修改有三种方式，即直接拖动关键点、利用对话框和编辑位置表。

对于样条曲线创建的几何模型，如图 8-21a 所示，直接选中样条曲线，拖动关键点可修改其形状；也可以选中曲线，如图 8-21b 所示，在快捷菜单中选择 Modify，弹出图 8-21c 所示对话框，单击图示按钮，弹出图 8-21d 所示位置表编辑器，进行相关点的编辑，从而修改曲线形状。对于实体模型，通常可选中构件的几何模型右击或通过 Edit 菜单栏，选择 Modify 弹出对话框编辑特征参数，修改实体形状。图 8-21e、f 所示为连杆几何模型及其对话框。

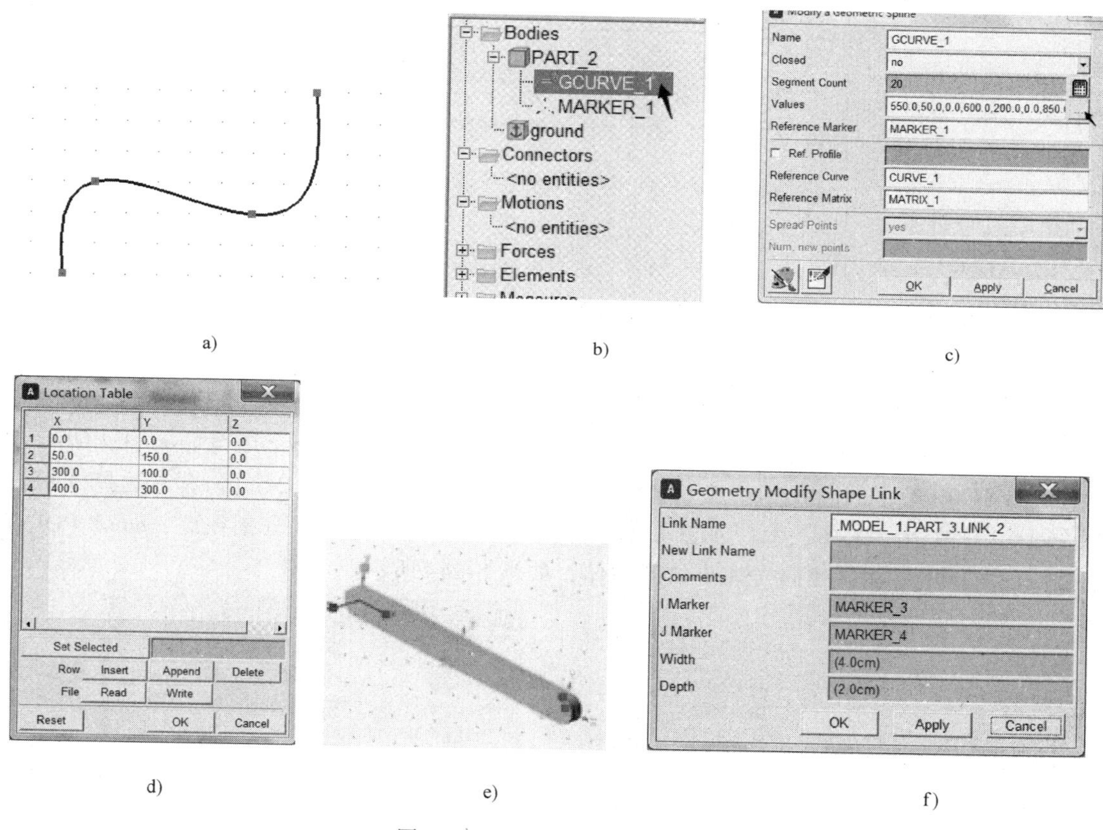

a) b) c)

d) e) f)

图 8-21 几何模型形状的修改

3. 几何模型特性的修改

几何模型特性一般包括质量、转动惯量、惯性积、初始速度、初始位置和方向等。

选中待修改的几何模型，右击或通过 Edit 菜单栏，选择 Modify，弹出图 8-22 所示对话框。对话框中的 Category 下拉列表框有以下五个选项：Name and Position（修改零件名字、位置和方向）；Mass Properties（修改零件材料、密度、质量、惯性矩等）；Position Initial Conditions（修改零件的初始位置和方向）；Velocity Initial

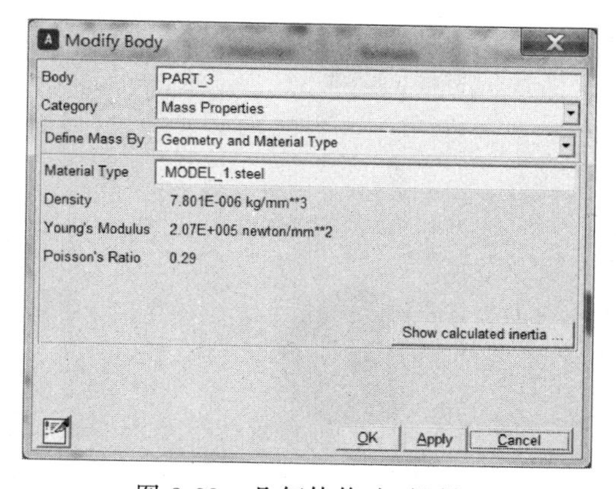

图 8-22 几何体修改对话框

Conditions（修改零件的初始速度）；Ground Part（把零件设为机架）。用户可根据需要进行相应的修改。

例 8-1 创建一个构件，其截面形状如图 8-23 所示，厚度为 4mm。

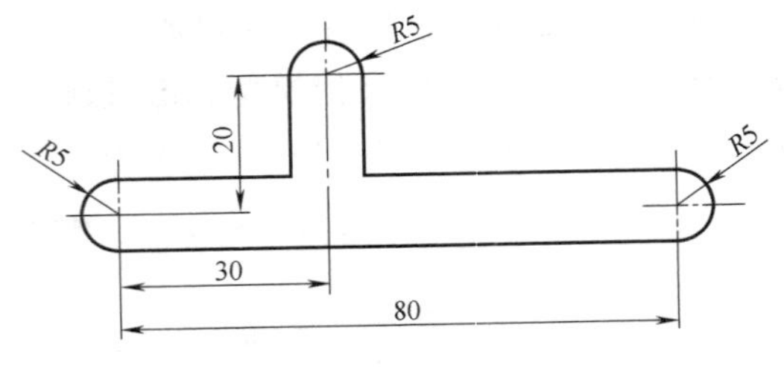

图 8-23　构件截面图

建模过程如下。

1. 创建点

创建五个点。单击点工具按钮，选择 Point Table，输入点的坐标（0，0，0），（0，-5，0），（80，0，0），（30，20，0），（25，0，0）。

2. 创建圆柱体

单击圆柱体按钮，定义圆柱体的长度为 4mm 和半径为 5mm，选择 ground. POINT-1，得到如图 8-24a 所示的圆柱体。选择 PART-2. MARKER_ 1（见图 8-24b），右击选择 Modify，将 orientation 改为（0，0，0），如图 8-24c 所示。根据同样的方法，分别在点 ground. POINT-3 和 ground. POINT-4 创建同样大小的圆柱体，如图 8-24e 所示。

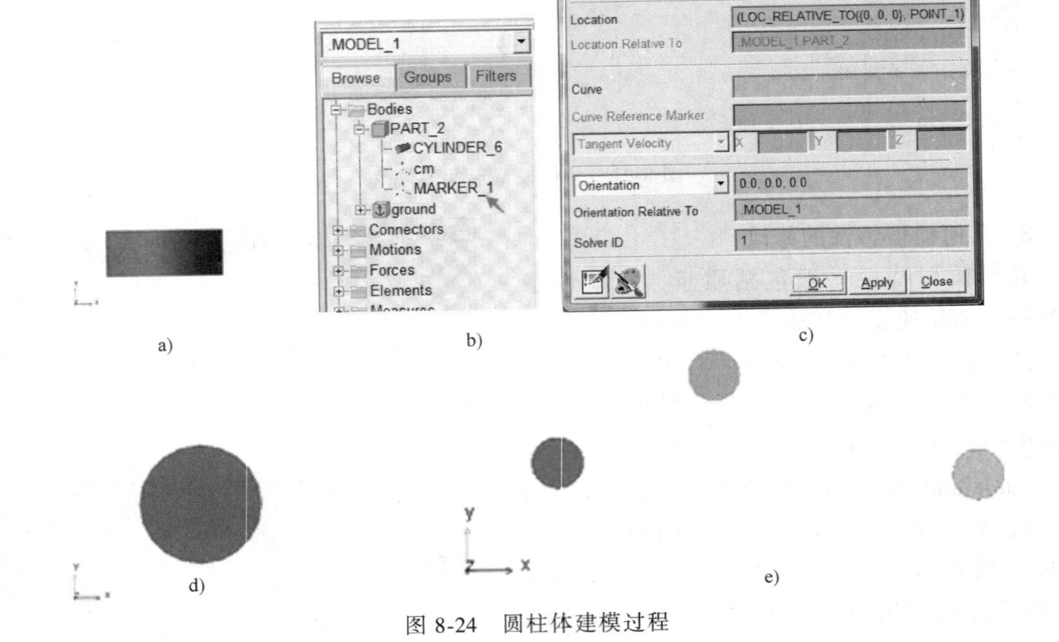

图 8-24　圆柱体建模过程

3. 创建长方体

单击长方体按钮，定义长方体的长度为10mm、高度为20mm、厚度为4mm，放置点选择ground. POINT-2。用同样的方法创建第二个长方体，其长度为80mm、高度为10mm、厚度为4mm，放置点为ground. POINT-2，得到图8-25所示的长方体。

4. 布尔操作

单击布尔操作合并按钮，将图中各几何体合并到PART-2上，如图8-26所示。

图8-25　创建长方体

图8-26　合并后的几何体

8.3.4　ADAMS/View的约束

选择ADAMS/View标题栏第二行的Connectors，弹出图8-27所示的约束工具库。

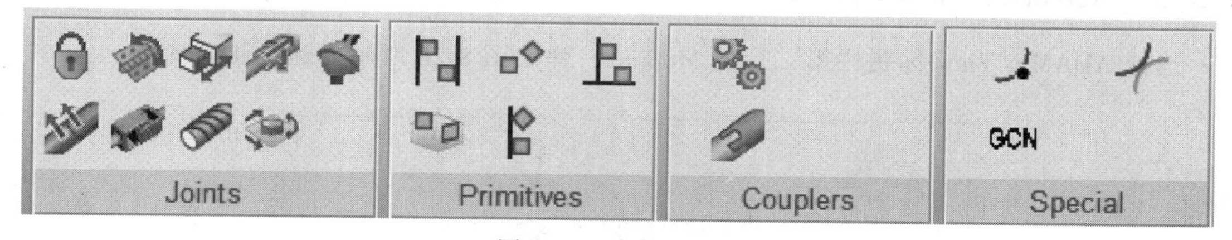

图8-27　约束工具库

约束用于限制构件间的相对运动，是一种理想化的连接关系。建立约束时通常需要给定两个构件、约束的位置以及方向。ADAMS/View的约束可以分为四类，即运动副约束（Joints）、基本约束（Primitives）、耦合约束（Couplers）和高副约束（Special）。

常用的运动副有固定副、转动副、移动副、圆柱副、球铰等，见表8-2。

表8-2　常用的运动副

名　称	图　标	说　明
固定副		将两构件固定在一起，约束三个转动及三个移动自由度
转动副		两构件绕定轴相对转动，约束两个转动及三个移动自由度
移动副		两构件沿某方向相对平移，约束三个转动和两个移动自由度
圆柱副		两构件可相对平移和转动，约束两个转动和两个移动自由度
球铰		两构件可在球面内相对转动，约束三个移动自由度
恒速副		两构件在两个方向上做等速相对转动，约束一个转动和三个移动自由度
万向铰		两构件做相对转动，约束一个转动和三个移动自由度

（续）

名 称	图 标	说 明
螺旋副		两构件做相对螺旋运动，约束两个转动和三个移动自由度
平面副		两构件做平面相对运动，约束两个转动和一个移动自由度
齿轮副		两构件做定传动比的啮合转动
耦合副		两构件做相对转动或移动、旋转轴或移动方向可不共面

ADAMS/View 提供了五个基本约束。基本约束对构件的相对运动进行了限定，如限定两个构件必须平行运动，或者是限定它们的运动路线相互垂直等。基本约束在现实中没有物理原型，通过基本约束的组合可以定义与运动副约束相同的约束，也可实现运动副约束无法实现的复杂约束。两个构件通过点或线的接触组成的运动副称为高副。ADAMS/View 提供了点线约束和线线约束。

8.3.5 ADAMS/View 的运动

选择 ADAMS/View 标题栏第二行的 Motions，弹出图 8-28 所示的运动工具库。

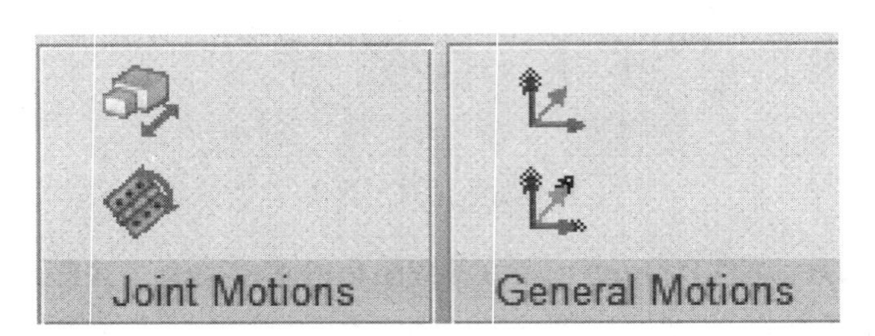

图 8-28 运动工具库

定义好约束之后，可通过对约束施加运动，从而使模型按照所定义的运动规律进行运动，而不考虑实现这种运动需要多大的力（或力矩）。ADAMS/View 定义了两种类型的运动，即运动副运动和点运动。运动副运动是在已有移动副（或转动副）上添加运动。点运动有单向点运动和一般点运动两种。前者可定义两个构件沿着一个坐标轴的移动或转动，后者可定义两个构件沿三个坐标轴的移动或转动。

8.3.6 ADAMS/View 中的载荷

选择 ADAMS/View 标题栏第二行的 Forces，弹出图 8-29 所示的力工具库。

图 8-29 力工具库

在 ADAMS/View 中对模型施加载荷就是施加力（或力矩）等。施加力（或力矩）并不一定影响模型的运动，也不会约束机构的自由度。ADAMS/View 中的力有三类，即一般作用力、柔性连接力和特殊力。定义力的时候需要给定力的大小和方向。力大小的设定有三种方法，即直接输入数据、利用函数和输入子程序传递的参数。力的方向可以沿坐标轴定义或者是通过两点之间的连线来确定。

一般作用力分为单作用力、多作用力（又称为力矢量）、组合力（力和力矩的组合）、单作用力矩和多作用力矩（又称为力矩矢量）。

通过施加接触力，可以描述运动的物体在相互接触时的相互作用情况。线框模型与线框模型之间，实体模型与实体模型之间都可以添加接触力。但是，除球体与平面的接触（Sphere-to-Plane Contact）外，线框模型与实体模型之间不能添加接触力。

8.3.7 ADAMS/View 仿真分析

建立好仿真模型后，接下来可对模型进行仿真分析。模型在 ADAMS/View 中的仿真分析类似于实际样机的运行测试。ADAMS/Solver 会根据设定的参数，自行运算求解，得到位移、速度、加速度、作用力及反作用力等信息，包括最终计算结果和计算过程中每一步的信息。用户也可以根据需要自行设定输出仿真结果的方式。

运用 ADAMS/View 的计算内核 ADAMS/Solver 可以进行五种类型的仿真分析，即动力学分析（Dynamic）、运动学分析（Kinematic）、静力学分析（Static）、装配分析（Assemble）和线性分析（Linear）

选择 ADAMS/View 标题栏第二行的 Simulation，单击按钮，弹出图 8-30 所示的对话框。

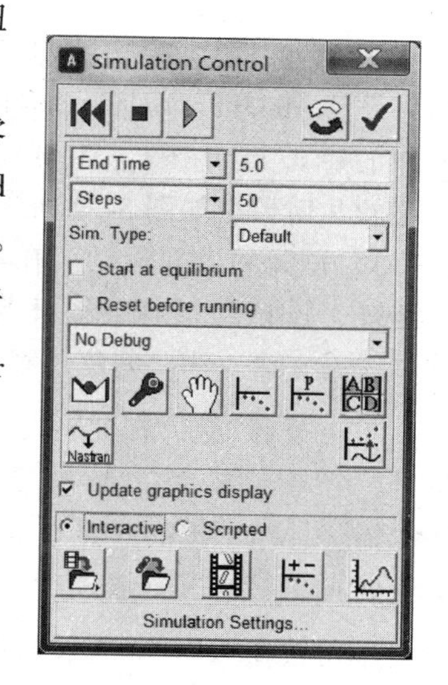

图 8-30 “Simulation Control” 对话框

在默认情况下，ADAMS 的仿真分析是在模型自由度为零时进行运动学分析，自由度不为零时进行动力学分析。在 End Time 文本框中设定仿真时间，Steps 文本框中设定仿真步数。设定完毕后单击按钮即可开始仿真，主窗口显示模型运行状况。待仿真结束后，单击按钮进入 ADAMS/PostProcessor 模块，即可对仿真结果进行深入分析。

8.3.8 仿真分析实例

图 8-31 所示为曲柄摇杆机构。已知曲柄 AB 杆长为 40mm，连杆 BC 杆长为 80mm，摇杆 CD 杆长为 70mm，机架 AD 杆长 100mm。连杆上有一点 E，该点的位置由 a、b 确定，设 $a=30$mm、$b=20$mm，曲柄角速度 $\omega_1=30°/s$，逆时针旋转。试分析点 E 的运动轨迹、速度和加速度，连杆、摇杆的 ω_2、α_2、ω_3、α_3。

1）启动 ADAMS/View，新建文档 crank_ rocker。设置工作栅格，Size X = 200mm，Size Y = 200mm，Spacing X = 10mm，Spacing Y = 10mm。

2）几何建模。

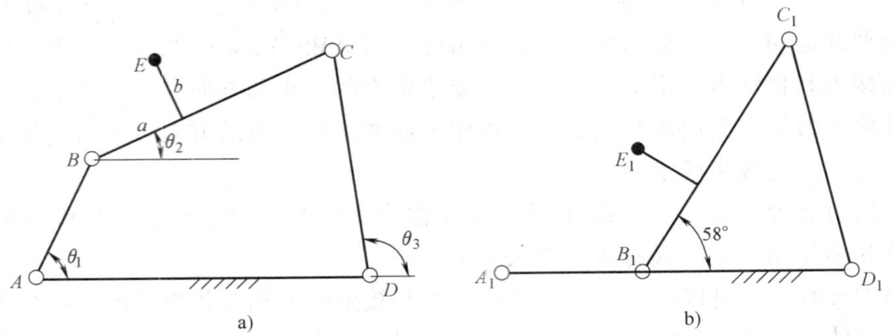

a)　　　　b)

图 8-31　曲柄摇杆机构

① 创建曲柄。单击按钮，选中 Length、Height、Depth 复选框，设置 Length = 40mm、Height = 4mm、Depth = 10mm，放置点为（-40，0，0）。

② 创建连杆。单击按钮，选中 Length、Height、Depth 复选框，设置 Length = 80mm、Height = 4mm、Depth = 10mm，放置点为（0，0，0）。

单击按钮，选中 Add to Part，将创建的几何体与刚才创建的曲柄固接为一个整体。单击按钮，选中 Length、Height、Depth 复选框，设置 Length = 20mm、Height = 4mm、Depth = 10mm，放置点为（30，20，0）。选中连杆 PART_ 3，单击按钮，设置角度为 58°，逆时针旋转。

③ 创建摇杆。单击按钮，选中 Height、Depth 复选框，设置 Height = 4mm、Depth = 10mm，放置点选择连杆上部的标记点 PART_ 3. MARKER_ 4 和（60，0，0）。完整的几何模型如图 8-32 所示。

图 8-32　完整的几何模型

3）创建约束和运动。在本例中，曲柄与机架、曲柄与连杆、连杆与摇杆、摇杆与机架之间存在转动副，回转轴线与 z 轴一致。创建过程如下。

单击按钮，在曲柄与机架、曲柄与连杆、连杆与摇杆、摇杆与机架之间创建转动副，回转中心分别为 PART_ 2. MARKER_ 1、PART_ 2. MARKER_ 2、PART_ 3. MARKER_ 4 和 PART_ 4. MARKER_ 8，即 A_1、B_1、C_1和 D_1，如图 8-31b 所示。

单击按钮，设置旋转速度为 30°/s，将运动施加在曲柄与机架间的转动副 JOINT_ 1 上。

4）仿真分析。单击按钮，在弹出的对话框中设置 End Time = 12s，steps = 200，单击按钮开始仿真。

5）获取机构的运动特性。单击按钮，选择要生成轨迹的连杆上点 E，然后选择该点相对于哪个构件的运动轨迹，选择机架即 Ground，得到点 E 轨迹曲线，如图 8-33a 所示。

构件上某点的运动参数及构件的运动参数可通过两种方法获得。第一种方法是选择各个对象，直接通过快捷菜单中的 Measure 获得，即分别选择连杆上的点 E、连杆和摇杆，右击选择 Measure，得到点 E 的速度和加速度、连杆的角速度和角加速度、摇杆的角速度和角加速度，结果如图 8-33～图 8-35 所示。

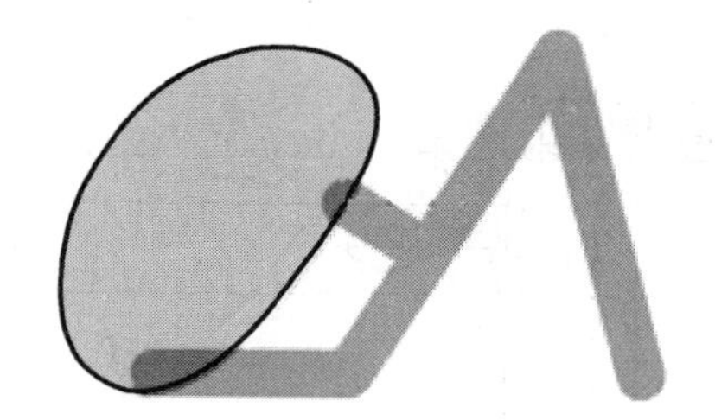
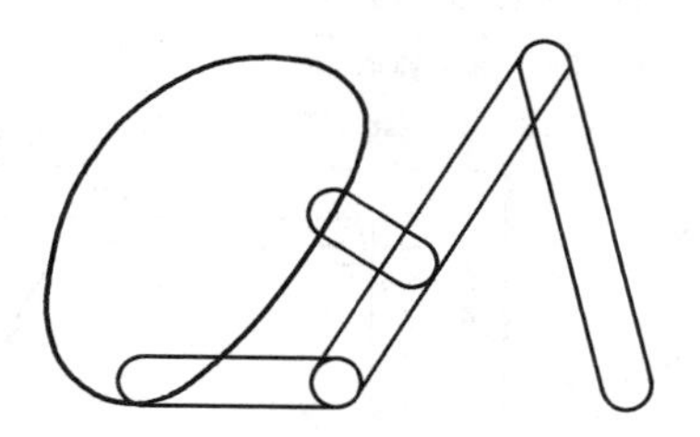

a) 轨迹曲线

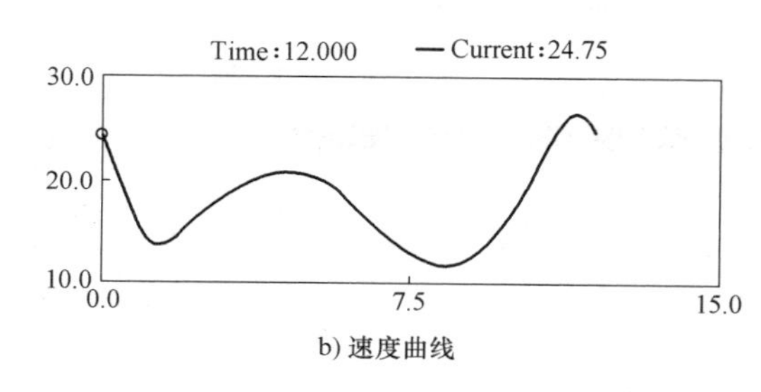

b) 速度曲线

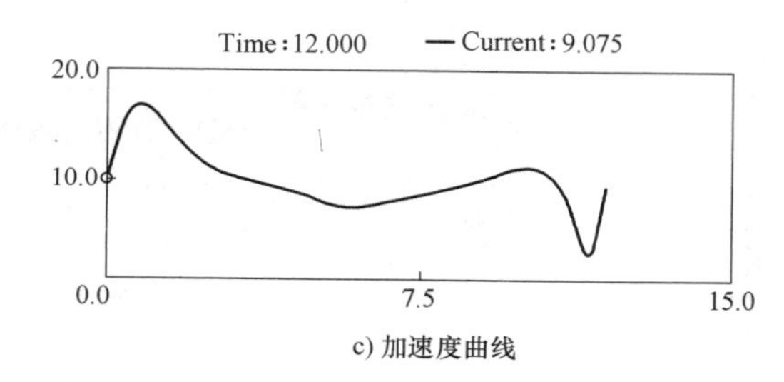

c) 加速度曲线

图 8-33　点 E 的曲线

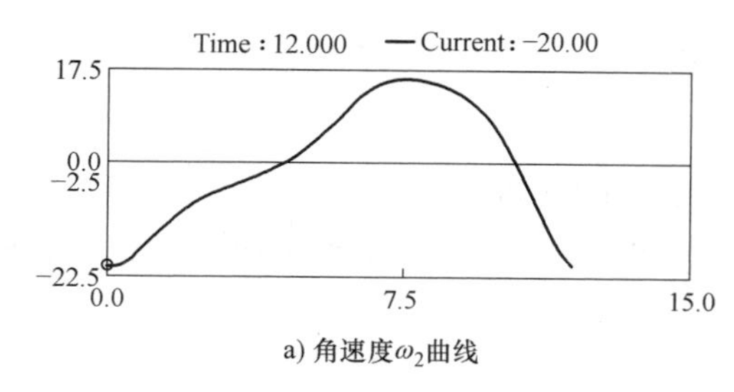

a) 角速度 ω_2 曲线

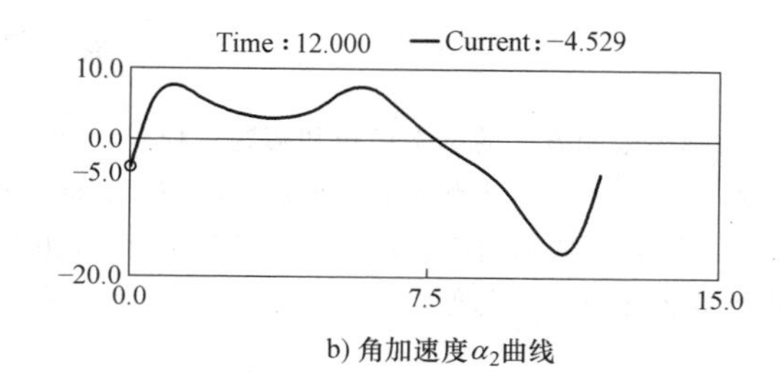

b) 角加速度 α_2 曲线

图 8-34　连杆的曲线

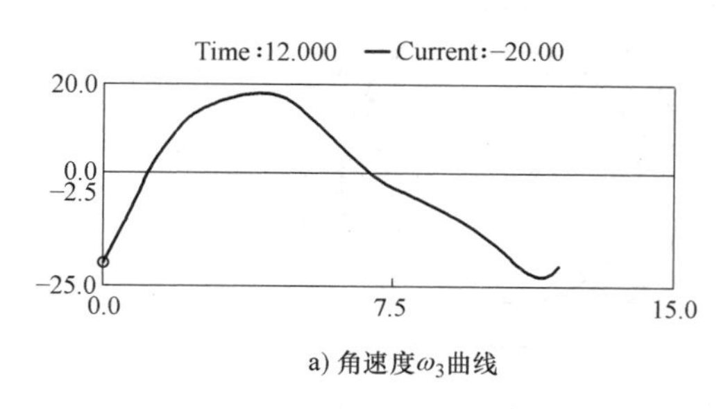

a) 角速度 ω_3 曲线

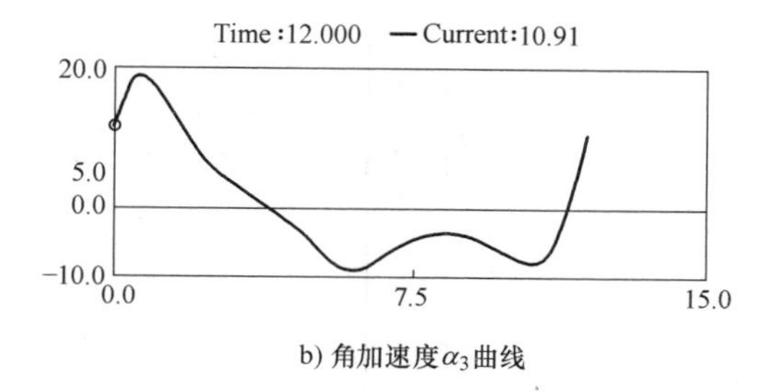

b) 角加速度 α_3 曲线

图 8-35　摇杆的曲线

第二种方法是通过后处理的方式。具体步骤为：单击按钮，弹出图 8-36 所示的对话框，在右上角单击按钮，在弹出的视图布局选择项中选择，可以看到结果显示区域分成了两部分，分别用来显示所需的运行结果。通过选择对话框下方的对象特性，再选择 Add Curves，就可以加载曲线。

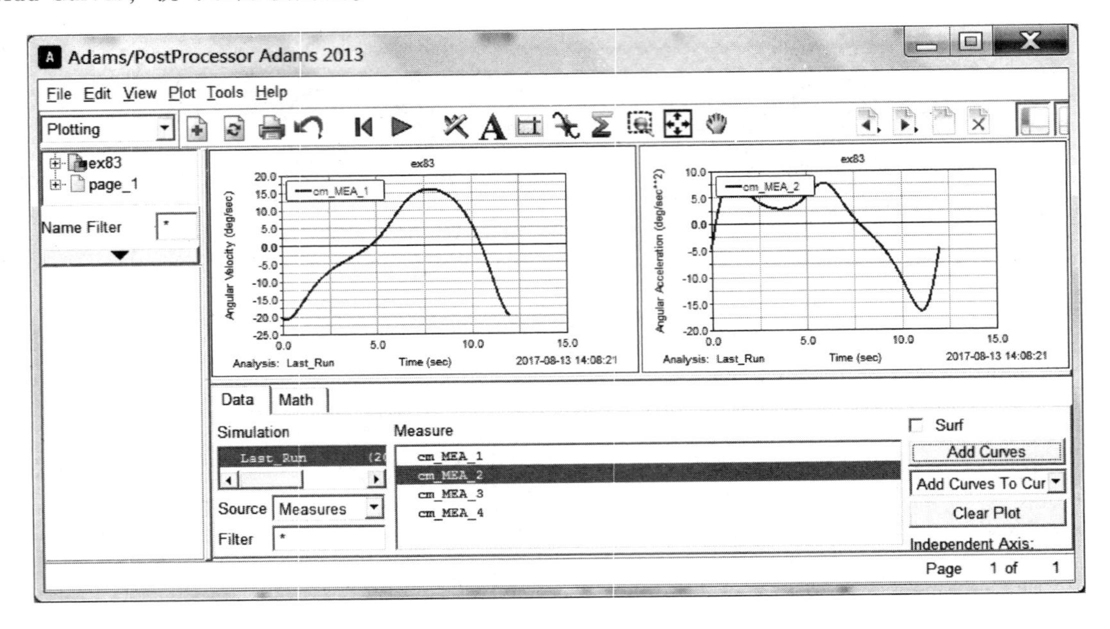

图 8-36　后处理对话框

练　习　题

1. 阐述限元方法的基本思想和解题过程。

2. 什么是平面应力状态和平面应变状态？其应力和应变有什么特点？

3. 图 8-37a 所示结构杆件的弹性模量为 2.1×10^{11}Pa，泊松比为 0.3，截面如图 3-37b 所示，用 ANSYS 软件计算各杆的应力应变。

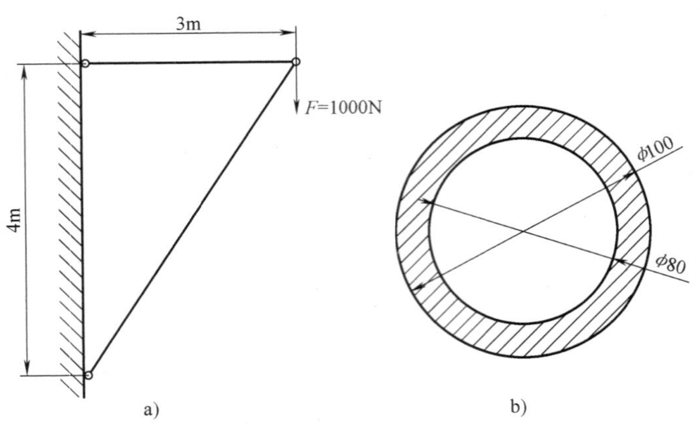

图 8-37　练习题 3 图

4. 用 ANSYS 软件计算图 8-38 所示结构在均布载荷作用下的应力应变，弹性模量为 2.1×10^{11}Pa，泊松比为0.3，要求：采用实体单元解题。

5. 图8-39所示为一小型刨床机构，已知各杆长度 $AB=100\text{mm}$、$BC=200\text{mm}$、$AD=200\text{mm}$、$DE=700\text{mm}$，滑块尺寸均为200mm×100mm×100mm，主动曲柄 BC 的角速度 $\omega_1=30°/\text{s}$，试建立该机构的虚拟样机模型，并进行运动仿真，获得滑块在一个周期内沿水平方向的位移、速度和加速度的变化规律。

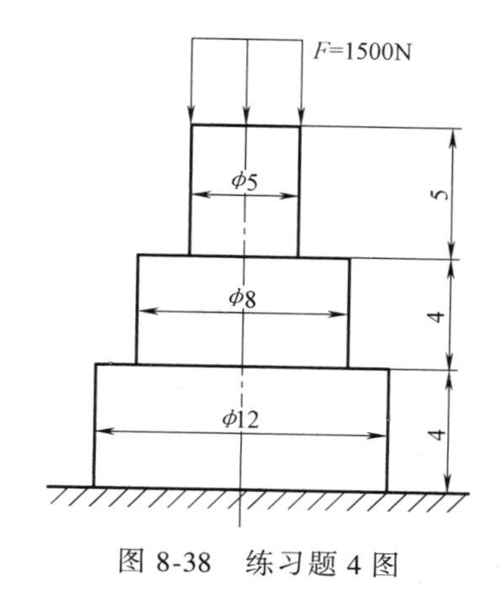

图8-38 练习题4图

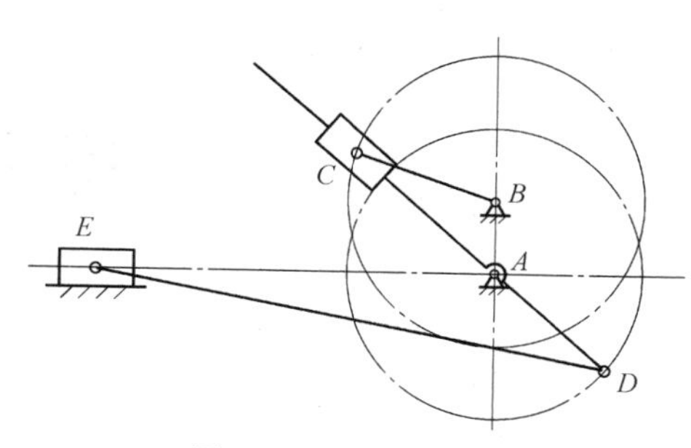

图8-39 练习题5图

6. 图8-40所示的机构中，已知各杆长度 $AB=100\text{mm}$、$BC=340\text{mm}$、$CD=300\text{mm}$、$AD=200\text{mm}$、$CN=100\text{mm}$，原动件 AB 的角速度 $\omega_1=30°/\text{s}$，试建立该机构的虚拟样机模型，并进行运动仿真，获得连杆 BC 的中点 M 和端点 N 在一个周期内的轨迹。

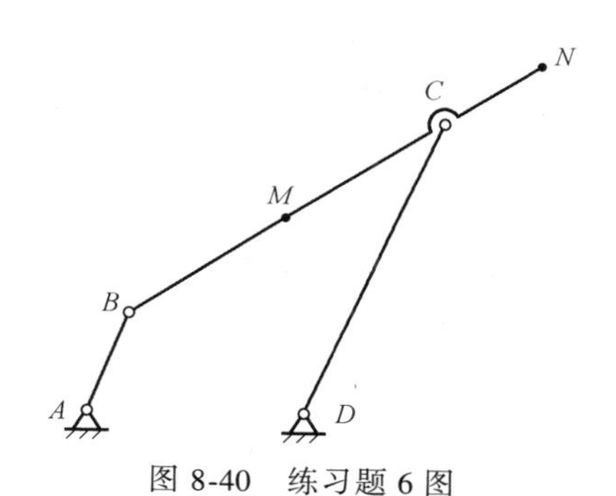

图8-40 练习题6图

第9章

产品数字化设计的管理技术基础

—核心问题与本章导读—

本章介绍现代数字化设计、管理及制造技术中的部分内容：产品数据管理（PDM）技术、产品生命周期管理（PLM）技术、产品协同设计和网络化制造。简述PDM与PLM基本概念、PDM应用现状和发展趋势、PDM系统体系结构及PDM和PLM的主要功能；简述产品协同设计的基本概念、发展现状及前景、协同设计特点和关键技术；简述网络化制造的相关概念、基本特征及关键技术。

9.1 产品数据管理与产品生命周期管理

随着企业设计、工艺、生产等部门计算机应用的普及，如何实现各应用系统之间的信息交换、数据共享，满足先进设计、制造和管理的手段已成为企业信息化发展过程中必须解决的问题。管理水平的高低直接关系到企业各个单元自动化技术的发挥和整体水平的提高。产品数据管理（Product Data Management，PDM）和产品生命周期管理（Product Lifecycle Management，PLM）的出现和应用大大提高了企业的管理水平。两者之间关系密切：PDM比PLM更早出现，但PLM是PDM的延伸和发展，PDM是PLM的核心。

9.1.1 产品数据管理

计算机辅助工具如CAD、CAPP、CAM等多是离散孤立的系统，缺乏统一的数据管理和调度，不能对开发项目进度和工作进行有效监控，无法实现产品级的借用设计。这些互不兼容的软件所产生的数据常以不同的格式和介质存储，导致在设计、工艺、制造和财务等部门之间无法实现信息共享与传递，造成企业已有的电子信息共享程度低。如何快速检索和利用已有各方面信息成为急需解决的问题。产品数据管理技术充当集成管理者的角色应运而生，解决了制造业在普及CAx单元技术之后存在的“信息孤岛”问题，可实现企业的信息集成和过程集成。

1. 概述

产品数据管理是以产品为核心、软件技术为基础，通过计算机网络和数据库技术把企业生产过程中所有与产品有关的信息、过程和资源进行一体化集成管理的技术。其中与产品有关的信息包括项目计划、设计数据、产品模型、工程图样、技术规范、工艺资料等。

PDM 是一个企业信息的集成框架，各种应用程序如 CAD/CAE、CAPP/CAM、OA、MRP 等将通过各种各样的方式直接作为“对象（Object）”被集成进来，如图 9-1 所示。这样使得分布在企业不同地点、在不同应用中使用的所有产品数据得以高度集成、协调、共享，所有产品研发过程得以高度优化或重组。

PDM 使得产品数据在其生命周期内保持一致、最新和安全，为工程技术人员提供一个协同工作的环境，从而缩短产品研发周期、降低成本、提高质量，为企业赢得竞争优势。

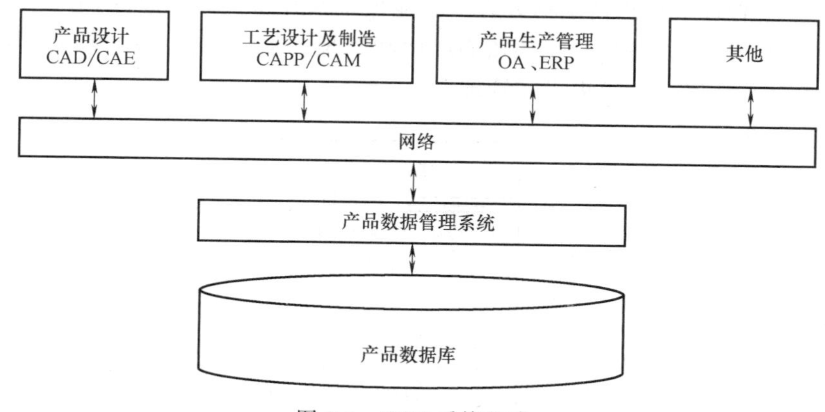

图 9-1　PDM 系统组成

2. PDM 应用现状及发展趋势

（1）PDM 应用现状　PDM 在 20 世纪 90 年代得到迅猛地发展，目前国际上许多大企业正逐渐将它作为支持经营过程重组、并行工程、ISO 9000 质量认证，从而保持企业竞争力的关键技术。

PDM 是当今计算机应用领域的重要技术之一。近几年来，PDM 的应用给企业带来了非凡的成就。PDM 在国外已得到广泛的应用，我国也有很多企业实施了 PDM。

国外的应用地区从早期的美国到欧洲、环太平洋地区、日本、韩国再到印度、巴西、中东地区等；应用范围已超出制造业，广泛应用于医疗保健、保险、建筑和通信等行业。美国 CIMdata 公司调查的企业中，98%的企业都要实施 PDM。

国内的应用范围集中在竞争激烈的家电企业和生产复杂产品的企业。从应用效果上看，有的取得了明显的效果，但有的未达到预期目标，总体来说 PDM 的应用处于起步阶段。PDM 在实现企业的信息集成、提高企业的管理水平及产品开发效率等方面意义重大，我国许多大中型企业都已充分认识到了这一点。越来越多的企业已经或正在准备安装 PDM 系统。

（2）PDM 发展趋势　未来 PDM 开发的方向会集中在三个方面，即电子商务和合作商务、虚拟产品开发和支持供应链管理。PDM 已经不仅仅局限于工程数据的管理，而且开始转向经营管理的部门。

PDM 归根结底只是一种软件工具而不是企业的经营管理模式。这种软件工具只有在先进的企业运作模式下才能发挥作用，所以 PDM 的实施几乎都离不开并行工程（CE）、协同产品商务（CPC）、虚拟制造（VM）、供应链管理（SCM）、ISO 9000 等先进的管理理念和质量标准。只有在这些先进的管理理念和质量标准的指导下，PDM 的实施才能确保成功，并发挥出较大作用。PDM 的实施又是这些先进理念和标准得以成功贯彻的最有效工具和手段之一。

3. PDM 系统体系结构

PDM 系统体系结构随着计算机软硬件技术的发展而日益先进，由 C/S 结构到 C/B/S 结构，编程技术从最初的结构化技术到完全面向对象技术，使用的编程语言从 FORTRAN、C 到 C++、Java、XML，采用的数据库从关系型数据库到对象关系数据库。

PDM 系统体系结构如图 9-2 所示，其中用户界面层为用户提供交互式的图形化用户界面，此层主要负责管理对用户请求的处理；功能模块及开发工具层提供 PDM 主要功能模块；核心服务层提供实现 PDM 各种功能的核心结构和框架；系统支撑层的核心是数据库管理系统，实现 PDM 对产品信息流的集成和管理。

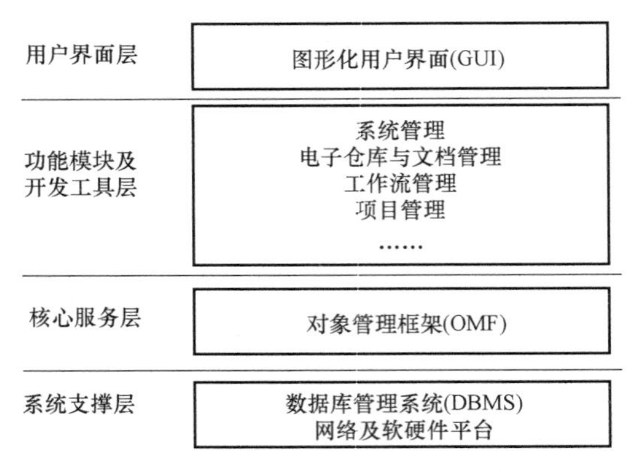

图 9-2　PDM 系统体系结构

4. PDM 系统主要功能

PDM 系统因其强大的产品数据管理功能成为企业必备的信息管理手段。全球范围商品化的 PDM 软件有不下 100 种，这些 PDM 产品虽然存在差异，但一般具有以下主要功能。

（1）图样文档管理　PDM 系统的图样文档管理提供了对分布式异构数据的存储、检索和管理功能。

（2）产品结构与配置管理　产品结构与配置管理是 PDM 系统的核心功能之一，可以实现对产品结构与配置信息和物料清单（BOM）的管理。在 PDM 系统中，零部件按照它们之间的装配关系被组织起来，用户可以将各种产品定义数据与零部件关联起来，最终形成对产品结构的完整描述，并由 PDM 系统自动生成物料清单（BOM）。

（3）零部件管理　以数据库方式组织数据是 PDM 系统的重要特征，应用分类与查询管理功能可以方便地查询、存取、浏览设计的信息。产品的属性数据与结构数据从产品图样、文档资料、工艺文件提取而来，以数据库文件格式存储。这些数据是组织、检索产品图样、文档资料、工艺文件的源数据，也是 CAD/CAPP/ERP 等集成应用共享需用的关键数据，是 PDM 系统的核心。

（4）项目与流程管理　PDM 对产品生命周期进行管理，包括保留和跟踪产品从概念设计、产品开发、生产制造直到停止生产的整个过程中的所有历史记录，以及定义产品从一个状态转换到另一个状态时必须经过的处理步骤。

（5）系统集成　PDM 要对产品整个生命周期内所需各种数据进行管理，必须与产生数据的CAD/CAPP/CAM/ERP等系统有良好的接口，不但能接收各系统输出的数据，而且要能从各系统输入的各种格式数据中提取有关信息，建立统一的产品物料、图档资料属性与产品结构数据库，保证各系统集成运行。

9.1.2 产品生命周期管理

1. 概述

产品生命周期管理（Product Lifecycle Management，PLM）是指从人们对产品的需求开始，到产品淘汰报废的全部生命历程，包括产品“设计→制造→使用→维护→报废”的全过程。

PLM是一种先进的企业信息化思想，让人们思考在激烈的市场竞争中如何用最有效的方式和手段来为企业增加收入和降低成本。PLM实现对产品相关的数据、过程、资源一体化管理的集成。PLM把产品生命周期定义为一组连续阶段，可以确定对象所处的阶段和对象进入下一个阶段必须满足的入口条件。通过把工作流过程与生命周期阶段和条件关联起来，能使生命周期管理的对象自动完成它们的生命周期。PLM的实施可以大大提高企业生产利润。

2. PLM系统主要功能

从企业实施PLM的全局来看，PLM系统一般具有以下功能。

（1）管理产品数据与文档资料　制造企业PLM系统具有产品数据与文档资料管理功能，包括3D设计模型、仿真分析数据、2D工程图档、扫描后的图样档案和一般文档资料的管理，工艺数据的管理，企业或跨企业的零部件库的管理。

（2）管理过程　产品过程管理的任务是对整个产品形成的过程进行控制，使该过程任何时候都能追溯。过程管理通过对设计开发过程进行定义和控制，使产品数据与其相关过程紧密结合，实现对有关开发活动与设计流程的协调和控制，使得产品设计、开发制造、供销、售后服务等各个环节的信息能够得到有效的管理。

（3）管理产品结构与配置　产品由成千上万个零部件通过一定的装配关系组合而成，每个零部件均由相关数据和技术文档组成，相互之间存在约束关系。每种数据的变化都会波及或影响到其他相关产品的数据。企业要求这些不断变化的数据在逻辑结构上保持一致，所以必须建立一个产品数据构造的框架，把众多的产品数据按一定的关系和规则组织起来，实现对产品数据的结构化管理。

（4）管理工程更改　在产品生命周期中，凡涉及数据的更改对产品开发团队、企业、合作伙伴、客户等产生影响时，该变更就应纳入有效的管理和约束之中。

（5）管理产品开发项目　企业根据对产品开发项目的分析，采用特定的方法制定出合理的产品开发项目计划，并通过确定项目组人员、分配任务和资源，以及在项目执行时对产品开发进度和中间环节进行检查等手段，保证产品开发项目按计划完成，包括产品开发项目计划的制定与管理、资源计划、项目费用管理和项目变更控制等。

（6）产品质量信息管理　对于制造企业而言，产品质量是企业的技术水平、管理水平、人员素质、劳动效率等各方面的综合反映。在现代经济技术环境下，质量的概念不再局限于企业内部，而应该扩展到企业外部环境。因此应围绕产品生命周期，建立涵盖内部生产经营系统和外部环境的集成化质量信息管理系统，在网络数据的支持下实现从市场调研、产品设计、生产制造直到售后服务的产品生命周期中质量数据采集、处理与传递的自动化。

9.1.3 PDM 与 PLM 的关系

PLM 是一种对所有与产品相关的数据在其整个生命周期内进行管理的技术。PLM 与所有与产品相关的数据的管理有关，与 PDM 密不可分。可以说 PLM 包含了 PDM 的全部内容，PDM 功能是 PLM 的一个子集。

PDM 强调管理的对象范围是数据而不是实际物料，PLM 则强调管理的时空范围，时间为整个生命周期，空间是所有产品数据可能出现的地方，不只是技术部。PDM 实现了对 CAx 的有形数据管理，PLM 实现 CAx 与 ERP 的集成，把人员、过程和信息有效集成在一起。PLM 与 PDM 的本质区别是 PLM 强调对产品生命周期内跨越供应链的所有信息进行管理和利用的概念。

由于 PLM 与 PDM 的渊源，大多数 PLM 厂商来自 PDM 厂商，几乎没有一个以全新面貌出现的 PLM 厂商。有些原 PDM 厂商已经开发了成体系的 PLM 解决方案，成功地实现了向 PLM 厂商的转化。

9.2 产品协同设计与网络化制造

9.2.1 产品协同设计

1. 概述

传统设计过程为串行方式（见图 9-3），即把整个产品开发全过程细分为很多步骤，每个部门和个人都只做其中的一部分工作，而且相对独立进行，工作完成后把结果交给下一部门。西方把这种方式称为“抛过墙法”（throw over the wall），以职能和分工任务为中心，不一定存在完整的、统一的产品概念。在串行设计中，由于设计活动不能够超越阶段，导致产品上市时间延长。

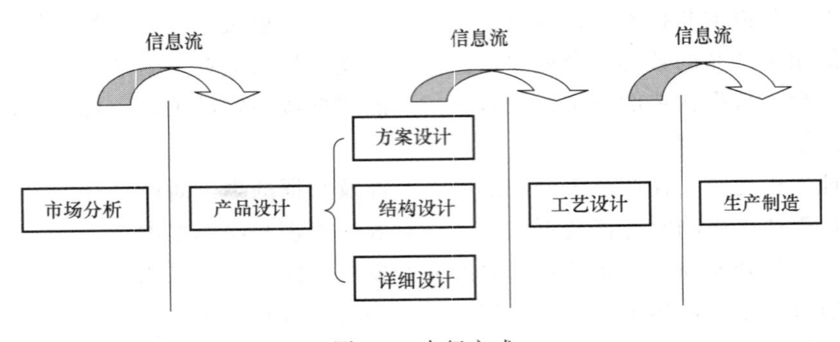

图 9-3 串行方式

随着社会的飞速发展，用户对产品的要求越来越高，产品更新换代越来越快。企业为迎合用户需要，必须以更快速度推出新产品来抢占市场，希望产品的设计周期尽可能缩短。世界范围内市场竞争不断加剧，网络和计算机技术飞速发展，使得产品协同设计成为企业发展的必然选择。

协同设计（Collaborative Design）是指在计算机支持下，各成员围绕同一个设计项目，承担相应的部分设计任务，通过一定的信息交换和相互协同机制，并行交互地进行设计工作，最终得到符合要求的设计结果的设计方法，如图 9-4 所示。协同设计是计算机支持协同工作（Computer Supported Cooperative Work，CSCW）概念和技术在产品开发设计工作中的一项重要应用。

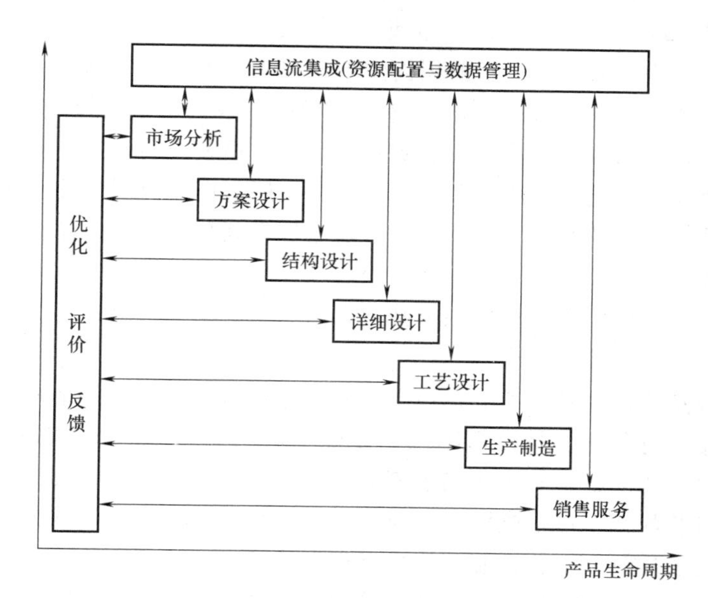

图 9-4　协同设计

协同设计中的协同既包括设计人员之间、设计人员同设计环境之间的通信与交流，也包括设计过程中各设计阶段产品信息模型之间的一致性要求，以及设计人员利用各自的设计工具和设计资源进行产品开发的协同。它强调使不同地点的管理人员、设计人员、生产人员和用户能够同步或异步地参与设计工作，设计人员能够进行信息交流和共享，达到互相协调。

产品协同设计系统将制造企业中异构的数据环境集成起来，能够满足制造企业整个产品开发生命周期各个层次开发过程的需求，实现企业信息管理一体化方案，实现信息和数据动态交流与共享，保证了数据的一致性和时效性。协同设计的最终目标是充分利用现有网络资源与技术，实现协作者之间并行的既有分工又有合作的工作机制，从而缩短新产品的开发周期，提高产品开发质量，降低产品开发成本，增强企业市场竞争力。

产品协同设计是 CAD 技术发展的一个重要方向，既包括产品协同设计机理的研究，又包括产品协同设计环境的开发与实现。在实现基于 CAD 的协同设计方面，目前存在三种主流的技术思路。

1）在 CAD 平台提供一些底层技术支持，供二次开发者根据用户需要开发出各种应用。

2）提供可定制化的基于项目管理、文档管理的协同设计管理软件。

3）提供一种标准的、开放的、可扩展的协同设计软件基础平台，能够为二次开发商提供开发项目管理、文档管理、用户管理、图样审核、网络图库、协商交流工具等协同设计系统功能的底层支持。

2. 发展现状及前景

产品协同设计在国外发展历史较长，到目前为止已经研制出许多成熟的商品化软件，取得了良好效益。协同概念始于 20 世纪 80 年代，如微软的 Exchange、IBM 的 Lotus/Notes，到后来的电子邮件、OA、CRM、ERP 等，都有协同的概念在里面。目前许多大型企业已经采用各种协同设计平台，如 CATIA 公司的 CSCD 系统，EDS 公司的 Teamcenter 等。

国内对于产品协同设计研究始于 20 世纪 90 年代中期，研究工作主要集中在理论方面，对于具体协同设计应用研究较少。目前国内主要产品有中科院计算所 CAD 开放实验室开发的协同设计系统，浙江大学国家 CAD&CG 重点实验室开发的电子白板，复旦协达 CTOP 等。

作为各种产品开发的有效工具，产品协同设计具有很重要的研究价值和应用前景。产品设计正在向智能化、自动化、集成化和协同化方向发展。产品协同设计也从最初依靠单人开发，发展到基于设计小组的团体协作开发，目前已扩大到公司间的协作开发，甚至跨国公司或企业之间的协作开发。

产品协同设计是今后产品设计的一个必然方向。

3. 特点

协同设计以信息集成为基础，既是一个协同工作的过程，又是一个知识共享和集成的过程。基于协同思想进行设计，将以前不属于设计阶段的问题提前到设计阶段考虑；对于复杂、跨时域、多目标的问题，采用协同决策的方法进行处理。由于在设计阶段充分考虑了产品的可制造性、可装配性、可检验性、可使用性、可维修性等，从而减少了产品反复修改的次数，使产品的功能质量和工艺、制造质量有很大的提高。

在产品设计期间，协同设计很好地处理了产品生命周期中各环节的关系，并且能够交换有关设计的意见和建议等，充分体现了资源共享、协同决策的价值，避免了信息孤岛的产生。协同设计不但体现了现代设计技术，也体现了现代管理技术，有如下主要特点。

(1) 分布性　参加协同设计的人员可以分布在不同企业，也可以分布在同一企业不同部门不同地点，因此协同设计必须在计算机网络支持下进行。

(2) 交互性和动态性　协同设计中设计、工艺、制造等人员需进行交互，及时了解各方的动态信息，共同进行工作。交互方式既可同步也可异步，如协同造型、协同标注为同步，文档的设计变更流程可为异步。

在协同设计过程中，产品的开发速度、工作人员的任务安排、设备状况等都在发生变化。为了使协同设计能够顺利进行，产品开发人员需要方便获取各方面的动态信息。

(3) 协作性与冲突性　由于设计任务之间相互制约，为使设计过程和结果一致，各子任务之间需密切协作。由于协同过程是群体参与的过程，合作过程中不可避免地会出现冲突，因此需要进行冲突消解。

(4) 多样性　协同设计中的活动多种多样，除了方案设计、详细设计、产品造型、零件工艺、数控编程等设计活动外，还有促进设计整体顺利进行的项目管理、任务规划、消解冲突等活动。协同设计是这些活动组成的有机整体，具有多样性。

除上述特点外，协同设计还有产品开发人员使用的计算机软硬件的异构性、产品数据的复杂性等特点。

4. 关键技术

协同设计是计算机支持的协同工作与先进制造技术相结合，实现对产品设计过程的有效支持。它需要不同领域的知识、经验及综合协调知识和经验的有效机制，从而完成不同任务的协同设计。

在协同设计中如何实现时间、空间上分布设计活动的协调及信息的实时交互极其关键。协同问题时间上分为同步和异步，空间上分为同地和异地，内容上包括计算机和计算机、设计人员和计算机以及设计人员之间的协同。协同工作需实现共享数据间的协同、多用户界面的协同，此外还包括设计任务的协同、设计信息的协同和网络通信的协同等。因此实现协同工作，需解决许多关键技术。

（1）产品建模　协同设计的基础和核心是产品模型，即如何按照一定形式组织产品信息。在协同设计中，产品建模是一个逐步完善的过程，也是多功能设计小组共同作用的结果。为满足设计各阶段对产品模型的不同需求，有必要建立一个完整的产品模型。

（2）工作流管理　规划、调度和控制产品开发的工作流，保证将正确的信息和资源在正确的时刻以正确的方式发送给正确的小组或小组成员，同时保证产品开发过程收敛于顾客需求。

（3）约束管理　在产品开发过程中，各个子任务之间存在各种相互制约和相互依赖的关系，设计规范和设计对象的基本规律、各种一致性要求、当前技术水平和资源限制以及用户需求等构成了产品开发中的约束关系。产品开发过程是一个在保证各种约束满足的条件下进行约束求解的过程。

（4）产品信息集成与共享　产品模型信息包括各种 CAx 系统生成的几何信息、加工信息和约束信息。如何解决异地、异构产品模型信息的集成与共享在协同设计中十分关键，常采用 STEP 等产品模型数据交互规范标准来解决信息的集成与共享。

（5）消解冲突　协同设计是设计小组之间相互合作、相互影响和制约的过程。由于对产品开发的考虑角度、评价标准和领域知识存在差异，必然导致协同设计过程中发生冲突。协同设计的过程是产生和消解冲突的过程。充分合理地解决各种冲突、最大限度满足各领域专家的要求，才能使最终产品的综合性能达到最佳。

（6）历史管理　历史管理的目的是记录开发过程进行到一定阶段时的过程特征并在特定工具的支持下将它们用于将来的开发过程。

协同设计是一个系统工程，每一个设计单元对协同设计的需求都可能不尽相同。标准化、开放化是实现协同设计的主要难点。标准的制定及推广难度较大，所以目前基于 CAD 平台的协同设计，不是设法设计出通用协同设计软件，而是提供一种标准及开放的平台，从而方便其他软件开发者根据行业需要开发出各种应用协同设计软件。

9.2.2　产品网络化制造

先进制造技术总的发展趋势是精密化、敏捷化、网络化、虚拟化、智能化、绿色化、集成化和全球化。面对网络经济时代制造环境的变化，企业间跨区域、跨时间、跨领域的合作已是目前发展的必然趋势。而在 Web 环境下的设计与制造技术使产品设计与制造可以并行地、及时地通过计算机网络进行，产品网络化制造得以大力发展。

1. 概述

科技部关于网络化制造的定义为：按照敏捷制造的思想、采用 Internet 技术、建立灵活有效、互惠互利的动态企业联盟，有效地实现研究、设计、生产和销售各种资源的重组，从而提高企业的市场快速反应和竞争能力的现代制造模式。它实现企业间的协同和各种社会资源的共享与集成，高速度、高质量、低成本地为市场提供所需的产品和服务。

网络化制造是信息时代的生产组织理论和方法。网络化制造环境以社会制造资源集成作为基本原则，借助社会制造资源的整体联系和系统功能获得生产的有效性和提高生产率。它的目标是利用不同地区的现有生产资源，快速组合成为一种没有围墙的、超越空间约束的、靠电子手段联系的、统一指挥的经营实体，以便快速推出高质量、低成本的新产品。

网络化制造是敏捷制造在互联网时代的一种表现形式。1991 年美国拟定了一个较长期的制造技术规划基础结构，以十多家大公司为核心，建立了有百余家公司参加的联合研究组，首次提出敏捷制造（Agile Manufacturing）的概念。敏捷制造从一开始就体现了合作和联盟的特征，互联网则为这些特征的实现提供了技术基础。敏捷制造的研究体现在两个层次：第一层次侧重企业组织、结构和管理；第二层次侧重从技术的角度研究敏捷制造的实现方法和关键技术。网络技术在这两个层次上都得到了充分应用，形成了网络与先进制造相结合的结构完整的网络化制造。

2. 网络化制造关键技术

共享是网络化制造的手段和目的。网络化制造共享的资源包括软件资源、设计资源、设备资源、智力资源、市场资源等。通过软件资源、设计资源、设备资源的共享，降低企业成本；通过智力资源即跨企业、部门、专业的设计人员的共享，进行产品协同开发，提升产品开发的创新能力和敏捷性；通过市场资源共享，整合企业优势资源，充分挖掘市场资源。

网络化制造关键技术主要包括以下四个方面的技术：

（1）综合技术

综合技术是指从系统的角度研究网络化制造系统的结构、组织与运行等方面的技术，主要涵盖新管理思想和理念，包括网络化制造的模式，网络化制造系统的体系结构、构建、组织实施方法、运行管理，PLM 技术、产品协同技术等。

（2）系统集成与使能技术

系统集成技术主要是指网络化制造系统设计、开发与实施中需要的系统集成；使能技术是指在网络化制造系统中关键的共性技术，包括计算机辅助制造、制造执行系统、产品数据管理等。

（3）基础技术

基础技术是网络化制造中应用的共性和基础性技术，一般不能直接解决具体问题，是系统集成和使能技术的基础。基础技术包括网络化制造的基础理论与方法、网络化制造系统的协议与规范技术、网络化制造系统的标准化技术、产品建模和企业建模技术、工作流技术、多代理系统技术、虚拟企业与动态联盟技术和知识管理与知识集成技术等。

（4）支撑技术

支撑技术是支持网络化制造系统应用的技术，包括网络化制造实施途径、资源共享与优化配置技术、区域动态联盟与企业协同技术、资源或设备封装与接口技术、数据中心与数据管理及安全技术和网络安全技术等。

3. 网络化制造基本特征

（1）网络化　网络化制造是基于网络技术的先进制造模式是企业在 Internet 和企业内外网环境下组织和管理其生产经营过程的理论与方法。通过网络突破地域限制给企业的生产经营和企业间协同造成的障碍。

（2）集成化　实现了企业的集成、与环境的集成、管理与技术的集成。

（3）敏捷化　以快速响应市场为实施的主要目标之一，通过网络化制造提高企业的市场响应速度，进而提高企业的竞争能力。

（4）数字化　设计数字化、制造数字化、市场运作数字化，信息高度集成。

（5）资源共享　强调企业间的协作与社会范围内的资源共享。

网络化制造的应用可以提高企业的管理层次，提高企业创新产品开发能力，优化整合社会资源，从而提高行业经济竞争力，增强企业走向国际市场的能力。

练　习　题

1. 掌握 PDM 的概念、体系结构及功能。调查企业使用 PDM 的现状。
2. 掌握 PLM 的概念及主要功能。
3. PDM 与 PLM 有哪些异同？
4. 简述协同设计的特点及关键技术。
5. 产品的网络化制造关键技术及基本特征是什么？

附　录

说明：

1）本书用“|”表示语句中多选的选项，“+”表示重复前面的选项，“[ ]”表示可选项，“{ }”表示必选项。

2）主词、辅词大写，变量为小写。

附录 A　GRIP 常用词句格式及说明

附表 A-1　陈述格式（SF 格式）GRIP 语句

语句分类	说明	陈述格式的 GRIP 语句
变量声明及赋值	声明数字变量	NUMBER/name(dim1[,dim2[,dim3]])[,name(dim1[,dim2[,dim3]])]+
	声明字符串变量	STRING/name([dim1,[dim2]],n)[,name([dim1[,dim2]],n)]+
	声明实体变量	ENTITY/name[(dim1[,dim2[,dim3]])][,name[(dim1[,dim2[,dim3]])]]+
	给数字变量/字符串变量赋值	DATA/name,value[,value]+[,name,value[,value]+]+
	存取环境变量	string =ENVVAR/'variable'{,ASK|SET,'value'}[,IFERR,label:]
	检测未声明变量	GRIPSW/DECLRV
计算函数	绝对值	ABSF(arg)
	反余弦	ACOSF(arg)
	反正弦	ASINF(arg)
	反正切	ATANF(arg)
	余弦	COSF(angle)
	指数	EXPF(arg)
	取整	INTF(arg)
	对数	LOGF(arg)
	最大值	MAXF(arg[,arg]+)
	最小值	MINF(arg[,arg]+)
	余数	MODF(arg,mod)
	正弦	SINF(angle)
	二次方根	SQRTF(arg)

（续）

语句分类	说明	陈述格式的 GRIP 语句
表达式	创建表达式	EXPCRE/exp_string[,IFERR,LABEL:]
表达式	删除表达式	EXPDEL/name_string[,IFERR,LABEL:]
表达式	编辑表达式	EXPEDT/exp_string_list[,IFERR,LABEL:]
表达式	求表达式的值	num =EXPEVL/name_string[,IFERR,LABEL:]
表达式	将数据保存到表达式	STORE/'expression name',data
表达式	检索表达式值	REGF('expression name')
表达式	输出表达式	EXPEXP/file_string[,IFERR,LABEL:]
表达式	输入表达式	EXPIMP/file_string[,REPLAC][,IFERR,LABEL:]
表达式	列出整个表达式	exp string =EXPLIS/name_string[,IFERR,LABEL:]
表达式	重命名表达式	EXPRNM/name_string,TO,name_string[,IFERR,LABEL:]
字符串语句	返回字符串中字符的 ASCII 值	ASCII('string', pos)
字符串语句	产生 *n* 个空格字符	BLSTR(n)
字符串语句	返回 *n* 的 ASCII 值	CHRSTR(n)
字符串语句	比较字符串	CMPSTR('string1','string2')
字符串语句	返回当前日期	DATE
字符串语句	查询字符在指定字符串中的开始位置	FNDSTR('object string','search string',pos)
字符串语句	将实数转换为字符串	FSTR(n)
字符串语句	将超过 8 个字符的实数转换为字符串	FSTRL(n)
字符串语句	将整数转换为字符串	ISTR(n)
字符串语句	将超过 8 个字符的整数转换为字符串	ISTRL(n)
字符串语句	返回字符串中字符的个数	LENF('string')
字符串语句	替换字符串中的字符	REPSTR('object string', 'search string','replacement string', pos)
字符串语句	提取部分字符串	SUBSTR('object string', pos, count)
字符串语句	返回当前时间	TIME
字符串语句	将字符串转换成实数	VALF('string')
向量操作	两向量的叉积	CROSSF(vector1,vector2)
向量操作	两向量的点积	DOTF(A,B)
向量操作	比例向量	SCALVF(scalar,vector)
向量操作	单位向量	UNITF(A)
向量操作	向量长度	VLENF(A)

（续）

语句分类	说明	陈述格式的 GRIP 语句
人机交互操作	单选对话框	CHOOSE/string list, [DEFLT, n,] [ALTACT, 'message',] response
	在屏幕上给定点显示信息	CRTWRT/'message', x, y, z
	点构造器	GPOS/'message', x-coord, y-coord, z-coord, response
	识别实体	IDENT/'message'[, SCOPE, {WORK | ASSY | REF}], obj list [, CNT, count] [, CURSOR, x-coord, y-coord, z-coord] [, MEMBER, {ON | OFF}], response
	多选对话框	MCHOOS/primary string, menu options, response array [, ALTACT, 'message'], response variable
	信息对话框	MESSG/[TEMP,] string list
	给参数赋值	PARAM/'message'{ , 'option'[, INT], variable} + [, ALTACT, 'message'], response
	选择屏幕上的点	POS/'message', x-coord, y-coord, z-coord, response
	给字符串赋值	TEXT/'message', string-variable[, ALTACT, 'message'] , response[, DEFLT]
程序控制	调用子程序	CALL/'subprogram name'[, actual argument list]
	DO 语句	DO/label:, index variable, start, end[, increment]
	程序结束	HALT
	算数 IF 语句	IF/numerical expression, [label1:], [label2:], [label3:]
	逻辑 IF 语句	IF/logical expression, statement
	块 IF 语句	IFTHEN/logical expression1 statement block1 [ELSEIF/logical expression2 statement block2] …… [ELSE statement blockn] ENDIF
	无条件跳转	JUMP/label:
	条件跳转	JUMP/label: +, [expression]
	程序标号	LABEL: statement
	子程序头	PROC[/dummy argument list]
	返回主程序	RETURN
基本设置	坐标系 （三点）	obj = CSYS/point1, point2, point3 [, ORIGIN, {point | x, y, z}] [, SAVE]
	坐标系 （两直线）	obj = CSYS/line1, line2[, ORIGIN, {point | x, y, z}] [, SAVE]
	坐标系 （一点、一直线）	obj = CSYS/point, line[, ORIGIN, {point | x, y, z}] [, SAVE]
	坐标系 （圆弧）	obj = CSYS/arc[, ORIGIN, {point | x, y, z}] [, SAVE]
	坐标系 （二次曲线）	obj = CSYS/conic[, ORIGIN, {point | x, y, z}] [, SAVE]

（续）

语句分类	说明	陈述格式的 GRIP 语句
基本设置	存在的坐标系	obj =CSYS/coordinate system[,ORIGIN,{point|x,y,z}][,SAVE]
	视图的坐标系	obj =CSYS/{view number|'view name'} {[,ORIGIN,{point|x,y,z}]|[,VCNTR]}[,SAVE]
	工作图层控制	LAYER/[WORK,n],[ACTIVE,{REST|layer list [,CAT,'cat']}],[REF,{REST|layer list[,CAT,'cat']}] [,INACT,{REST|layer list[,CAT,'cat']}]
	建立分类目录	CAT/'name'[,layer list][,CAT,'cat list'] [,DESCR,'description'][,IFERR,label:]
	编辑分类目录	CATE/'name'{ ,ADD| ,REMOVE}[,layer list] [,CAT,'cat list'][,DESCR,'description'][,IFERR,label:]
	删除分类目录	CATD/'name'[,IFERR,label:]
	查询分类目录	CATV/'name'[,LAYER,layers,CNT,count] [,DESCR,'description'][,IFERR,label:]
	屏蔽视图层的可见性	VIEWLC/['view name]{ ,RESET|[,VSBL{ ,REST|[,layer list] [,CAT,cat list]}][,INVSBL{ ,REST|[,layer list] [,CAT,cat list]}]}[,IFERR,label:]
	绘制开/关	DRAW/{ON|OFF|ALL|obj list}
	定义视图	num =DVIEW/coordinate system
视图与显示	重画	RPAINT
	屏蔽工作视图	SOLPIX/'filename'[,SIZE,num,num][,METHOD,num] [,RESULT,numa][,IFERR,label:]
	改变工作视图	VIEW/n
	创建视图	VIEWC/'view name',{csys|'base view name'[,VMODS] [,VDEP]} [,WORK[,{AUTO|SCALE,s}]][,IFERR,label:]
	删除视图	VIEWD/'view name'[,IFERR,label:]
	重命名视图	VIEWN/['old view name',]'new view name' [,IFERR,label:]
	校验视图	VIEWV/['view name',]variable list[,IFERR,label:]
	编辑视图	VIEWE/['view name'][,{CSYS,csys|matrix}] [{[,SCALE,s1][,CENTER,x,y[,z]]| ,AUTO}], {PARLEL|PERSP,d1|EYEPT,x,y[,z]}] [{[,FRONTZ,{z1|OFF}][,BACKZ,{z2|OFF}], AUTOZ}] [,REF,x,y[,z]][,DSCALE,s2][,SRFDSP,n][,DCUE[,OFF]] [,SAVE[,'new view name'[,VMODS][,VDEP]]] [,BLEND,{VSBL|INVSBL}][,SMOOTH,{VSBL|INVSBL] [,SILHO,{VSBL|INVSBL}][,HIDDEN, {VSBL|INVSBL|DASH}][,IFERR,label:]
	返回曲线上的点的视图相关位置	num =VDCPRM/obj,{point|x,y,z}[,'view name']
	从视图上擦去	VDEDIT/obj list,ERASE[,'view name']
	修改曲线段	VDEDIT/obj list[,param1,param2] [,{COLOR,c|FONTN,'fname'|FONT,f|DENS,d|LWIDTH,w}] [,'view name']

（续）

<table>
<tr><th>语句分类</th><th>说明</th><th>陈述格式的 GRIP 语句</th></tr>
<tr><td rowspan="6">视图与显示</td><td>删除所选视图模式</td><td>VDEDIT/obj list,REMOVE[,'view name']</td></tr>
<tr><td>删除所有视图模式</td><td>VDEDIT/ALL,REMOVE[,'view name']</td></tr>
<tr><td>将所选视图转换成模型</td><td>VDEDIT/obj list,MODEL[,'view name']</td></tr>
<tr><td>将所有视图转换成模型</td><td>VDEDIT/ALL,MODEL[,'view name']</td></tr>
<tr><td>将模型转换到所选视图</td><td>VDEDIT/obj list,VIEW[,'view name']</td></tr>
<tr><td>线框显示实体</td><td>CRSEWV/[TOLER,t][,IFERR,LABEL:]</td></tr>
<tr><td rowspan="9">创建点</td><td>圆心</td><td>obj =POINT/CENTER,circle</td></tr>
<tr><td>圆弧上的点</td><td>obj =POINT/circle,ATANGL,angle</td></tr>
<tr><td>端点</td><td>obj =POINT/ENDOF,"PMOD3",obj</td></tr>
<tr><td>交点</td><td>obj =POINT/[{"PMOD3"|point}],INTOF,obj1,obj2[,IFERR,label:]</td></tr>
<tr><td>偏置点</td><td>obj =POINT/point,DELTA,dx,dy,dz</td></tr>
<tr><td>极坐标偏置点</td><td>obj =POINT/point,POLAR,dist,angle</td></tr>
<tr><td>三维向量偏置点</td><td>obj =POINT/point,VECT,line,"PMOD3",dist</td></tr>
<tr><td>坐标点</td><td>obj =POINT/x,y[,z]</td></tr>
<tr><td>图样点</td><td>obj =POINT/x,y,[z,]PATPNT</td></tr>
<tr><td rowspan="9">创建直线</td><td>平行线</td><td>obj =LINE/PARLEL,line,"PMOD3",offset</td></tr>
<tr><td>平行或垂直于给定直线，且相切于给定曲线</td><td>obj =LINE/{PARLEL|PERPTO},line,
{"PMOD3"|point},TANTO,curve</td></tr>
<tr><td>过给定点且与 x 轴成给定夹角</td><td>obj =LINE/point,ATANGL,angle</td></tr>
<tr><td>过给定点做指定曲线的切线</td><td>obj =LINE/point1,{LEFT|RIGHT|point2},TANTO,curve</td></tr>
<tr><td>两条指定曲线的公切线</td><td>obj =LINE/{LEFT|RIGHT|point},TANTO,curve1,
{LEFT|RIGHT|point},TANTO,curve2</td></tr>
<tr><td>过给定点做指定直线的平行线或垂线</td><td>obj =LINE/point,{PARLEL|PERPTO},line</td></tr>
<tr><td>过给定点做指定曲线的垂线</td><td>obj =LINE/point1,point2,PERPTO,curve</td></tr>
<tr><td>两点的连线</td><td>obj =LINE/point1,point2</td></tr>
<tr><td>两坐标点的连线</td><td>obj =LINE/x1,y1[,z1],x2,y2[,z2]</td></tr>
<tr><td rowspan="5">创建圆</td><td>以给定点为圆心，绘制给定半径的圆或圆弧</td><td>obj =CIRCLE/CENTER,point,RADIUS,r
[,START,start angle,END,end angle]</td></tr>
<tr><td>以给定点为圆心，绘制与给定直线相切的圆或圆弧</td><td>obj =CIRCLE/CENTER,point,TANTO,line
[,START,start angle,END,end angle]</td></tr>
<tr><td>以给定点为圆心，绘制过给定点的圆或圆弧</td><td>obj =CIRCLE/CENTER,point1,point2
[,START,start angle,END,end angle]</td></tr>
<tr><td>绘制过给定三个点的圆</td><td>obj =CIRCLE/point1,point2,point3</td></tr>
<tr><td>以给定坐标为圆心，绘制给定半径的圆或圆弧</td><td>obj =CIRCLE/x,y,[z,]r[,START,start angle,END,end angle]</td></tr>
</table>

（续）

语句分类	说明	陈述格式的 GRIP 语句
创建点集	等公差方式	CPSET/CHORD,obj,tolerance,results
	等参数方式	CPSET/EPARAM,obj,n[,PART,a,b],results
	等弧长方式	CPSET/EARCL,obj,n[,PART,a,b],results
	输入弧长方式	CPSET/ARCLEN,obj,arclength,results
	几何级数方式	CPSET/GEOM,obj,n,RATIO,r[,PART,a,b],results
	控制点方式	CPSET/VERT,obj,results
	节点方式	CPSET/KNOT,obj,results
创建圆角	以给定点为参考圆心,绘制给定半径的圆角	obj =FILLET/obj1,obj2,CENTER,point,RADIUS,r [,NOTRIM][,IFERR,label:]
	以给定点为参考圆心,绘制三个实体的圆角	obj =FILLET/[{IN|OUT|TANTO}],obj1, [{IN|OUT|TANTO}],obj2,[{IN|OUT|TANTO}], obj3, CENTER,point[,NOTRIM][,IFERR,label:]
	以位置修饰的方式确定圆心方位,绘制给定半径的圆角	obj =FILLET/"PMOD3",line1,"PMOD3",line2, RADIUS,r[,NOTRIM][,IFERR,label:]
创建曲线	椭圆	obj =ELLIPS/point,semimajor,semiminor [,ATANGL,angle][,START,angle,END,angle]
	双曲线	obj =HYPERB/point,semitransverse,semiconjugate, dymin,dymax[,ATANGL,angle]
	抛物线	obj =PARABO/point,focal length,dymin,dymax[,ATANGL,angle]
	一般二次曲线五点	obj =GCONIC/point1,point2,point3,point4,point5
	四点,一斜率	obj =GCONIC/point1,point2,point3,point4,VECT,x,y,z
	三点,两斜率	obj =GCONIC/point1,point2,point3,VECT,x1,y1,z1,x2,y2,z2
	三点,一锚点	obj =GCONIC/point1,point2,point3,ANCHOR,point4
	两点,一锚点,RHO 值	obj =GCONIC/point1,point2,ANCHOR,point3,rho
	六个系数	obj =GCONIC/number list
	曲面上的等参数曲线	obj =ISOCRV/obj{,UDIR|VDIR},num1[,TOLER,num2] [,CNT,num3][,IFERR,label:]
	通过点创建样条曲线	obj =SPLINE/[CLOSED,] {point[,{VECT,dx,dy,dz|TANTO,curve|angle}]}+
	以逼近方式创建样条曲线	obj =SPLINE/APPROX,[{BLANK|DELETE}][,TOLER,t] obj list
	偏置曲线	obj list =OFFCRV/obj list1,{dist|height,ang},ref point [,STEP,n1][{,EXT[,n2]|,FILLET}][,GROUP]
	创建两曲面相交曲线	obj =INTSEC/surf1,WITH,surf2 [,TOLER,tl] [,lsurf1,lpoint1,lsurf2,lpoint2[,VECT,x,y,z]][,IFERR,label:]
	轮廓曲线	obj =SILHO/body[,CNT,count][,IFERR,label:]
	创建投影点或曲线	obj list =PROJ/obj list1,ON,obj list2[,TOLER,t] [,VECT,vect][,ASSOC [,objа]]|[,MOVE]

（续）

语句分类	说明	陈述格式的 GRIP 语句
创建曲线	以逼近方式创建 B 样条曲线	obj list =BCURVE/FIT,{obj list1,num list1}[,WGHT,num list2], {SEGS|TOLER},num1[,DEGREE,num2] [,START,{VECT,dx,dy,dz|TANTO,{curve|angle}}] [,END,{VECT,dx,dy,dz|TANTO,{curve|angle}}], STATUS,numa[,IFERR,label:]
	通过点方式创建 B 样条曲线	obj list =BCURVE/obj list1[,VERT[,num list]] [,DEGREE,num[,CLOSED]][,IFERR,label:]
	以曲线方式创建 B 样条曲线	obj list =BCURVE/obj list1,ENDOF{,obj list2|,num list} [,DELETE|,BLANK][,IFERR,label:]
	单一化曲线	obj list =SIMCRV/obj list1[,BLANK|,DELETE][,TOLER,t][,CNT,c]
	提取边顶点	obj list =EDGVER/obj[,CNT,c][,IFERR,label:]
	边曲线	obj list =SOLEDG/obj[,CNT,c][,IFERR,label:]
创建平面	识别基础平面	obj =BASURF/obj[,IFERR,label:]
	有界平面	obj =BPLANE/obj list1[,HOLE,num list,obj list2][,TOLER,t]
	平面(曲线)	obj =PLANE/obj
	平面(平行、距离)	obj =PLANE/PARLEL,plane,point,d
	平面(垂直、点)	obj =PLANE/PERPTO,curve,THRU,point
	平面(三点)	obj =PLANE/point1,point2,point3
	平面(两直线)	obj =PLANE/line1,line2
	平面(平行、点)	obj =PLANE/PARLEL,plane,THRU,point
	平面(垂直、直线)	obj =PLANE/PERPTO,plane,THRU,line
	平面(两直线)	obj =PLANE/{XYPLAN[,Z-coord]| YZPLAN[,X-coord]|XZPLAN[,Y-coord]}[,csys]
创建曲面	自动创建曲面	obj =AUTOSF/obj list[,BYLAYR][,CNT,count][,IFERR,label:]
	创建 B 曲面(过给定点)	obj =BSURF/obj list,num list1[,VERT[,num list2]] [,DEGREE,num1[,CLOSED],num2[,CLOSED]] [,IFERR,label:]
	创建 B 曲面(过给定曲线)	obj =BSURF/CURVE,obj list1[,ENDOF,{,obj list2|,num list}] [,DEGREE,num[,CLOSED]][,IFERR,label:]
	创建 B 曲面(二次曲线)	obj =BSURF/CONSRF,num1,obj list,SPINE,obj1[,ENDOF,obj2] [,RHO,nlist][,TOLER,num2][,APEX,obj3][,RESULT,num3] [,IFERR,label:]
	创建 B 曲面(过网格曲线)	obj =BSURF/MESH,obj list1,WITH,obj list2[,TYPE,num1] [,TOLER,num2,num3][,RESULT,num4][,IFERR,label:]
	创建 B 曲面(扫掠)	obj =BSURF/SWPSRF,TRACRV,obj list1[,ENDOF,obj list2], GENCRV,obj list3[,ENDOF,obj list4][,BLEND,num1] [,SPINE,obj1[,ENDOF,obj2]] [,ORIENT{,obj3[,ENDOF,obj4]|,xc,yc,zc}] [,SCALE{,obj5[,ENDOF,obj6]|,num list}] [,TOLER,num2,num3][,RESULT,num4][,IFERR,label:]

（续）

语句分类	说明	陈述格式的 GRIP 语句
创建曲面	创建 B 曲面（抽取面）	obj =BSURF/SURFC,obj[,APPROX][,TOLER,dtol,atol][,IFERR,label:]
	创建圆锥面（底圆、高、顶半角）	obj =CONE/arc,{"PMOD3"|point},d,ANGLE,a
	创建圆锥面（底圆、顶圆）	obj =CONE/arc1,arc2
	创建圆锥面（底圆圆心、母线）	obj =CONE/CENTER,point,[VECT,x,y,z,]line
	创建圆锥面（顶点、顶半角、两点确定的法向边界面）	obj =CONE/point1,[VECT,x,y,z,]ANGLE,a,point2,point3
	创建圆柱面（圆弧、边界平面）	obj =CYLNDR/arc,plane,point
	创建圆柱面（中心点、母线）	obj =CYLNDR/CENTER,point,line
	创建圆柱面（中心点、半径）	obj =CYLNDR/point,RADIUS,r
	创建圆柱面（中心点、半径、两个边界平面）	obj =CYLNDR/point1,[VECT,x,y,z]RADIUS,r,plane1,plane2,point2
	创建圆柱面（中心点、半径、相切于两个曲面）	obj =CYLNDR/surf1,surf2,CENTER,point1,RADIUS,r,plane1,plane2,point2
	创建圆角面	obj =FILSRF/surf1,surf2,point[,TOLER,tl],RADIUS,r1[,r2], [LINEAR|SSHAPE][,lsurf1,lpoint1,lsurf2,lpoint2] [,VECT,x,y,z][,RESULT,result][,IFERR,label:]
	创建旋转曲面	obj =REVSRF/obj,AXIS,line[,point][,start,end]
	创建直纹曲面	obj =RLDSRF/obj1,[point1],obj2[,point2]
	创建球面（给定圆弧）	obj =SPHERE/arc
	创建球面（给定球心、半径）	obj =SPHERE/CENTER,point1,RADIUS,r[,plane,point2]
	创建球面（与三平面相切）	obj =SPHERE/TANTO,plane1,plane2,plane3,CENTER,point,RADIUS,r
	创建自由曲面（扫掠法）	obj =SSURF/obj1,obj2,p,c[,ent3]
	创建自由曲面（网格法）	obj =SSURF/PRIMA,obj list1,CROSS,obj list2
	创建列表圆柱面	obj =TABCYL/obj,x,y,z[,start,end]
曲线曲面操作	用边界对象修剪曲线	obj =CRVTRM/curve,REF,{pt1|x,y,z}, FIRST,limit1 [,REF,{pt1|x,y,z}][,INT,{pt2|x,y,z}][,NOTRIM] [,SECOND,limit2[,REF,{pt1|x,y,z}][,INT,{pt2|x,y,z}][,NOTRIM]], STATUS,status[,IFERR, label:]
	用指定长度修剪曲线	CTRIM/obj,dist,{START|END|point} 或 CTRIM/TOTAL,obj,length,{START|END|point}
	曲线的参数位置	num =CPARF/obj,{point|x,y,z}
	在曲线上或延伸段处的位置	CPOSF(obj, scalar)

（续）

语句分类	说明	陈述格式的 GRIP 语句
曲线曲面操作	参数位置曲线的几何特性	CPROPF(obj,parameter)
	曲线的切矢	CTANF(obj,scalar)
	曲面对 u 参数的偏导数	SDDUF(obj,u,v)
	曲面对 v 参数的偏导数	SDDVF(obj,u,v)
	曲面的法矢	SNORF(obj,u,v)
	参数位置曲面的几何特性	SPROPF(obj,u,v)
	曲面上点的 u、v 参数	SPARF/obj,{point|X,Y,Z},u,v
	坐标位置函数	SPOSF(obj,u,v)
创建三维特征	缝合片体创建实体	obj =SEW/obj list[,IFERR,label:]
	立方体	obj =SOLBLK/ORIGIN,xc,yc,zc,SIZE,dx,dy,dz[,IFERR,label:]
	拉伸体	obj =SOLEXT/obj list,HEIGHT,h[,AXIS,i,j,k][,IFERR,label:]
	棱柱	obj =SOLPRI/ORIGIN,xc,yc,zc,HEIGHT,h, DIAMTR,d,SIDE,s[,AXIS,i,j,k][,IFERR,label:]
	圆锥	obj =SOLCON/ORIGIN,xc,yc,zc,HEIGHT,h, DIAMTR,d1,d2[,AXIS,i,j,k][,IFERR,label:]
	圆柱	obj =SOLCYL/ORIGIN,xc,yc,zc,HEIGHT,h, DIAMTR,d[,AXIS,i,j,k][,IFERR,label:]
	旋转体	obj =SOLREV/obj list,ORIGIN,xc,yc,zc,ATANGL,a [,AXIS,i,j,k][,IFERR,label:]
	球	obj =SOLSPH/ORIGIN,xc,yc,zc,DIAMTR,d [,IFERR,label:]
	环	obj =SOLTOR/ORIGIN,xc,yc,zc,RADIUS,r1,r2 [,AXIS,i,j,k][,IFERR,label:]
	管道	obj =SOLTUB/obj list,DIAMTR,d1[,d2] [,TOLER,t][,IFERR,label:]
特征操作	倒圆或倒角	BLEND/obj,{RADIUS|CHAMFR},num [,obj list1][,VERT,obj list2][,IFERR,label:]
	固定倒圆或倒角	BLENFX/obj list[,IFERR,label:]
	实体容积	num =ENCONT/obj1,obj2,[,IFERR,label:]
	分割表面	obj list =FACDIV/obj1,WITH,obj2[,CNT,c][,IFERR,label:]
	移动表面	FACMOV/obj,TRIM,HEIGHT,h[,AXIS,i,j,k][,IFERR,label:]
	实体求交	obj list =INTERS/obj,WITH,obj list1[,CNT,c][,IFERR,label:]
	偏置实体	obj =OFFSRF/obj,distance[,TOLER,edge curve tolerance]
	实体截面	obj list =SECT/obj list1,WITH,obj[,CNT,c][,IFERR,label:]
	实体的角点坐标	obj list =SOLBOX/obj,[,IFERR,label:]
	分割实体	obj list =SOLCUT/obj list1,WITH,obj[,CNT,c1[,c2]][,IFERR,label:]

（续）

语句分类	说明	陈述格式的 GRIP 语句
特征操作	边或面的标志符	obj list =SOLENT/obj{,FACE|,EDGE}{,ALL|,seqno}[,IFERR,label:]
	分离实体	obj list =SPLIT/obj list1,WITH,obj[,CNT,c][,IFERR,label:]
	实体求差	obj list =SUBTRA/obj,WITH,obj list[,CNT,c][,IFERR,label:]
	实体求和	obj list =UNITE/obj,WITH,obj list,[,CNT,c][,IFERR,label:]
组操作	创建组	obj =GROUP/obj list
	编辑组	GRPEDT/{ADD{group object|group name|'group name'}| REMOVE}obj list
	解除组	UNGRP/[TOP,]obj list
草图	关联尺寸/草图对象	ASCENT/obj,n,assoc.obj [,assoc.type, assoc.modifier][,IFERR,label:]
	编辑文本	EDTEXT/ object, string_array, text_type[,IFERR,label:]
	创建注释	obj =NOTE/(origin),{scratch file #1 [,IFERR,label:]|'text'[,'text']+}
	创建标签	obj =LABEL/[{LEFT|RIGHT},](origin),{obj1[,VIEW, 'View Name'][,(origin)]|(origin)}'text'[,'text']+
	创建 ID 符号	obj =IDSYM/{CIR|DCIRC|SQR|DSQR|HEX|DHEX|TRIUP| TRIDWN|DATUM|OBLNG},(origin),{NONE|{ARROW|DOT} [,{LEFT|RIGHT}][,obj1][,VIEW,'View Name'] [,(origin)]},'text'[,'text']
	创建位置公差	obj =FMPOS/(origin),{NONE'{EXT,{1|2|3|4}, line|LEADER,[{LEFT|RIGHT},] {obj1[,VIEW,'View Name'][,(origin)]|(origin)}} [,TRIANG]}},SYMBOL,number|'text'|NEXTL}+
	创建螺纹中心线	obj =CLINE/FBOLT[,CENTER,obj1[,VIEW,'View Name']], obj list[,VIEW,{'View Name'|view name list}]
	创建圆中心线	obj =CLINE/FCIRC[,CENTER,obj1 [,VIEW,'View Name']],obj list [,VIEW,{'View Name'|view name list}]
	线性中心线	obj =CLINE/LINEAR,obj list[,VIEW,view name list]
	偏置中心点(格式 1)	obj =CLINE/OFFCPT,{XCAXIS|YCAXIS}, CENTER,obj1, [VIEW,'View Name',]arc[,VIEW,'View Name']
	偏置中心点(格式 2)	obj =CLINE/OFFCPT,{XCAXIS|YCAXIS},DSTCTR,num,arc [,VIEW,'View Name']
	偏置中心点(格式 3)	obj =CLINE/OFFCPT,{XCAXIS|YCAXIS},DSTNRM,num,arc [,VIEW,'View Name']
	偏置圆柱中心线(格式 1)	obj =CLINE/OFFCYL,OFFDST,num,obj1, [VIEW,'View Name',]obj2[,VIEW,'View Name']
	偏置圆柱中心线(格式 2)	obj =CLINE/OFFCYL,OFFPT,obj1,[VIEW,'View Name',] obj2,[VIEW,'View Name',]obj3[,VIEW,'View Name']
	偏置圆柱中心线(格式 3)	obj =CLINE/PBOLT[,CENTER,obj1[,VIEW,'View Name']], obj list[,VIEW,view name list]

（续）

<table>
<tr><th>语句分类</th><th>说明</th><th>陈述格式的 GRIP 语句</th></tr>
<tr><td rowspan="7">草图</td><td>创建局部圆形中心线</td><td>obj =CLINE/PCIRC[,CENTER,obj1[,VIEW,'View Name']],
obj list[,VIEW,view name list]</td></tr>
<tr><td>创建局部螺纹中心线</td><td>obj =CLINE/PBOLT[,CENTER,obj[,VIEW,'View Name']],
obj list[,VIEW,view name list]</td></tr>
<tr><td>对称中心线</td><td>obj =CLINE/SYMMET,obj1,[VIEW,'View Name',]
obj2[,VIEW,'View Name']</td></tr>
<tr><td>创建交叉剖面线</td><td>obj =HATCH/{XHATCH|AFILL},obj list
[,VIEW,'View Name'][,IFERR,label:]</td></tr>
<tr><td>设置剖面线类型</td><td>INHAT/{XHATCH[,FNAME,'filename'][,UTIL],
{material number|'material name'},angle1,
distance|AFILL,fill#,angle2,scale}[,IFERR,label:]</td></tr>
<tr><td>编辑剖面线参数</td><td>EDTXHT/ent,{BND,{ADD,obj list|REMOVE,obj list|REPLAC,
obj,boundary}|XHATCH [,FNAME,'filename']
[,UTIL],{material number|'material name'},
angle,distance|AFILL,fill number,angle,scale}
[,IFERR,label:]</td></tr>
<tr><td>创建边界实体</td><td>obj list =BOUND/[CLOSED|OPEN,]
[TOLER,intol,outtol,][{ON|TANTO,}
obj list1][VIEW, 'View Name']</td></tr>
<tr><td rowspan="6">创建尺寸</td><td>创建水平和垂直尺寸标注</td><td>obj =LDIM/{HORIZ|VERT},(origin),
[{ENDOF|CENTER|TANTO},]"PMOD3",obj1,
[VIEW,'View Name',]
[{ENDOF|CENTER|TANTO},]"PMOD3",obj2
[,VIEW,'View Name'][,Dim.text]
[,APPEND,App.text][,OBLIQ, Angle]</td></tr>
<tr><td>水平标注</td><td>obj =LDIM/PARLEL,(origin),
[{ENDOF|CENTER|TANTO},]"PMOD3",obj1,
[VIEW,'View Name',]
[{ENDOF|CENTER|TANTO},] "PMOD3",obj2
[,VIEW,'View Name'][,Dim.text]
[,APPEND,App.text]</td></tr>
<tr><td>正交尺寸标注</td><td>obj =LDIM/PERP,(origin),baseline,
[{ENDOF|CENTER|TANTO},]"PMOD3",obj
[,VIEW,'View Name'][,Dim.text]
[,APPEND,App.text]</td></tr>
<tr><td>角度标注</td><td>obj=ADIM/[MAJOR,](origin),"PMOD3",line1, [VIEW,'View Name',]
"PMOD3",line2 [,VIEW,'View Name'][,Dim.text] [,APPEND,App.text]</td></tr>
<tr><td>弧长尺寸标注</td><td>obj =ARCDIM/(origin),Arc[,VIEW,'View Name']
[,Dim.text][,APPEND,App.text]</td></tr>
<tr><td>圆柱尺寸标注</td><td>obj =CYLDIM/(origin),
[{ENDOF|CENTER|TANTO},]"PMOD3",obj1,[VIEW,'View Name',]
[{ENDOF|CENTER|TANTO},]"PMOD3",obj2 [,VIEW,'View Name']
[,Dim.text][,APPEND,App.text]</td></tr>
</table>

（续）

语句分类	说明	陈述格式的 GRIP 语句
创建尺寸	半径标注	obj =RDIM/(origin),arc[,VIEW,'View Name'] [,Dim.text][,APPEND,App.text]
	折叠半径标注	obj =FRDIM/(origin),arc,[VIEW,'View Name',] [{ENDOF|CENTER|TANTO},]"PMOD3",obj [,VIEW,'View Name'][,ANGLE,angle],x,y [,Dim.text][,APPEND,App.text]
	直径标注	obj =DDIM/(origin),arc[,VIEW,'View Name'] [,Dim.text][,APPEND,App.text]
	孔尺寸标注	obj =HDIM/(origin),arc[,VIEW,'View Name'] [,Dim.text][,APPEND,App.text]
	同心圆尺寸标注	obj =CCDIM/(origin),arc1,[VIEW,'View Name',] arc2[,VIEW,'View Name'][,{LEFT|RIGHT},] [,Dim.text][,APPEND,App.text]
	坐标尺寸标注	obj =ODIM/(origin),{margin objid|{HORIZ|VERT}, origin objid},[{ENDOF|CENTER|TANTO},] "PMOD3",obj[,VIEW,'View Name'][,DOGLEG,angle,distance] [,Dim.text][,APPEND,App.text][,IFERR,label:]
	纵坐标原点尺寸	obj =OODIM/[{ENDOF|CENTER},]"PMOD3",obj [,VIEW,'View Name'][,QUAD,{quad_no}] [,ARROWS][,NAME,'name text'] [,SYMBOL,{symbol_no}][,IFERR,label:]
	纵坐标极限	obj =OOMGN/{HORIZ|VERT},obj,[VIEW,'View Name',] {line[,VIEW,'View Name']|xpos,ypos,xdir,ydir} [,offset distance][,IFERR,label:]
	专用控制功能	DFSTR/(num)
	部件标注尺寸	obj =DIMBP/{obj list|comp list|obj list,comp list}
	制图实体设置尺寸参数	DIMPAR/[DRAW,]obj
	生成制图实体到当前设置	GENDIM/obj list
图样控制	创建图样	DRAWC/'drawing name',[MMETER,]{height,width|n}[,IFERR,label:]
	删除图样	DRAWD/'drawing name'[,IFERR,label:]
	编辑图样(加视图)	DRAWE/['drawing name',]ADD,'view name',x,y[,IFERR,label:]
	编辑图样(移动视图)	DRAWE/['drawing name',]MOVE,'view name',x,y[,IFERR,label:]
	编辑图样(删除视图)	DRAWE/['drawing name',]REMOVE,'view name'[,IFERR,label:]
	编辑图样(改变图样尺寸)	DRAWE/['drawing name',]SIZE,[{INCHES|MMETER},] {height,width|n}[,IFERR,label:]
	编辑图样(改变视图状态)	DRAWE/['drawing name',]DVSTAT,'viewname', {REF|ACTIVE}[,IFERR,label:]
	编辑图样(图样重命名)	DRAWN/['old drawing name',]'new drawing name'[,IFERR,label:]
	编辑图样(校验图样)	DRAWV/['drawing name',][{DVSTAT,variable},] variable list[,IFERR,label:]

（续）

语句分类	说明	陈述格式的 GRIP 语句
布局控制	生成布局（单视图）	LAYC/'layout name','view name'[,WORK[,{AUTO|SCALE,s}]] [,IFERR,label:]
	生成布局（左右视图）	LAYC/'layout name',SIDE,'view 1 name','view 2 name' [,WORK[,{AUTO|SCALE,s}]][,IFERR,label:]
	生成布局（上下视图）	LAYC/'layout name',TOP,'view 1 name','view 2 name' [,WORK[,{AUTO|SCALE,s}]][,IFERR,label:]
	生成布局（四视图）	LAYC/'layout name','view 1 name','view 2 name', 'view 3 name','view 4 name' [,WORK[,{AUTO|SCALE,s}]][,IFERR,label:]
	生成布局（六视图）	LAYC/'layout name','view 1 name','view 2 name','view 3 name', 'view 4 name','view 5 name'','view 6 name' [,WORK[,{AUTO|SCALE,s}]][,IFERR,label:]
	删除布局	LAYD/'layout name'[,IFERR,label:]
	编辑布局（添加一个视图）	LAYE/['layout name',]ADD,'view name',X1,Y1,X2,Y2 [,SAVE[,'new layout name']][,IFERR,label:]
	编辑布局（替换一个视图）	LAYE/['layout name',]REPL,'old view name','new view name' [,SAVE[,'new layout name']][,IFERR,label:]
	编辑布局（移去一个视图）	LAYE/['layout name',]REMOVE,'view name' [,SAVE[,'new layout name']][,IFERR,label:]
	编辑布局（保存一个视图）	LAYE/['layout name',]SAVE[,'new layout name'][,IFERR,label:]
	重命名布局	LAYN/['old layout name',]'new layout name'[,IFERR,label:]
	检索布局	LAYR/'layout name'[,{AUTO|SCALE,s}][,IFERR,label:]
	校验布局	LAYV/['layout name',]variable list[,IFERR,label:]
装配	导入已存在零件	RPATT /'filename'[{,matrix|,csys,scale}][,LAYER] [,NOVIEW] [,RETCAM,number][,IFERR,LABEL:]
	导入已存在组件	obj =RPATTG/'filename'[{,matrix|,csys,scale}][,LAYER] [,NOVIEW][,RETCAM,number][,IFERR,LABEL:]
	查询/设置工作、显示/加载零件	string list =PARTOP/{ASK,{work|dsplay|all}|SET, {work|dsplay},string}[,IFERR,LABEL:]
	创建新部件	obj =FCOMP/'filename'[,'component name'] [,REF,'reference set name'][,CSYS,csys] [,ORIGIN,pt],objlist[,IFERR,label:]
	添加已有零件作为组件	obj =RCOMP/'filename'[,'component name'] [REF,'reference set name'][,csys] [,LAYER][,IFERR,label:]
	创建一个参考集	CRRFST/'reference set name',obj list[,CSYS,csys][,ORIGIN,point]
	从参考集中添加或删除	EDRFST/'reference set name',{APPEND|DELETE}, obj list
	更新组件	obj =UPDATE/component[,ROOT,'directory'][,REPORT] [,'reference set name'][,PART,'part'][,IFERR,label:]

（续）

语句分类	说明	陈述格式的 GRIP 语句
装配	升级组件	obj =UPGRAD/{ALL|COMP,component list}[,RECURS] [,CREATE][,STATUS,status][,IFERR,label:]
	加行到部件目录表	ADDPL/{num list,string list[{,INT|,STR}],quantity|obj list}[,IFERR,label:]
	编辑部件目录表中的行	EDITPL/{kv1,kv2,kv3|obj id}[,num list,string list] [,QTY[{,INT|,STR}],quantity][,IFERR,label:]
	移除部件目录表中的行	REMVPL/{kv1,kv2,kv3|obj list}[,IFERR,label:]
	创建/重新生成部件目录表记录	obj =PLNOTE/[xc,yc][,IFERR,label:]
	设置部件目录表模式	PLMODE /sort field pos,sort mode,callout mode,box mode, header mode, update ID sym mode,line space factor [,SECSRT,value1,value2] [,COLUMN,value1,value2,value3] [,RPMODE,value] [,SKIPVL,value][,FROZEN,value] [,IFERR,label:]
	列出部件目录表	PLOUT/[IFERR,label:]
文件管理	文件指针控制	APPEND/file#
	编译/链接/运行（批处理）	num list =BATCH/{COMPIL|LINK|RUN},file list[,LP|OS|NULL] [,'filename'][,QUEUE,queuename] [,STR,stringdata][,IFERR,label:]
	取消批处理任务	num list =BATCH/CANCEL,job number list[,IFERR,label:]
	输出文件	CPATT /[UPDATE,]'filename'[,CSYS,csys][,ORIGIN,point], obj list[,IFERR,label:]
	创建零件/文本文件	CREATE /{PART,'filename'{,INCHES|MMETER}|TXT, file#[,number list][,'filename']}[,IFERR,label:]
	创建文件路径	CRDIR/'filename'[,IFERR,label:]
	关闭目录	DCLOSE[/IFERR,label:]
	改变文件分隔符	DELIM/'character'
	读取目录中下一个文件标题	DNEXT/IFEND,label:[,IFERR,label:]
	打开文件目录	DOPEN[/'filename'][,IFERR,label:]
	在下一页顶部打印	EJECT/{PRINT|WINDOW}
	给当前文件添加文件	FAPEND/TXT,file#,'filename'[,IFERR,label:]
	复制文件	FCOPY/'source filename','destination filename'[,IFERR,label:]
	删除文件	FDEL/'filename'[,IFERR,label:]
	检索文件	FETCH/{PART,'filename'|TXT,file#,'filename'}[,IFERR,label:]
	修改文件头	FHMOD /'filename',[FNAME,'filename'][,STATUS,status] [,DESCR,'description'][,CAREA,'customer area'] [,IFERR,label:]
	读文件头	FHREAD/'filename'[,IFERR,label:]
	保存文件	FILE/{PART|TXT[,file#][,'filename']}[,LINNO][,IFERR,label:]
	移动文件	FMOVE /'source filename','destination directory' [{,UPDATE|NEWEST}][{,VERIFY|DELETE}] [,IFERR:label]

（续）

语句分类	说明	陈述格式的 GRIP 语句
文件管理	列出全部	FPRINT/file#[,LINNO][,USING,'image string']
	关闭文件	FTERM/{PART[options]|TXT,file#}[,IFERR,label:]
	获得文件行号	GETL(file#)
	删除文本文件中的一行	LDEL/file#[,START,start line#,END,end line#]
	列出所有输出设备	LSTDEV/{CRT[,LPT|OS]|LPT|OS|NULL}[,'filename'][,REPL]
	修改零件文件头	PHMOD /['filename'][,STATUS,status][,DESCR,'description'] [,CAREA,'customer area'][,IFERR,label:]
	读零件文件头	PHREAD /['filename']{ ,STATUS[,status]| ,DESCR[,description]| ,CAREA [,customer area]| ,MCHFMT[,machine format]| ,RELNO[,release num]}[,IFERR,label:]
	绘制指定/当前图样	PLOT /[GROUP,'group label'][,PRINT,'printer'][,PROFIL,'profile'], {DISPLY|'drawing name'}[,CDF,'cdf path'][,WDF,'wdf path'] [,ASDISP|PART|BLKWHT|LEGACY][,DWGCOL][,DWGWID] [,PLTTOL,tolerance][,JOB,'job name'][,COPIES,num] [,NOBAN|DEFBAN|'message'][,IFERR,label:]
	把图样保存/添加到绘图文件	PLTSAV /{DISPLY|'drawing name'[CDF,'cdf path'] [,WDF,'wdf path'] [,ASDISP|PART|BLKWHT|LEGACY] [,DWGCOL][,DWGWID] [,PLTTOL,tolerance][,SCALE,scale] [,ANGLE,angle] [,ORIGIN,x,y,{MM|IN}][,IFERR,label:]
	提交绘图文件	PLTSUB /[GROUP,'group label'][,PRINT,'printer'] [,PROFIL,'profile'] [,JOB,'job name'][,COPIES,num] [,NOBAN|DEFBAN|'message'] [,IFERR,label:]
	打印	PRINT/[USING,'image string',]data list
	读文本	READ /file#[,LINNO,line#][,USING,'image string'] [,IFEND,label:][,IFERR,label:,],variable list
	重新排序	RESEQ/file#[,START,line#,INCR,n]
	重命名临时文件	RENAME/file#,'new filename'[,IFERR,label:]
	重置文件指针	RESET/file#
	关闭子目录	SCLOSE[/IFERR,label:]
	打开子目录	SOPEN[/IFERR,label:]
	文件分类	SORT /from file#,to file#,'new filename'[,{ASCEND|DECEND}], start column,end column[{[,{ASCEND|DECEND}], start column,end column}+] [,IFERR,label:]
	把信息写到文本文件	WRITE/file#[,LINNO,line#][,USING,'image string'], data list
	执行操作系统功能(格式1)	XSPAWN /[CONCUR,][PROG,]'program name' [,'argument list1',…,'argument listn'] [,RESULT,result string variable][,IFERR,label:]
	执行操作系统功能(格式2)	XSPAWN/UFUN,'program name'[,IFERR,label:]
	NX Manager 的零件文件名编码	string =UGMGRE/PRTNUM,string, PRTREV,string [,PRTTYP,string] [,PRTFIL,string][,IFERR,label:]
	NX Manager 的零件文件名解码	string_list =UGMGRD/string [,IFERR,label:]

（续）

<table>
<tr><th>语句分类</th><th>说明</th><th>陈述格式的 GRIP 语句</th></tr>
<tr><td rowspan="5">属性</td><td>指定对象属性</td><td>ASATT/{obj list|ALL|PART|'name'},attribute list[,data_type]</td></tr>
<tr><td>删除对象名称</td><td>DELNAM/{obj list|ALL}</td></tr>
<tr><td>删除属性</td><td>DLATT/{obj list|ALL|PART|'name'}, {title list|ALL}[,data_type]</td></tr>
<tr><td>校验属性名称</td><td>num =ENUM/'name'</td></tr>
<tr><td>删除实体</td><td>DELETE/{obj list|ALL}</td></tr>
<tr><td rowspan="3">样式</td><td>扩展样式</td><td>obj =PATEXP/obj[,GROUP][,LAYER][,NOVIEW]
[,PLMODS,value][,IFERR,label:]</td></tr>
<tr><td>检索样式</td><td>obj =PATRET/'file name'[,'pattern name'] [,{matrix|csys,scale}]
[,AUTO][,IFERR,label:]</td></tr>
<tr><td>更新样式</td><td>PATUPD/obj[,IFERR,label:]</td></tr>
<tr><td rowspan="21">属性校验/分析</td><td>线的角度</td><td>ANGLF({line|circle1,circle2|point1,point2})</td></tr>
<tr><td>二维分析</td><td>ANLSIS/TWOD[,TOLER,t],obj list,
{INCHES|MMETER|CMETER|METER},n(14)</td></tr>
<tr><td>三维分析（绕 x 轴或 y 轴旋转）</td><td>ANLSIS /VOLREV,{XAXIS|YAXIS},d[,TOLER,t], obj list,
{INCHES|MMETER|CMETER|METER},n(41)</td></tr>
<tr><td>三维分析（绕 z 轴旋转）</td><td>ANLSIS /PROSOL,d,lim1,lim2[,TOLER,t],obj list,
{INCHES|MMETER|CMETER|METER},n(41)</td></tr>
<tr><td>三维分析（用面做边界）</td><td>ANLSIS /VOLBND,d[,ACCRCY,a|,TOLER,t],obj list,
{LBIN|LBFT|GCM|KGM},n(41)</td></tr>
<tr><td>三维分析（薄壳）</td><td>ANLSIS /SHELL,d[,ACCRCY,a|,TOLER,t],obj list,
{LBIN|LBFT|GCM|KGM},n(41)</td></tr>
<tr><td>获取实体的质量</td><td>ANLSIS /SOLID[,ACCRCY,a|,TOLER,t],obj list
{,LBIN|,LBFT|,GCM|,KGM},n</td></tr>
<tr><td>弧长</td><td>ANLSIS /ARCLEN[TOLER,t],obj list,
{INCHES|MMETER|CMETER|METER},n</td></tr>
<tr><td>尺寸或制图的相关实体</td><td>ASCENT /obj,n,assoc.obj,[,assoc.type]
[,assoc.modifier][,IFERR,label:]</td></tr>
<tr><td>校验实体有效性</td><td>CHKSOL/obj list,RESULT,n list[,IFERR,label:]</td></tr>
<tr><td>检查偏差</td><td>DEVCHK/obj1[,obj1a],TO,obj2[,p1[,p2]][,TOLER,t1[,t2]]</td></tr>
<tr><td>获取对象间最小距离</td><td>DISTF({point|line},{line|point})</td></tr>
<tr><td>实体干涉检查</td><td>INTFER/obj,WITH,obj list,RESULT,num list,IFERR,label:</td></tr>
<tr><td>实体信息</td><td>OBTAIN/obj list,(variable list)</td></tr>
<tr><td>获取两实体间的相对距离</td><td>num list =RELDST/[MIN,],obj1[,x1,y1[,z1]],obj2[,x2,y2[,z2]]</td></tr>
<tr><td>将曲面法向量反向</td><td>RENORM/obj list</td></tr>
<tr><td>找出剖面线数据</td><td>obj list =SXLDAT/object, count[, REF, name][, IFERR, label:]</td></tr>
<tr><td>找出剖面线段数据</td><td>obj =SXSEGD/object[, RESULT, type][, IFERR, label:]</td></tr>
<tr><td>实体类型</td><td>TYPF(obj)</td></tr>
</table>

（续）

<table>
<tr><th>语句分类</th><th>说明</th><th>陈述格式的 GRIP 语句</th></tr>
<tr><td rowspan="10">实体变换</td><td>隐藏对象</td><td>BLANK/{obj list|ALL}</td></tr>
<tr><td>重新定义坐标系</td><td>pos =MAP/pos1,FROM,{csys1,TO,csys2|member_view_name,
TO,parent_drawing_name}</td></tr>
<tr><td>定义移动矩阵</td><td>matrix =MATRIX/TRANSL,dx,dy,dz</td></tr>
<tr><td>定义缩放矩阵</td><td>matrix =MATRIX/SCALE{,s|,xc,yc,zc}</td></tr>
<tr><td>定义旋转矩阵</td><td>matrix =MATRIX/{XYROT|YZROT|ZXROT},angle</td></tr>
<tr><td>定义镜像矩阵</td><td>matrix =MATRIX/MIRROR,{line|plane}</td></tr>
<tr><td>定义复合变换矩阵</td><td>matrix =MATRIX/matrix1,matrix2</td></tr>
<tr><td>反向隐藏</td><td>RVBLNK/[ALL]</td></tr>
<tr><td>实施变换</td><td>obj list =TRANSF/matrix,obj list[,MOVE][,TRACRV]</td></tr>
<tr><td>取消隐藏</td><td>UNBLNK/{ obj list|ALL}</td></tr>
<tr><td rowspan="14">数据库操作</td><td>成链选择</td><td>CHAIN /START,obj1[,{"PMOD3"|point}][,END,obj2],
obj array [,CNT,count][,IFERR,label:]</td></tr>
<tr><td>初始化数据库循环</td><td>INEXTE[/ALL]</td></tr>
<tr><td>初始化非几何对象数据库循环</td><td>INEXTN/{type no.|type GPA}[,subtype][,IFERR,label:]</td></tr>
<tr><td>分类选择</td><td>MASK/{ALL|NONE|[OMIT,],ent type list}</td></tr>
<tr><td>在部件中循环对象</td><td>obj =CNEXT/component_obj_id,current_object[,IFERR,label:]</td></tr>
<tr><td>循环到下一个对象</td><td>obj =NEXTE/IFEND,label:</td></tr>
<tr><td>循环到下一个非几何对象</td><td>string =NEXTN/IFEND,label1:[,IFERR,label2:]</td></tr>
<tr><td>查询零件的加载状态</td><td>num =PARTST/'part_name'</td></tr>
<tr><td>计算参考集成员数量</td><td>num =REFCNT/[PART,'part_name',]
'reference_set_name'[,IFERR,label:]</td></tr>
<tr><td>循环参考集中的成员</td><td>obj =REFMEM/[PART,'part_name',]'reference_set_name',
index[,IFERR,label:]</td></tr>
<tr><td>用户函数变量</td><td>UFARGS/parameter list,[,IFERR,label:]</td></tr>
<tr><td>GRIP 自变量</td><td>GRARGS/parameter list,[,IFERR,label:]</td></tr>
</table>

附表 A-2 全局参数存取格式（GPA 格式）GRIP 语句

说明	GPA 符号	存取类型	数据类型	范围
存取绝对坐标系	&ABS	RO	E	
箭头尺寸	&ASIZE	RW	N	> 0
角度尺寸单位	&AUNIT	RW	N	1~4
十进制小数	&DECIM	C	N	=1
整数度	&DEG	C	N	=2
度/分	&DEGM	C	N	=3
度/分/秒	&DEGMS	C	N	=4

（续）

说　　明	GPA 符号	存取类型	数据类型	范围
背景颜色	&BGCLR	RW	N	[0.0,1.0]
字体	&CFONT	RW	N	> 0
制图建立方式 视图独立 视图相关	&CNMODE &MODEL &VIEW	RW C C	N N N	1,2 =1 =2
建立日期(日-月-年)	&CRDATE *	RO	S	8 字符
文件建立时间	&CRTIME *	RO	S	5 字符
字符尺寸	&CSIZE	RW	N	> 0
字符倾斜度	&CSLANT	RW	N	45°
新的坐标系状态	&CSMODE &NORMAL &TEMP	RW C C	N N N	1,2 =1 =2
工作目录名称	&CURDIR	RW	S	99 字符
当前图	&CURDRW	RW	S	30 字符
当前布局	&CURLAY	RW	S	30 字符
线宽 正常 粗 细	&DLWID &NORMAL &THICK &THIN	RW C C C	N N N N	1~3 =1 =2 =3
当前图状态 模型显示 图显示	&DSTATE	RW C C	N N N	1,2 =1 =2
线性尺寸单位 毫米 米 英尺 建筑:英尺和英寸 工程:英尺和英寸	&DUNIT &MM &M &INCH &ARCHFI &ENGFI	RW C C C C C	N N N N N N	1~5 =1 =2 =3 =4 =5
对象相对于文本 左上方 正上方 右上方 左中 中心 右中 左下方 正下方 右下方	&ENSITE &TOPL &TOPC &TOPR &MIDL &MIDC &MIDR &BOTL &BOTC &BOTR	RW C C C C C C C C C	N N N N N N N N N N	1~9 =1 =2 =3 =4 =5 =6 =7 =8 =9

（续）

说　明	GPA 符号	存取类型	数据类型	范围
对象颜色	&ENTCLR	RW	N	1~15
蓝	&BLUE	C	N	=1
绿	&GREEN	C	N	=2
青	&CYAN	C	N	=3
红	&RED	C	N	=4
洋红	&MAGENT	C	N	=5
黄	&YELLOW	C	N	=6
白	&WHITE	C	N	=7
橄榄色	&OLIVE	C	N	=8
粉色	&PINK	C	N	=9
褐色	&BROWN	C	N	=10
橙色	&ORANGE	C	NN	=11
紫	&PURPLE	C	N	=12
暗红	&DKRED	C	N	=13
蓝宝石色	&AQUAMR	C	N	=14
灰	&GRAY	C		=15
当前文件长度	&FLEN *	RO	N	≥0
当前文件名字	&FNAME *	RW	S	30 字符
线型	&FONT	RW	N	1~7
实线	&SOLID	C	N	=1
虚线	&DASHED	C	N	=2
假想线	&PHANTM	C	N	=3
中心线	&CLINE	C	N	=4
点线				=5
长虚线				=6
点虚线				=7
剖面线材料类型	&HMAT	RW	N	1~10
铁/通用	&IRON	C	N	=1
钢	&STEEL	C	N	=2
黄铜	&BRASS	C	N	=3
橡胶	&RUBBER	C	N	=4
耐火材料	&REFRAC	C	N	=5
大理石/岩石/玻璃	&MARBLE	C	N	=6
铅	&LEAD	C	N	=7
铝、镁	&ALUM	C	N	=8
电缆			N	=9
热绝缘			N	=10
当前文件最后存取日期	&LADATE *	RO	S	8 字符
当前文件最后存取时间	&LATIME *	RO	S	5 字符
当前文件最后修改日期	&LMDATE *	RO	S	8 字符
当前文件最后修改时间	&LMTIME *	RO	S	5 字符
当前文件拥有者	&OWNER *	RW	S	10 字符
部件对象识别符	&PARATT	RO	E	
当前文件的保护类别	&PCLASS *	RW	S	8 字符

（续）

说　明	GPA 符号	存取类型	数据类型	范围
当前零件名称	&PNAME	RW	S	30 字符
当前文件规格	&PSPEC	RW	S	132 字符
曲面 u 方向上的网格数	&SGRIDU	RW	N	≥0
曲面 v 方向上的网格数	&SGRIDV	RW	N	≥0
空间尺寸	&SPCSZ	RW	N	≥0
符号尺寸	&SYMBSZ	RW	N	>0
系统颜色	&SYSCLR	RW	N	1~15
文本框显示 显示 不显示	&TEXBOX &YES &NO	RW C C	N N N	1,2 =1 =2
文本方向 水平 与尺寸对齐 文本行在尺寸线上 文本行成角度 垂直	&TEXTOR &TXHOR &TXALIN &TXOVER &TXBANG &TXPERP	RW C C C C C	N N N N N N	1~5 =1 =2 =3 =4 =5
文本线宽度 正常 粗 细	&TLWID &NORMAL &THICK &THIN	RW C C C	N N N N	1~3 =1 =2 =3
文本角度	&TXANGL	RW	N	360°
文本调整 左 中 右	&TXJUST &LEFT &CENTER &RIGHT	RW C C C	N N N N	1~3 =1 =2 =3
当前 UGII 版本	&UGVERS	RO	S	≥5
测量单位 英尺 毫米	&UNIT	RO	N	1,2 =1 =2
工作坐标系对象	&WCS	RW	E	
显示临时工作坐标系 显示 WCS 不显示 WCS	&WCSDRW &YES &NO	RW C C	N N N	1,2 =1 =2
线宽显示 显示 不显示	&WIDDSP &YES &NO	RW C C	N N N	1,2 =1 =2

（续）

说　　明	GPA 符号	存取类型	数据类型	范围
当前工作层	&WLAYER	RW	N	1～256
当前工作视图	&WVIEW	RO	N	≥0
改变工作视图	&WORKVW	RW	S	30 字符

附表 A-3　实体数据存取格式（EDA 格式）GRIP 语句

说　　明	EDA 符号	存取类型	数据类型	范 围
属性名称	&ATTTL({obj|PART|'name'}, seqno[,data_type])	RO	S	50 字符
属性值	&ATTVL({obj|PART|'name'},'title' [,IFERR,label:][,data_type])	RW	S	132 字符
隐藏状态 隐藏 正常	&BLANK(obj)	RO	N	1,2 =1 =2
B-样条 u 方向的节点 u 方向的权 顶点 u 方向的阶次	 &BPOLE(obj,u) &BPOLEW(obj,u) &BSDATA(obj) &BSDATA(obj,DEGREE)	 RW RW RO RW	 N(3) N N N	 > 0～100 1～100 正整数>0 正整数>0
B-曲面 在 u、v 方向的节点 在 u、v 方向的权 u 方向的节点 v 方向的节点 在 u 方向的阶次 在 v 方向的阶次	 &BPOLE(obj,u,v) &BPOLEW(obj,u,v) &BSDATA(obj) &BSDATA(obj,ROW) &BSDATA(obj,DEGREE) &BSDATA(obj,DEGREE,ROW)	 RW RW RO RO RW RW	 N(3) N N N N N	 * * ① > 0 1～100 1～100 1～24 1～24
圆弧 中心 半径 起始角度 终止角度 起始点 终止点 弧长 x 轴矩阵值 y 轴矩阵值 z 轴矩阵值	 &CENTER(obj) &RADIUS(obj) &SANG(obj) &EANG(ent) &SPOINT(obj) &EPOINT(obj) &LENGTH(obj) &XAXIS(obj) &YAXIS(obj) &ZAXIS(obj)	 RW RW RW RW RO RO RO RO RO RO	 N(3) N N N N(3) N(3) N N(3) N(3) N(3)	 *
椭圆 中心 长半轴 短半轴 椭角 起始角 终止角 起始点 终止点 x 轴矩阵值 y 轴矩阵值 z 轴矩阵值	 &CENTER(obj) &MAJOR(obj) &MINOR(obj) &TANG(obj) &SANG(obj) &EANG(obj) &SPOINT(obj) &EPOINT(obj) &XAXIS(obj) &YAXIS(obj) &ZAXIS(obj)	 RW RW RW RW RW RW RO RO RO RO RO	 N(3) N N N N N N(3) N(3) N(3) N(3) N(3)	 *

（续）

说　明	EDA 符号	存取类型	数据类型	范 围
双曲线				
焦点	&CENTER(obj)	RW	N(3)	* *
半横轴	&HTRAV(obj)	RW	N	* *
半共轭轴	&HCONJ(obj)	RW	N	* *
倾角	&TANG(obj)	RW	N	* *
最小 y 轴方向距离	&YMIN(obj)	RW	N	* *
最大 y 轴方向距离	&YMAX(obj)	RW	N	* *
起始点	&SPOINT(obj)	RO	N(3)	* *
终止点	&EPOINT(obj)	RO	N(3)	* *
x 轴矩阵值	&XAXIS(obj)	RO	N(3)	* *
y 轴矩阵值	&YAXIS(obj)	RO	N(3)	* *
z 轴矩阵值	&ZAXIS(obj)	RO	N(3)	* *
颜色	&COLOR(obj)	RW	N	1~15
边的类型	&EDGTYP(obj[,IFERR,label:])	RO	N	0,3,5,6,9
不附着曲线				=0
直线				=3
圆弧				=5
二次曲线				=6
样条曲线				=9
线型	&FONT(obj)	RW	N	1~7
实线	&SOLID	C	N	=1
虚线	&DASHED	C	N	=2
假想线	&PHANTM	C	N	=3
中心线	&CLINE	C	N	=4
点画线			N	=5
长虚线			N	=6
点虚线			N	=7
组				
组的实体数量	&GCOUNT(obj)	RO	N	* *
编号 n 的成员对象	&GENT(obj,n)	RO	O	
对象的组	&GROUP(obj)	RO	O	
成组状态	&GRSTAT(obj)	RO	N	1,2
成组				=1
不成组				=2
层	&LAYER(obj)	RW	N	1~257
箭头中间线的显示	&LNARRW(obj)	RW	N	1~2
显示	&YES	C	N	=1
不显示	&NO	C	N	=2
线宽	&LWIDTH(obj[,IFERR,label:])	RW	N	1~3
正常				=1
粗				=2
细				=3
层的选择状态	&LYRSEL(layernumber[,IFERR,label:])	RW	N	1,2
层可选	&YES		C	=1
层不可选	&NO		C	=2
层的显示状态	&LYRVIS(layer number[,IFERR,label:])	RW	N	1,2
可见	&YES		C	=1
不可见	&NO		C	=2
视图中层的可见性	&LYRVVW('view name', layer number [,IFERR, label:])	RW	N	1,2
可见	&YES		C	=1
不可见	&NO		C	=2
实体名称	&NAME({obj|'name'})	RW	S	30 字符
坐标系				
原点	&ORIGIN(obj)	RO	N(3)	* *
x 轴矩阵值	&XAXIS(obj)	RO	N(3)	* *
y 轴矩阵值	&YAXIS(obj)	RO	N(3)	* *
z 轴矩阵值	&ZAXIS(obj)	RO	N(3)	* *

（续）

说　明	EDA 符号	存取类型	数据类型	范 围
偏置面 偏置距离	&OSDIST(obj)	RW	N	* *
平面 顶点 法向量	&POINT(obj) &NORMAL(obj)	RW RO	N(3) N(3)	* * * *
点 坐标	&POINT(obj)	RW	N(3)	* *
直线 起始点 终止点 长度	&SPOINT(obj) &EPOINT(obj) &LENGTH(obj)	RW RW RO	N(3) N(3) N	* * * * * *
样条 起始点 终止点 节点数量 第 *n* 点坐标 第 *n* 点切失 第 *n* 点弦总和 样条类型 普通 闭合	&SPOINT(obj) &EPOINT(obj) T(obj) &POINT(obj,n) &TVECT(obj,n) &PAR(obj,n) &SUBTYP(obj)	RO RO RO RO RO RO RO	N(3) N(3) N N(3) N(3) N N	* * * * * * * * * * * * 1,2 =1 =2
二次曲线类型 椭圆 双曲线 抛物线	&SUBTYP(obj)	RO	N	1~3 =1 =2 =3
实体类型 实体 面 边	&SUBTYP(obj)	RO	N	0,2,3 =0 =2 =3
实体类型	&TYPE(obj)	RO	N	2~202
抛物线 焦点 焦距 倾角 距离 *y* 轴最小距离 距离 *y* 轴最大距离 起始点 终止点 *x* 轴矩阵值 *y* 轴矩阵值 *z* 轴矩阵值	&VERTEX(obj) &FOCAL(obj) &TANG(obj) &YMIN(obj) &YMAX(obj) &SPOINT(obj) &EPOINT(obj) &XAXIS(obj) &YAXIS(obj) &ZAXIS(obj)	RW RW RW RW RW RO RO RO RO RO	N(3) N N N N N(3) N(3) N(3) N(3) N(3)	* * * * * * * * * * * * * * * * * * * *

① 本表中，* * 表示任意有效实数。

附录 B　UG NX 上机实验

实验名称："采用中间导柱模架落料的拉深复合模"的实体建模、虚拟装配、工程图绘制及运动仿真

1. 落料拉深复合模（采用中间导柱模架）简介

冲压是利用冲模对板料进行加工的加工方法，根据材料的变形特点，冲压的基本工序分

为分离工序和塑性变形工序两大类。分离工序一般包括切断，冲裁，切口，切边等，而塑性变形工序一般包括弯曲，拉深，成形，缩口等。冲压根据所加工零件的特点采用不同的工序相结合。为提高劳动生产率，可将两个及两个以上的基本工序合并成一个工序，即复合工序。

本实验中的冲裁件如附图 B-1 所示。根据工件特点，适合采用落料拉深复合工序一次成形的加工方案。选用具有滑动平稳、导向准确等优点的中间导柱模架为模具的模架。

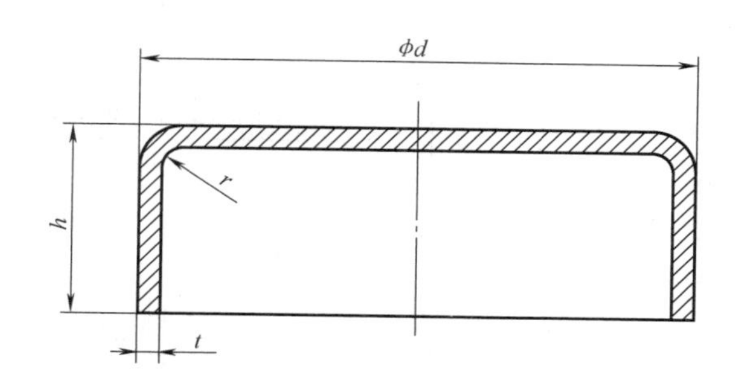

附图 B-1　冲裁件（水杯杯盖）结构简图

模具装配图如附图 B-2 所示，其工作过程如下。

1）送料。人工送进坯料，由零件 24、25、26 组成的挡料机构定位。

2）落料。压力机闭合，带动模柄 8 使模具闭合；上模座 1 沿导柱 3、13 向下运动；凹凸模 10 接触落料凹模 17，完成落料工序；弹簧 11 压缩，卸料板 16 作为压料使用；

3）拉深。模具完全闭合；上模座 1 向下运动至最低点；凹凸模 10 继续向下推进，与拉深凸模 19 完成拉深工序。

4）卸料。压力机回复，带动模柄 8 使模具复位；上模座 1 沿导柱 3、13 向上运动，凹凸模 10 向上运动；打料杆 7 仍静止，相对凹凸模 10 向下运动，迫使推板 9 将制件推离凹凸模 10；顶杆 21 上升，推动顶件器 18，将工件顶离拉深凸模 19。

5）复位：压力机返回初始位置；上模座 1 上升至原位，弹簧 11 受拉，将卸料板 16 提起，模具复原为初始状态，本次工作循环结束。

2. 上机实验任务

1）掌握落料拉深复合模的结构及工作原理。

2）根据给定的零件结构简图，完成落料拉深复合模所有非标准件的实体建模。

3）利用 UG 表达式工具，选取模具零件进行参数化设计。

4）根据给定装配图，完成该落料拉深复合模的虚拟装配，生成模具装配体。

5）创建该落料拉深复合模的爆炸图。

6）完成该落料拉深复合模装配体的工程图绘制。

7）完成该落料拉深复合模的运动仿真。

3. 参考图样

（1）模具装配图

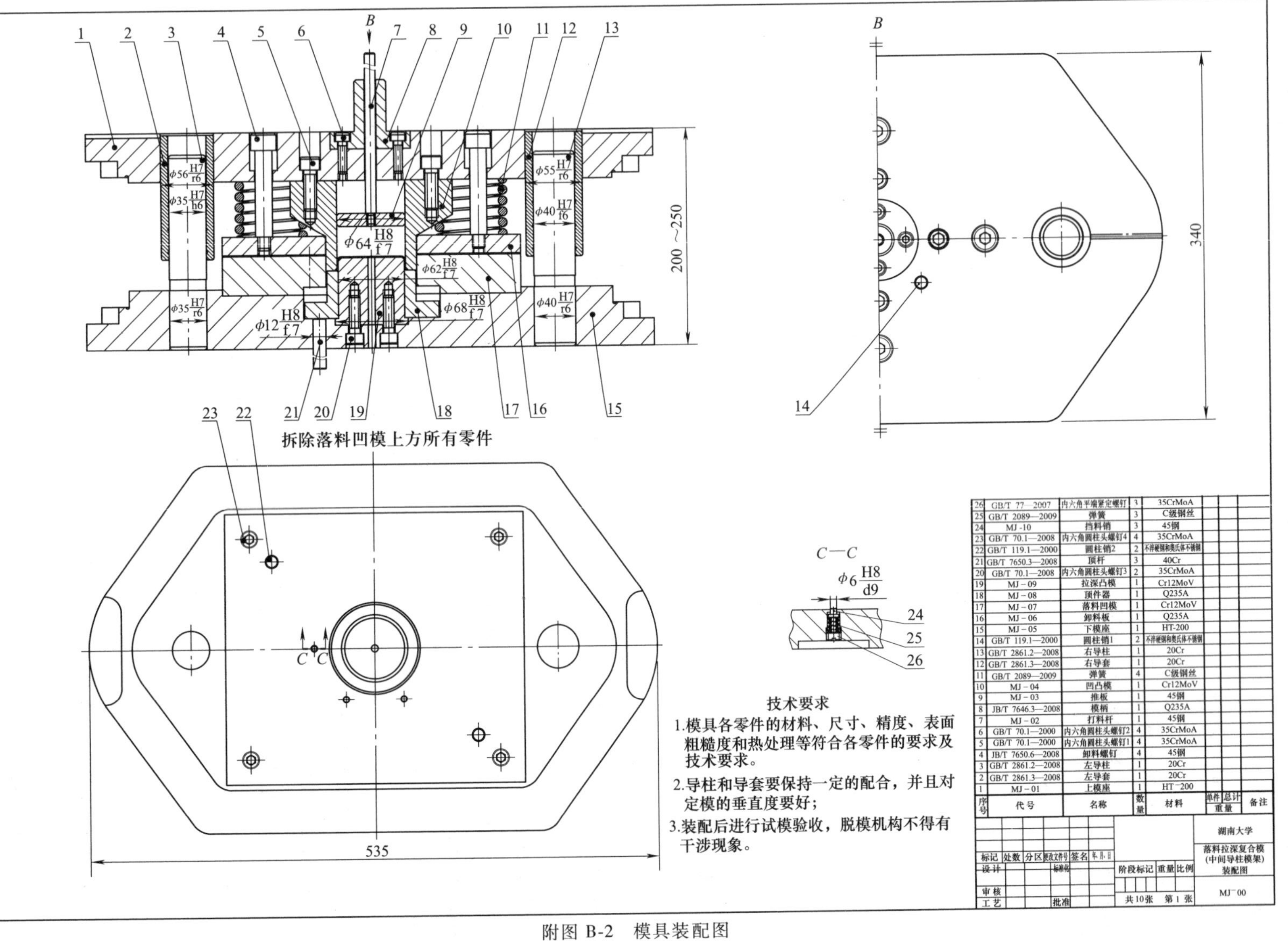

序号	代号	名称	数量	材料	单件重量	总计重量	备注
26	GB/T 77—2007	内六角平端紧定螺钉	3	35CrMoA			
25	GB/T 2089—2009	弹簧	3	C级钢丝			
24	MJ -10	挡料销	3	45钢			
23	GB/T 70.1—2008	内六角圆柱头螺钉4	4	35CrMoA			
22	GB/T 119.1—2000	圆柱销2	2	不淬硬钢和奥氏体不锈钢			
21	GB/T 7650.3—2008	顶杆	3	40Cr			
20	GB/T 70.1—2008	内六角圆柱头螺钉3	2	35CrMoA			
19	MJ－09	拉深凸模	1	Cr12MoV			
18	MJ－08	顶件器	1	Q235A			
17	MJ－07	落料凹模	1	Cr12MoV			
16	MJ－06	卸料板	1	Q235A			
15	MJ－05	下模座	1	HT-200			
14	GB/T 119.1—2000	圆柱销1	2	不淬硬钢和奥氏体不锈钢			
13	GB/T 2861.2—2008	右导柱	1	20Cr			
12	GB/T 2861.3—2008	右导套	1	20Cr			
11	GB/T 2089—2009	弹簧	4	C级钢丝			
10	MJ－04	凹凸模	1	Cr12MoV			
9	MJ－03	推板	1	45钢			
8	JB/T 7646.3—2008	模柄	1	Q235A			
7	MJ－02	打料杆	1	45钢			
6	GB/T 70.1—2000	内六角圆柱头螺钉2	4	35CrMoA			
5	GB/T 70.1—2000	内六角圆柱头螺钉1	4	35CrMoA			
4	JB/T 7650.6—2008	卸料螺钉	4	45钢			
3	GB/T 2861.2—2008	左导柱	1	20Cr			
2	GB/T 2861.3—2008	左导套	1	20Cr			
1	MJ－01	上模座	1	HT¯200			

附图 B-2　模具装配图

（2）非标准件结构简图及参数

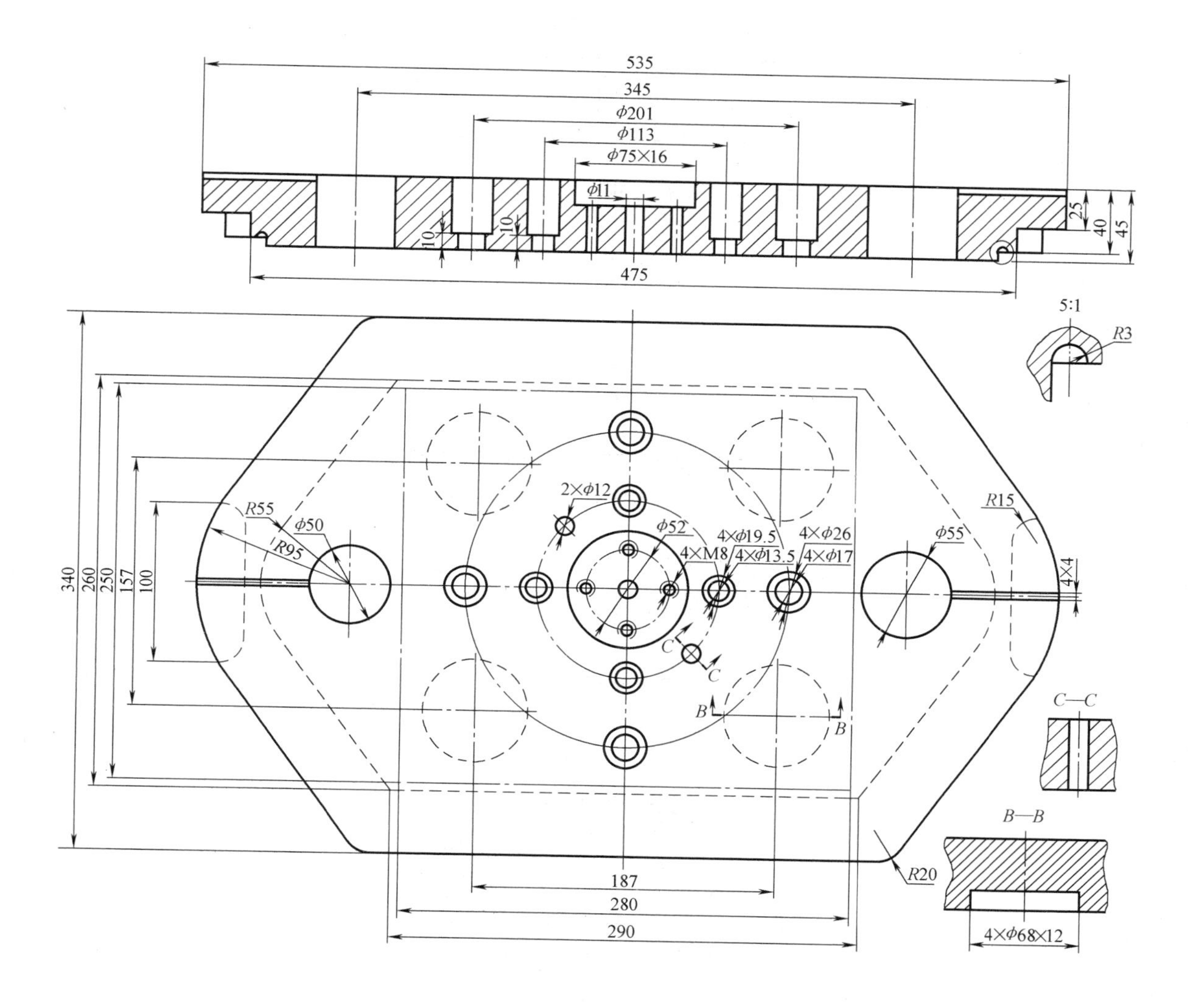

附图 B-3　上模座（MJ-01）结构简图及参数

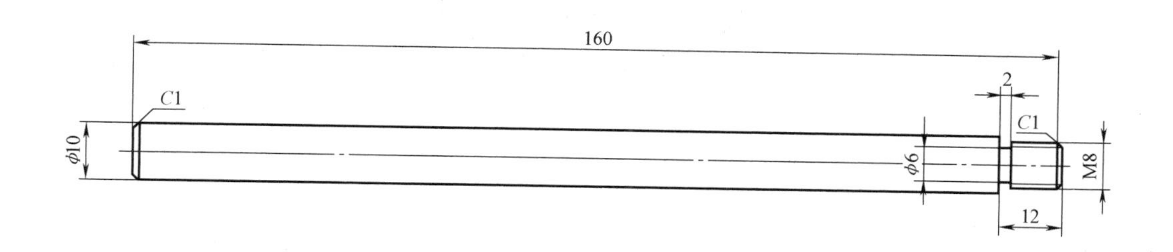

附图 B-4　打料杆（MJ-02）结构简图及参数

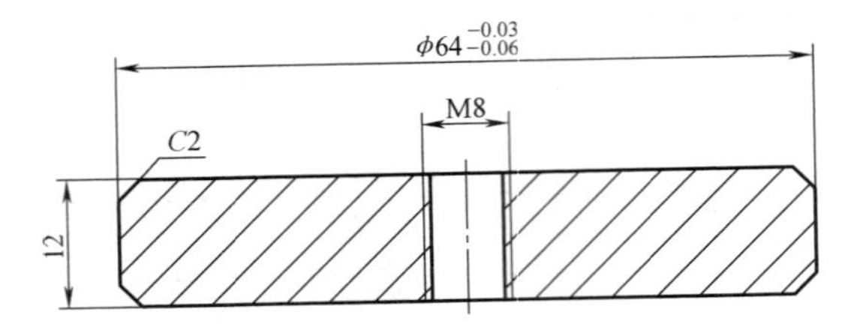

附图 B-5　推板（MJ-03）结构简图及参数

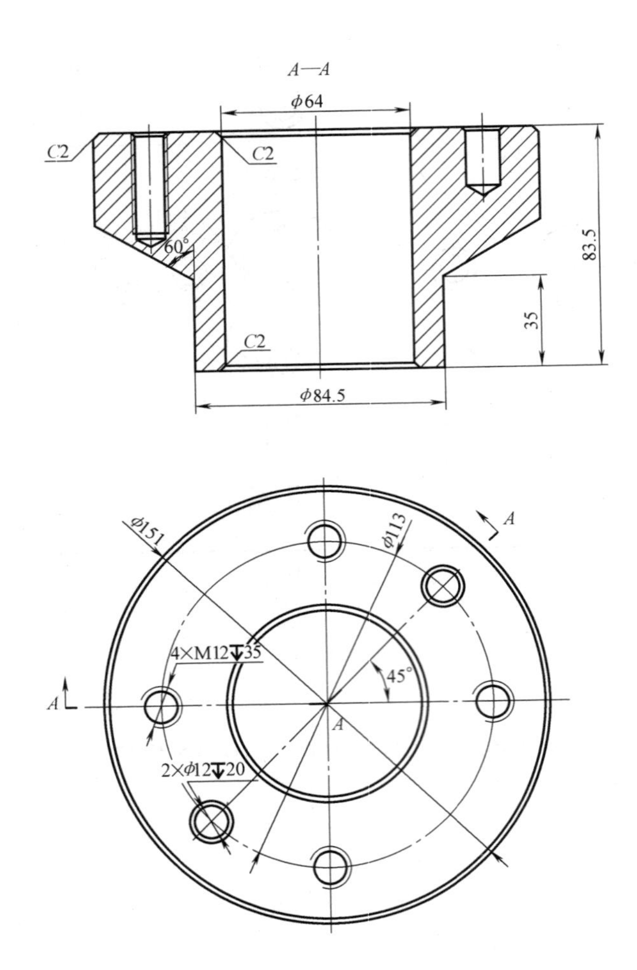

附图 B-6　凹凸模（MJ-04）结构简图及参数

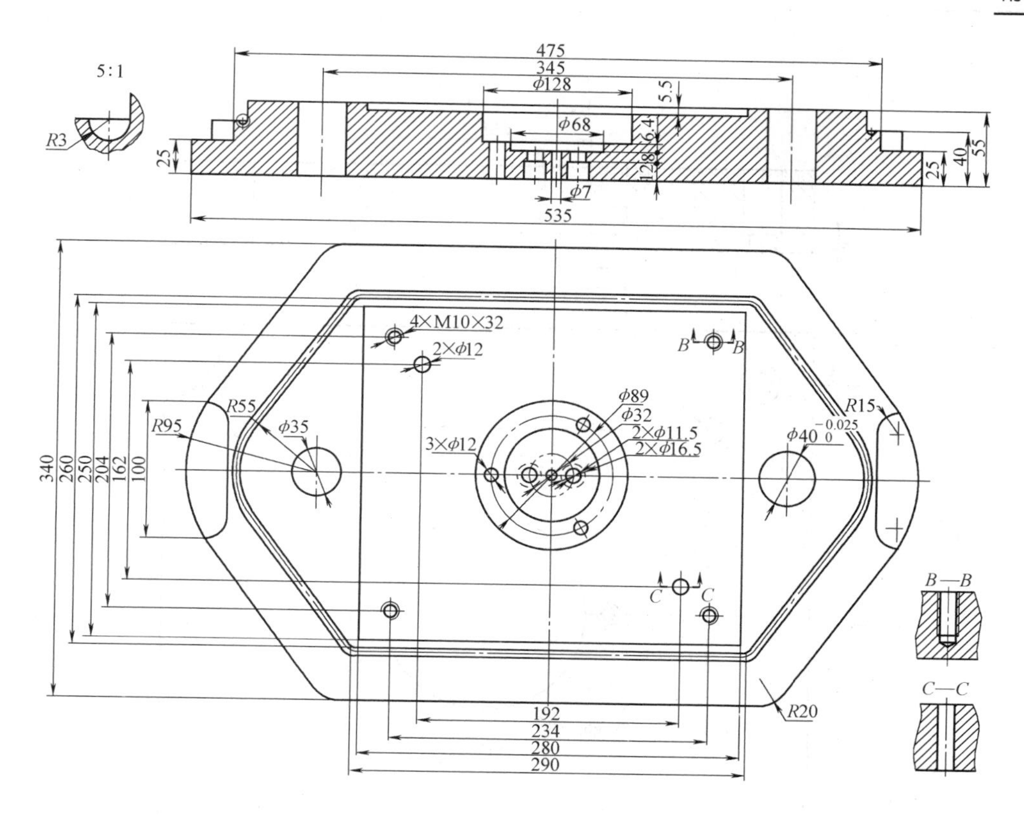

附图 B-7 下模座（MJ-05）结构简图及参数

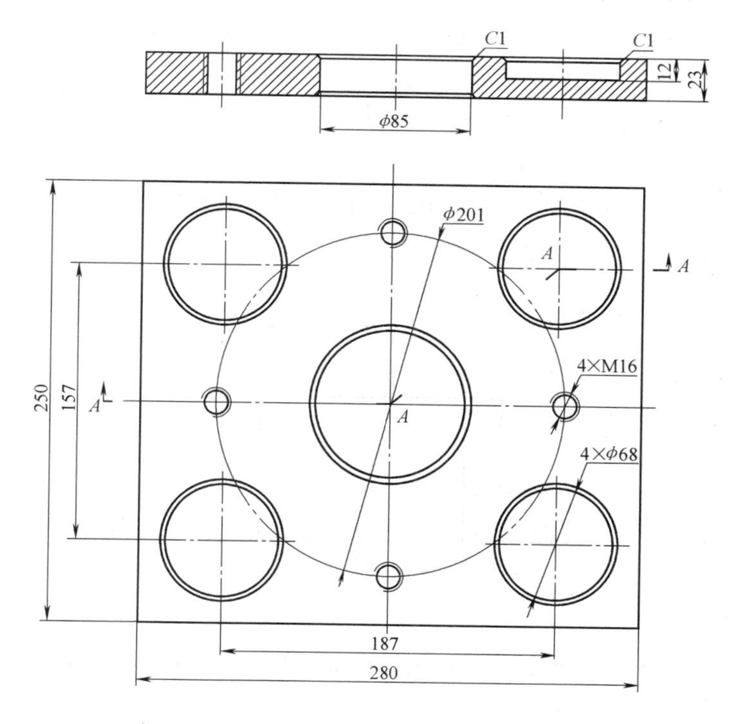

附图 B-8 卸料板（MJ-06）结构简图及参数

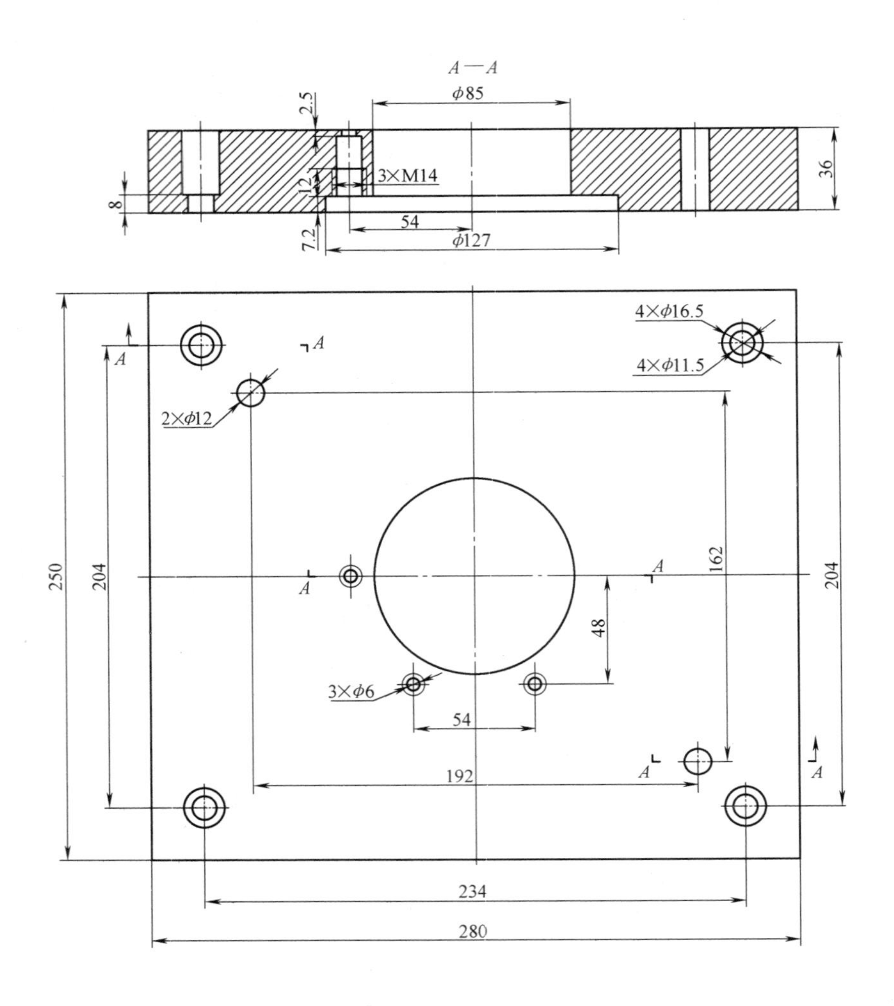

附图 B-9　落料凹模（MJ-07）结构简图及参数

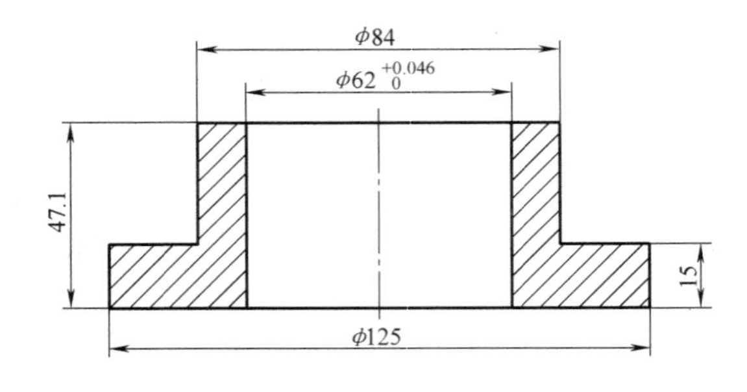

附图 B-10　顶件器（MJ-08）结构简图及参数

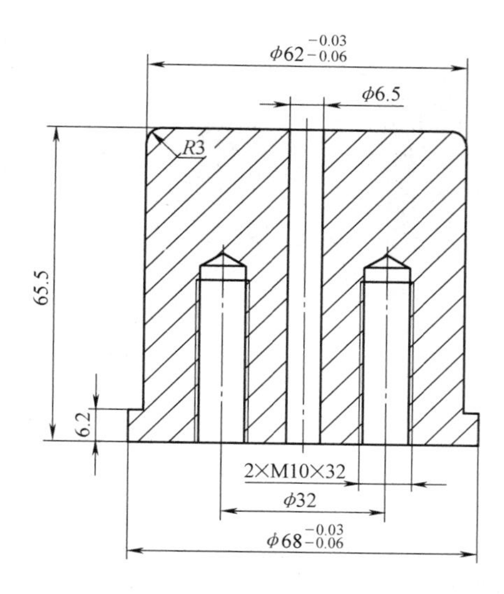

附图 B-11　拉伸凸模（MJ-09）结构简图及参数

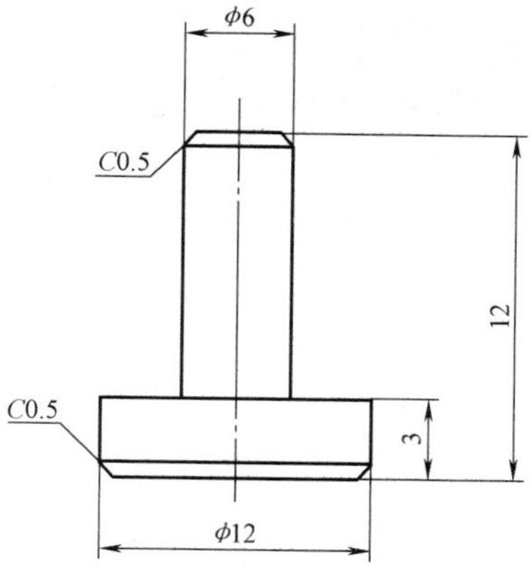

$\phi6$
C0.5
12
C0.5
3
$\phi12$

附图 B-12　挡料销（MJ-10）结构简图及参数

（3）零件实体模型

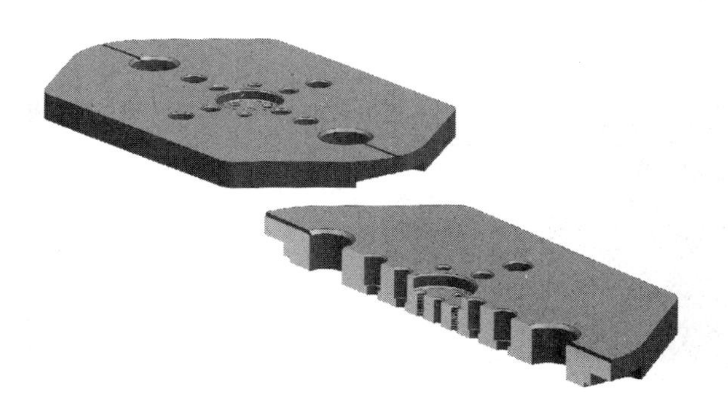

附图 B-13　上模座

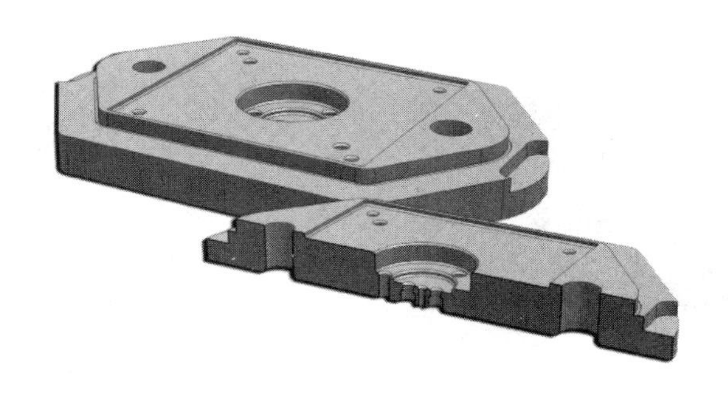

附图 B-14　下模座

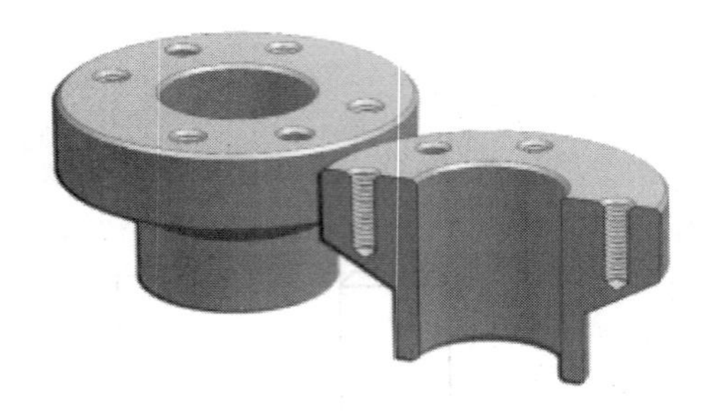

附图 B-15　凹凸模

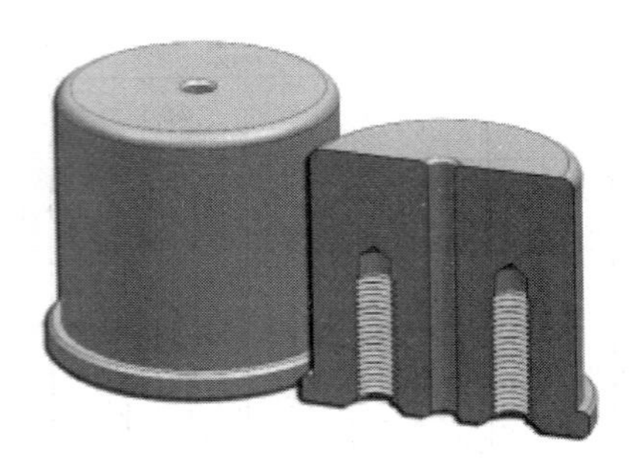

附图 B-16　拉深凸模

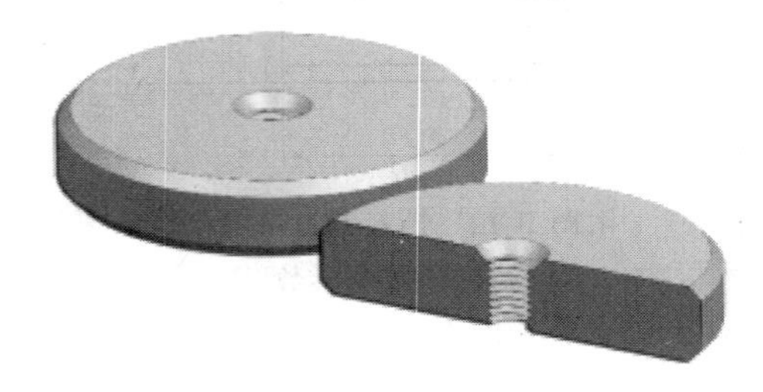

附图 B-17　推板

附图 B-18　落料凹模

附图 B-19　顶件器

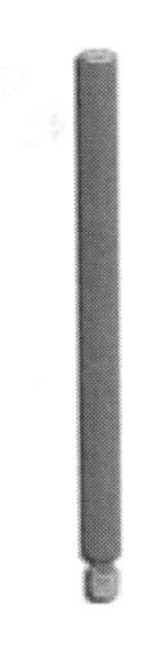

附图 B-20　打料杆

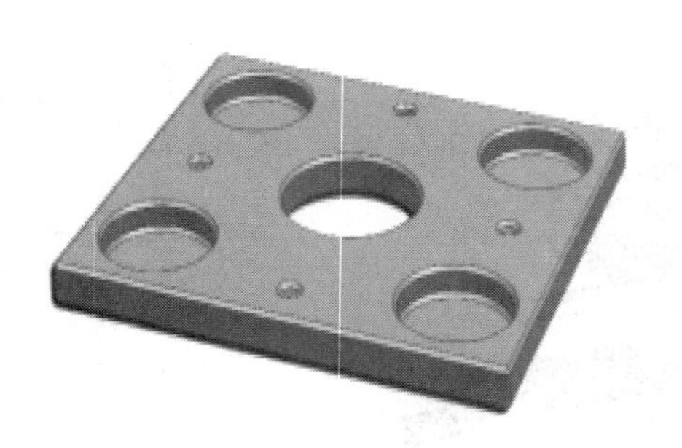

附图 B-21　卸料板

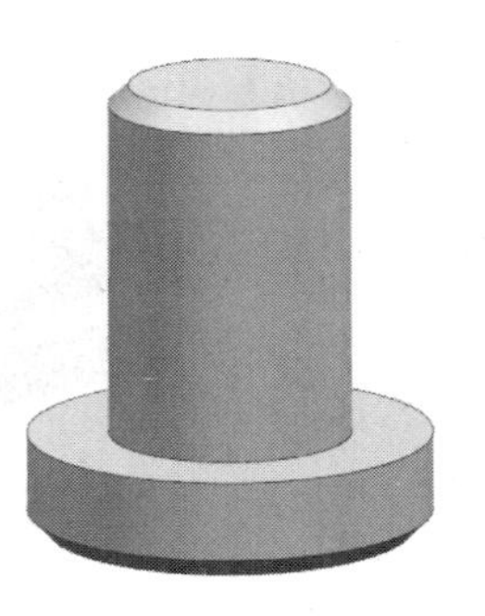

附图 B-22　挡料销

（4）模具装配模型及爆炸图

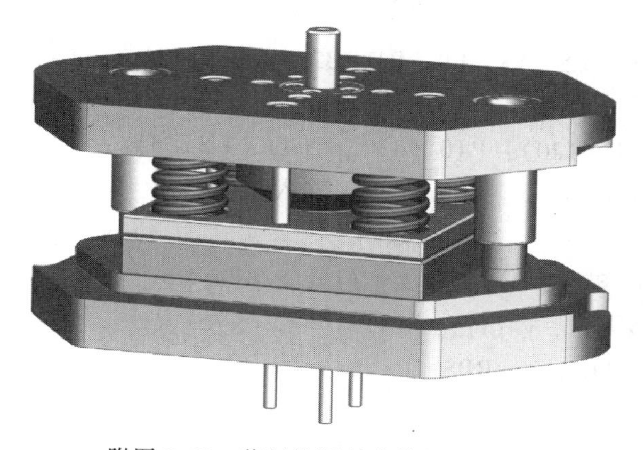

附图 B-23　落料拉深复合模装配模型

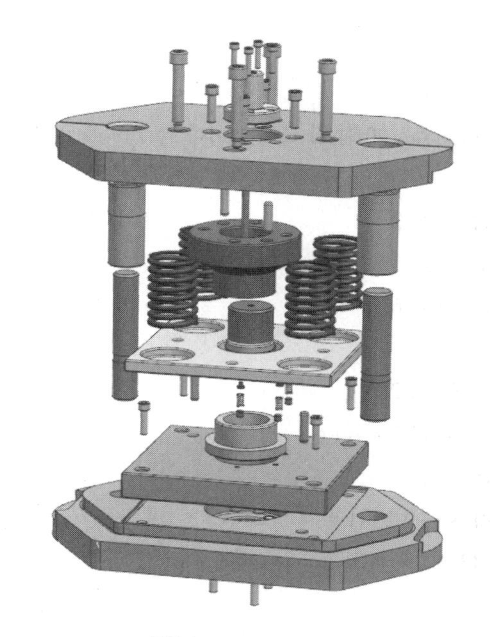

附图 B-24　爆炸图

附录 C　UG/GRIP 二次开发实例

1. 三次 B 样条曲线 GRIP 参数化建模

1）三次 B 样条曲线函数式矩阵形式表示

$$\boldsymbol{P}(t)=\frac{1}{6}(t^3 \quad t^2 \quad t \quad 1)\begin{pmatrix}-1 & 3 & -3 & 1\\ 3 & -6 & 3 & 0\\ -3 & 0 & 3 & 0\\ 1 & 4 & 1 & 0\end{pmatrix}\begin{pmatrix}\boldsymbol{P}_0\\ \boldsymbol{P}_1\\ \boldsymbol{P}_2\\ \boldsymbol{P}_3\end{pmatrix}(0\leqslant t\leqslant 1)$$

2）三次 B 样条曲线 GRIP 源程序。

NUMBER/A0，A1，A2，A3，B0，B1，B2，B3，x（4），y（4），z（4），i，t $$ 变量申明

ENTITY/SPLN，PT（120），PT0（4），p（4），LN（3）

DO/LOOP10:，i，1，4　　　　　　$$ 输入型值点，

M10:

GPOS/'请输入已知点：'，x（i），y（i），z（i），rps

p（i）=point/x（i），y（i），z（i）

JUMP/M10:，HAL:，，，，RPS

LOOP10:

ln(i)= LINE/p(i),p(i+1) $$ 绘制特征多边形，如附图 C-1 所示

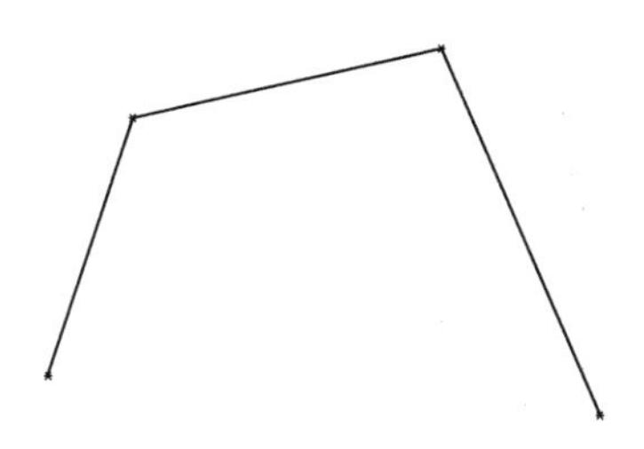

附图 C-1　绘制特征多边形

L15:

A0=(x(1)+4 * x(2)+x(3))/6

$$　生成 B 样条曲线上的点，如附图 C-2 所示

A1=-(x(1)-x(3))/2

A2=(x(1)-2 * x(2)+x(3))/2

A3=-(x(1)-3 * x(2)+3 * x(3)-x(4))/6

B0=(y(1)+4 * y(2)+y(3))/6

B1=-(y(1)-y(3))/2

B2=(y(1)-2 * y(2)+y(3))/2

B3=-(y(1)-3 * y(2)+3 * y(3)-y(4))/6

DO/LOOP20:,i,1,101

pt(i)= POINT/A0+A1 * t+A2 * t * * [㊀]2+A3 * t * * 3，B0+B1 * t+B2 * t * * 2+B3 * t * * 3

t=t+1/100

LOOP20:

$$ 生成三次 B 样条曲线，如附图 C-3 所示。

SPLN=SPLINE/PT(1..101)

DELETE/pt(1..101),ln(1..3)

HAL:

HALT

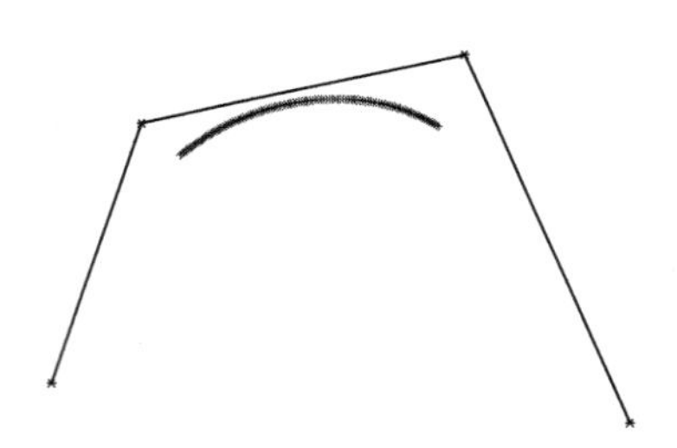

附图 C-2　生成 B 样条曲线上的点

附图 C-3　生成三次 B 样条曲线

2. 叶轮 GRIP 参数化实体建模

1）叶轮参数化建模流程图（见附图 C-4）。

㊀ * * 在此处表示“乘方”，后同。

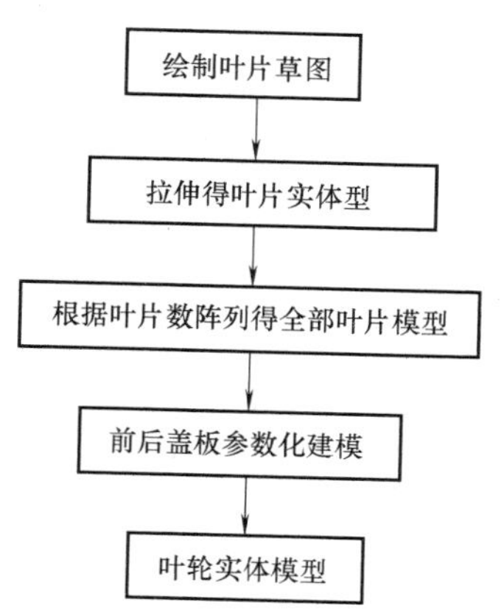

附图 C-4　叶轮参数化建模流程图

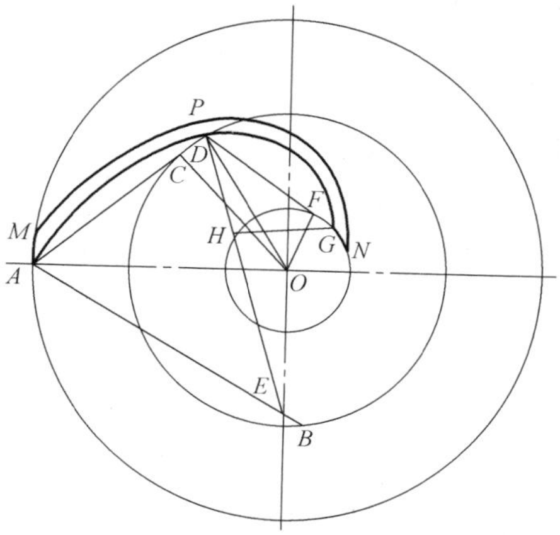

附图 C-5　圆柱形叶片绘形双圆弧法

2）叶片绘形　相对于扭曲叶片来说，圆柱形叶片绘形比较简单，可直接在平面图上绘形，通常采用双圆弧法或单圆弧法进行绘形。本次建模选用双圆弧法进行叶片绘形，详细步骤请参照《叶片泵设计与实例》中的圆柱形叶片绘形方法。圆柱形叶片绘形双圆弧法，如附图 C-5 所示。

3）叶轮 GRIP 参数化设计步骤。

① 根据叶轮圆柱形叶片绘形双圆弧法编写 GRIP 程序绘制出叶片的草图，如附图 C-5 和附图 C-6 所示。

② 得到叶片草图后拉伸，得到一个叶片的实体模型，如附图 C-7 所示。

③ 根据叶片数，阵列已生成叶片实体创建叶轮所有叶片，如附图 C-8 所示。

④ 创建前后盖板，如附图 C-9 所示。

⑤ 生成前后盖板处轮毂，如附图 C-10 和附图 C-11 所示。

⑥ 将所有实体进行布尔并运算，得到叶轮实体模型，如附图 C-12 所示。

4）叶轮参数化设计完整 GRIP 程序清单及部分运行结果。

```
 $$ 设计得到的叶轮参数保存在“f:\gripjc\yelun.txt”文件中，具体数据项为：
 $$ 20,52,211,13,6,4,8,39.9,29.9,40,30,4,15,3,12,15,6,6,2.8
 $$ 叶轮参数化设计
NUMBER/dn,d1,d2,b1,b2,s,Z,bt(9),dh,dh1,ha,h(99),jl,jb,jh,di,btai
NUMBER/matl(12),i
NUMBER/cd(3),g(3),r(9)
NUMBER/dm1,dm2,lf4
ENTITY/cr(9),l(99),pt(99),ent(99),et(99),cyl(99),ent0(99),pt1(99),l1(99),en
          (9)
FDEL/'f:\gripjc\yelun.prt',IFERR,er2:
er2:
  CREATE/part,'f:\gripjc\yelun',MMETER,IFERR,er1:
er1:
```

```
FETCH/txt,1,'f:\gripjc\yelun.txt'
RESET/1
READ/1,dn,d1,d2,b1,b2,s,Z,bt(1),bt(2),dh,dh1,ha,h(1),h(2),h(3),jl,jb,jh,jt
FTERM/txt,1
di=(d1+d2)/2
btai=(bt(1)+bt(2))*(di-d1)/(d1+d2)
h(4)=0.5*b2
pt(1)=POINT/0,0,0                           $$ 原点O(见附图 C-5)
pt(2)=POINT/-d2/2,0,0                       $$ 点A
cr(1)=CIRCLE/CENTER,pt(1),RADIUS,d1/2       $$直径为d1
cr(2)=CIRCLE/CENTER,pt(1),RADIUS,d2/2       $$直径为d2
cr(3)=CIRCLE/CENTER,pt(1),RADIUS,di/2       $$中间圆
l(1)=LINE/0,0,-d2/2,0                       $$  直线AO
matl=MATRIX/TRANSL,d2/2,0,0
l(2)=TRANSF/matl,l(1)
matl=MATRIX/XYROT,-30
l(3)=TRANSF/matl,l(2),MOVE
matl=MATRIX/TRANSL,-d2/2,0,0
l(4)=TRANSF/matl,l(3),MOVE                  $$ 直线AB
matl=MATRIX/XYROT,-bt(2)-btai
l(5)=TRANSF/matl,l(1)                       $$ 直线OC
pt(3)=POINT/pt(2),INTOF,l(5),cr(3)          $$确定点C
l(6)=LINE/pt(2),pt(3)                       $$直线AC
pt(4)=POINT/XLARGE,INTOF,l(6),cr(3)         $$ 确定点D
l(7)=LINE/pt(1),pt(4)                       $$ 直线OD
cd=&POINT(pt(4))                            $$提取点D的坐标
matl=MATRIX/TRANSL,-cd(1),-cd(2),-cd(3)
l(8)=TRANSF/matl,l(7)
matl=MATRIX/XYROT,-btai
l(9)=TRANSF/matl,l(8),MOVE
matl=MATRIX/TRANSL,cd(1),cd(2),cd(3)
l(10)=TRANSF/matl,l(9),MOVE                 $$直线DE
pt(5)=POINT/INTOF,l(4),l(10)                $$ 确定点E
l(20)=LINE/pt(5),PERPTO,l(6)
ent(1)=CIRCLE/CENTER,pt(5),pt(2)
pt(20)=POINT/pt(2),INTOF,l(20),ent(1)
ent(2)=CIRCLE/pt(4),pt(20),pt(2)
matl=MATRIX/XYROT,-bt(1)-btai
l(11)=TRANSF/matl,l(7)                      $$直线OF
```

```
pt(6)=POINT/pt(4),INTOF,l(11),cr(1)              $$ 确定点 F
l(12)=LINE/pt(4),pt(6)                           $$ 直线 DF
pt(7)=POINT/XLARGE,INTOF,l(12),cr(1)             $$ 点 G
l(13)=LINE/pt(1),pt(7)                           $$ 直线 OG
g=&POINT(pt(7))
matl=MATRIX/TRANSL,-g(1),-g(2),-g(3)
l(14)=TRANSF/matl,l(13),MOVE
matl=MATRIX/XYROT,-bt(1)
l(15)=TRANSF/matl,l(14),MOVE
matl=MATRIX/TRANSL,g(1),g(2),g(3)
l(16)=TRANSF/matl,l(15)                          $$ 直线 GH
pt(8)=POINT/INTOF,l(16),l(10)                    $$ 点 H
l(30)=LINE/pt(8),PERPTO,l(12)
ent(11)=CIRCLE/CENTER,pt(8),pt(4)
pt(30)=POINT/pt(7),INTOF,l(30),ent(11)
ent(12)=CIRCLE/pt(7),pt(30),pt(4)
l(21)=LINE/pt(2),pt(5)                           $$ 直线 EA
r(1)=&LENGTH(l(21))                              $$ 直线 EA 的长度
r(2)=r(1)+s
ent(3)=CIRCLE/CENTER,pt(5),RADIUS,r(2)
pt(21)=POINT/pt(2),INTOF,ent(3),cr(2)            $$ 确定点 M
l(42)=LINE/pt(5),pt(8)
r(3)=&LENGTH(l(42))
r(4)=r(2)-r(3)
ent(13)=CIRCLE/CENTER,pt(8),RADIUS,r(4)
pt(9)=POINT/INTOF,ent(3),ent(13)                 $$ 切点 P
l(22)=LINE/pt(21),pt(9)                          $$ 直线 MP
l(23)=LINE/pt(5),PERPTO,l(22)
pt(22)=POINT/pt(9),INTOF,l(23),ent(3)
ent(4)=CIRCLE/pt(9),pt(22),pt(21)                $$ 弧 MP
pt(31)=POINT/pt(7),INTOF,ent(13),cr(1)           $$ 确定点 N
l(31)=LINE/pt(9),pt(31)                          $$ 直线 NP
l(32)=LINE/pt(8),PERPTO,l(31)
pt(32)=POINT/pt(9),INTOF,l(32),ent(13)
ent(14)=CIRCLE/pt(31),pt(32),pt(9)
l(40)=LINE/pt(21),pt(2)
l(41)=LINE/pt(31),pt(7)
```

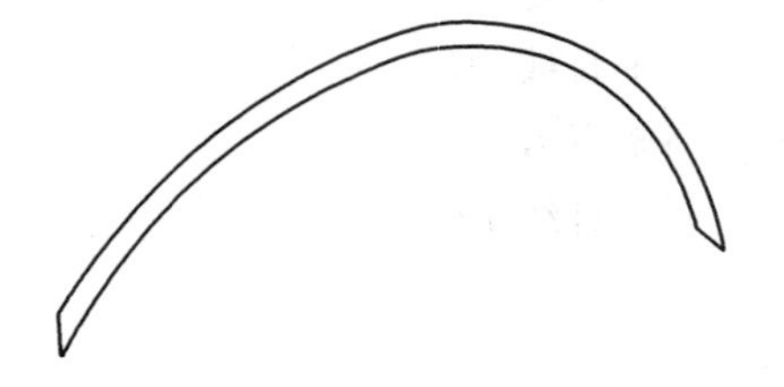

附图 C-6 叶片草图

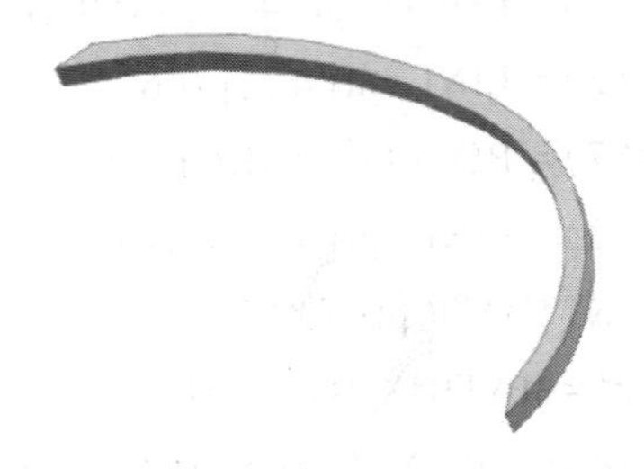

附图 C-7 叶片实体模型

```
                                $$ 创建单个叶片实体模型,结果如附图 C-7 所示
et(1)=SOLEXT/ent(2),l(40),ent(4),ent(14),l(41),ent(12),HEIGHT,b2
i=1                             $$ 阵列生成所有叶片,结果如附图 C-8 所示
Loop:
  matl=MATRIX/XYROT,360/Z
  et(i+1)=TRANSF/matl,et(i)
  i=i+1
IF/i<Z, JUMP/Loop:
```

附图 C-8 生成叶轮所有叶片

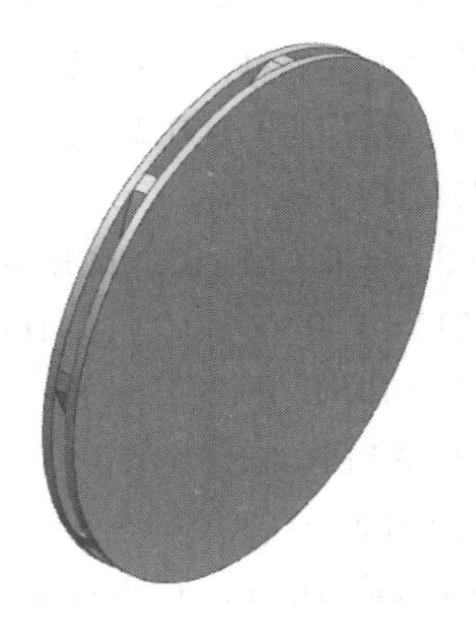

附图 C-9 生成前后盖板

```
cyl(1)=SOLCYL/ORIGIN,0,0,b2,HEIGHT,ha,DIAMTR,d2 $$ 生成后盖板
cyl(2)=SOLCYL/ORIGIN,0,0,0,HEIGHT,-ha,DIAMTR,d2 $$ 生成前盖板,如附图 C-9 所示
cyl(3)=SOLCYL/ORIGIN,0,0,b2+ha,HEIGHT,h(1),DIAMTR,dh
cyl(4)=SOLCYL/ORIGIN,0,0,b2,HEIGHT,-h(2),DIAMTR,dh1
cyl(5)=SOLCYL/ORIGIN,0,0,0,HEIGHT,d1,DIAMTR,dn
cyl(6)=UNITE/cyl(1),WITH,cyl(3),cyl(4)
cyl(7)=SUBTRA/cyl(6),WITH,cyl(5)    $$ 生成后盖板处轮毂,如附图 C-10 所示
cyl(8)=SOLCYL/ORIGIN,0,0,-ha,HEIGHT,-h(3),DIAMTR,d1+8
cyl(9)=SOLCYL/ORIGIN,0,0,ha,HEIGHT,-d1,DIAMTR,d1
cyl(10)=UNITE/cyl(2),WITH,cyl(8)
```

附图 C-10　生成后盖板处轮毂

附图 C-11　生成前盖板处轮毂

```
cyl(11)=SUBTRA/cyl(10),WITH,cyl(9)        $$生成前盖板处轮毂,如附图 C-11 所示
BLANK/l(1),l(4),l(5),l(6),l(7),l(10),l(11),l(12),l(13),l(15),l(16)
BLANK /l(20),l(21),l(22),l(23),l(30),l(31),l(32)
BLANK /pt(1),pt(2),pt(3),pt(4),pt(5),pt(6),pt(7),pt(8),pt(9)
BLANK /pt(20),pt(21),pt(22),pt(30),pt(31),pt(32)
BLANK /ent(1),ent(3),ent(11),ent(13),cr(1),cr(2),cr(3)
BLANK /ent(2),ent(4),ent(12),ent(14),l(40),l(41),l(42)
ent0(1)=UNITE/cyl(7),WITH,et(1..z)
ent0(2)=UNITE/ent0(1),WITH,cyl(11)
matl=MATRIX/zxrot,90
ent0(3)=TRANSF/matl,ent0(2)
BLANK /ent0(2)
pt1(1)=POINT/b2+ha+jb/2,jb/2,dn/2+jt
pt1(2)=POINT/b2+ha,0,dn/2+jt
pt1(3)=POINT/b2+ha+jb/2,-jb/2,dn/2+jt
pt1(4)=POINT/b2+ha+h(1),-jb/2,dn/2+jt
pt1(5)=POINT/b2+ha+h(1),jb/2,dn/2+jt
l1(1)=CIRCLE/pt1(1),pt1(2),pt1(3)
l1(2)=LINE/pt1(3),pt1(4)
l1(3)=LINE/pt1(4),pt1(5)
l1(4)=LINE/pt1(5),pt1(1)
ent0(4)=SOLEXT/l1(1..4),HEIGHT,-jh
ent0(5)=SUBTRA/ent0(3),WITH,ent0(4)
dm1=d1+5
dm2=d1+8
lf4=4
pt1(6)=POINT/-ha-h(3),0,0
pt1(7)=POINT/-ha-h(3)+lf4+1,0,0
```

```
    l1(5)= LINE/pt1(6),pt1(7)
    ent0(6)= SOLTUB/l1(5),DIAMTR,dm1,dm2
    ent0(7)= SUBTRA/ent0(5),WITH,ent0(6)      $$ 合并生成叶轮实体模型，见附图 C-12
    BLANK/l1(1..4),pt1(1..5)
    FILE/part                                 $$ 关闭部件文件
HALT
```

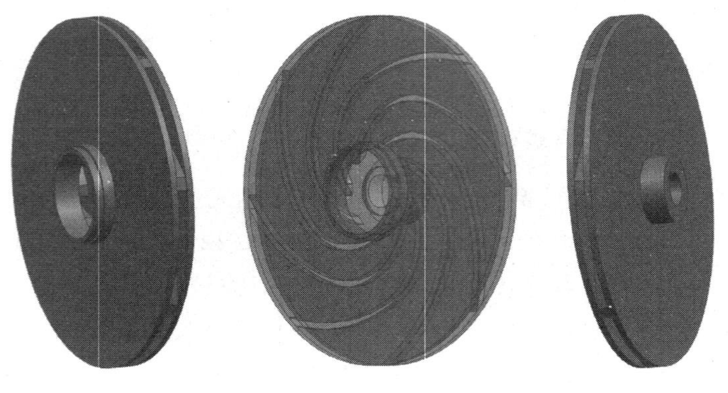

附图 C-12　叶轮实体模型

3. 带轮参数化设计

要求：参数化设计带轮，主要设计参数有四个，分别为基准直径、轴的直径、带数及带型。其中基准直径、轴的直径和带数通过 GRIP 交互式输入语句 PARAM 实现，带型有十一种，使用 GRIP 客户对话框选项语句 CHOOSE 命令实现。

带轮的结构形式由基准直径来决定。程序基本流程如附图 C-13 所示。

```
$$ 生成带轮 GRIP 程序
$$ 带轮采用默认值：基准直径=300mm，带数=3，轴直径=30mm，槽型为 b
ENTITY/yz1,yz2,yz3,l(100),p(100),lc,lc1,lc2,lcc(10),dl,jc,daoj(10),kong,kon(20)
NUMBER/bd,ha,hf,e1,f,q,b,bb,t1,d2,d0,n1,n2, da,a,n,L2,d,dd,c1,x,d1,a1,a2,a3
NUMBER/mat1(12),mat2(12),mat3(12),mat4(12)
DATA/dd,300,n,3,d,30
```

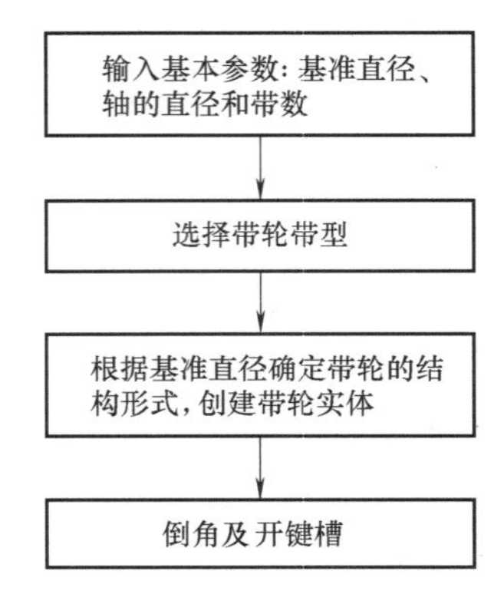

附图 C-13　程序基本流程

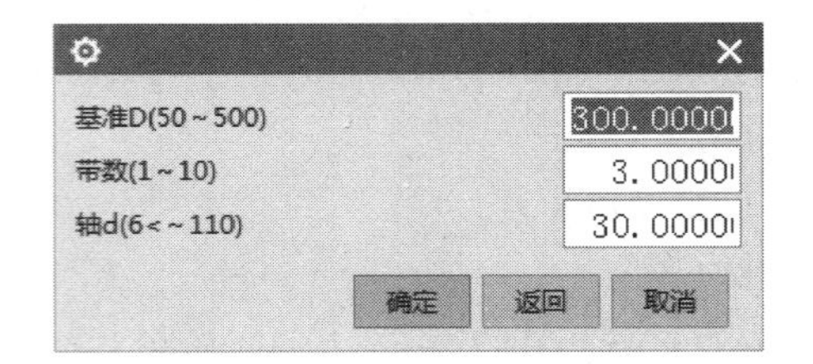

附图 C-14　带轮参数输入

```
MESSG/'请按标准系列输入各参数及型号'          $$ 带轮参数输入,如图 C-14 所示
w10:
  PARAM/'输入参数','基准 D(50~500)',dd, $
              '带数(1~10)',n,'轴 d(6<~110)',d,rsp
  JUMP/w10:,stop:,,rsp
IF'THEN/d<6 or d>110
  MESSG/'轴直径要求在 6~110,请重新输入!'
  JUMP/w10:
ENDIF
IF'THEN/n<1 or n>10
  MESSG/'带的根数为 1~10 的整数,请重新输入!'
  JUMP/w10:
ENDIF
IFTHEN/dd<50 or dd>500
  MESSG/'基准直径要求在 50~500,请重新输入!'
  JUMP/w10:
ENDIF
$$ 选择带轮槽型,如附图 C-15 所示
W20:
  CHOOSE/'请选择带轮槽型:','槽型 a','槽型 b','槽型 c', $
         '槽型 d','槽型 e','槽型 y','槽型 z', $
         '槽型 spa','槽型 spb','槽型 spc','槽型 spz',rps
  JUMP/W20:,stop:,,,L01:,L02:,L03:,L04:,L05:, $
       L06:,L07:,L08:,L09:,L10:,L11:,rps
L01:
    bd=11
    ha=2.75
    hf=8.7
    e1=15
    f=10
    q=6
    b=(n-1) * e1+2 * f
    da=dd+2 * ha
    IFTHEN/dd-118<=0
      a=34
    ELSE
      a=38
    ENDIF
    JUMP/w61:
```

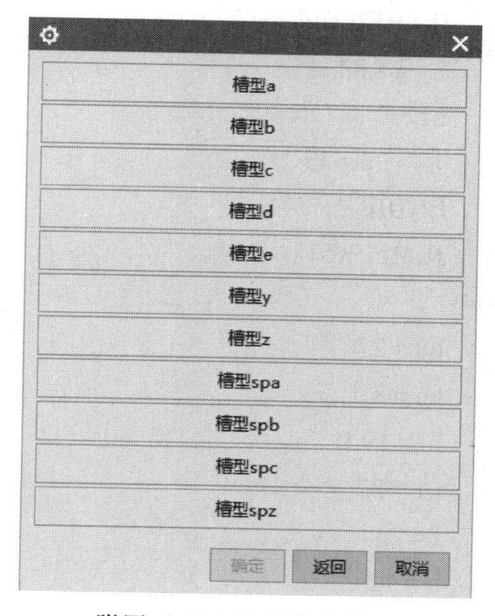

附图 C-15　选择带轮槽型

```
L02:
      bd=14
      ha=3.5
      hf=10.8
      e1=19
      f=12.5
      q=7.5
      b=(n-1)*e1+2*f
      da=dd+2*ha
      IFTHEN/dd-190<=0
         a=34
      ELSE
         a=38
      ENDIF
      JUMP/w61:
L03:
      bd=19
      ha=4.8
      hf=14.3
      e1=25
      f=17
      q=10
      b=(n-1)*e1+2*f
      da=dd+2*ha
      IFTHEN/dd-315<=0
         a=34
      ELSE
            a=38
      ENDIF
      JUMP/w61:
L04:
      bd=27
      ha=8.1
      hf=19.9
      e1=37
      f=23
      q=12
      b=(n-1)*e1+2*f
      da=dd+2*ha
```

```
    IFTHEN/dd-475<=0
      a=36
    ELSE
      a=38
    ENDIF
    JUMP/w61:
L05:
    bd=32
    ha=9.6
    hf=23.4
    e1=44.5
    f=29
    q=15
    b=(n-1) * e1+2 * f
    da=dd+2 * ha
    IFTHEN/dd-600<=0
      a=36
    ELSE
      a=38
    ENDIF
    JUMP/w61:
L06:
    bd=5.3
    ha=1.6
    hf=4.7
    e1=8
    f=7
    q=5
    b=(n-1) * e1+2 * f
    da=dd+2 * ha
    IFTHEN/dd-60<=0
      a=32
    ELSE
      a=36
    ENDIF
    JUMP/w61:
L07:
    bd=8.5
    ha=2.0
```

```
    hf=7
    e1=12
    f=8
    q=5.5
    b=(n-1) * e1+2 * f
    da=dd+2 * ha
    IFTHEN/dd-80<=0
      a=34
    ELSE
      a=38
    ENDIF
    JUMP/w61:
L08:
    bd=11
    ha=2.75
    hf=11
    e1=15
    f=10
    q=6
    b=(n-1) * e1+2 * f
    da=dd+2 * ha
    IFTHEN/dd-118<=0
      a=34
    ELSE
      a=38
    ENDIF
    JUMP/w61:

L09:
    bd=14
    ha=3.5
    hf=14
    e1=19
    f=12.5
    q=7.5
    b=(n-1) * e1+2 * f
    da=dd+2 * ha
    IFTHEN/dd-190<=0
      a=34
```

```
      ELSE
         a=38
      ENDIF
      JUMP/w61:
  L10:
      bd=19
      ha=4.8
      hf=19
      e1=25
      f=17
      q=10
      b=(n-1) * e1+2 * f
      da=dd+2 * ha
      IFTHEN/dd-315<=0
         a=34
      ELSE
         a=38
      ENDIF
      JUMP/w61:
  L11:
      bd=8.5
      ha=2.0
      hf=9
      e1=12
      f=8
      q=5.5
      b=(n-1) * e1+2 * f
      da=dd+2 * ha
      IFTHEN/dd-80<=0
         a=34
      ELSE
         a=38
      ENDIF
  w61:
      x=SINF(a/2)/COSF(a/2)
      IFTHEN/(dd/2-hf-q<d/2) or (dd>30 * d) or (da<=d1+10)
         MESSG/'轴直径与基准直径不能匹配,请重新输入!'
         JUMP/w10:
      ENDIF
```

```
d1 = 1.8 * d
IFTHEN/b<1.5 * d
  l2 = b
ELSE
  l2 = 2 * d
ENDIF
IFTHEN/dd<= 2.5 * d                              $$ 生成实心轮辐
    IFTHEN/L2-b<=0
    p(1)= POINT/0,d/2
    p(2)= POINT/0,da/2
    p(3)= POINT/b,da/2
    p(4)= POINT/b,d/2
    l(1)= LINE/p(1),p(2)
    l(2)= LINE/p(3),p(2)
    l(3)= LINE/p(3),p(4)
    l(4)= LINE/p(1),p(4)
    yz1 = SOLREV/l(1..4),ORIGIN,0,0,0,ATANGL,360,AXIS,1,0,0
    l2 = b
    BLANK/l(1..4),p(1..4)
    JUMP/w90:
  ELSE
    p(1)= POINT/0,d/2
    p(2)= POINT/0,da/2
    p(3)= POINT/b,da/2
    p(4)= POINT/b,d1/2
    p(5)= POINT/L2,d1/2
    p(6)= POINT/L2,d/2
l(1)= LINE/p(1),p(2)
l(2)= LINE/p(3),p(2)
l(3)= LINE/p(3),p(4)
l(4)= LINE/p(5),p(4)
l(5)= LINE/p(5),p(6)
l(6)= LINE/p(6),p(1)
yz1 = SOLREV/l(1..6),ORIGIN,0,0,0,ATANGL,360,AXIS,1,0,0
l2 = b
BLANK/l(1..6),p(1..6)
JUMP/w90:
ENDIF
ELSE                                              $$ 生成腹板式轮辐,见图 C-16
```

```
c1 = b/4
p(1) = POINT/0,d/2
p(2) = POINT/0,d1/2
a1 = L2-c1
a2 = b-c1
a3 = L2-b
p(3) = POINT/a1/2,d1/2+a1/50
p(4) = POINT/a1/2,da/2-ha-hf-q-a2/50
p(5) = POINT/a3/2,da/2-ha-hf-q
p(6) = POINT/a3/2,da/2
p(7) = POINT/L2/2,da/2
p(8) = POINT/L2/2,d/2
p(9) = POINT/L2/2,-da/2
l(1) = LINE/p(1),p(2)
l(2) = LINE/p(3),p(2)
l(3) = LINE/p(3),p(4)
l(4) = LINE/p(5),p(4)
l(5) = LINE/p(5),p(6)
l(6) = LINE/p(6),p(7)
l(7) = LINE/p(8),p(7)
l(8) = LINE/p(8),p(1)
l(9) = LINE/p(9),p(7)
yz2 = SOLREV/l(1..8),ORIGIN,0,0,0,ATANGL,360,AXIS,1,0,0
mat1 = MATRIX/MIRROR,l(9)
yz3 = TRANSF/mat1,yz2
yz1 = UNITE/yz3,WITH,yz2
BLANK/l(1..9),p(1..9)
IFTHEN/dd-d>=180    $$ 轮辐开孔,如附图 C-17 所示
d0 = (dd-80+d1)/2
d2 = 0.3 * (dd-80-d1)
kong = SOLCYL/ORIGIN,l2/2-c1/2,d0/2,0, $
  height,c1,DIAMTR,d2,AXIS,1,0,0
n2 = 3.14 * d0/(d2+c1)/1.1
n1 = intf(n2)
n2 = n1
w80:
IFTHEN/n1>0
mat4 = MATRIX/YZROT,(n1-1) * 360/n2
kon(n) = TRANSF/mat4,kong
```

附图 C-16　生成带轮主体

附图 C-17　轮辐开孔

```
    SUBTRA/yz1,WITH,kon(n)                    $$ 减运算
    n1=n1-1
    JUMP/w80:
    ENDIF
    ENDIF
ENDIF
DELETE/kong
w90:        $$ 生成轮槽,如附图 C-18 所示
    p(10)=POINT/(l2-b)/2+f,da/2-ha-hf
    p(11)=POINT/(l2-b)/2+f+hf*x-bd/2,da/2-ha-hf
    p(12)=POINT/(l2-b)/2+f-bd/2-ha*x,da/2
    p(13)=POINT/(l2-b)/2+f,da/2
    l(10)=LINE/p(10),p(11)
    l(11)=LINE/p(11),p(12)
    l(12)=LINE/p(13),p(12)
    l(13)=LINE/p(13),p(10)
    lc1=SOLREV/l(10..13),ORIGIN,0,0,0,ATANGL,360,
AXIS,1,0,0
    mat2=MATRIX/MIRROR,l(13)
    lc2=TRANSF/mat2,lc1
    lc=UNITE/lc1,WITH,lc2
    BLANK/l(10..13),p(10..13)
w110:
IFTHEN/n>0
    mat3=MATRIX/TRANSL,(n-1)*e1,0,0
    lcc(n)=TRANSF/mat3,lc
      dl=SUBTRA/yz1,WITH,lcc(n)  $$ 减运算
      n=n-1
      JUMP/w110:
    ENDIF
    IFTHEN/b<1.5*d       $$ 带轮倒角,如附图 C-19 所示
      l2=b
    ELSE
      l2=2*d
    ENDIF
    daoj(1)=SOLCON/ORIGIN,0,0,0,height,2,DIAMTR,d+4,d,AXIS,1,0,0
    p(7)=POINT/L2/2,da/2
    p(9)=POINT/L2/2,-da/2
    l(9)=LINE/p(9),p(7)
```

附图 C-18 生成轮槽

附图 C-19 带轮倒角

```
mat1=MATRIX/MIRROR,l(9)
daoj(3)=TRANSF/mat1,daoj(1)
BLANK/p(7),p(9),l(9)
IFTHEN/dd<=2.5 * d
    IFTHEN/b<1.5 * d
            l2=b
   ELSE
            l2=2 * d
            IF/l2<b,l2=b
   ENDIF
   p(26)=POINT/l2-2,d1/2+0.04
   p(27)=POINT/l2,d1/2
   p(28)=POINT/l2,d1/2-2
   l(26)=LINE/p(26),p(27)
   l(27)=LINE/p(27),p(28)
   l(28)=LINE/p(28),p(26)
   daoj(5)=SOLREV/l(26..28),ORIGIN,l2-2,0,0,ATANGL,360,AXIS,1,0,0
   BLANK/p(26..28),l(26..28)
   IFTHEN/l2>b
          SUBTRA/dl,WITH,daoj(1),daoj(3),daoj(5)
   ELSE
          SUBTRA/dl,WITH,daoj(1),daoj(3)
   ENDIF
ELSE
   IFTHEN/b<1.5 * d
     l2=b
   ELSE
     l2=2 * d
   ENDIF
   p(7)=POINT/L2/2,da/2
   p(9)=POINT/L2/2,-da/2
   l(9)=LINE/p(9),p(7)
   mat1=MATRIX/MIRROR,l(9)
   BLANK/p(7),p(9),l(9)
   p(21)=POINT/0,d1/2-2
   p(22)=POINT/-100,d1/2+50
   p(23)=POINT/l2/2-b/2,da/2-ha-hf-q+2
   p(24)=POINT/l2/2-b/2+2,da/2-ha-hf-q-0.04
   p(25)=POINT/2,d1/2+0.04
```

```
    l(21) = LINE/p(21),p(22)
    l(22) = LINE/p(22),p(23)
    l(23) = LINE/p(23),p(24)
    l(24) = LINE/p(24),p(25)
    l(25) = LINE/p(25),p(21)
    daoj(2) = SOLREV/l(21..25),ORIGIN,0,0,0,ATANGL,360,AXIS,1,0,0
    daoj(4) = TRANSF/mat1,daoj(2)
    SUBTRA/dl,WITH,daoj(2),daoj(4),daoj(1),daoj(3)
    BLANK/l(21..25),p(21..25)
ENDIF                                          $$ 倒角结束
IFTHEN/d<8                                     $$ 开键槽,如附图 C-20 所示
    bb = 2
    t1 = 1
ELSEIF/d<10
    bb = 3
    t1 = 1.4
ELSEIF/d<12
    bb = 4
    t1 = 1.8
ELSEIF/d<17
    bb = 5
    t1 = 2.3
ELSEIF/d<22
    bb = 6
    t1 = 2.8
ELSEIF/d<30
    bb = 8
    t1 = 3.3
ELSEIF/d<38
    bb = 10
    t1 = 3.3
ELSEIF/d<44
    bb = 12
    t1 = 3.3
ELSEIF/d<50
    bb = 14
    t1 = 3.8
ELSEIF/d<58
    bb = 16
```

```
        t1 = 4.3
    ELSEIF/d<65
        bb = 18
        t1 = 4.4
    ELSEIF/d<75
        bb = 20
        t1 = 4.9
    ELSEIF/d<85
        bb = 22
        t1 = 5.1
    ELSEIF/d<95
        bb = 25
        t1 = 5.4
    ELSE
        bb = 28
        t1 = 6.4
    ENDIF
jc = SOLBLK/ORIGIN,0,d/4,-bb/2,SIZE,l2,t1+d/4,bb
SUBTRA/dl,WITH,jc
DELETE/lc,lcc(1..10),jc,daoj(1..10),kong,kon(1..10)
stop:
HALT
```

附图 C-20　开键槽生成带轮实体

参考文献

[1] 刘子建，叶南海. 现代 CAD 基础与应用技术 [M]. 长沙：湖南大学出版社，2004.
[2] 童秉枢，等. 机械 CAD 技术基础 [M]. 3 版. 北京：清华大学出版社，2008.
[3] 王书亭，黄运保. 机械 CAD 技术 [M]. 武汉：华中科技大学出版社，2012.
[4] 冯潼能. MBD 技术下的协同与管理“进化”[J]. 中国制造业信息化，2011，7：24-26.
[5] 卢秸，韩爽，范玉青. 基于模型的数字化定义技术 [J]. 航空制造技术，2008（3）：80-83.
[6] 吴灿辉，等. 产品几何技术规范在模型定义中的应用 [J]. 图学学报，2014，35（4）：548-552.
[7] 范玉青. 基于模型定义技术及其实施 [J]. 航空制造技术，2012，402（6）：42-47.
[8] 周济. 智能制造——“中国制造 2025”的主攻方向 [J]. 中国机械工程，2015，26（17）：2273-2284.
[9] 方忆湘，等. 基于模型定义的阀门产品全三维数字化设计技术应用 [J]. 组合机床与自动化加工技术，2014（11）：29-34.
[10] 王宇，等. 航空发动机机械液压装置产品数字设计技术发展综述 [J]. 航空制造技术，2015（22）：102-105.
[11] 范文慧，刘博元. 复杂产品数字化协同设计技术发展 [J]. 航空制造技术，2015，423（3）：44-46.
[12] 李伯虎，等. 云制造——面向服务的网络化制造新模式 [J]. 计算机集成制造系统，2010，16（1）：1-7.
[13] 李伯虎，等. 再论云制造 [J]. 计算机集成制造系统，2011，17（3）：449-457.
[14] 李伯虎，等. 云制造典型特征、关键技术与应用 [J]. 计算机集成制造系统，2012，18（7）：1345-1356.
[15] 袁茂强，等. 增材制造技术的应用及其发展 [J]. 机床与液压，2016，44（5）：183-188.
[16] 赵剑峰，等. 金属增材制造技术 [J]. 南京航空航天大学学报，2014，46（5）：675-683.
[17] 赫恩. 计算机图形学 [M]. 蔡士杰，等译. 4 版. 北京：电子工业出版社，2014.
[18] 徐长青，等. 计算机图形学 [M]. 2 版. 北京：机械工业出版社，2010.
[19] FOLEY J D，等. 计算机图形学导论 [M]. 董士海，等译. 北京：机械工业出版社，2004.
[20] 孙家广，等. 计算机图形学 [M]. 3 版. 北京：清华大学出版社，1998.
[21] 蔡普，等. UG NX 产品设计速查手册 [M]. 北京：电子工业出版社，2014.
[22] 钟日铭，等. UN NX 10. 0 完全自学手册 [M]. 3 版，北京：机械工业出版社，2015.
[23] 北京兆迪科技有限公司. UG NX10. 0 运动仿真与分析教程 [M]. 北京：机械工业出版社，2015.
[24] 王庆林. UG/Open GRIP 实用编程基础 [M]. 北京：清华大学出版社，2002.
[25] 黄翔，李迎光. UG 应用开发教程与实例精解 [M]. 北京：清华大学出版社，2005.
[26] 夏天，吴立军. UG 二次开发技术基础 [M]. 北京：电子工业出版社，2005.
[27] 王勖成，邵敏. 有限单元法基本原理和数值方法 [M]. 2 版. 北京：清华大学出版社，1997.
[28] 刘浩，等. ANSYS15. 0 有限元分析从入门到精通 [M]. 北京：机械工业出版社，2014.
[29] 高广娣. 典型机械机构 ADAMS 仿真应用 [M]. 北京：电子工业出版社，2013.
[30] 宋少云，尹芳. ADAMS 在机械设计中的应用 [M]. 北京：国防工业出版社，2015.
[31] 高奇微，莫欣农. 产品数据管理（PDM）及其实施 [M]. 北京：机械工业出版社，1998.
[32] 童秉枢，李建明. 产品数据管理（PDM）技术 [M]. 北京：清华大学出版社，2000.
[33] 范文慧，等. 产品数据管理（PDM）的原理与实施 [M]. 北京：机械工业出版社. 2004.
[34] 王燕涛，等. 计算机支持协同产品设计研究 [J]. 青岛大学学报，2003（6）：80-82.
[35] 田凌，童秉枢. 网络化产品协同设计支持系统的设计与实现 [J]. 计算机集成制造系统，2003

(12)：38.
[36] 肖刚，等. 机械 CAD 原理与实践 [M]. 北京：清华大学出版社，2011.
[37] 张英杰. CAD/CAM 原理及应用 [M]. 北京：高等教育出版社，2010.
[38] 童秉枢，等. 机械 CAD 技术基础 [M]. 3 版. 北京：清华大学出版社，2010.